"뛰어난 상상력으로 멋지게 되살아난 경이로 가득찬 책"

– 선데이 타임스(2012년 11월 이달의 여행 서적)

어니스트 섀클턴이 남극의 중심(*The Heart of the Antarctic*)을
출간한지 100년이 넘었으나 그 흰 대륙의 신비는
아직도 지속되고 있으며 외진 영국 핼리연구기지에서의
14개월의 생활에 대한 프란시스의 서정적이고도
유쾌한 기술은 어느 정도 그 이유를 설명하고 있다.

– 파이낸셜 타임스 선정 올해의 책

무한한 고독에 대한 아름다운 찬가…
황제펭귄들에 둘러싸여 보낸 그의 차갑지만 상쾌한 한 해는
또한 기쁨이기도 한 시련을 제공한다.
그리고 그것은 모든 페이지 위에 아름답게 씌어져 있다.

– 스콧츠만 선정 올해의 책

그는 눈과 얼음으로 된 황무지를 천연색으로 지각하고
그것을 끊임없이 이어지는 풍경, 소리 그리고
감각으로 경험하고 있으며
정오의 칠흑 같은 어둠 속에서나 한밤중의 햇빛 속에서
생생하고 치열하게 기술하고 있다.

– 더 타임스

일부는 여행기, 일부는 회고록이며
일부는 자연사 책인 이 이야기는
지구상에서 가장 낯선 장소들 중 하나인 곳과 그곳에 서식하는
위풍당당한 동물에 관한 매혹적이고도 서정적인 기술이다.

– 에스콰이어

남극제국은 여행기에서 내가 감탄하는 모든 것
—위대한 여행, 강렬한 고독감, 폭넓은 독서,
생생한 기술, 과학적 연구, 그리고
자연 속에 있는 고풍스런 시련에 관한 그 무엇—들의 전형이다.
나는 이 책을 사랑하였다.

– 폴 서룩스(PAUL THEROUX)

아름답게 써내려간 남극대륙에 대한 러브레터이자
동지애와 고독과 발견에 관한 경이로운 환기

– 로버트 멕팔란(ROBERT MACFARLANE)

남극제국은 놀랄 만한 개인적 모험에 관한
아름답고 심원하며 읽어서 매우 재미있는 기술이다.

– 더 데일리 텔레그라프

앤드류 그레이그 선정 선데이 헤럴드지 올해의 책

레슬리 글레이스터 선정 스콧츠만 올해의 책

콜린 써브롱 선정

옵저버지 2013년 여름 필독서

남극 제국

EMPIRE ANTARCTICA

얼음과 침묵과 황제펭귄들의 세상

Ice, Silence & Emperor Penguins

저자: 게빈 프란시스 역자: 김용수

군자출판사

남극 제국

EMPIRE ANTARCTICA

얼음과 침묵과 황제펭귄들의 세상 Ice, Silence & Emperor Penguins

첫째판 1쇄 인쇄 | 2015년 9월 15일
첫째판 1쇄 발행 | 2015년 9월 25일

지 은 이 Gavin Francis
옮 긴 이 김용수
발 행 인 장주연
출 판 기 획 변연주
편집디자인 박선미
표지디자인 전선아
발 행 처 군자출판사
등록 제4-139호(1991. 6. 24)
본사 (110-717) 서울특별시 종로구 창경궁로 117 (인의동 112-1) 동원빌딩 6층
전화 (02) 762-9194/5 팩스 (02) 764-0209
홈페이지 | www.koonja.co.kr

* 파본은 교환하여 드립니다.
* 검인은 역자와의 합의 하에 생략합니다.

ISBN 978-89-6278-278-3

정가 15,000원

모든 최고의 이야기들과 마찬가지로
책의 헌정사는
나누어 갖게 될 때 이득이 될 것이라는 바람 속에 이 책을

이사(Esa)에게

공간과 침묵을 위해

그리고 또한

앨런 토마스, 아네트 라이언, 벤 노리쉬, 크레이그 니콜슨,
일레느 코위, 그레미 바튼, 마크 몰트비, 마크 스튜어트, 패트릭 맥골드릭,
폴 토로드, 로버트 쇼트만, 러스 록과 스튜어트 콜리에게 바칩니다.

펭귄들은 훌륭한 친구였으며 그들은 단연코 그랬다.

차례 CONTENTS

도해와 지도 목록

지도

본문 사진 설명

사진 도판 설명

별도의 설명이 없는 사진들은 모두 저자가 촬영한 것임.

지도는 폴 토로드가 그린 것임.

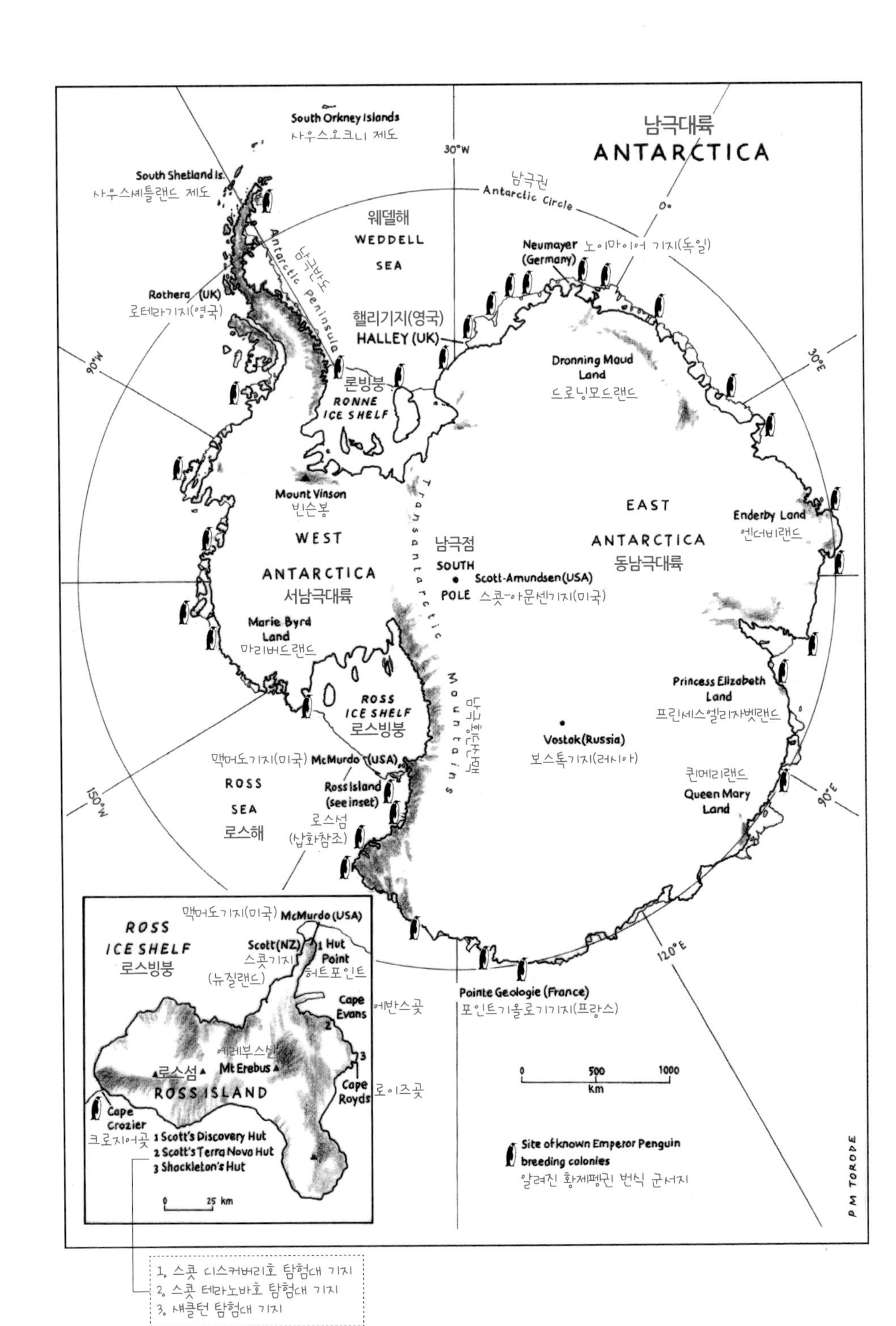

남극대륙
ANTARCTICA
South Orkney Islands
사우스오크니 제도
South Shetland Is.
사우스셰틀랜드 제도
30°W
남극권
Antarctic Circle
0°
웨델해
WEDDELL
SEA
Antarctic Peninsula
남극반도
Neumayer
(Germany)
노이마이어 기지(독일)
Rothera (UK)
로테라기지(영국)
핼리기지(영국)
HALLEY (UK)
90°W
론빙붕
RONNE
ICE SHELF
Dronning Maud
Land
드로닝모드랜드
30°E
Mount Vinson
빈슨봉
Transantarctic Mountains
남극횡단산맥
EAST
ANTARCTICA
동남극대륙
Enderby Land
엔더비랜드
WEST
ANTARCTICA
서남극대륙
남극점
SOUTH
POLE
Scott-Amundsen(USA)
스콧-아문센기지(미국)
Marie Byrd
Land
마리버드랜드
ROSS
ICE SHELF
로스빙붕
Princess Elizabeth
Land
프린세스엘리자벳랜드
Vostok(Russia)
보스톡기지(러시아)
맥머도기지(미국) McMurdo (USA)
ROSS
SEA
로스해
Ross Island
(see inset)
로스섬
(삽화참조)
150°W
퀸메리랜드
Queen Mary
Land
90°E
120°E
ROSS
ICE SHELF
로스빙붕
맥머도기지(미국) McMurdo (USA)
Scott (NZ)
스콧기지
(뉴질랜드)
1 Hut
Point
허트포인트
Cape
Evans
에반스곶
예레부스산
Mt Erebus
로스섬
ROSS ISLAND
Cape
Royds
로이스곶
Cape
Crozier
크로지어곶
1 Scott's Discovery Hut
2 Scott's Terra Nova Hut
3 Shackleton's Hut
0 25 km
Pointe Geologie (France)
포인트기올로기기지(프랑스)
0 500 1000
km
Site of known Emperor Penguin
breeding colonies
알려진 황제펭귄 번식 군서지
P M TORODE
1. 스콧 디스커버리호 탐험대 기지
2. 스콧 테라노바호 탐험대 기지
3. 섀클턴 탐험대 기지

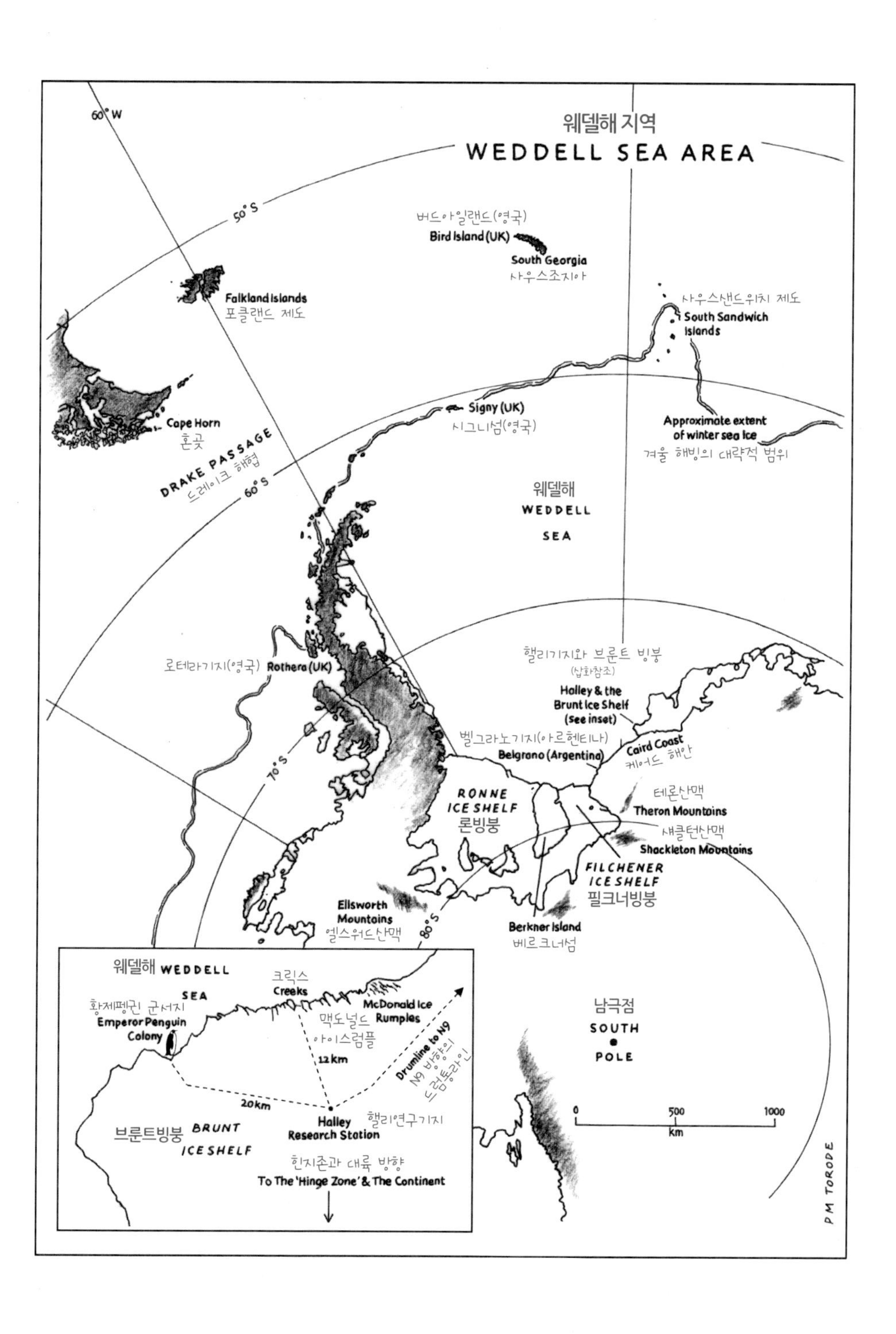
60° W
웨델해 지역
WEDDELL SEA AREA
50° S
버드아일랜드(영국)
Bird Island (UK)
South Georgia
사우스조지아
Falkland Islands
포클랜드 제도
사우스샌드위치 제도
South Sandwich Islands
Cape Horn
혼곶
DRAKE PASSAGE
드레이크 해협
60° S
Signy (UK)
시그니섬(영국)
Approximate extent of winter sea ice
겨울 해빙의 대략적 범위
웨델해
WEDDELL SEA
핼리기지와 브룬트 빙붕
(삽화참조)
Halley & the Brunt Ice Shelf (See inset)
로테라기지(영국)
Rothera (UK)
벨그라노기지(아르헨티나)
Belgrano (Argentina)
Caird Coast
케어드 해안
70° S
RONNE ICE SHELF
론빙붕
테론산맥
Theron Mountains
섀클턴산맥
Shackleton Mountains
FILCHENER ICE SHELF
필크너빙붕
Ellsworth Mountains
엘스워드산맥
80° S
Berkner Island
베르크너섬
남극점
SOUTH POLE
0
500
1000
km
웨델해 WEDDELL SEA
크릭스
Creeks
McDonald Ice Rumples
맥도널드 아이스럼플
황제펭귄 군서지
Emperor Penguin Colony
12 km
Drumline to N9
N9 방향의 드럼롱라인
20km
Halley Research Station
핼리연구기지
브룬트빙붕 BRUNT ICE SHELF
힌지존과 대륙 방향
To The 'Hinge Zone' & The Continent
P M TORODE

서문

얼음으로부터의 일별

우리가 처한 장소는 세상 사람들에게 전혀 새로운 경이로운 곳이나
그럼에도 불구하고 나는 이곳을 묘사할 수 없다는 생각이 든다.
그 모든 것에 무한한 고독감이 서려 있다.

어니스트 섀클턴(Ernest Shackleton), 남극의 중심(The Heart of the Antarctic)

남극대륙의 가을. 일출과 일몰이 다가오는 어둠을 경고하는 듯한 화염의 폭풍과도 같은 빛 속으로 어우러진다. 남위 75도에서 겨울의 극야(polar night, 고위도 지역이나 극점 지역에서 겨울철에 오랜동안 해가 뜨지 않고 밤만 계속되는 현상—역자 주)는 3개월 반 동안 지속될 것이다. 남극대륙의 빛은 마치 거울의 방을 통과한 것처럼 굴절되고 반사되며 가을날들이 더 추워짐에 따라 대륙은 색색의 불꽃으로 물들여진다. 지난해에 생성된 해빙은 여름 폭풍에 모두 깨어져 버렸다. 추분이 지난 지 얼마 안 된 지금은 4월, 바다의 재결빙이 벌써 상당히 진전된 상태이다. 대륙 가장자리에 가까운 새로운 해빙 위에서 짝을 짓기 위해 황제펭귄(Emperor Penguin)들이 살찌고 환한 모습으로 여름철 고기잡이에서 돌아오고 있다. 황제펭귄은 겨울 동안 이 해안에서 살아 남도록 진화된 유일한 종이다. 그들이 겨우내 번식하고 두 발 위에 알을 품고 어둠 속을 발을 질질 끌며 걸어 다니는 것은 자연계의 경이로움 중의 하나이다.

헬리 연구기지(Halley Research Station, 1956년에 남극대륙 웨델 해 상의 브룬트 빙붕 위에 설립된 영국의 남극 연구 기지. 1985년 이곳에서 측정을 통해 오존홀이 발견되었다 —역자 주)에서 가장 가까운 황제펭귄 번식지까지는 20킬로미터의 여정이다. 그 번식지는 세계에서 가장 큰 것 중의 하나이며 매년 가을 약 6만 마리의 황제펭귄들이 거기서 번식한다. 헬리 기지가 위치한 해안은 선박들의 묘지인 끝없이 계속되는 나선형의 웨델 해 빙원 건너편에 멀리 떨어져 있으며 1년 중 두 달 동안만 접근이 가능하다. 너무나 외딴 곳이어서 겨울에 헬리 기지에서 사람을 밖으로 내보내는 것보다 국제우주정거장에서 의료 사상자를 대피시키는 것이 더 쉽다고들 한다. 애정어린 의미로 아니면 다른 뜻으로 일부 거주자들은 헬리 기지를 '스타베이스 헬리(Starbase Halley, 헬리 우주기지)'라고 불렀다. 나는 텅 빈 얼음 평원 위에서 1년 동안 살기 위해 이곳으로 왔으며 오늘은 새로 생성된 해빙으로 내려가서 황제펭귄들의 모임을 지켜보고 싶다.

우리들의 스키두(설상 스쿠터–역자 주)는 가을의 눈보라로부터 보호하기 위해 타폴린 방수 시트로 계속 덮여 있다. 계절치고는 날씨가 차가와 기온이 영하 40도에 달한다. 혼자 가는 것은 너무 위험하다고 생각되기 때문에 헬리 기지 과학자들 중 한 명인 러스(Russ)가 나와 동행할 것을 승낙했다. 타프 그늘막 아래에서 등유 램프가 한 시간 동안 타고 있지만 스키두 시동을 거는 데는 한 시간이 더 걸린다. 우리가 번갈아가며 팔이 아플 때까지 시동장치 끈을 당기자 마침내 엔진이 털털거리며 살아났다.

얼음이 바람에 의해 거칠어지고 파도 형상으로 깎여 마치 죽은 바다와 같다. 섀클턴이 자신의 인듀어런스호(Endurance) 탐험 후원자들 중 한 명의 이름을 따서 케어드 해안(Caird Coast)이라고 명명한, 완만하게 솟은 얼음으로 덮인 해안이 우리의 좌측에서 남극을 향하여 멀리 경사를 이루고 있다. 스키두의 가열한 핸들손잡이에도 불구하고 우리는 정지하여 양 팔을 바람개비처럼 마구 흔드는 동작을 계속하여 우리들의 엄지손가락에 감각이 돌아오게끔 노력해야 한다. 내가 정지할 때마다 러스도 정지하여 나를 기다린다. 그가 정지하면 나도 똑같이 한다. 우리가 운전할 때 길을 따라 소음이 나지만 엔진이 꺼지면 정적을 배경으로 눈이 경쾌하게 날리는 소리를 들을 수 있는데 그것은 마치 멀리서 들리는 갈채와 같은 무음의 소리이다.

고위도에서는 태양이 지기를 꺼려하는 것처럼 얼어붙은 땅과 함께 생략된 부분 위에 오래 머물러 있다. 태양이 아주 천천히 미끄러지므로 지평선 아래로 내려간 후에도 몇 시간 동안 꺼져가는 태양의 색이 하늘 쪽을 핏빛으로 물들인다. 나는 태양이 납작하게 마치 하늘 천위의 한 군데가 찢어진 것같이 가장자리가 고르지 못한 모습으로 이렇게 멈춰 떠 있는 것을 본 적이 없음을 알았다. 남극까지 스콧(Scott) 대장과 동행했던 선의이자 박물학자이며 몽상가였던 에드워드 윌슨(Edward Wilson)은 남극대륙의 일몰에 대해 이렇게 말했다. "하늘을 묘사하기 위하여 화학적으로 상세히 설명하는 것은 부자연스럽다고 생각되지만… 백열광을 내는 칼륨 빛은 정확한 묘사이다." 붉은 색에 대해서는 윌슨은 극지방의 어둠 속으로 타오르는 불타는 스트론튬을 상상하였다. 나는 일찍이 식물에서 그렇게 멀리 떨어져 살아 본 적이 없으므로 이 가을 나의 생각은 무지개빛이 스며나오는 엽록소라고 화학 대신 식물학적 비유에 의지한다. 붉은 색은 가을 단풍의 기름기 많은 심홍색인 안토시아닌이다. 태양의 반그늘은 카로틴인데 솔로 깨끗이 털어낸 벚나무

낙엽의 황금색이다.

우리는 펭귄 번식지 위쪽의 얼음 절벽 위에 있는, 바람으로부터 침전된 얼음으로 덮여 있는 오두막에 도달하였다. 손을 뻗어 스키두에서 짐을 내릴 때 나는 마치 누가 부른 것처럼 갑자기 멈춰 섰는데 그 때 나는 내 주위에 회오리 모양으로 소용돌이치는 미세한 눈 알갱이들을 보았다. 이것이 바로 '다이아몬드 더스트(diamond dust)'라고 하는, 가라앉지 않고 공중에 떠다니는, 무게가 거의 없는 아주 작은 얼음 조각들이다. 이것들이 거울처럼 빛을 받아 대기에 생기를 불어넣는다.

변성 알코올을 이용하여 내가 난로를 예열한다. 등유는 영하 40도 근처에서 응결되기 시작하므로 난로가 점화되기 전에 변성 알코올로 가열하는 것이 필요하다. 얼얼한 손가락으로 성냥개비 일고여덟 개를 켠 뒤에야 한 개에 불꽃이 튄다. 오두막 밖에는 동편에 달이 떠오른다. 탄제린(미국, 남부 아프리카에 흔히 나는 귤—역자 주)색의 달이 지평선을 따라 피어 있는, 모양을 일그러뜨리는 아지랑이를 벗어나자 갑자기 둥글게 솟아오른다. 우리들 머리 위로 높이 야광운(noctilucent clouds, 고위도 지방에서 성층권 상한 부근에 일출전이나 일출 후 나타나는 권운 모양의 은빛 구름—역자 주)이 남극 반도로부터 멀리 서쪽으로 일몰의 마지막 홍조를 반사하고 있다. 우리가 준비를 마칠 때쯤이면 날이 너무 어두워 펭귄을 방문할 수 없다. 대신 펭귄들이 다음날 아침까지 기다려야 할 것이다.

오두막 안에서는 등유 램프가 공기 속으로 빛과 열을 불어넣는다. 바람은 15노트에 불과하나 위로 올라오고 있으며 헐떡이듯 들어와서는 연통 아래로 씨근거리며 내려간다. 오두막의 내피와 외피 사이의 공간은 지붕 밀폐 부분의 갈라진 작은 틈을 통해 안으로 들어온 눈으로 꽉 채워져 있다. 여기서는 휘몰아치는 눈이 어떤 후미진 곳으로도 파고들어가 작은 손으로 제자리에 매끈하게 바른 듯이 빈틈없이 꽉 채워버린다. 그런 눈딱지가 녹을 때 우리가 오두막 주위로 주의 깊게 준비해둔 세 개의 양동이 속으로 물이 똑똑 떨어진다. 러스는 좋은 친구이며 들리는 소리라고는 쉿쉿하는 난롯불 타는 소리, 바람의 한숨 소리와 녹는 눈이 내는 규칙적 템포의 똑똑하는 소리뿐이다.

황제펭귄의 특성은 예외적이다. 그들은 해빙 위에서 번식하는 유일한 조류이며 육지를 밟지 않고도 평생을 살 수 있는 유일한 펭귄이다. 그들은 살아있는 펭귄들 중 가장 크기가 크며 몸무게가 그들과 가장 가까운 경쟁자인 아남극 제도(Subantarctic Islands)의 킹펭귄(King Penguin)의 두 배이다. 황제펭귄 수컷은 모든 조류나 파충류 중에서 가장 긴 시간인 두 달 동안 끊임없이 알을 품고 있는데 그 동안 내내 두 발 위에서 알의 균형을 유지하며 발을 질질 끌고 다닌다(앨버트로스가 더 오래 알을 품지만 그들은 둥우리에서 서로 교대한다). 인내의 달인인 그들은 지구상에서 가장 춥고 가장 바람이 센 서식지를 견디어 낸다. 그들은 영역 보호를 위한 공격성을 보이지 않는 유일한 펭귄이며 살아남기 위해서는 개인적 공간은 자신들이 감당할 수 없는 일종의 사치라는 것을 깨달아 왔다. 그들은 바람 세기가 허리케인급인 폭풍과 영하 70도나 되는 낮은 기온을 겪으며 살아가는데 이로 인해 앱슬리 체리 개러드(Apsley Cherry-Garrard, 스콧 남극점 탐험대의 동물 연구 조수—역자 주)는 자신의 견해로는 지구상의 어떤 생물도 이보다 더 힘든 시간을 보내지는 않는다는 것을 관찰하게 되었다. 알 품기가 끝날 무렵이면 수컷은 4개월 동안 단식해 왔으며 체내에 저장된 지방의 80퍼센트가 소진되어 마침내 근육이 파괴되기 시작한다. 그들이 자신들의 뼈에 남겨두는 약간의 지방은 이 단식을 마쳤을 때 거칠고 깨어진 해빙을 가로지르는 100마일이 넘는 여정을 걸어서 외해로 되돌아가는 데 연료를 공급하기에 겨우 충분할 정도이다. 어느 면으로 보면 이들은 살아 있는 다른 어떤 새보다 파충류에 더 가깝지만 이들은 포유동물이 그러하듯 자신들의 새끼를 먹이기 위해 우유와 같은 지방이 풍부한 물질을 만들어낸다. 그 과정은 놀라운데 비록 자신은 굶고 있지만 수컷은 암컷이 돌아올 때까지 새로 부화된 새끼들을 먹이기 위해 길고 가느다란 위점막 조각을 탈락시키는데 각각의 점막 조각에는 지방 알갱이가 많이 달려 있다. 이 음식을 먹고 새끼들은 체중이 배로 늘 수 있다.

형편없는 환경에서 살아남기 위해 황제펭귄은 밀도가 가장 높은 깃털과 상대적으로 크기가 가장 작은 알과 모든 새들 중 상대적으로 가장 적은 표면적을 점진적으로 발달시켜 왔다. 어느 과학자가 추적해보니 황제펭귄은 대기압의 60배 이상으로 펭귄을 압착할 수 있는 깊이인 해저 500미터 이상 잠수하여 20분 이상 머무를 수 있었다. 대부분의 새들은 튼튼한 흉근과 부피가 큰 근육이 있어서 하늘을 떠받치는 힘을 낼 수가 있다. 황제펭귄은 바다의 수압을 견뎌야 하며 따라서 그들은 튼튼한 흉근뿐 아니라 무게가 수백 톤에 달하는 물기둥을 헤치고 아래로 나가기 위한 파상의 등 근육을 지니고 있다. 디스커버리호 탐험에서 에드워드 윌슨은 가죽을 구하려고 몇 마리의 황제펭귄을 포획할 시도를 하였다. 스콧은 그 시도에 대해 다음과 같이 기록하였다. "황제펭귄을 붙잡고 있는 것은 결코 쉬운 문제가 아니다. 그들은 다리와 물갈퀴가 모두 엄청나게 튼튼하다… 일행 중 한 명 이상이 의도된 희생물의 사나운 급습으로 인해 일시적으로 바닥에 때려눕혀졌다." 한 번은 던디(Dundee)의 한 고래잡이 선원이 날개를 두 개의 가죽 벨트로 묶어서 황제펭귄을 잡으려고 시도하였다. 빅토리아 여왕 시대의 힘센 장사처럼 펭귄은 단지 숨만 들이마셨는데 벨트가 뚝하고 끊어져버렸다.

핀란드의 민족 서사시인 칼레발라(Kalevala)에는 알과 함께 땅과 하늘이 된 '황홀할 정도로 아름다운 오리' 한 마리가 묘사되어 있다. 아메리카 원주민의 여러 가지 창조 신화에는 해저에서 진흙을 가져와 땅을 창조한 공이 있는 것으로 여겨지는 펭귄처럼 잠수하는 새인 아비가 포함되어 있다. 남극대륙 위에 토착 인간 사회가 발전된 적이 없었다. 만약 그랬다면 틀림없이 황제펭귄이 숭배되었을 것이다.

나는 침상에 누워 번식지로부터 알을 품고 다니는 펭귄의 울음소리를 들으려고 귀를 기울인다. 지난 3개월 동안 펭귄들은 섀클턴의 남극탐험선인 인듀어런스호가 얼음에 으깨져 침몰했던 웨델 해의 괴물 같은 빙산들과 선회하는 부빙들 가운데 나와 있었다. 황제펭귄은 평생 동안 짝을 맺는 것은 아니다. 해마다 가을이면 그 해 누가 살아남았는지 지켜보며 새로이 충성스런 관계를 맺거나 끊는다. 펭귄의 울음소리는 각자가 다가오는 해를 위한 짝을 선택할 때 그들이 부르는 노래이다. 그 울음은 천상의 다성 음악의 울림을 가지고 있으며 각기 다른 선율에 음이 맞추어진 강철 피리처럼 어렴풋한 금속성이다. 바코드가 컴퓨터에, 또는 인간의 얼굴이 우리들에게 인식될 수 있는 것처럼 그 울음소리는 펭귄에게 인식될 수 있다.

절벽 가장자리 근처의 얼음 속에 망치로 쳐서 박아 놓은 3개의 철제 앵커가 있는데 아침에 우리는 그 앵커에 로프를 매었다. 로프를 조심스럽게 둘둘 감은 다음 우리는 그것을 절벽 가장자리 너머로 던져 로프가 40미터 아래의 절벽 밑바닥까지 풀리는 것을 지켜보았다. 나는 절벽 아래 해빙 위에 있는 황제펭귄을 볼 수 있었는데 펭귄의 검은 몸뚱어리들이 자석에 이끌린 쇠의 줄밥처럼 아지랑이 속에서 떨리고 있었다.

러스가 자기의 하네스에 클립을 걸고 로프의 꽉 매어진 끝에 금속

제 8자 링을 꿴다. 바람이 거칠어지고 있으며 풍속은 아마도 20노트 쯤 되고 절벽 가장자리와 아래의 해빙 사이의 콘트라스트가 두꺼워지는 눈보라의 장막 속에서 사라질 것같이 보인다.

'됐어?' 내가 그에게 묻는다.

'됐어.'

그는 빙붕 절벽에서 뒤로 멀리 점프하여 중력과 타는 듯한 로프의 마찰에 자신을 맡기고 얼어붙은 해수면을 향해 뛰어내린다. 나는 그와 합류하려고 나의 하네스에 클립을 걸기 시작하는데 그때 뜻밖에도 그가 멈춘다.

"괜찮아?" 내가 아래로 고함을 쳤다.

로프는 여전히 팽팽하게 매달려 있다. 그는 아직 로프에서 클립을 풀지 않았다. 몇 분이 지난 것처럼 보인다. "아니, 맘에 들지 않아." 그가 위쪽으로 고함친다. "더 이상 펭귄이 보이지 않아."

또 다른 정적이 흐른다.

"콘트라스트가 사라졌어…" 그의 목소리가 약해지다가 돌풍 가운데 그의 말이 다시 들린다… "위로 도로 올라가고 있어."

그의 목소리를 들으려고 절벽 가장자리 너머로 몸을 굽히자 한줄기 돌풍이 해빙으로부터 절벽의 좁은 통로 위로 가벼운 눈을 내뿜어 내 속눈썹이 얼음 속에 엉겼다. 짧은 턱수염이 발라클라바 속의 얼음과 붙어서 얼굴이 대리석 마스크를 한 것처럼 뻣뻣해졌다. 오늘, 기온은 영하 30도로 좀 온화한 편이나 바람이 너무 강하게 올라오고 있어 황제펭귄을 지켜보려고 해빙으로 내려가 볼까 하는 생각을 할 수가 없다. 이런 모진 바람 속에서는 해빙이 살아있는 피부처럼 뒤틀리고 구부러지지만 쪼개지고 금이 가기도 한다. 우리가 위험을 무릅쓰지 않는 것이 차라리 낫다.

그러자 실망 대신 나는 나의 내부에서 환희가 차오르는 것을 느낄 수 있다. 나는 미소 짓기 시작하는데 발라클라바 속에 생긴 얼음 껍질에 피부가 당긴다. 바람 뒤편으로 정적이 감돌며 갑자기 마음에 믿어 의심치 않는 만족감이 느껴지는데 이 장소에 그리고 이 놀랄만한 생물에 그렇게 가까이 있다는 사실에 그것을 더 깨닫게 된다. 나는 고요한 방 안에서 명상에 잠겨 사지와 가슴과 잇몸에 맥박이 뛰는 것을 느낄 수 있다. 밀물처럼 의식이 퍼져 가고 혀가 입천장을 진공처럼 빨아들이는 것과 피부위로 나타났다가 사라지는 미세한 가려움과 기관 속의 공기의 건조한 압력이 느껴진다. 내 주위의 휘몰아치는 눈이 콘트라스트가 너무 결여되어 그것을 들여다보면 내 두 눈의 뒤쪽을 휘감아 푸른 숲을 통해 올라온 수액처럼 나에게 영양분을 공급하는 혈구의 흐름을 볼 수 있는데 그것은 주위를 감싸는 남극대륙의 무한한 순백에 저항하는 주홍빛 혈액의 파도와 같다.

I

남극대륙을 상상하며

내 생각에 황제펭귄을 보기 위한 이 순례 여행의 저변에는 무언가 보다 심원한 추구가 놓여 있다. 내 경우에 있어 그 추구는 나의 생활을 단순화하려는(내가 비록 그것을 필요로 하지만) 것이 아니라 '나 자신을 단순화하려는'내 평생의 욕구와 관련이 있음에 틀림없다.

피터 매티슨(Peter Matthiessen), 지구의 끝(End of the Earth)

어떤 청년이 무시무시하거나 불가사의한 짐승을 찾아서 멀리 떨어진 땅으로 가는 경우 그것은 인류의 DNA에 깊이 새겨져 있는 우리들의 가장 오래된 이야기들 중의 하나라고 말해진다. 길가메시 서사시, 이아손과 황금 양털, 베오울프(*Beowulf*) 서사시, 이들 모두는 그 유전자 주형에 꼭 맞아떨어진다. 브루스 채트윈(Bruce Chatwin—영국 셰필드 출신의 작가—역자주)이 그 목록에 자신의 파타고니아 여행을 추가하였다. 여러 해 동안 남극대륙에 대한 생각이 나의 야망 즉, 우리의 혹성에서 가장 외진 땅으로 가고 싶고, 살아있는 가장 경이로운 짐승을 보고 싶은 욕구 속에서 나직이 속삭였다.

나는 남극대륙에서 황제펭귄 곁에서 살고 싶었다. 소년 시절에 내가 가장 바라던 재산은 제럴드 더렐(Gerald Durrell)이 쓴 '아마추어 박물학자(*The Amateur Naturalist*) 한 권이었다. 나는 청년 조류학자 클럽(Young Ornithologists Club)의 부지런한 회원이었으며 어린이 조류도감(*Children's Illustrated Book of Birds*)을 외웠었다. 현장 조류 관찰의 짜릿함이 시들해졌을 때 나는 스코틀랜드의 하늘과 바다로 들어온 적이 없는 새들에 관한 책을 읽었다. 에든버러 동물원으로 여행 갔을 때 나는 펭귄의 뒤뚱거리는 걸음걸이와 떠들썩한 군거에 마음을 뺏기게 되었다. 펭귄 수족관에는 유리로 된 내부가 보이는 모형이 있어서 펭귄이 수중에서 볼품없이 뒤뚱거리는 모습에서 근육질의 사냥꾼으로 변신하는 것을 지켜볼 수 있었다. 펭귄은 내가 아는 어떤 종류의 새와도 아주 달라서 그들이 나의 주의와 상상력을 사로잡아버렸다.

나중에 나는 고위도 북극 지방을 여행했으며 그곳 풍경에서 보았던 빛나는 진정한 순수함을 사랑하였다. 그러나 북극 지방은 새들과 포유동물들이 인간을 피하는(또는 북극곰의 경우 우리를 사냥하는) 끊임없이 소용돌이치는 얼어붙은 바다이다. 이와 반대로 나는 펭귄이 인간에 대한 두려움을 보이지 않는다는 것을 알았다. 나는 남극대륙과 그 견고함, 적막, 거대함, 나의 상상력 속에 그것이 점차 차지하게 되는 신화적 공간에 대한 생각에 매혹되었으며 거기에서 살고 있는 새들을 직접 만나보고 싶었다. 나는 수천마리의 황제펭귄들에 둘러싸여 번식지에 앉아 있는 조류학자들의 사진과 자신들이 마침내 조류사회에 받아들여졌다고 느끼는 것처럼 그들의 얼굴에 나타난 안도의 표정을 보았다. 나는 그곳 지구의 끝에서 물리적 감각 속에 사는 순수함, 얽히고설킨 여러 가지 동기나 무선으로 주고받는 정신의 수다가 없는 삶에 대해 황제펭귄들로부터 무언가 배우지 않을까 하는 생각이 들었다. 그들이 자연계에서는 너무나 드문, 아마도 일종의 관대함 같은 환영을 제공할 것만 같았다.

남극대륙에 관하여 더 많이 알게 됨에 따라 나는 또한 초기의 탐험들, 특히 스콧(Scott)과 섀클턴(Shackleton) 그리고 미 해군제독인 리처드 버드(Richard Byrd)의 탐험 이야기들에 매료되었다. 나무가 푸르게 우거진 스코틀랜드의 여름철 오후에 나는 로스 빙붕(Ross Ice Shelf) 위에서의 스콧의 죽음의 행진, 만난을 무릅쓴 섀클턴의 기적적인 생존, 겨울에 수개월의 극지방의 어둠 속에 홀로 기상관측기지의 임무를 맡았던 버드에 관해서 읽었다. 스콧의 선의이자 수석 과학자였던 에드워드 윌슨은 불굴의 의지와 친절함, 그리고 무엇보다 황제펭귄에 대한 사랑으로 인하여 내게 특별한 매력이 있었다. 나는 이러한 사람들이 그렇게도 생생하게 묘사했던 남극의 겨울을 경험해보고 싶었고 이들 각자에게 일종의 강박관념이 되었던 그 대륙을 직접 보고 싶었다.

또 다른 동기가 있었는데 바로 내가 그곳 남극대륙에서 상상했던 정적이 나를 남쪽으로 끌어당겼다. 에든버러에서의 내 생활은 종종 정신없이 돌아가는 것처럼 보였다. 만날 사람들과 배울 것들과 마쳐야 할 일들이 항상 매우 많았다. 학교와 의과대학, 그 다음에 직장에서 일련의 선의의 교사들과 멘토들이 고도로 성취적인 직업을 향해 나를 나아가게 해주었다. 그러나 그것이 틀렸다는 느낌이 들었으며 나는 수직적인 경력의 사다리 보다는 다른 길을 택해야 한다는 것을 알았고 남극대륙으로 가는 것이 다음에 할 일을 결정하는 데 도움이 되지 않을까 하는 생각이 들었다. 나의 생활이 여러 가지 의무와 책임으로 가득 차있다는 생각이 들었을 때 나는 장기간의 도보 및 자전거 여행, 한동안의 항해나 며칠 동안 아무도 보이지 않고 말할 필요를 느끼지 않는 여행자 오두막에서 한숨 돌릴 여유를 찾았다. 이러한 여행들은 언제나 너무 짧게 느껴졌으며 그래서 나는 몇 주 또는 몇 달 동안 맡은 일이 거의 없고 무제한의 정신적 공간을 가질 수 있는 어떤 외딴 곳에서의 장기체류 속으로 기꺼이 자신을 내던지고 싶었다. 남극대륙이 내게 그런 시간과 공간 그리고 정적을 제공하는 한편 겉으로는 여전히 의사로서 일을 할 수 있는 유일한 장소처럼 생각되었다. 나는 생각할 시간을 그렇게 많이 갖는 것이 여행과 탐험의 삶을 목표로 삼든지 아니면 전문 직업에 전념하여 자리를 잡든지 내 자신의 앞날에 어떤 길을 택해야 할 것인가를 내게 더 분명하게 보여주기를 바랐다.

아직 의과대학에 다닐 동안 나는 남극에서 '월동하기'—거기서 꼬박 1년을 보내기—위해서는 BAS라고 알려져 있는 영국남극조사소(British Antarctic Survey)에 일자리를 얻어야 한다는 것을 알았다. 영국 정부가 관리하는 모든 기지들 중 상주 의사가 있는 곳은 3개에 불과하고 그 3개 중 2개만이 남극대륙 자체의 일부이다. 그 두 기지 중에 로테라(Rothera) 기지는 남극권을 가로질러 돌출한, 빙하로 덮인 톱니 모양의 봉우리들이 있는 남극반도(Antarctic Peninsula)에서 멀리 떨어진 한 섬에 근거지를 두고 있다. 남극반도는 대륙이 손가락 모양으로 연장된 것이며 혼 곶(Cape Horn)에서 멀리 떨어져 있는, 폭풍에 의해 연마되고 바람을 시험하는 곳이다. 오직 핼리(Halley) 기지만 남극권(Antarctic Circle) 내부 깊숙이 대륙 자체의 몸체로부터 떨어져 나온 빙붕 위에 위치하고 있다. 그리고 모든 BAS 기지 가운데서 황제펭귄 번식지가 있는 곳은 핼리 기지뿐이다.

그래서 에든버러의 나뭇잎들이 구리 빛으로 변하여 떨어졌을 때 세 개의 의사 직이 나와 있었는데 나는 BAS 의료부에서 인터뷰를 받기 위해 플리머스(Plymouth)행 열차를 탔다.

나는 그들에게 내가 공간과 정적을 좋아한다고 말했다. 나는 혼자서 유럽 북극 지방 전체에 걸쳐 히치하이크 여행과 야영을 했다고 말했다. 나는 남극의 겨울 극지방의 어둠을 버티어 내는 것이 어떤 것인가를 직접 보고 싶다고 말했다. 나는 6년 전 아직 의과대학생일 때 그들에게 조언을 구하는 편지를 쓴 적이 있으며 따라서 그들은 이것이 결코 갑작스런 충동이 아니며 실연이나 경력의 막힌 끝에서 탈출하는 것이 아님을 이미 알고 있었다. 그들은 내게 탈출이 불가능한 작은 사회의 밀실공포증을 느끼게 하는 중압감을 어떻게 극복할 것인지 물었으며 나는 그들에게 밖에서 안전하게 산보를 할 수 있는 한 마음의 평온을 유지할 수 있을 것이라고 말했다. 그들은 내게 핼리 기지에서는 배가 한 번 떠나면 10개월 동안 출입할 방법이 전혀 없을 것이라고 말했다. 유일한 의사소통은 이메일 문자를 전송하기 위한 다이얼식 위성 모뎀에 의한 것이며 인터넷 접속도 되지 않을 것이다. 나는 책을 한 트렁크 가득 가져갈 수 있는 한 행복할 것이라고 말했다. 그들은 내가 여행하기를 좋아한다는 것을 알고 있었으며 그래서 유일한 생존 수단이 될 기지에 매인 채 동일한 장소에서 1년을 어떻게 보낼 것인지 내게 물었다. 나는 그들에게 아마도 여행은 충분히 했으며 이제는 잠시 멈추어 내 생각과 경험을 그러모아 지구상에서 가장 넓고 가장 공백이 많은 캔버스에 그것들을 풀어놓을 때라고 말했다.

남극의 병참 업무상 배치가 마지막 순간에 강제로 변하는 경우가 종종 있기 때문에 당신이 어느 기지에서라도 일하는 것을 받아들일 것임을 분명히 할 때만 그들이 당신을 채용할 것이라는 소문이 있었다. "당신은 어느 기지를 더 좋아하는가?" 그들이 물었다.

"핼리 기지라면 내게 정적과 공간… 그리고 황제펭귄을 제공하겠지만" 나는 그들에게 말했다. "그러나 나는 산맥과 바다 또한 매우 사랑하기 때문에 사우스조지아(South Georgia)나 로테라에서도 행복할 겁니다. 당신들이 나를 보내고 싶어 하는 어디로 가든지 나는 행복할 겁니다."

그날 오후 늦게 내 전화가 울렸다. 그것은 BAS 의료부의 선임 의무관인 이안 그랜트(Ian Grant)였다. "핼리 기지에서 겨울 한 철을 보내는 것이 어떻겠소?" 그의 목소리가 내 귀에 말했다.

내 양손이 너무 흔들려서 전화기가 내 귀를 두드렸다. "정말 기쁠 겁니다." 내가 말했다.

그날 밤 나는 잠을 이루지 못했다.

내가 그리로 향했던 이 대륙, 그것은 어떤 곳이었나? 북극에 관해서는 2천년 이상 동안 기록되고 상상되어 왔지만 남극대륙에 대한 상상의 전통은 아직도 초기 단계에 있고 유연하다. 남극대륙의 바로 그 공백이 그것에 이변성과 가능성의 느낌을 부여한다. 남극대륙은 철도나 전등보다 더 젊은 문화유산을 가지고 있는데 그 양자는 남쪽에 대륙이 있다는 것을 누구나 확실히 알기 오래 전에 발명되었다. 그 풍경은—지리학적 면에서 그리고 정신적 면에서—아직도 이해되고 있는 중이다. 남극대륙에 이름이 붙여졌을 때 그것은 지도상에서는 단지 하나의 여백에 불과하였다. 남극대륙에 대한 우리의 생각은 불과 한 세기 전 로버트 스콧, 어니스트 섀클턴, 로알 아문센(Roald Amundsen) 및 더글라스 모슨(Douglas Mawson) 등과 같은 사람들이 이끄는 일단의 인간들이 깃발과 페미컨(말린 쇠고기에 지방과 과일을 섞어 굳힌 휴대용 보존 식품—역자 주)과 순록 모피 슬리핑백을 지니고 몰래 다가와 그 가장자리에 도착했던 탐험의 영웅시대(Heroic Age of Exploration)라고 불렸던 기간 동안에 연마되었다.

그리고 탐험의 영웅시대가 용두사미로 끝나고 새된 소리를 내는 민족주의와 초기 탐험의 제국 건설의 불안감이 두 차례 세계 대전의 수렁 속에서 상실된 것도 남극대륙에서였다. 그 마지막 무대는 거의 처량하였는데 독일군은 웨델 해 해안 위로 폭격기를 날려 수천 장의 작은 나치스 십자기장을 살포하였다. 1940년대쯤에 이르러서는 영국, 칠레와 아르헨티나가 모두 남극반도의 영유권을 주장하였으며 빈약하게 위장된 '과학'기지들이 그 해안을 따라 버섯처럼 돋아났다.

나는 여행하면서 언제나 어떤 지방의 역사를 연구해 왔는데 남극대륙에 관한 역사의 결핍이 역설적으로 나를 그곳으로 이끈 것들 중의 하나였다. 나는 남극대륙의 공백의 관념과 닳아빠진 길이나 문화적 기억의 부재를 사랑하였다. 남극대륙에 관한 생각은 아주 최근의 일로 유럽과 북미의 물리학자들이 양자물리학을 풀기 시작한 것과 동일한 몇 년 동안 그 내부가 탐사되었다. 스콧의 디스커버리호 탐험은 톰슨(J.J.Thomson)이 '원자의 구조에 관하여(On the Structure of the Atom)'라는 그의 유명한 논문을 썼을 때 개최되었으며 그의 테라 노바호(*Terra Nova*) 탐험은 어니스트 러더포드(Ernest Rutherford)가 원자의 질량이 핵 속에 집중되어 있다는 것을 밝혔을 때 개최되었다. 이러한 탐험에는 보상에 대한 보장은 거의 없이 그 시대에 비해 어마어마한 투자가 포함되었는데 대륙의 소유권을 주장하는 쇄도는 그 시대의 '우주 경쟁(space race)'이었다.

남극대륙에 접근했다고 생각되는 최초의 인간들은 제임스 쿡 선장(Captain James Cook)의 2차 남극해 항해의 선원들이었다. 쿡 선장은 사우스조지아를 발견했으며 전설의 대륙인 테라 오스트랄리스 인코그니타(Terra Australis Incognita, 미지의 남쪽 땅)를 찾아서 사우스샌드위치 제도(South Sandwich Islands)를 구성하는 길게 나부끼는 깃발 같은 화산들을 지나 항해를 계속하였다. 쿡은 더 이상 통과할 수 없었으며 과도한 자부심에 익숙한 나머지 얼음의 밀도 때문에 아무도 자신이 해냈던 것보다 더 남쪽에 도달할 수는 없다고 덧붙였다. 그는 남쪽으로 약간 떨어진 곳에 틀림없이 분명히 육지가 있다는 의견을 확실히 말했는데 그 이유는 그가 마주쳤던 거대한 빙산들이 어떤 숨겨진 대륙으로부터 떨어져 나온 것이 분명했기 때문이었다. 쿡의 1차 항해 시 환호를 받았던 박물학자인 조셉 뱅크스(Joseph Banks)는 2차 여행을 위해 요한 포스터(Johann

Forster)라고 불리는 프로이센계 스코틀랜드인 후예로 교체되었다. 포스터는 사우스조지아로부터 아남극 위도 지방의 킹펭귄인 **아프테노디테스 파타고니쿠스**(*Aptenodytes patagonicus*)의 그림을 가지고 왔다. 1768년에 이미 웨일즈의 박물학자인 토마스 페넌트(Thomas Pennant)에 의해 펭귄에 붙여졌던 그 이름은 '파타고니아의 깃털 없는 잠수부'를 의미하는데 그것은 3가지 중 2가지 이유로 부정확한 기술인데 즉 그 새는 더 이상 파타고니아에는 살지 않으며(포클랜드 제도에는 확실히 살고 있지만) 깃털을 확실히 가지고 있다. 그것은 가장 큰 펭귄이라고 생각되었으며 왕의 이름을 수여받았다. 그것과 밀접한 관련이 있고 훨씬 더 큰 황제펭귄을 적절하게 기술한 사람은 아직 아무도 없었다.

1820년대부터 아남극제도에 걸쳐 물개사냥꾼들이 떼를 지어 몰려들었다. 1823년 리스(Leith) 출신의 물개사냥꾼인 제임스 웨델(James Weddell)은 그 전의 누구보다도 더 남쪽에 도달하여 남극반도 동쪽의 얼음이 빽빽하게 찬 바다를 자기 국왕의 이름을 따서 명명하였다. 조지 4세는 아마도 그런 험악한 장소와 관련되는 것을 원치 않았을 것이다. 나중에 그 바다는 웨델이 마주쳤던 물개들 중 최남단의 가장 살찐 물개들과 함께 웨델의 이름을 갖게 되었다.

1840년대에 영국 해군이 제임스 클라크 로스 경(Sir James Clark Ross)이라는 지칠 줄 모르는 형태로 도착했다. 소문에 의하면 해군에서 최고의 미남자였던 로스는 이미 북극권에서 열 네 번의 겨울을 보냈으며 자북극의 위치를 발견한 바 있었다. 그는 이번에 자남극의 위치를 찾고 싶어 했다. 얼음에 대비해 구조를 강화하고 나침반을 교란시키는 철을 최소한 사용하여 특별히 주문하여 건조된 목선들을 타고(에레부스호와 테러호, 이들은 나중에 존 프랭클린 경(Sir John Franklin)과 함께 행방불명 되었다) 로스는 해안선의 해도를 만들고 바다를 하나 발견하고 런던에 있는 자신의 들창

코 여왕의 이름을 따서 육지의 거대한 산맥을 명명하였다. 그러나 그는 여전히 그 산맥이 섬들의 끝인지 거대한 대륙의 일부인지 알지 못했다.

자신의 항해가 끝났을 때 그는 황제펭귄 가죽을 런던으로 가져왔는데 그것들은 영국 박물관의 위대한 분류학자였던 존 그레이(John Gray)에 의해 조사되었다. 그레이는 그것이 60년 전에 쿡 선장과 함께한 항해에서 포스터가 기술했던 그 새라고 생각하였으며 그것에 아프테노디테스 포스테리(Aptenodytes fosteri)라는 이름을 붙였는데 이는 역사적 오류에 대한 일종의 사후 서훈이었다. 자신의 항해 책에서 로스는 이 새들을 죽이는 것이 얼마나 어려웠는지를 기술하고 있는데 "우리는 마침내 청산을 사용했는데 한 스푼의 청산으로 1분도 안 되어 효과적으로 그 목적을 달성하였다." 그는 더 나아가 그 새들을 추격하여 잡는 것이 자신의 부하들에게 얼마나 큰 오락거리였는가를 이야기하고 있다. "그 새들은 몹시 우둔하며"라고 그는 썼다. "그래서 머리를 곤봉으로 칠 수 있을 만큼 가깝게 사람들이 그들에게 접근하는 것을 허용한다." 그러나 그 새는 쿡 선장의 항해에서 보였던 킹펭귄과 계속해서 혼동되었다. 런던 동물협회의 간사였던 스클레이터(P.L. Sclater)는 1888년까지도 여전히 '황제펭귄에 대한 주해(*Notes on the Emperor Penguin*)'* 라는 자신의 논문과 함께 그 문제를 해결하려고 노력하고 있었다. 그 혼란을 기술하면서 그는 다음과 같이 적었다. "그러나 몇 명의 현대의 저자들도 '우선권'에 대한 열광의 영향을 받아 오히려 황제펭귄을 아프테노디테스 파타코니카(*Aptenodytes patachonica*)라고 부르는 것을 택했는데 그 새는 파타고니아 내에서

* 디스커버리호 탐험대를 위해 에드워드 윌슨을 추천한 사람은 스클레이터였다. 그는 또한 윌슨이 에레부스호와 테러호에 승선하여 로스와 함께 항해했던 박물학자인 조셉 후커(Joseph Hooker)를 만나도록 주선하였다. 60년 동안 계속해서 후커는 아직도 런던에 있는 자기 방에 황제펭귄의 골격을 보관하고 있었다.

또는 근처에서 결코 발견된 적이 없기 때문에 그 이름은 심지어 가장 설득력 있는 견해에서도 주장될 수가 없다."

1841년 로스는 최초로 빅토리아 랜드(Victoria Land)의 연봉들을 황홀하게 쳐다보았으며 허먼 멜빌(Herman Melville—소설 '모비 딕'의 저자—역자 주)은 자신의 첫 번째 포경선을 타고 선원 생활을 시작했고 온타리오에서는 남극대륙의 신비를 푸는 먼 길을 갈 스코틀랜드인의 후예인 한 갓난아이가 태어났다. 존 머레이(John Murray)는 에든버러 대학에서 연구하기 위해 그곳으로 이주했으며 스발바르(Svalbard) 제도로 향하는 포경선에 승선한 선의 자격으로 최초로 고위도 지방을 항해했다. 1870년대에는 개업보다 세계의 대양에 관한 연구를 더 좋아하여 그는 보조 과학자로서 챌린저호(*Challenger*) 탐험대에 합류하였다. 에든버러 대학의 자연과학 교수인 톰슨(Charles Wyville Thomson)과 함께 그는 4년간의 전 세계 심해 여행을 시작하였다. 심해에 관한 그의 연구 때문에 그는 해양학의 아버지로 간주되고 있는데 그는 대서양중앙해령(Mid-Atlantic Ridge—1873년 챌린저호의 측심을 통해 존재가 알려진 해령으로 북극해로부터 아이슬란드를 지나 대서양중앙부를 남으로 건너 아프리카 남단에서 인도양으로 뻗은 해령—역자주)과 해구의 존재를 발견하였으며 바람에 날린 사하라 사막의 모래가 어떻게 심해 퇴적물의 화학성분을 변화시키는가를 최초로 관찰하였다. 1914년 그는 나이트 작위를 수여받았으며 그가 탄 차가 조종 불능으로 바퀴가 겉돌아 에든버러 근처에서 사망하였다. 그는 사우스퀸스페리(South Queensferry) 교외의 자신의 묘지에 묻혀 있다.

1893년 그는 '남극대륙 탐험의 부활'이라는 제목의 강의로 영국 왕립지리학회(Royal Geographical Society)에서 연설을 했다. 그는 측심과 준설로부터 추론하여 대륙일지도 모른다고 자신이 제안한 육지의 추측에 근거한 지도를 제시하고 그 공백의 지도를 작성하는 데 대영제국이 앞장 설 것을 요청하였다. 그는 또한 영어권의 세계가 게르만어족을 따라 이 가상의 대륙을 'Antarctica(남극대륙)'라고 부를 것을 제안하였다. 단순한 해양 관찰결과로부터 그는 극지방의 고원과 그곳의 고압의 일기계와 한쪽 아래에 있는 화산 산맥을 추론해내었다. 그의 논문은 1901년에서 1904년에 걸친 스콧의 디스커버리호(*Discovery*) 탐험을 고무시켰는데 그 탐험에서 머레이가 발견하리라고 예상했던 것이 정확하게 발견되었다.

'남극대륙(Antarctica)'이라는 제하의 1904년 어느 날의 뉴욕 타임즈 기사에 다음과 같이 쓰여 있는데 "그 신대륙은 20세기 초에 와서야 테라 오스트랄리스 인코그니타가 어떻게 밝혀지고 있는가를 보여주고 있다: 언젠가 이 남반부의 육지가 더 잘 알려질 것이다. 그것에 관하여 밝혀진 모든 것으로 보건대 그 대륙이 어떤 경제적 중요성이 있다고 알려질 전망은 거의 없다. 그러나 그 크기와 형태가 정확하게 밝혀지지 않은 대륙 규모의 육지가 남아 있는 한 탐험에 대한 열정이 가라앉지 않을 것이라는 것은 아주 확실하다."

지도제작자들은 지도상의 여백의 공간을 '잠자는 미녀'라고 부른다. 남아 있는 잠자는 미녀가 많지는 않지만 남극대륙은 그 중의 하나이다.

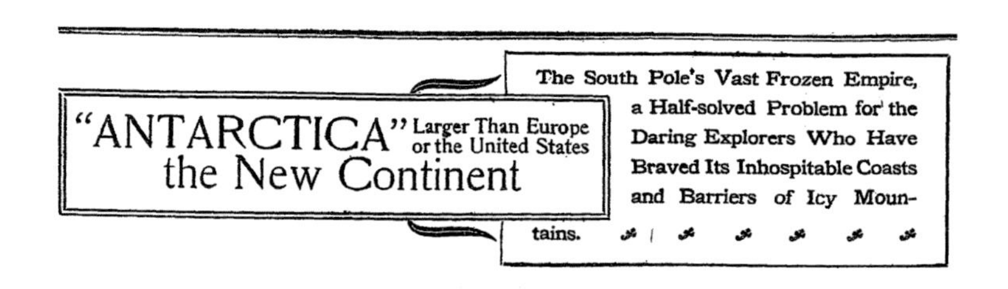
"ANTARCTICA" Larger Than Europe or the United States
the New Continent

The South Pole's Vast Frozen Empire, a Half-solved Problem for the Daring Explorers Who Have Braved Its Inhospitable Coasts and Barriers of Icy Mountains.

미국의 위대한 은둔자이자 야생의 미와 가치의 예언자인 헨리 데이비드 소로(Henry David Thoreau)는 새로운 풍경을 경험하기 위해 우리가 먼

거리를 여행해야 한다고 생각하지 않았다. 그는 "각자를 위한 최상의 장소는 그가 서 있는 곳"이라고 생각했으며 그에게 그곳은 매사추세츠의 숲이었다. 어느 연자가 캐나다 혹은 먼 애리조나에서 경험했던 어떤 자연의 경이에 관한 소문을 듣는 순간 그는 아마 비웃는 투로 다음과 같이 말했을 것이다. "나는 여기 월든 연못에서 똑같은 것을 본 적이 있네." 1856년 8월 30일 그는 자신의 일기에 다음과 같이 적었다. "우리들 자신에서 멀리 떨어진 야생을 꿈꾸는 것은 헛된 것이다… 약간의 인간 다움이나 덕이 있으면 지구 표면 어디나 전율을 느낄 만큼 신기하거나 자연 그대로의 상태가 될 것이다." 자연계에 대한 그의 비전이 현대 미국문학에 너무도 깊은 영향을 미쳤기 때문에 산문 시인인 애니 딜러드(Annie Dillard)는 그녀의 에세이 중 한 편에서 단순히 그를 '그 남자'라고 불렀으며 자신의 작품의 독자라면 누구나 그녀가 누구를 뜻하는지 금방 알 것이라고 상상하였다. 이국적인 나라들보다는 있는 그대로의 우리들 생의 가능성 속으로 더 깊이 여행하는 그의 본보기가 감수성이 예민하고 이상주의적인 몇몇 학생들 뿐 아니라 보다 단순한 생활을 추구하는 다수의 사람들에게 영감을 주어 왔다. 다음의 인용구는 20년 동안 내 방 벽에 걸려있었다.

> 나는 적어도 나 자신의 실험으로 이러한 것을 배웠는데 즉 사람이 자신의 꿈의 방향으로 확신을 가지고 전진하고 자신이 상상해 왔던 삶을 살려고 노력한다면 그는 보통 때에는 예기치 못할 성공을 경험할 것이다. 그는 어떤 것들은 잊어버릴 것이며 보이지 않는 경계를 통과할 것이고 새롭고 보편적이고 보다 자유로운 법칙들이 그의 주위와 그의 내부에 확립되기 시작할 것이다. 그렇지 않으면 낡은 법칙들이 확장되어 더 자유로운 의미로 그에게 유리하게 해석될 것이다. 그리고 그는 더 높은

> 신분의 존재라는 면허를 지니고 살게될 것이다. 그가 자신의 삶을 단순화함에 따라 우주의 법칙이 덜 복잡하게 생각되며 고독이 고독이 아니고 가난이 가난이 아니며 결점이 결점이 되지 않을 것이다. 설령 당신이 공중누각을 지었다 할지라도 당신의 노력이 상실될 필요는 없으며 그곳이 성이 마땅히 있어야 할 장소이다. 이제 그 아래에 기초를 놓도록 하자.

소로의 충고를 따르면 나는 극지방의 빙붕 위에서 생활하고 펭귄을 지켜보기 위해 지구를 횡단할 준비를 하지 않았어야 했다. 내게는 발전하는 의학적 경력, 친밀한 가족, 좋은 교우관계, 개인적 성장과 반성을 위한 충분한 기회가 있었다. 심지어 나는 출발하기 불과 수개월 전에 사랑에 빠진 적도 있었다(그리고 이런 이야기는 장기간 해외로 파견될 운명인 사람들 사이에서 드물지 않다). 나의 새 여자 친구인 이사(Esa)는 내가 그런 곳에서 살고 싶어 하다니 미쳤다고 생각했다. 때로 나는 그녀의 말에 동의했는데 그것은 남극대륙에 도착하고 싶어 하는 것에 관해서가 아니라 나의 생활이 이런 새 국면으로 막 접어들어 새로운 관계가 시작되려는 때에 떠나다니 내가 도대체 무슨 짓을 하고 있는가에 관해서였다. 나는 영국에서 나의 생활을 단순화하는 방법들을 찾아서 낯익은 땅에서 토대를 팠어야 했다. 그러나 그때 랠프 월도 에머슨(소로를 잘 알고 있던)이 쓴 '소로'라는 제목의 에세이에서 나는 다음과 같은 말을 발견하였다. "그는 극지를 약간 부러워하는 듯 보였는데 그 이유는 동시에 일어나는 일출과 일몰, 또는 6개월 뒤의 5분 동안의 낮과 같은 매사추세츠가 일찍이 그에게 제공한 적이 없는 멋진 사실 때문이었다." 비록 내가 150년 전에 죽은 미국의 염세주의자로부터 내 인생의 선택에 대한 변명을 구한다는 것이 어리석다는 것을 알고 있었지만 만약에 어떤 풍경이 소로로 하여금 자신이 사랑하는 숲으로부터 멀리 떨어지게끔 유혹할 수 있다면 그것이 바로 극권 너머의 고위도 지방이라는 것이 기뻤다.

남극대륙에서라면 소로도 마음이 편했을지 모른다. 극지방의 일출은 가을의 북부지방의 숲이나 엎질러진 동물의 피와 같은 색으로 물들어 있었다. 자연은 어떤 색깔이나 어떤 무늬를 좋아하는 것 같아서 계속 그것들을 사용한다. 심지어 혈액의 헤모글로빈과 잎의 엽록소는 화학적으로 매우 비슷한 구조로 탄소와 질소가 포르피린이라고 하는 동일한 고리모양의 배열 속에서 가지를 내며 웨딩 댄스를 추고 있다. 단지 고리 중심부의 금속 이온만 각기 다른데 마치 신부를 신랑과 바꾸면 모든 결혼식 하객의 색깔이 바뀌는 것처럼 헴에 대해서는 녹슨 붉은 철이고 엽록소에 대해서는 녹색으로 빛나는 마그네슘이다.

내가 핼리 기지에 근무하기 위해 인터뷰를 한지 1년 후 또 다른 가을이 나뭇잎을 붉게 물들이고 있었다. 나는 에든버러와 라틴 아메리카에서, 그 다음에는 한가로운 6개월 동안 BAS 의료부에서 수련을 받으며 그해를 보냈다. 플리머스의 데리포드 병원(Derriford Hospital)에 주둔한 군의관들의 도움을 받아 나는 전신마취를 하고 내 자신의 혈액 샘플을 분석하고 인간의 두개골에 구멍을 뚫고 드릴로 썩은 이를 빼는 것을 배웠다. 나는 100에서 99의 경우 메스를 잡지 않고도 충수염을 치료할 수 있다는 것을 알고는 안심이 되었다. 나는 청각학으로부터 엑스레이까지 내가 마주칠 수 있는 모든 문제에 관한 전문 클리닉에서 환영받았을 것이다.

내가 떠나는 날 부모님께서 스코틀랜드에서 링컨셔(Lincolnshire)주 이밍햄(Immingham)까지 나를 차로 데려다 주셨다. 내려가는 길에 아무도 말을 많이 하지 않았다. 험버(Humber)강의 진흙 수렁으로부터 움푹 들어간 곳에 위치한 이밍햄은 영국 제도에서 가장 큰 컨테이너항으로 나를 남극으로 데려다 줄 선박인 어니스트 섀클턴호(RRS *Ernest Shackleton*)를 탈 장소였다.

모든 큰 항구에서 쏟아져 나온 제 멋대로 퍼져있는 우중충한 창고들과 울타리로 막아놓은 부지들 사이로 섀클턴호를 찾아내는 데 잠시 시간이 걸렸다. 그것은 붉은색과 흰색의 얼룩덜룩한 배였는데 건강해 보였고 용골 높이까지 7년 밖에 묻지 않은 소금물로 반들반들하였다. 그의 억센 모습이 내 마음을 진정시켰다. 비록 그 배가 우리의 혹성 길이만큼 먼 거리를 나를 운반해주겠지만 그 주위에 계류되어 있는 세계적인 거대한 무역선들—벨기에산 자동차를 영국으로 운송하는, 크로아티아 승무원이 있는 바하마 선적의 노르웨이 선박, 다시 나오지 않았던 짐을 가득 실은 트럭들을 삼키고 있는, 아이슬란드를 경유하여 뉴펀들랜드로 향하는 두 척의 유조선, 녹은 뒤 대들보가 되어 영국으로 돌아올 운명인 녹슬고 있는 강철을 짐 선반 속으로 옮겨 넣고 있는 터키행 선박—에 비하면 섀클턴호는 아주 작아 보였다. 항구의 물은 더럽고 기름으로 번들거렸고 선박의 육중한 선체들 사이에서 빈둥거리고 있었다. 유일한 초록색은 약 1제곱미터의 한 조각의 외로운 잔디였는데 나는 몸을 굽혀 그 인내력에 대해 감사를 표하였다.

크레인이 설상차 한 대를 섀클턴호의 갑판으로 들어 올렸고 나는 그것이 제자리에 볼트로 죄어지고 있는 것을 지켜보았다. 부두를 따라 산더미처럼 쌓여 있는 것은 여러 가지 색깔의 식료품, 배관 두루마리, 완전한 실험실 한 채, 여섯 대의 스키두와, 각각의 행선지인 남극기지들에 해당하는 'H' 또는 'BI' 또는 'Z' 등의 코드를 스탬프로 찍어 놓은 수많은 운송용 대형 나무상자들이었다. 나는 트랩을 터벅터벅 걸어 올라가 브리지로 가는 길을 찾았다. 아무도 선장을 찾을 수 없어 배의 사무장이 나를 2단 침대와 테이블 한 개, 개인 욕실과 단안경 같이 생긴 현창이 있는 선실로 안내하였는데 나는 그 현창이 열대 바다와 거대한 빙산들을 액자에 담는 것을 상상하였다. 이곳이 세계의 밑바닥으로 향한 두 달의 항해 동안 코러클 배(웨일즈나 아일랜드의 호수에서 타는 고리로 엮은 뼈대에 짐승 가죽을 입힌 작은 배—역자주)와 같은 나의 공간이 될 것이다.

2

대서양의 축

항해가 시작되었을 때 그는 풋내기 선원의 순진한 경외감을 지니고
새로운 요소를 황홀하게 쳐다보았다. 그는 부비새를 보았다.
그는 해파리의 함대와 해초의 리본, 가다랭이와 날개다랑어 등의 무지개빛 색깔과
어둠 속으로 흘러들어가는 인광의 창백한 불빛을 보았다.

브루스 채트윈(Bruce Chatwin), 위다의 총독(The Viceeroy of Ouidah)

켄트 지방의 백악질 절벽들이 안개 속에서 유령처럼 보였다. 섀클턴호는 영국 해협을 횡단하는 연락선들과 초대형 유조선들과 바다를 헤엄쳐 다니는 별난 괴짜들과 충돌하지 않기 위해 방향을 틀면서 레이더로 도버 해협을 헤쳐 나아갔다. 서쪽으로 영국 해협 아래로 나아가자 우리는 스페인 무적함대를 침몰시키는 데 도움을 주었던 폭풍의 하나와 마주치게 되었다. 그것은 비스케이 만(Bay of Biscay, 스페인 북서부 오르테갈 곶에서 프랑스 브르타뉴 반도 서쪽 끝까지 이어져 있는 북대서양의 넓은 만—역자 주)으로부터 휙 돌아 올라와 브르타뉴 반도(Brittany, 프랑스 북서부의 반도—역자 주)와 콘월(Cornwall, 영국 잉글랜드 남서부에 있는 주—역자 주) 사이의 좁은 통로를 통과하여 바다 표면을 여러 조각으로 찢어놓았다. 아직도 모바일 폰의 신호를 잡을 수 있어서 나는 갑판 난간

을 꼭 잡고 빗속에 눈을 가늘게 뜨고 내가 사랑했던 사람들과 엄청나게 많은 문자 메시지를 주고 받았다. 15개월이 되어야 비로소 내가 그들 중 누구라도 다시 볼 기회가 있을 것이다. 이사(Esa)는 밀라노에서 새 생활을 시작하기 위해 막 이사한 참이었으며 몰아치는 비에 젖은 문자 메시지로 우리는 각자의 모험을 위해 서로에게 용기를 빌어주었다.

어둠이 떨어지자 배의 움직임은 방향 감각을 잃게 했다. 나는 침대에 누워 롤링하는 너울에 의해 섀클턴호의 이물이 위로 들어 올려졌다가 아래로 떨어짐에 따라 내 체중이 아래로 곤두박질쳤다가 위로 붕 솟아오르는 것을 느꼈다. 강철로 된 선체는 격벽을 통하여 흐느껴 울었으며 거친 바다에 의해 뒤틀렸다. 바닷물이 마치 세탁기 속의 비누 거품처럼 내 현창 주위에 소용돌이쳤다. 비스케이 만에는 경사가 완만한 대륙붕이 숨겨져 있어서 얕은 접시 물이라도 불어 들어오는 대서양의 편서풍에 의해 쉽게 휘저어져 잔물결이 인다. 섀클턴호는 북해의 짧은 너울에 맞게 건조되었기 때문에 대서양의 큰 놀은 배를 곤두박질시켜 배가 앞뒤로 흔들리게 된다. 승무원들은 그것을 '극지방의 큰 놀(Polar Roller)'이라고 불렀다.

비스케이 만을 건너가는 데 이틀이 걸렸다. 우리가 갈리시아(Galicia—스페인 북서부의 해안지역—역자 주)의 피니스테레 곶(Cape Finisterre)을 거의 돌자마자 바다는 잠잠해지기 시작하였으며 나는 한숨 놓았다. 선의로서 나는 할 일이 별로 없었는데 베인 손가락을 봉합하고 여행용 백신을 몇 개 투여하고 수혈을 해야 할 경우에 대비하여 모든 승무원들의 혈액형을 검사하는 것 등이었다. 첫 번째 기항지인 우루과이의 몬테비데오(Montevideo)에 도착하기 전에 우리는 3주 동안 광활한 대양을 항해할 것이다. 남쪽으로의 항해는 시간을 능숙하게 사용하는 데 있어 내게는 일종의 시운전이 될 것이다. 핼리 기지에서는 나는 1년을 통째로 가질 것이며 오직 하늘과 얼음 그리고 황제펭귄들만 나를 바쁘게 할 것이다. 몇 시간이고 또는 몇 주, 몇 달이고 밖으로 얼음 위를 가만히 응시하면 내 마음이 얼음처럼 맑고 투명하고 정돈되지 않을까 궁금하였다. 그리고 한 장소에 고정된 그 모든 시간이 내가 언어를 하나 배우고 튼튼하고 건강하게 되고 스코틀랜드의 생활에서는 결코 할 수 없었던 방식으로 한 장소에 몰두하게 허용해 주지 않을까 궁금하였다.

200년 전에 죽은 프랑스인인 자비에르 드 메스뜨르(Xavier de Mastre)가 이 점에서 나의 본보기가 되었다. 나는 그가 지은 책인 '내 방 일주 여행(*Journey Around My Room*)'을 가지고 왔다. 그 책은 자택 연금 상태 하에 한 칸의 방에 감금된 18세기의 어느 사부아르(Savoir) 귀족의 이야기를 말하고 있다. 불평을 늘어놓는 대신 그는 그 방안에 포함되어 있는 하나도 빠짐없이 모든 물건과 관련이 있는 미묘한 뉘앙스와 추억들을 조사하는 데 자신의 시간을 사용하였다. 그것은 인간 정신의 창조성과 다재다능함에 대한 일종의 기념비이다. 얼음을 정관해야 할 때를 상상하면서 나는 바다를 주시하면서 연습을 하였다.

바다는 이제 아주 부드럽고 기분 좋게 흔들려서 그것이 우리가 탄 배를 공중에 던져버릴 수도 있었다는 것은 상상도 할 수 없었다. 바다는 잔잔했으며 대양 속의 모든 레비아단(leviathan, 구약성서와 우가릿 문서, 후대 유대 문학에 언급되고 있는 바다를 혼돈에 빠뜨리는 신화적인 바다뱀 또는 용을 일컫는 말—역자 주)들이 때에 맞춰 숨을 쉬는 것처럼 비단처럼 윤기 있게 빛나며 오르내렸다. 시속 12마일의 느긋하게 자전거 타는 속도로 아주 천천히 시간대와 기후대를 통과하는 것이 최면을 거는 듯하였다. 나를 유럽에 연결시키는 탯줄이 점점 더 가늘게 늘어나더니 마침내 그것은 바다와 하늘 속으로 사라져버렸다. 비행기로 남극대륙까지 갔다면 그 탯줄은 너무 빨리 잡아 당겨져서 갑작스럽게 뚝 끊어져 버렸을 것이다. 나는 비바람이 접근하는 것을 관찰하는 것을 배웠다. 대양은 항상 변하지만 그 변화는 미묘하다. 나는 밖에서 갑판에 페인트칠을 하면서 하루 종일 바다를 지켜보았다. 바다의 색은 전이 금속 전체에 걸쳐 변했는데—어떤 때는 텅스텐과 같고, 어떤 때는 크롬, 어떤 때는 철, 어떤 때는 수은과 같았다.

우리는 지브롤터 해협을 통과했으며 마데이라(Madeira) 군도(대서양에 있는 포르투갈령 군도—역자 주)에 접근하고 있었다. 그리스인들에게는 이것이 지구를 둘러싸고 있는 대하인 오케아누스(Oceanus)였다. 단테의 오디세우스는 이 바다들을 알고 있었다. 그는 '고물을 아침 방향으로 돌려서' 지브롤터를 지나 밖으로 항해한 다음 남쪽으로 대양의 가장자리 위로 새로운 별들이 빛나는 미지의 반구 속으로 항해하였다. 매일 밤 나는 낯선 별들이 남쪽 하늘 속으로 뜨는 것을 지켜보았다. 수세기의 탐험과 항해, 해도와 GPS의 보호를 받고 있음에도 나는 여전히 텅 빈 해도만 지닌 채 미지의 세계로 떠나는 그 기분을 일별할 수 있었다.

동풍이 불어와 사하라 사막의 선물인 붉은 미세 먼지로 배를 흠뻑 적셨다. 그 바람은 다른 선물도 가져왔는데 서아프리카의 새들이 삭구 속에서 날개를 퍼덕거렸다. 이 작은 새들은 기진맥진해 있어 내가 몸을 굽혀 그들을 주울 수 있었다. 한 번은 코트디부아르(Cote d'Ivoire, 아프리카 서부 대서양 연안에 있는 공화국—역자 주)와 브라질 사이의 중간쯤에서 배 위에서 해오라기 한 마리를 발견한 적이 있다고 1등 항해사가 내게 말했다. 그는 물고기와 빵으로 그 새를 돌보아 건강을 회복시켰으나 새가 온 갑판 위에 똥을 싸기 시작하자 새장에 가두어버렸다. 그가 그 새를 아무리 잘 가두고 창살을 아무리 촘촘하게 만들어도 아침이면 그 새가 새장 꼭대기에 걸터앉아 있는 것을 발견하곤 하였다. 그래서 그는 그 새를 후

디니(Harry Houdini, 미국의 마술사, 결박 풀이, 탈출 등의 명인—역자 주)라고 이름 짓고 자유로이 돌아다니도록 내버려두었으나 마침내 어느 날 아침 그 새는 가버렸다. 육지 냄새가 그 새에게 미쳤음에 틀림없다.

카보베르데 군도(Cape Verde Islands)가 허리 깊이까지 안개에 싸인 채 서 있었다. 그들의 정상인 식어버린 화산추들만 퀴퀴한 열대의 공기 위로 우뚝 솟아 있었다. 불과 10년 전에 마지막으로 분화했던 일랴 포고(Ilha Fogo) 섬을 통과할 때 나는 현지 라디오 방송을 틀었는데 포르투갈어의 거의 슬라브식 r후음 발음이 섞인 아프리카와 라틴 리듬이 융합된 소리를 들었다.

우리는 물총새처럼 푸른 바다 위로 계속해서 남쪽으로 항해했다. 열기에도 불구하고 새가 산다는 징후는 거의 없었는데 따뜻한 적도 바다는 산소 함량이 더 적어 고위도 지방의 더 차고 더 거친 바다보다 더 적은 수의 고기들이 거기에 살고 있다. 가끔씩 날치 떼들이 수면으로부터 폭발하듯이 튀어 올라 구상 번개처럼 번쩍였다. 그들은 때로 강철 갑판 위로 떨어져 맥을 못추고 무기력하게 퍼덕이곤 하였다. 크림색의 북양 가마우지들 같은 부비새들이 배를 뒤쫓다 오다가 이따금씩 우리 배 고물로부터 벗어나 눈에 보이지 않는 희박한 고기 떼 속으로 잠수해 들어갔다.

며칠 후 우리는 적도에 도달하였다. 지구의 자오선에서 나는 밖으로 나와 갑판에 페인트칠을 하고 아주 오래 전에 그랬던 것처럼 대양을 바라보고 있었는데 내 몸에서 기름투성이의 상판으로 땀이 미끄러져 내렸다. 내 그림자가 수축하여 내 구두 주위로 옒은 푸른 웅덩이 크기로 오그라들었다. 우리는 적도를 횡단하는 식을 올렸다. 유서 깊은 해군의 전통으로는 적도 위로 항해해 본 적이 없는 나 같은 신참들은 우리들에게 퍼부을 구정물 버킷으로 무장한 채 배 안을 돌아다니는 고참 일

당들로부터 숨어야 했다. 나는 3등 항해사와 함께 앞 갑판에 있는 로프 더미 뒤에 숨어서 라거 맥주를 마시며 그날 오후를 보냈다. 아무도 우리를 발견하지 못했으며 결국 우리는 갑판 위로 뛰어올라 물총을 쏘아대며 배 고물에 있는 후갑판까지 싸워서 통과하였다.

어느 날 갑판장이 내게 역사적으로 해군에서는 수병들이 훈련을 받을 필요가 거의 없는 이유를 설명해 주었던 것은 후갑판 위에서였다. 우리는 뒤로 밀려가는 물결을 바라보았는데 엔진이 쟁기로 갈아 젖혀 대양 속에 흰 선의 이랑을 만들고 있었다. "1초 밖에 걸리지 않을 거야" 그가 말했다. "그리고 당신은 행방불명 될 거야."

나는 부글거리는 물거품 속에서 한 곳을 찾아서 갑자기 그 속에 휘말려 배가 서서히 멀어져 갈 때 파도 속에서 미친 듯이 팔다리를 흔들어 대는 것이 어떠할 것인지 상상하려고 애를 썼다.

"아무도 당신이 어떻게 빠졌는지 알 수 없어. 그 속으로 떠밀어버린다고 으름장을 놓으면 누구나 규칙을 잘 지키게 되지."

우리는 감옥 섬이었던 페르난도 데 노로냐(Fernando de Noronha, 브라질 동쪽 끝에서 약 200km 떨어진 곳에 있는 남대서양의 섬, 한 때 유형 식민지로 사용되었다—역자 주) 섬을 통과하였다. 우현의 이물에서 좀 떨어진 곳에 브라질이 놓여 있었다. 초록색의 얕은 해안이 시야에 들락날락하였다. 라틴 아메리카의 일몰은 마치 태양이 브라질의 숲속으로 떨어져 지평선을 불태우는 것처럼 맹렬하였다. 모루 모양의 열대성 뇌운인 적란운 덩어리들이 금박의 돛을 단 갈레온선(galleon, 16세기 초에 등장한 3~4층 갑판의 대형 범선—역자 주)처럼 해안선을 따라 뭉게뭉게 피어올랐다. 마치 해전에서 대포가 발사되듯이 그 구름들로부터 천둥 번개가 번쩍였다. 새들 대신 나는 갑판에서 정글로부터 동쪽으로 바람에 날려 온 거대한 나방과 나비들을 발견하였다. 회유 중인 혹등고래들이 배 근처에서 물위로 솟아올랐다. 쌍안경을 통해 나는 그 중 한 마리가 엄숙한 인사의 표시로 꼬박 30분 동안 머리를 물속에 처 박고 꼬리를 높이 쳐들고 떠 있는 것을 지켜보았다. 배의 주민들은 구명정 검열, 승선자 선외추락, 기관실 사상자 발생, 해적 출현 등에 대비한 일상적 훈련에 빠져들었다. 배에는 무기가 갖추어져 있지 않았으며 만약 해적이 배에 올라타면 우리는 그들에게 소화전을 돌리라고 지시를 받았다. 우리가 라플라타 강(Rio de la Plata, 아르헨티나와 우루과이 사이를 흐르는 길이 약 300km의 강—역자 주) 하구에 다다랐을 때 나는 승무원들을 위한 성매개 질환 강의를 준비하였다. 승무원들 다수가 넉 달 동안 집에 다녀오지 못했으며 배는 곧 몬테비데오의 사창가와 나란히 정박할 예정이었다.

현지 뚜쟁이들이 도크 주위를 어슬렁거리며 알코올과 코카인에 취하고 섹스하고 싶어 안달이 난 선원들을 찾고 있었다. 나는 한국 선원들로 들썩거리는 바에서 따뜻한 아르헨티나산 라거 맥주를 마셨고 파라과이 출신의 영양실조에 걸린 소녀들의 유혹을 퇴짜 놓았다. 다음날 이밍햄에서부터 항해했던 승무원들은 비행기로 아내와 걸프렌드에게 돌아가고 새 승무원들이 승선하였다. 도크에 들어가 있는 동안 섀클턴호는 신선한 과일과 야채, 컨테이너 두 개분의 최상급 냉동 쇠고기를 싣고 BAS 기지들로 향하는 60명가량의 과학자들과 지원 스텝들을 태웠다.

여기는 이제 온대 바다여서 바깥의 갑판 위에서는 저녁 공기가 차가왔다. 브라질 해안에서 떨어진 곳에서 보았던 큰 나방들은 던져진 칼처럼 파도를 스치듯 지나가는 검은 이마의 앨버트로스들로 교체되었다. 우리가 파타고니아에 근접했을 때 마젤란펭귄들이 배의 이물 앞에서 돌고래처럼 수면에 잠겼다 솟았다 하였으며 마법에 걸린 듯한 어느 날 저녁 현연(뱃전의 위끝, 배의 측면 위쪽, 측면과 갑판이 만나는 부분—역자 주) 너머

밖으로 몸을 굽혔을 때 나는 일몰의 하늘 아래 한 쌍의 둥근머리돌고래가 물위로 솟아오르는 것을 보았다. 우리가 더 고위도 지방으로, 남반구의 여름 속으로 더 깊이 올라감에 따라 밤이 짧아졌다. 섀클턴호는 사람들로 붐볐으며 선상 바에서는 매일 밤 게임과 파티가 열렸다. 나는 어둠 속에서 헬기 갑판에 누워 밤하늘을 쳐다보곤 하였다. 회유 중인 남극 제비갈매기들이 배의 불빛 속으로 방향을 바꾸곤 하였다. 오리온성좌가 이제는 거꾸로 놓여 있었으며 카시오페이아성좌는 북쪽을 향해 바다 속으로 살짝 빠져나가버렸다. 플레이아데스성단(Pleiades, 황소자리에 있는 산개 성단—역자 주)은 희미한 빛의 얼룩으로 아직 우리와 함께 있었으며 은하수는 무한대의 딴 세상 속으로 펼쳐져 있었다. 눈앞의 긴 침묵을 대하자 마음이 안정되고 편안하게 느껴졌다. 우주의 스케일을 바라보고 그 앞에서 작고 보잘것없음을 느끼는 것은 좋은 일이다. 밤마다 나는 우주로부터 기운을 얻었다.

* * *

바람에 의해 침식된 나지막한 구릉의 이탄지대(이탄이 퇴적되어 있는 장소, 이탄은 낮은 온도로 인해 죽은 식물들이 미생물 분해가 제대로 이뤄지지 않은 상태로 쌓여 만들어진 토양층을 말함—역자 주)인 포클랜드 제도(Falkland Islands, 아르헨티나 남동쪽 남대서양에 있는 영국령 군도—역자 주)가 나를 헤브리디스제도(Hebrides, 스코틀랜드 북서 해양에 산재하는 500개의 도서군—역자 주)에 대한 향수에 잠기게 했다. 황량한 구릉들이 황금빛 테를 두른 텅 빈 해변을 향해 달려 내려가고 있었다. 그 구릉들 너머로 바다가 청회색과 심청색으로 얼룩져 있었으며 그 색깔은 구름의 움직임과 함께 바뀌었다. 구름들 자체는 엄청나게 크고 키와 같이 생겼는데 마치 하늘을 조종하듯이 동쪽으로 급히 흘러갔다.

나는 스텐리(Stanley, 포클랜드 제도의 주도—역자 주)에서 풍기는 국경지역의 취기에 빠져 들었다. 황금 빛 액자에 들어 있는 마가렛 대처 수상 사진 아래서 나는 호주인 한 명을 만났는데 그는 시드니에서 밴쿠버까지 요트로 항해했으며 또 다른 요트를 건조한 다음 그것으로 미국 서해안 아래로, 그리고 혼 곶을 돌아 포클랜드 제도까지 항해했다. 아르헨티나를 잠시 방문한 뒤 막 포클랜드 제도로 돌아왔는데 아르헨티나에서 그는 도착하자마자 '체류기한 초과'로 벌금형을 받았다. 그는 전에 아르헨티나를 방문한 적이 한 번도 없었으나 아르헨티나인들이 포클랜드 제도의 영유권을 주장하기 때문에 그의 입국 날짜는 그가 말비나스 제도(Las Islas Malvinas, 포클랜드 제도의 스페인식의 다른 명칭—역자 주)에 처음 도착한 날로부터 계산되었다.

1980년대 초의 짧은 군사적 충돌 후 영국군이 그 제도를 지배했다. 그들의 주둔으로 섬 인구는 배로 늘고 도로가 유지되고 급여가 지급되고 바다가 통제되고 영공이 감시되었다. 대부분의 병사들은 신병들에게 '죽음의 별(the Death Star)'로 알려져 있는 것과는 반대로 명명된 Mount Pleasant(쾌적한 산) 기지 내로 몰아넣어졌다. 그것은 고된 근무지로 간주되고 있다. 군사우체국 근처에서 나는 10대 신병 한 명을 만났는데 그녀는 거기에 배치된 지 6개월 되었으며 건조한 누들과 콘플레이크를 먹고 살았으며 시트도 없는 매트리스 위에서 잠을 잤다. "하루를 어떻게 보내느냐?" 내가 그녀에게 물었다. 그녀는 커튼을 뒤로 젖히고 내게 바닥에서 천장 높이의 자신이 수집한 DVD들을 보여주었다.

연합 사무실에서 베레모를 쓴 병사 한 명이 내게 지뢰밭 지도와 다리가 날아간 암소 한 마리를 보여주는 광고 전단을 주었다. 그 충돌 도중 지휘관들이 달아난 아르헨티나의 영양실조에 걸린 징집병사들이 매설 위치를 기록하지 않고 지뢰들을 흩뿌렸다. 방독면과 식량 주머니를 들어오는 영국인들을 위하여 히스 꽃 위에 부비 트랩에 위장하여 남겨 두었다. 지금은 동물들과 콧부리에 토치램프를 장착하고 지면을 질주하는 작은 원격 조종 차량들이 지뢰를 찾고 있다.

현지 라디오 방송이 뜻 모를 군대 용어를 웅얼거렸는데 BAS 선박이 항구에 도착한 것이 주요 뉴스였다. **어니스트 섀클턴호**의 자매선인 **제임스 클라크 로스호**가 섬에서 새로 사들인 마약탐지견의 수색을 받은 최초의 선박이 되었을 때 소동이 일어났다. 그 배는 몬테비데오에서 갓 도착했으며 개는 은닉된 코카인을 찾아 바로 뛰어갔다. 그러나 스탠리에는 감옥 공간이 제한되어 있어 그 범인은 총독 관저의 나무를 전지하고 잔디를 깎으면서 형기를 보내도록 허용되었다는 소문이 돌았다.

비록 황제펭귄은 아직도 남쪽 수평선 너머 수백 마일 떨어진 곳에 있었지만 내가 처음으로 야생 펭귄에서 팔을 뻗으면 닿을 거리 내로 용케 다가 간 것은 스탠리로부터 해안을 따라 2,3마일 떨어진 곳에서였다. 나는 젠투(Gentoo) 펭귄 번식 군서지로 하이킹을 갔는데 그것은 펭귄 가족에 대한 지저분하고 시끌벅적한 소개였다. '젠투'라는 이름은 좀 별난 유래를 갖고 있다. 18세기 프랑스 뉴기니 탐험대의 생물학자였던 피에르 소네라(Pierr Sonnerat)가 그 항해의 조류학 보고서에 3마리의 '**망쇼**(*manchots*)' 스케치를 포함시켰다. 이전에 프랑스의 박물학자인 뷔퐁(Buffon)이 이미 북반구 바다쇠오리에 대해 사용되고 있던 '펭귄(penguin)'이라는 단어를 영국인들이 동물학적으로 별개의 종류인 남반구 조류에 대해 사용하는 것을 반대하였다. 날개 기능이 명백하게 소실되었기 때문에 그는 프랑스인들이 펭귄을 '손이 불구인' 것을 뜻하는 **망쇼**(*manchots*)라고 부를 것을 제안하였다. 소네라의 보고서에서 새로이 기술된 이 펭귄들은 *manchots Papou*, 즉 '파푸아 펭귄(Papuan penguin)'이라고 불리고 있다.

'젠투'라는 단어는 '힌두(Hindu)'에 대한 인도네시아 단어와 관련이 있다고 생각된다. 소네라는 동인도제도 여행에서 이런 펭귄들을 볼 수 없었을 텐데 그렇다면 그는 왜 사람들에게 자신이 보았다는 것을 확신시키려고 애썼을까? 아마도 자신을 더 대담하게 보이게 하려고 그랬을 것이다. 현재는 소네라가 한때 자신의 스승이었던, 1760년대에 파타고니아와 포클랜드 제도를 방문했던 캄머슨(Commerson)이라고 하는 박물학자로부터 그의 그림들을 도용했다고 생각된다. 그러나 이러한 명명의 혼란은 그 새의 린네 식 분류명인 *Pygoscelis papua*, 즉 '파푸아의 브러쉬 테일드 펭귄(brush-tailed penguin)'으로 계속 이어졌다.

나는 그들의 둥우리에서 수인치 떨어진 곳에 엎드려서 행복한 오해를 즐겼다. 아남극에서 작업했던 기가 막힌 물개사냥꾼들은 이 새들을 '쟈니 펭귄(Johnny Penguin)'이라고 불렀다. 그들의 거동은 때로 절뚝거리는 노인들이나 다른 때에는 비틀거리며 아장아장 걷는 아이들을 암시하였다. 그들은 출판업자 알렌 레인(Allen Lane)으로 하여금 자신의 6펜스짜리 페이퍼백 북을 펭귄이라고 부르게끔 한 '고상하게 보이는 경박함'을 전형적으로 보여준다고 생각되었다. 펭귄은 종종 우리 인간들에게 익살맞게 보여서 세계의 동물원에서 사람들을 끌어 모으고 '펭귄 투어'에 관광객들을 끌어 들이며 초콜릿 비스킷이나 푹신푹신한 장난감들을 팔리게 한다. 서점에서 잽싸게 찾아보면 펭귄에 관한 대부분의 책들이 아동들을 노리고 있음을 알게 된다. 이것은 아마도 육지에 있을 때 사람들을 믿는, 두려움을 모르는, 거의 아이 같은 그들의 행동 때문일 것이다. 경험이 풍부한 조류학자들조차 그들이 인간과 묘하게 닮은 점에 대해 열변을 토한 바 있다. 그러나 수중에서는 이러한 인간 동작의 서투른 흉내가 자취를 감추고 그들은 기름칠한 근육덩어리처럼 움직인다. 그들이 헤엄치는 것을 지켜보았을 때 마음에 떠올랐던 비슷한 사물들은 모두 미사일과 관련이 있었으나 그 속에 폭력은 담겨있지 않았다. 무해하게 전시되어 있는 송골매의 급강하하여 덮치는 모습과 해저 공간 속을 힘들이지 않고 돌진하는 모습을 상상해 보라.

각각의 젠투펭귄 둥우리로부터 구아노(바닷새의 배설물—역자 주)의 빛이 뿜어져 나왔으며 나는 매번 똥을 찍 싸기 전에 나타나는 보면 금방 알 수 있는 쪼그리고 앉은 자세와 꼬리를 쳐든 모습을 보면 조심해서 움직였다. 총생 초본(뿌리에서 많은 줄기가 무리지어 자라는 풀—역자 주)은 모두 닳아 없어졌으며 번식지는 단단히 다져진 흙바닥 위에 지어진 것 같았다. 그들은 키가 2피트에 불과했으며 내가 도중에 보게 될 황제펭귄들보다 훨씬 더 시끄러웠다. 그들은 서로를 보고 크게 떠들어댔으며 해변과 군서지 사이에서 서로 거칠게 몸을 밀쳤다.

고위도 지방의 흉악한 청소부인 도둑갈매기가 보호받지 못하는 알들을 주시하면서 날아다녔다. 나는 그들을 향하여 유목을 휘둘렀다. 그렇지 않으면 도둑갈매기들은 나도 노렸을 것이다. 때로 그들은 단순히 공중에서 낙하하여 알을 품고 있는 펭귄에게로 돌진하여 둥우리에서 때려 눕히려고 하였다. 다른 때에는 그들은 둘씩 짝을 지어 작업하며 한 마리가 펭귄의 꼬리털을 잡아당기는 동안 다른 놈이 알을 깨려고 뛰어들곤 하였다. 나는 각각의 도둑갈매기들이 약 2천 마리의 펭귄에 해당하는 '영토'를 방어한다는 것을 읽은 적이 있다. 이 숫자는 아주 정확하다고 보고되어서 펭귄 군서지를 세기 위해서는 도둑갈매기 수를 세어 2천을 곱하면 충분하다. 그들의 속명은 *Stercorarius*인데 *sterco*는 '똥'에 해당하는 라틴어이다. 나는 그 이름이 그들의 깃털 색에서 유래했는지 아니면 그들의 습성에서 유래했는지 궁금하였다. 잔뜩 포식한 후 그들은 종종 이륙할 수 있도록 배변하는데 이로 인해 그들은 '똥매(shit-hawks)'라는 잊을 수 없는 별칭을 얻었다.

내 뒤에서 캄머슨의 돌고래 떼가 얕은 곳에서 놀고 있었다. 흑백 얼룩무늬가 있는 작은, 돌고래들의 줄무늬 등이 타르로 얼룩진 얼음처럼 반짝였다. 해저의 노란 모래가 바닷물을 통해 굴절되었는데 마치 돌고래들이 액체 호박 속을 철벅거리며 지나간 것 같았다. 잠시 후 그들은 어슬렁거리다가 갑자기 밀어닥치고 구르면서 뛰어올랐다. 포클랜드 해변에 서 있으니 내 주위의 환경이 풍요로움과 다양성과 함께 쇄도하는 것 같이 느껴졌다. 그 모두가 여전히 남쪽으로 놓여 있는 얼어붙은 세상과는 판이한 느낌이 들었다.

포클랜드 제도에서 남쪽으로 불과 하루를 항해했을 때 나는 칼날 같은 검은 이마의 앨버트로스들이 이따금씩 보이는 외톨박이 나그네 앨버트로스들로 바뀌었음을 알았다. 나그네 앨버트로스의 비행에서처럼 그렇게 자신 있고 우아한 움직임 속에 구현된 위엄과 고귀함을 나는 결코 보지 못했다. 우리는 남극대륙 주위로 시계 방향으로 끊임없이 편서풍을 불어 보내는 해양 폭풍 지대인 위도상의 '격노한 50도(Furious Fifties)' 지역으로 들어왔다. 우리가 위도를 1도 올리는 것은 더 높고 더 자유롭고 더 바람이 센 곳으로 사다리의 가로대를 올라가는 것과 같았다. 밖에서 고물에 서서 앨버트로스가 대기를 이용하는 것을 바라보는 것은 사람을 취하게 만들었다. 또 하루 더 남쪽으로 가서 우리는 상대적으로 따뜻한 대서양 바닷물이 남극해의 무감각한 벽과 마주치는 선인 남극 수렴선(Antarctic Convergence)을 건넜다. 우리가 두 개의 바다가 지질구조판처럼 인접해 있는 단층선을 지날 때 나는 배의 기기들 위에서 온도 변화를 관찰하였다. 우리는 수온이 섭씨 7~8도 되는 바다를 항해하고 있었는데 그러다가 갑자기 등온선이 횡단보도 정도로 좁아졌다. 우리는 수온이 불과 섭씨 1~2도 사이 밖에 되지 않는 바다에서 파도에 시달렸다. 두 개의 물줄기가 서로에 의해 깜짝 놀라고 섞이지 않고 마치 지기를 꺼려하는 두 명의 헤비급 선수들처럼 서로 맞서는 것처럼 보였다. 두 해역의 만남이 일종의 타협을 강요하여 차고 밀도 높은 물은 아래로 내려가고 따뜻하고 가벼운 물은 위로 올라와 그 결과로 인한 교란과 용승으로 물고기와 크릴이 수면으로 떠올랐다. 수면 위에 눈에 보이는 선이 있었으며 생명으로 거품이 일었다. 긴수염고래와 남극 큰고래들이 남극 수렴선을 따라 그들의 섬 같이 육중한 몸을 좌우로 흔들었다. 앨버트로스들이 공기를 가르며 마치 전선에 매달린 것처럼 그들의 몸을 너울 쪽으로 비스듬히 기울였다. 바다제비들이 파도 꼭대기에서 춤을 추었는데 '작은 베드로들'이 성 베드로가 갈릴리 호수 위를 걷듯이 머뭇머뭇 주저하면서 발끝으로 살금살금 걸었다. 남쪽으로 조금 더 가자 우리는 일행과 합류하기 위해 북쪽으로 항해하는 작은 범고래 떼를 지나쳤다.

우리가 남극해로 들어온 것을 표시하기 위해 끈적이는 안개가 끼어 우리들의 눈을 가렸다. 레이더 상에 거대한 빙산들이 나타났는데 그 중 한 개는 길이가 40마일에 달했다. 이 얼음에 뒤덮인 바다는 서양인들의 상상 속에 오랜 역사를 가지고 있다. 플리니우스(Pliny, 로마의 정치가, 박물학자, 백과사전 박물지 편집자—역자 주)는 '크로니아 해(Cronian Sea)'에 관해 기록했으며 밀턴도 '두 개의 극풍(Polar Wind)이 크로니아 해 위로 반대로 불어 함께 얼음의 산들을 몰아낼 때.'라고 썼다. 나는 좌현 쪽에서 떨어진 곳에 나의 첫 번째 빙산을 보았는데 그것은 안개 속에서 유령같이 희미했고 완벽한 판상의 모습이 한쪽 모서리 쪽으로 경사져 있었고 그 옆구리는 접어져 레오나르도 식탁보처럼 총안 무늬가 있었다. 빙산에 대한 나의 첫 인상은 순수함과 광대함이었다. 파도가 부서지고 너울이 굽이쳤지만 빙산은 마치 대양의 앵커 핀처럼 요지부동이었다. 그것은 마치 수백 년 존속할 것 같이 보였으나 사실 나는 그것이 다음 주에 사라질 수 있다는 것을 알고 있었다. 우현 쪽에서 또 다른 거대한 빙산이 다가왔으며 우리는 마치 관문을 통과하는 것처럼 그 둘 사이를 지나갔다.

바람은 그쳤으며 바다는 젖은 비단 장막같이 느껴졌다. 바다는 **죽음의 바다**(*mare mortium*)로 엷은 안개 속에서 죽은 것 같은 느낌을 주었으며 얼음 절벽에서 소용돌이치며 날고 있는 바다제비들은 지옥문 앞에 있는 박쥐들 같았다. 사해(Dead Sea)에 관해 말하자면 여호수아기에 쓸쓸하고 황량한 장소인 **고독의 바다**(*mare solitudinis*)가 기술되어 있다. 그러나 그때 나는 앨버트로스들을 얼핏 보았으며 마치 우리들이 천사의 호위를 받고 있는 듯한 느낌이 들었다.

콜리지(Samuel Taylor Coleridge, 1772~1834, 영국의 시인 겸 평론가—역자 주)는 웨스트 컨트리(West Country, 영국 잉글랜드의 남서부 지역—역자 주) 태생의 소년이었으며 데번주(Devon, 잉글랜드 남서부의 주—역자 주) 출신의 목사의 아들이자 열세 자녀들 중의 한 명이었다. 그는 성장하여 군인, 우유부단한 남편, 대학교 중퇴자, 아편 남용자 그리고 잉글랜드에서 가장 사랑받는 시인이 되었다. 그가 윌리엄 워즈워드(William Wordsworth)와 그의 여동생 도로시 워즈워드(Dorothy Wordsworth)와 결연하여 잉글랜드와 대륙에서 그들과 함께 생활하고 여행한 것은 잘 알려져 있다. 19세기의 전환기 직전에 그는 서머셋(Somerset, 영국 잉글랜드 남서부의 주—역자 주)에 살고 있었으며 자신의 가장 유명한 담시인 '쿠블라 칸(Kubla Khan)'과 '늙은 뱃사람의 노래(The Rime of the Ancient Mariner)'를 짓고 있었다. 후자는 남대서양의 사나운 폭풍에 영감을 받았는데 콜리지는 남대서양을 한 번도 본 적이 없었다. 그 시에서 그는 그 경험을 아주 교묘하게 환기시켰기 때문에 영어에 몇 가지 기억할 만한 표현들(water water everywhere nor any drop to drink)과 아이콘 이미지(당신의 목에 앨버트로스를 걸치고 있는)를 제공하였다.

누구든지 목에 앨버트로스를 걸치고 그럭저럭 살아가는 사람을 상상하는 것은 우스꽝스럽지만 콜리지는 자신의 청중들이 이 새의 거대한 크기를 상상할 수 없으리라는 것을 알고 있었다. 그 시에서 살아 있는 앨버트로스는 크리스천의 영혼이나 구속의 약속을 나타낸다고 생각되는데 왜냐하면 그것이 뱃사람들을 저주받은 남극해로부터 끌어내려고 애를 쓰기 때문이다. 그 뱃사람은 앨버트로스를 쏘아 죽이지만 그것 때문에 선원들의 비난을 받는데 그들은 그가 목에 그것을 걸치도록 강요한다('십자가 대신 앨버트로스가 내 목에 걸렸네').

서머셋의 언덕을 산책하면서 그가 어떻게 그렇게 정확하게 남대서양을 묘사했을까? 워즈워드에 의하면 그 두 사람은 약탈 임무를 띠고 지금은 아르헨티나와 칠레인 스페인 항구들로 갔던 해적이었던 조지 셸보크(George Shelvocke)가 지은 책을 읽고 있었다고 한다. 그곳에 도착하기 위해 셸보크는 남극 바다 깊숙이 바람에 불려갔으며 '남대양을 경유한 세계 일주 항해(*A Voyage Round the World by way of the Great South Sea*)'라는 책 속에서 그 경험을 기술하였다. 그 책은 1726년에 처음 출판되었으며 나는 콜리지의 모교인 캠브리지의 예수 칼리지(Jesus College)에서 멀지 않은 중고서점에서 복각판 한 권을 발견했다.

셸보크는 이 바다에 들어온 최초의 사람들 중 한 명이었으며 제임스 쿡 선장의 위대한 두 번째 항해는 50년 동안 일어나지 않았다. 그는 위도상 아남극 지역에 대한 기술로 시작하는데 3세기 후에 보아도 정확하다. "여름철이 상당히 깊어져 낮은 매우 길지만 그럼에도 불구하고 계속 진눈깨비와 눈, 비가 섞인 돌풍이 불고 하늘은 음침하고 음울한 구름에 의해 우리들로부터 영구히 숨겨져 있었다." 외톨박이 '비탄에 잠긴 검은 색 앨버트로스' 한 마리가 그 배를 뒤쫓아 오고 있었는데 아마도 거무스름한 앨버트로스였을 것이다. 셸보크의 2등 항해사인 하틀리(Hartley)가 그 새는 그 검은 색 때문에 나쁜 징조이며 자신들이 라틴 아메리카 해안의 약탈 장소에 도달하는 것을 방해하는 '반대방향의 대폭풍'을 가져온다고 결론을 내렸다. 하틀리가 그 앨버트로스를 쏘아 죽였는데 그로 인해 "선원들은 그렇게 외딴 세상의 한 부분에 있다는 감상으로부터 그들의 생각을 어느 정도 전환시켜주었던 친구를 잃게 되었다."

나는 셸보크와 늙은 뱃사람의 미지의 바다 깊숙이 항해하는 센스가 부러웠다. 뱃사람의 노래로 보건대 콜리지도 역시 그랬을 것이 아닌가 생각된다.

> The fair breeze blew, the white foam flew,
> The furrow followed free;
> We were the first that ever burst
> Into that silent sea.

위도 60도에서 우리는 또 다른 선을 건넜는데 이번에는 북쪽의 협상 테이블에서 정해진 가상의 선이었다. 그 선 너머에서 남극조약이 발효되어 1961년부터 유효하다. 이번에는 해상에 가시적인 선은 없었다. 그것은 일종의 편리한 경계선으로 그보다 더 남쪽의 땅은 그다지 탐사되지 않았거나 심지어 20세기까지 어느 나라도 영유권을 주장하지 않았다. 그 조약 가맹국들은 모두 영유권 주장을 적어도 당분간 '미정인 상태로' 두는 것에 동의하였다. 전쟁을 치렀던 그 세기에서는 아마도 한 대륙을 충돌에서 제외하는 것이 현명했을 것이다.

나는 오전 5시에 잠에서 깨어 나의 현창에서 빙산들을 보고 밖으로 달려 나가 그것들이 지나가는 것을 지켜보았다. 빙산에는 무엇인가 건축적인 면이 있었는데 작은 탑과 뾰족탑 모양으로 조각된 동화의 성과 같았다. 빙산 하나는 밀라노의 고딕 대성당처럼 보였는데 번쩍이는 해빙의 광장 속으로 한쪽으로 기운 채 축 늘어져 있었다. 작은 비둘기같이 자기처럼 하얀 흰바다제비들(snow petrel)이 배와 얼음 벽 사이에서 빙빙 돌았다. 턱끈(chinstrap)펭귄과 아델리(adelie)펭귄들이 크루즈 승객들처럼 각 빙산의 이물과 고물에 몰려들었다. 그들은 둘 다 내가 포클랜드 제도에서 만났던 젠투(gentoo)펭귄보다는 더 작은 종이며 그들의 린네 식 이름에는 후자와 같은 음모는 아무 것도 없다. *Pygoscelis adeliae*는 어느 프랑스 탐험가의 아내 이름을 따서 명명되었고 *Pygoscelis antarticus*는 멸시할 만한 상상력의 결핍을 보여주고 있다.

하늘은 마치 바다의 가장 위층을 벗겨내어 말리기 위해 그 속에 걸어둔 것처럼 보였다. 사우스오크니 제도(South Orkney Islands, 남극반도 북쪽에 있는 군도—역자 주)의 꼭대기들이 남쪽 수평선 너머로 솟아 있었다. 배는 해빙을 헤치고 나아가 더 두꺼운 빙판들을 올라타서는 잠시 우물거린 뒤 그것들을 박살내며 뚫고 나간다. 그 소리의 효과는 아우스테를리츠(Austerlitz, 체코 중부, 모라비아 지방 남부의 소도시, 1805년 나폴레옹 1세가 러시아와 오스트리아 연합군을 격파한 곳—역자 주)에서의 나폴레옹의 대포와 같아서 펭귄들은 갈라지는 빙원을 가로질러 어지러이 달아났다. 우리는 그들이 틈 속으로 빠졌다가 다치지 않고 멀리 떠다니는 것을 볼 수 있었다. 살찐 게먹이물범(crabeater seal)들이 동요하지 않고 찬바람 속에 누워서 선잠을 자다가 서리로 뒤덮인 속눈썹을 통해 배를 쳐다보았다.

시그니 섬(Signy Island, 사우스오크니 제도에 있는 작은 섬—역자 주)에 있는 기지 아래의 만에는 얼음이 없었고 텐더(tender, 거룻배)라고 알려져 있는 작은 보트 한 척이 크레인에 의해 한 쪽으로 내려졌다. 우리는 BAS 기지에 직원과 식량을 남겨둘 예정이었으며 의무관으로서 나는 기지의 의료 장비들을 조사하기 위해 상륙이 허용되었다. 3등 항해사가 거룻배의 수로 안내를 하여 우리는 빙산을 피해가며 만을 건넜다. 우리가 빙산 하나에 너무 가깝게 지나가 나는 거룻배 너머로 몸을 굽혀 빙산에서 돌멩이 한 개를 주웠다. 핼리 기지에서 수백 마일 이내에 있는 유일한 돌멩이들은 얼음 아래 깊숙이 있는 해저 표면에 있는 것들일 것이다.

시그니 섬은 생물학자들과 환경 화학자들을 위한 현장 기지일 뿐 아니라 포클랜드제도부속령(Falklands Island Dependency)의 하나로 영국이 한 때 영유권을 주장했던 진정한 남극 영토의 가장 먼 경계에 있는 표시 지점의 하나였다. 수리학자 한 명이 그녀의 업무에 관해 내게 말한 다음 남극조약의 최선의 의도에도 불구하고 '시그니: 영국령 남극 영토' 라는 명확한 문구가 적혀있는 스탬프를 내 여권에 찍어 주었다.

사우스오크니 제도는 살기에 아주 멋진 곳이며 당국에서 그 곳에 연중 근무 의사를 둔다면 나는 계속 머무를 유혹을 받았을 것이다. 남극반도의 끝에서 멀리 떨어져 남극 수렴선 주위의 넘실대는 바다에 포근히 둘러싸여 있는 그곳은 생명의 활기가 넘쳤다. 나는 코끼리 물범과 게먹이물범, 턱끈펭귄과 아델리펭귄과 그 새끼들, 칼집부리물떼새와 도둑갈매기들에게 발돋움하여 살며시 다가갔으나 포클랜드 제도에서처럼 나의 존재가 그들의 안중에 없다는 것을 알았을 뿐이었다. 나는 해변을 따라 해조류에 덮인 고래 뼈와 바위들 사이에서 깡충깡충 뛰고 한발로 뛰고 춤을 추었다. 한쪽 모퉁이 주위에서 뜻밖에도 나를 갑자기 멈춰서게 한 경이로운 광경을 만났는데 내가 그 장면을 방해할까봐 숨쉬기가 두려울 지경이었다.

표범물개 한 마리가 뱀장어처럼 몸을 꼬고서 얕은 물속에 누워 턱끈펭귄들을 기다리고 있었다. '날씬한 검은색의 수중 노동자'를 뜻하는 히드루가 렙토닉스(*Hydruga leptonyx*)는 남극 먹이사슬의 최상위 포식자이다. 남극 크루즈의 모든 가이드들이 당신에게 말해주듯이 북극곰이 남쪽으로 간 적은 한 번도 없다. 앨버트로스처럼 북극곰은 적도 주위의 무더운 무풍지대를 결코 통과할 수 없을 것이다. 남극에서 북극곰의 생태적 지위는 표범물개가 차지하고 있다.

표범물개는 턱끈펭귄들이 허우적거리며 뭍에 오른 작은 만의 한쪽에 누워있었다. 외해의 자유와 육지의 거친 지형 양자 모두를 거절했기 때문에 턱끈펭귄들은 그 곳 얕은 물속에서 공격받기 쉬웠다. 나는 표범물개가 포유동물보다는 오히려 상어에 더 가깝게 턱을 딱 벌리고 펭귄들을 향해 튀어 오르는 것을 지켜보았다. 표범물개가 달려들 때마다 물이 마구 요동쳤으며 튀는 물방울 사이로 나는 맹금류의 발톱처럼 구부러진 이빨을 언뜻 보았다. 마침내 표범물개는 펭귄 한 마리를 잡았으며 몸을 풀고는 입이 피투성이가 된 채로 희생물을 단단히 물고 수면 아래로 가라앉았다.

나는 시그니 섬에 두세 시간 밖에 머물지 못하였다. 섀클턴호는 그날 저녁 떠났으며 어스름한 빛 속에 얼음을 깨고 나아갔다. 철흑색 반점의 수공(water-sky, 극지방의 수평선 근처 결빙하지 않은 수면 위의 주위보다 어둡게 보이는 하늘—역자 주)이 동쪽으로 구름의 하복부를 얼룩지게 하여 배가 가는 쪽 앞에 있는 외해를 반영하고 있었다. 극지방을 항해하는 선박의 선장들은 이러한 구름 위의 반점들을 이용하여 얼음을 뚫고 길을 골라 나간다. 수공의 반대는 빙영(ice-blink, 수평선상에 보이는 빙원의 반영—역자 주)이라고 알려져 있는데 이는 피해야 할 해빙의 빙원을 반영하는, 구름 위의 빛을 발하는 흰 반점들이다. '수공'과 '빙영'−남극이 물과 공기 사이의 구별을 흐리게 하는 것 같이 생각되었다. 대양과 하늘을 구별하기 위해서는 심지어 수평선마저도 신뢰할 수 없었다. 고물 뒤로 해가 지자 경첩과 같은 황금색 이음매가 바다의 서쪽 가장자리를 따라 빛났다. 그것은 마치 어느 다른 장소로부터 문이 살살 닫히고 있는 것처럼 내가 지켜보는 동안 좁아져 갔다.

코로네이션 섬(Coronation Island)의 봉우리에 엷은 안개가 서려 있었고 서서히 사라지는 태양이 선샤인(Sunshine)이라고 부르는 빙하 위로 반짝였다. 절벽은 얼음과 안개를 배경으로 검게 보였으나 마치 하늘이 은속에서 반사된 것처럼 내 주위에서 빛이 튀었다. 내게는 사우스오크니 제도가 남극으로 향하는 멋진 관문이었으나 그들의 굉장한 아름다움에도 불구하고 계속 나아가는 것이 기뻤다. 나는 이런 경치를 이전에 스발바르 제도와 그린란드에서 본 적이 있었다. 그러나 이렇게 멀리 온 이상 나는 무언가 새로운 것을 보고 싶었다.

최악의 웨델 해 해빙을 피하기 위해 섀클턴호는 동쪽에서부터 핼리 기지로 접근해야 했으며 그리고 우리는 아직도 그곳에 도착하기 전에 들러야 할 기지가 두 개 더 있었다. 그 기지들은 북동쪽으로 900킬로미터 떨어져 있었으며 그래서 마치 남극대륙에 등을 돌리는 것처럼 느끼면서 우리는 사우스조지아 방향으로 위도의 가로대 아래로 도로 내려갔다.

사우스오크니 제도의 동쪽 끝에서 멀리 떨어진 곳에 아르헨티나인들이 오르카데스(Orcades)라고 부르는 기지를 운영하고 있는데 타키투스(Tacitus)라는 단어는 북쪽의 오크니 군도에 대해 사용된다. 그들은 그곳을 티에라 델 푸에고(Tierra del Fuego, 아르헨티나와 칠레가 공동 통치하는 남미 남단의 군도—역자 주) 관하에 있는 아르헨티나의 일부로 간주하지만 그 기지 자체는 스코틀랜드인들에 의해 세워졌다. 1902년에서 1904년의 스코틀랜드 국립 남극 탐험대(Scottish National Antarctic Expedition)가 그 제도 위에 최초로 과학적 존재를 확립하였다. 그들 이전에는 물개사냥꾼들과 고래사냥꾼들만 있었다(그들 중 다수는 오크니인들이었다). 그 리더인 윌리엄 스파이어스 브루스(William Spiers Bruce)는 의과대학 중퇴자로 보조 과학자로서 던디(Dundee, 영국 스코틀랜드 동부의 항구 도시—역자 주)의 포경선인 발레나(*Balaena*)호에 승선하여 처음 남쪽으로 항해하였다. 그는 거기서 자신이 보았던 빙하로 덮인 세계에 반했으며 그 후 몇 년에 걸쳐 북극권 지역으로 수차례 여행을 하였다. 그러나 남극이 그를 사로잡았다. 그는 스콧의 디스커버리호 탐험대에 추천되었으나 거절당했다(비록 어떤 이들은 스콧을 거절한 것이 바로 그라고 주장하지만). 결국 그는 스스로 남극대륙으로 갔다.

엄청난 후원을 받아 그는 노르웨이 포경선 한 척을 수리하여 그것을 스코시아(*Scotia*)호로 개명했다. 그 배를 타고 그는 자기 앞의 누구보다도 더 조심스럽게 웨델 해를 탐험하고 해양학 연구를 수행하여 스코시아 아크(Scotia Arc)를 밝혀내었는데 그것은 남극반도로부터 밖으로 사우스샌드위치 제도(South sandwich Islands, 남아메리카 남단에 있는 화산성 제도—역자 주)를 향하여 고리 모양으로 호를 그리며 혼 곶에서 안데스 산맥 속으로 들어가는 해저 산맥이다. 웨델 해 최남단의 남극대륙 지역을 자신의 탐험 비용의 2/3를 댄 페이즐리(Paisley, 영국 스코틀랜드 렌프루셔에 있는 타운, 섬유산업이 발달했던 도시—역자 주)의 섬유업계 거물들을 기념하여 '코우츠 랜드(Coats Land)'라고 불렀던 이도 브루스이다. 그는 1823년의 영국 물개사냥꾼 제임스 웨델 이래로 그 지역에서 가장 남쪽으로 황제펭귄 영토 속으로 깊숙이 도달하여 거기에서 황제펭귄과 킬트를 입은 백파이퍼 연주

자 간의 알려진 최초의 만남을 가능케 하였다.

그러나 브루스는 스콧의 업적을 지지하는 것을 더 좋아했던 영국 지리학계의 기득권층과 충돌하였다. 자신이 성취했던 모든 것에도 불구하고 그는 결코 극지 훈장(Polar Medal, 영국 국왕이 수여하는 훈장의 일종. 1857년 Arctic Medal로 제정되었다가 1904년 Polar Medal로 개명되었다—역자 주)을 수여받지 못했다. 아르헨티나인들과 너무 친했다는 것이 아마도 그의 잘못이었을 것이다. 그들은 부에노스아이레스에서 그를 접대했으며 그의 기지에 대한 충분한 대가를 제공하고 거기서 그의 기상관측소가 계속 기능을 수행하게 해 주겠다고 약속하였다. 그는 그 제안을 받아들였으며 동료들의 언급이 그 이유를 설명하고 있는데 즉 그 스코틀랜드인들은 고향에 있는 영국 당국으로부터 학대당하고 있다고 느낀 것이 분명하였다. 공식 탐험 보고서에서 그들은 '아르헨티나 정부가 이와 같은 과학적 목적에 흔쾌히 돈을 쓴 반면 고향에 더 가까운 곳에서는 어떤 무지한 정부가 자기 나라에서 가장 중요한 기상관측소의 하나를 폐쇄하는 개탄할 만한 사태가 있었음을 주목하는 것이 중요하다'라고 코웃음을 쳤다. 그 이후로 줄곧 오르카데스 기지에는 직원이 배치되어 왔으며 이러한 지속적인 상주는 돌이켜보면 남극 탐사의 가장 초기 시절에 이른다.

선장은 내가 배를 뒤쫓아 오는 앨버트로스를 지켜보는 것을 좋아하는 것을 알았다. "내일 꼭 일찍 일어나도록 하시오." 그가 내게 말했다. "당신은 멋진 경험을 할 거요."

"몇 시 말인가요?" 내가 그에게 물었다.

"우린 새벽 5시 경 버드 아일랜드(Bird Island)에 도착할거요."

3시 30분에 이미 나는 갑판에 나가 있었으며 사우스조지아의 산들이 펼쳐지는 동쪽 수평선 위로 서서히 솟아오르는 것을 지켜보았다. 엷은 안개가 절벽의 정강이를 휘감고 있었다. 바다는 사납고 파도가 거칠게 휘몰아쳤으며 선체를 떠밀고 철썩거리며 부딪쳤다. 나그네 앨버트로스들이 어슴푸레한 빛 속에 우리를 따라왔으며 파도 꼭대기의 물보라와 점점 넓어지는 하늘 사이의 이음매를 찢어놓았다. 그들은 마치 바다의 호흡에 붙들린 것처럼 오르내렸으며 그들의 양 날개는 아주 민감하여 파도 위의 기압의 미세한 변화를 따라갈 수 있다. 나는 그 속의 공기가 대양과 같은 하늘과 하나가 되기 위해 끌어당기는 것 같은 앨버트로스와 같은 그런 뼈가 내 몸 속에 있다면 어떨까 상상해 보았다. 우리가 그 섬에 가까이 갔을 때 배의 이물 주위에 물개들이 나타나 파도의 포말을 뚫고 발끝으로 맴돌며 춤을 추었다. 그들은 자신들이 수천 마리를 이루어 번식하는 해변으로 우리를 계속 인도하였다.

태양은 사우스조지아를 종단하는 산맥 위로 떠오르고 있었으며 높은 산꼭대기들이 냉혹한 바다 속에 잠겨있었다. 버드 아일랜드는 서쪽의 곶으로부터 쪼개진 뭉툭한 바위였다. 위풍당당한 빙산들의 행렬이 그들 사이의 얕은 해저 위에 기초를 두고 있는데 해협을 가로지르는 다리의 지주들처럼 늘어 서 있었다.

섀클턴호는 그 섬의 회색 선체 아래에 닻을 내리고 정박하였다. 기지 자체는 안개 속에 숨겨져 있었다. 나는 의료 장비 백을 들고 거룻배 안으로 뛰어내렸으며 1등 항해사가 배를 몰아 안개 속으로 들어갔다. 켈프(해초의 일종, 대형의 갈조—역자 주) 뭉치들이 프로펠러에 엉키려고 위협하여 우리는 뚫고 나갈 길을 찾기 위해 수차례 후진하지 않으면 안 되었다. 우리는 두 눈을 사용할 필요가 없었는데 해변에 있는 물개들의 떠들썩한 소리를 따라가면 충분하였다. 귀와 코에 주의를 기울이면서 우리는 안개 층 사이로 움직였다. 보트 주위의 바닷물은 켈프 갈매기(남방큰재갈매기, 도요목 갈매기과의 조류—역자 주)와 큰바다제비(자이언트풀마갈매기, 남극해 및 그 주변 해역에 서식하는 백색 또는 갈색의 대형 철새—역자 주)와 마카로니펭귄(아남극해역의 여러 섬에 분포하는 펭귄목 펭귄과의 조류—역자 주)들이 섞여 있는 수프와 같았다. 그것은 마치 스틱스(Styx, 그리스 신화에서 저승을 일곱 바퀴 돌아 흐르는 강—역자 주) 강을 건너는 것 같았는데 무언가 죽은 것의 시체가 물 위에 떠서 지나갔는데 큰바다제비 한 마리의 머리가 옆구리에 깊이 파묻혀 있었다. 박쥐와 같은 그 양 날개는 피로 얼룩져 있었고 찢어져 시체가 될 때 균형을 잡으려고 마구 퍼덕였다. 격리되어 있는 상륙용 부잔교가 나타났는데 그것의 반대쪽 끝에 있는 기지는 보이지 않았다. 엉겨 붙은 모피 냄새, 악취를 내뿜는 호흡 냄새, 썩고 있는 고기 냄새, 똥 냄새, 오줌 냄새, 피 냄새가 났다. 꽥꽥거리며 짖는 소리와 나지막한 처량한 신음소리가 끊임없이 들려왔다. 우리는 부두에 배를 묶어 놓았고 나는 앞에 있는 해변 위의 개개의 물개들을 판별하기 시작했다. 심지어 작은 암컷의 목구멍에서 나오는 울리는 소리도 사람을 깜짝 놀라게 했다. 나는 물개들이 각자 자기 새끼를 거느리고 있는 것을 보았는데 새끼는 가냘프게 울고 있는, 둥그렇게 뜬 흑요석 같은 두 눈을 가진 기름기 많은 모피 꾸러미 같았다.

부두 위에서 두 명의 생물학자가 우리를 마중 나왔는데 그들은 우리들 각자에게 긴 막대기를 건네주었다. 해변에서 하상—그것은 해안선에서 권리가 가장 적게 주장되는 부분이었다—위의 보도에서 그들이 우리를 안내했는데 심지어 거기에서도 우리는 재빨리 그 막대기들의 용도를 발견하였다. "코를 목표로 삼아라."라고 우리는 들었다. "거기서는 '그것들'이 가장 예민하다. 땅에는 뼈와, 고기를 거는 갈고리처럼 날카로운 떨어진 송곳니들이 흩어져 있었다. 물개의 타액에는 상처 치유를 방해하는 특수한 효소가 포함되어 있다. 지팡이를 휘두르면서 나는 호모 사피엔스도 포식 종이 될 수 있다는 것을 상기하였다.

버드 아일랜드에서 우리는 'Elizabeth R'이라는 서명이 있는 여왕의 사진 아래에서 소리 내어 차를 마시고 케이크를 먹었다. 그 오두막은 지붕 널 위의 기둥 위에 올려져 있었으며 물개들의 신음소리와 날카로운 소리가 마루 널을 통해 울려 퍼졌다. 버드 아일랜드에는 단지 세 명의 생물학자들이 살고 있는데 한 명은 앨버트로스를, 한 명은 물개를, 그리고 한 명은 마카로니펭귄을 연구하기 위해서이다. 네 번째 월동 멤버는 대개 배관공 아니면 전기기사이며 발전기가 고장이 나는 경우 과학자들 중 아무도 무엇을 해야 할지 모를 것이라는 생각이 든다. 그들은 모두 자신들이 얼마나 운이 좋은지 알고 있다.

생물학자 중 한 명인 크리스(Chris)는 마카로니(macaroni) 펭귄 군서지를 연구하기 위한 2년 반짜리 계약을 막 착수하였는데 그것은 60만 마리의 펭귄에 달하는 세계 최대 군서지 중의 하나였다. 그는 나를 데리고 그것을 보러 갔는데 그것은 그루터기 투성이의 작은 계곡 속에 잔뜩 채워 넣어진 빈틈없는 꽥꽥거리는 몸뚱어리의 집단이었다. 그 군서지는 너무나 거대해서 심지어 일종의 '고속도로'도 있었는데 그것은 걸

보기로는 상호 동의에 의해 둥지가 없는 곳에 펭귄들이 남겨둔 중심부로 향하는 통로였다. 펭귄들은 소음과 다루기 힘든 호전성에서 섬의 먼 쪽에 있는 물개들과 경쟁하였다. 나는 잠시 그들을 지켜보았으나 섬에서의 내 시간은 제한되어 있었고 그 군서지로 가는 도중에 나는 나그네 앨버트로스 둥지들을 보았다. 나는 돌아와서 다시 그들과 함께 앉아 있으려고 마음을 졸이고 있는 중이었는데 그들은 내가 황제펭귄에 대해 상상했던 침묵과 위엄을 지니고 있는 것 같이 생각되었다.

이 새들의 날개폭은 12피트에 육박할 수 있는데 그것은 너무나 넓은 범위여서 그들은 이륙하기 위해 날개를 퍼덕일 수 없다. 대신 그들은 가장 높고 가장 노출된 능선 위에 둥우리를 짓기 때문에 단지 바람 속으로 자신들의 날개를 펴서 하늘을 향해 뛰어오르는 것만으로 충분하다. 이륙 후에는 그들은 땅이나 바위에 닿지 않고도 계속해서 2년 동안 그들 아래에서 대양이 넘실거리는 것을 지켜볼 수 있다. 인간의 존재는 그들의 삶에 대해 아주 미미하게 생각되므로 마치 그들의 시선이 나를 바로 통과한 것처럼 그들의 눈에는 내가 거의 보이지 않는다는 느낌이 들었다. 나는 한 개의 둥우리에서 수인치 내에 앉았는데 그 새가 비록 딱딱한 자세로 앉아 있고 땅 위에서는 분명히 불편하지만 그 새는 무표정한 평온한 태도로 숨을 쉬고 있었다. 그 깃털은 먼지를 떤 눈과 같이 떨렸는데 그것은 깨끗이 세탁한 눈부신 순백이었다. 앨버트로스 날개의 깃털은 그들이 늙어감에 따라 더 희게 되며 한 마리의 앨버트로스는 60년 이상 동안 살 수 있다. 그렇게 확고한 영혼의 비행을 보는 것은 색다른 것이었다. **디오메데아 엑슐런스**(*Diomedea exulans*)—그들은 린네(Linnaeus, 스웨덴의 식물학자—역자 주)에 의해 트로이서 싸웠던 전사인, 추방된 디오메데스(Diomedes), '신의 조언을 받은 자(God-counselled, *Dio-medea*)'의 이름을 따서 이름 지어졌다. 오비디우스(Ovid, 로마의 시인—역자 주)의 변신이야기(*Metamorphoses*, 운문 신화 전설집—역자 주)에 의하면 그가 트로이에서 이태리로 오는 도중에 배가 난파당했으며 비너스가 그의 동료들을 모두 새들로 변하게 했다. 나는 그 나그네 앨버트로스들이 새로 변형되는 것을 면했던 디오메네스의 이름을 따서 이름 지어졌기 때문에 진정한 새들로 간주될 수 없고 무엇인가 더 순수하고 더 고귀하고 더 영웅적인 것으로 간주될 수 있다는 생각을 좋아한다. 그들이 추방되어 남극해 주변에서 방랑하는 것을 고려해 볼 때 오딧세우스의 이름을 따서 그들을 명명하는 것이 아마 더 적합할 것이다.

버드 아일랜드에서 이륙한 나그네 앨버트로스 한 마리가 위성으로 추적되었는데 그것은 1년 내에 지구를 일주하여 브라질로 날아갔다가 태평양을 건너고 뉴질랜드와 오스트레일리아의 남쪽 해안을 지나 육지에 닿지 않고 두 번이나 다시 인도양과 대서양을 건넜다. 바람이 그들을 살아가게 하고 그들에게 생기를 불어 넣으며 그들의 삶은 바람과 함께하는 삶이다. 다윈은 이 세상의 모든 생물들 중에서 앨버트로스가 '폭풍이 그들의 적절한 무대인 양 폭풍이 몰아치는 남극해의 날씨에서 가장 마음 편한 유일한 생물이다'라고 말하였다.

그들은 평생 동안 짝을 짓는데 점점 더 많은 수가 주낙 낚시로 사라지고 그들 중 더 많은 새들이 결코 돌아오지 않는 짝을 기다리며 버드 아일랜드의 능선 위에 서서 혼자 외로이 밤을 샌다. 그 결과 개체수가 감소하고 있다. 조류학자들은 우리들에게 앨버트로스는 영리한 새가 아니라고 말한다. 발육 상 그들은 아주 원시적이며 그들의 전형적인 행동 양식은 둔하며 적응이 느리다. 그러나 앉아서 그들을 지켜보았을 때 나는 불법 낚시나 보고되어 있는 그들의 단순함을 상상한 것이 아니라 그들과 마주쳤을 때 허먼 멜빌이 느꼈던 경외감을 상상하였다. "간격을 두고 그 새는 마치 어떤 성궤를 품으려는 듯이 그 거대한 대천사

장의 양 날개를 활모양으로 앞으로 굽혔다. 경이로운 펄럭임과 두근거림이 그 새를 흔들었다… 그 새의 형언할 수 없는 낯선 두 눈을 통하여 신을 붙잡고 있는 비밀들을 내가 자세히 들여다보고 있다고 생각하였다. 천사들 앞의 아브라함처럼 나는 스스로 머리를 숙였다."

3

킹펭귄과 황제펭귄에 관하여

펭귄은 한 마리 펭귄으로 존재하는 데 아무런 어려움이 없다.
그것은 그냥 존재할 뿐이다. 이는 또한 당신에게도 가능하다.
케네디(A.L. Kennedy), '좀 더 지각 있는 것에 관하여(On Having More Sense)'

섀클턴호는 사우스조지아 북쪽 해안을 따라 항해했으며 리스(Leith), 허스빅(Husvik), 스트롬니스(Stromness)와 같은 버려진 포경 기지들을 통과했는데 그 기지들의 명칭은 고위도 지방의 고된 삶에 익숙한 고래잡이 선원들인 설립자들의 출신지들을 드러내고 있다. 쌍안경으로 스트롬니스 기지를 훑어보았을 때 나는 기지 관리인의 집을 발견하였다. 어니스트 섀클턴이 자신의 인듀어런스호 탐험이 그리 되었던 지옥으로부터 벗어나 자신을 이곳으로 끌고 갔다. 허스빅 항구 위에서 나는 섀클턴을 이 만으로 안내하는 것을 돕고 그의 구조를 도왔던 암반층의 휘감긴 주름들을 보았다.

그 이야기는 몇 번이고 개작되었지만 사람을 깜짝 놀라게 하는 힘을 잃지 않았다. 유럽이 분열되었던 1914년 섀클턴은 자신의 제국 남극

횡단 탐험(Imperial Trans-Antarctic Expedition)에 착수하였다. 그 해 12월 그는 사우스조지아에서 출항하여 웨델 해의 삐걱거리는 총빙 속으로 들어갔다. 그는 브루스가 자신의 스코틀랜드 국립 남극 탐험(Scottish National Antarctic Expedition) 시 명명하고 기술했던 코우츠 랜드를 향해 나아갔다.

섀클턴은 인듀어런스호로 항해하는 한편 탐험대의 나머지 반은 로스 해(Ross Sea)에서 오로라호(*Aurora*)에 승선해 있었는데 그들은 불과 2년 전 스콧이 그 위에서 죽었던 거대한 빙원인 로스 장벽(Ross Barrier)을 가로질러 보급품 저장고들을 만들어 놓으라는 명령을 받았다. 그 보급물자는 섀클턴과 그의 대원들이 남극을 경유하여 웨델 해로부터 로스 해까지 대륙을 최초로 횡단하는 것을 완수했을 때 그들을 먹일 예정이었다. 오로라호 선원들은 세 생명을 잃었음에도 불구하고 그들의 임무에 성공했으나 섀클턴은 웨델 해의 해빙으로 말미암아 남극대륙에 도착하는 것마저 실패하였다.

1914년 12월 쯤 그들은 후에 핼리 기지가 건설될 장소인 빙붕을 지나 표류했으며 그 뒤쪽 해안을 자신들 탐험의 주요 후원자였던 제임스 케어드 경(Sir James Caird)의 이름을 따서 명명하였다. 1915년 1월 중순 쯤에 남위 76도 34분, 목적지에서 불과 100마일 떨어진 곳에서 인듀어런스호는 해빙 속에 포위되었다. 그들은 속수무책이었으며 해빙이 그들이 도착해야 할 해안으로부터 약간 더 남쪽으로, 그 다음에 북서쪽으로 그들을 끌고 갔을 때 배의 위치를 기록하였다. 2월 말쯤 기온이 급락하고 있었으며 섀클턴은 자신의 탐험 계획이 끝났음을 알았다. 오로라호 일행은 계속해서 자신들의 목숨을 걸고 결코 건네지지 않을 식량 저장고를 마련해 두겠지만 섀클턴으로서는 자신의 대원들을 생존 상태로 구해 내는 것만으로도 충분할 지경이었다.

움직이기 위해 건조되었으나 무한한 빙원에 단단히 정박된 배안에 갇힌 채 그 암흑의 수개월 내내 그들이 어떻게 느꼈을지 지금 상상하는 것은 어렵다. 삐걱거리는 웨델 해가 극지방의 어둠을 뚫고 그들을 북쪽으로 끌고 갔으며 그 배는 맷돌 위의 곡식 한 톨처럼 얼음을 타고 갔다. 7월 쯤 배 주위의 얼음이 다시 이동하고 있는 것이 분명했으며 거대한 부빙들이 서로 올라타서 선체를 죄기 시작하였다. 3개월 후 인듀어런스호는 얼음에 의해 너무 비틀어져 배를 버리고 탈출하지 않으면 안 되었다. 바로 가까이의 얼음 위에 텐트를 치고 배로부터 그들이 이용할 수 있는 것은 무엇이든 폐물을 이용하면서 그들은 계속 조금씩 북쪽으로 움직였다. 한 달 뒤 11월 말 인듀어런스호는 마침내 쪼개져서 가라앉았다. 칼레 근처의 참호들 위로 두 번째 크리스마스 정전이 시작되었을 때 새클턴은 남극반도를 향하여 북서쪽으로 자신의 대원들을 행군시켰다.

인듀어런스호는 그 탐험의 후한 후원자들의 이름을 따서 명명된 세 척의 구명정인 더들리 다커호(*Dudley Docker*), 스탠컴 윌스호(*Stancomb Wills*) 그리고 제임스 케어드호(*James Caird*)를 갖추고 있었다. 거의 4개월 동안 선원들은 압력을 받아 이랑이 진 부빙을 가로질러 그 구명보트들을 끌어올리고 얼음 속의 열린 물길을 가로질러 노를 저어 마침내 1916년 4월 15일 사우스셰틀랜드 제도(South Shetlands, 남극반도로부터 북쪽으로 120km가량 떨어져 있는 군도—역자 주)의 엘리펀트 아일랜드(Elephant Island)에 도달하였다. 그들은 16개월 동안 뭍을 밟아본 적이 없었으나 재빨리 돌로 오두막을 짓고 세척 중 두 척의 구명정으로 오두막의 지붕을 씌웠다. 겨울이 그들의 선택을 좁히고 있었는데 그 계절에 이렇게 늦게는 지나가는 포경선도 없을 터였다. 새클턴과 인듀어런스호 선장 프랭크 워슬리(Frank Worsley)를 포함한 6명의 선원들이 제임스 케어드호를 사용하여 800마일의 사나운 50도 지대(Furious Fifties)를 건너서 사우스조지아에 도착하여 위급함을 알리기로 결정되었다.

그들은 신속하게 작업했으나 비록 그렇다 하더라도 제임스 케어드호가 항해 준비가 될 때까지는 엘리펀트 섬에 그들이 도착한 이래 1주일 이상이 걸렸다. 그것은 세계의 바다에서 폭풍우가 가장 많이 몰아치는 지역의 하나인, 혼 곶 주위에서 넘실대는 어마어마한 너울에 의해 이랑이 만들어지는 바다를 건너는 것이었다. 보트의 현연은 18인치 높여졌으며 밸러스트(ballast, 배나 열기구에 무게를 주고 중심을 잡기 위해 바닥에 놓는 무거운 물건—역자 주)용으로 바위 덩어리들을 배 안에 쌓아 놓았고 임시변통으로 만든 돛대를 용골에 볼트로 죄어 고정시켰으며 여분의 목재가 없었으므로 고물과 이물을 가로질러 캔버스 천을 당겨놓았다. 프랭크 와일드(Frank Wild)라고 부르는 아일랜드인이 남아서 대원들을 지휘했으며 섀클턴은 그들이 봄까지 아무런 소식을 듣지 못하는 경우 최악의 상황을 가정하고 안전한 곳으로 탈출할 시도를 하라는 지시를 남겼다. 4월 24일 해빙이 다시 닫히기 직전에 제임스 케어드호는 출항하였다.

이 시점에서 인듀어런스호 선원들의 업적은 신화적 차원을 띠기 시작한다. 그들의 옷과 슬리핑백은 흠뻑 젖었으며 그들은 시앵커(sea anchor, 풍랑에 의한 배의 전복을 막기 위해 선수를 풍랑에 세우는 응급기구—역자 주)를 잃어버렸고 폭풍에 날리는 파도를 뚫고 보트의 균형을 잡기 위해 끊임 없이 밸러스트용 바위 덩어리들을 이리저리 옮겼다. 하늘은 너무나 많은 경우 구름에 덮여 있어 프랭크 워슬리가 그들의 방위를 계산하기 위해 태양을 얼핏 보았던 것은 네 번에 불과하였으며 나머지 경우 그는 추측항법(dead reckoning, 위치를 알고 있는 출발점에서 현재 위치를 추적하는 위치추적기술—역자 주)에 의해 보트를 조종하였다. 이러한 모든 어려움에도 불구하고 엘리펀트 섬을 떠난 지 2주일 만에 그들은 사우스조지아가 보이는 곳까지 왔다.

그 다음에는 어떻게 되었는가? 섀클턴은 비바람이 들이치지 않는 섬의 북쪽 해안 주위로 구명정을 조종하여 포경선원들이 있는 만안으로 들어가기를 바랐으나 바람이 남쪽 해안의 절벽 쪽으로 그들을 두드렸으며 거기서 이틀 동안 그들은 깎아지른 듯한 바위로 또는 다시 밖으로 바다 쪽으로 바람에 불려 다녔다. 심지어 그들 눈에 사우스조지아가 더 이상 보이지 않거나 거의 오스트레일리아 쪽으로 날려간 적도 있었다. 5월 10일 어둠이 깃들었을 때 워슬리는 마침내 가까스로 남쪽 해안에 있는 비바람이 들이치지 않는 몇 개의 만중에서 한 개의 만속으로 제임스 케어드호를 미끄러져 들어가게 하였다. 그들은 스트롬니스 포경기지에서 22마일 떨어진 섬의 틀린 쪽에 있었으며 여섯 명 중 두 명은 병들어 있었다. 그러나 그들의 발아래에 단단한 땅이 있었고 그리고 그들은 살아 있었다. 앨버트로스 새끼들을 포식한 뒤 섀클턴과 워슬리는 아일랜드인인 2등 항해사 톰 크린(Tom Crean)과 함께 운에 맡기고 섬을 횡단해 보기로 결정하였다.

이제까지 사우스조지아를 횡단한 사람은 아무도 없었으며 그리고 섀클턴이 보았던 지도들은 여백의 공간들을 보여주었을 뿐이었다. 그는 횡단할 빙폭과 빙하가 있으리라는 것을 알았으며 그래서 그는 제임스 케어드호 선체 바닥의 널판자에서 나사를 뽑아 그것들을 자기 부츠 밑창에 단단히 박았다. 그는 또한 난로 한 개, 얼음 계단을 깎아 만들기 위한 목수의 까뀌 한 개와 로프 하나를 가져갔으나 야영 장비는 가져가지 않았다.

사우스조지아에 도달하기 위한 그들의 여행이 사람을 깜짝 놀라게 한다면 그들이 그 섬을 횡단하고도 살아남았다는 것은 기적적이다. 반대쪽에 도착하는데 그들에게 36시간의 등반, 깎아지른 듯한 내리막, 막다른 길과 빙원 횡단이 요구되었다. 이 시간 동안 워슬리와 크린은 단지

5분 밖에 잠자지 못했으며 섀클턴은 한숨도 자지 못했다. 마지막 시간에는 그들은 로프를 뒤에 남겨두고 자신들의 탐험 이야기를 말해줄 필요가 있다고 그들이 알고 있는 워슬리의 일지와 까뀌를 제외한 모든 것을 내던져 버리고 폭포 아래로 한데 미끄러져 내려와야 했다. 이 순간에 대한 섀클턴의 기술은 그의 여행에 의해 초래된 관점에서 보면 거의 신비주의적 변화를 넌지시 비추고 있다. "우리들의 젖은 의복을 제외하고 그것이 우리가 남극대륙으로부터 가져온 전부였는데 1년 반 전 우리는 설비가 잘 갖추어진 배, 완전한 장비 및 높은 희망과 함께 그곳으로 들어왔다. 그것은 모두 분명히 실재하는 것들이었으나 추억 속에서 우리는 풍요로웠다. 우리는 외부 사물의 겉치레를 뚫어버렸다. 우리는 광휘 속의 신을 보았으며 대자연이 들려주는 말씀을 들었다. 우리는 벌거벗은 인간 영혼에 도달하였다."

선원들의 의복은 아주 지저분했고 그들의 머리털과 수염은 엉겨붙어 있었으나 영국 신사의 한 사람으로서의 섀클턴의 신분은 스트롬니스에서 다시 효력을 발휘하였다. 그들은 자신들을 남들 앞에 나서도 될 만하게 보이게 하려고 애썼다. "그 기지에 여인들이 있을지도 모른다는 생각이 우리로 하여금 자신들의 야만적인 외모를 극도로 의식하게 만들었다"라고 그는 적었다. 그리고 그가 마침내 기지 관리인에게 소개되었을 때 그의 첫 생각은 유럽에 관한 것이었다.

"내게 말해보게, 전쟁이 언제 끝났는지?" 내가 물었다. "전쟁은 끝나지 않았소." 그가 대답했다. "수백만 명이 살해되고 있소. 유럽은 미쳤소. 세상이 미쳤소."

그가 엘리펀트 섬 위에 남겨두었던 대원들을 구조하는 데 네 번의 시도가 필요하였는데 대부분 칠레의 푼타아레나스(Punta Arenas)에 있는 영국 주민들의 관대함 덕분이었다. 블랙보로(Blackborow)라고 불렸던 한 명의 밀항자를 포함한 **인듀어런스호**의 선원들은 모두 유럽으로 돌아갔다. 그들은 웨델 해의 얼음에서 살아남았으나 모두가 프랑스의 참호에서 살아남을 운명은 아니었다.

사우스조지아는 요크셔와 같은 위도인 겨우 남위 54도에 놓여있으나 온대에 속하는 위도에도 불구하고 그 산들은 빙하의 얼음으로 이루어진 치밀한 모암 속에 함께 맞물려 있다. 나는 그 빙하들을 쳐다보고 거의 한 세기 전에 섀클턴, 워슬리와 크린이 그것들을 횡단하는 것을 상상하였다. 아직도 2천마일이나 떨어져 있지만 광대한 남극대륙의 냉각효과가 너무나 커서 여기서 그 빙하들은 어마어마하게 육중한 모습으로 직접 바다 속으로 쏟아져 들어가고 있는 반면 요크셔의 빙하들은 만년 전에 오그라들어 버렸다. 내 머리 위 높이 있는 산맥 속의 얼음주머니들로부터 빛이 번쩍였으며 무지개빛 안개가 낀 깃발 모양의 산봉우리들로부터 물보라가 나부꼈다.

섀클턴호는 그리트비켄(Grytviken)의 버려진 포경 기지에 가까운 킹에드워드 포인트(King Edward Point)에 있는 BAS 연구 기지에서 보급물자와 더 많은 직원들을 내릴 예정이었다. 문명 세계로 돌아온 지 6년 후 섀클턴은 거기에서 사망했다. 그와 프랭크 워슬리는 자신들이 열광한 **퀘스트호**(*Quest*) 탐험의 일부로 사우스조지아에 도착하였는데 섀클턴의 후원자들은 마지막으로 남극대륙에 도달하려는 그의 열정을 만족시켰다. 그가 죽은 뒤 시신은 운송용 나무 상자에 담겨 그의 아내 에밀리(Emily)가 간섭하기 전에 배로 몬테비데오로 보내졌다. "영국 내에는 그의 영혼이 의지할 곳이 없다"라고 사람들이 말하였으며 그래서 그의 시신은 그리트비켄으로 반환되었다.

코끼리바다표범에 대한 일종의 방어로 작은 고래 뼈 한 개를 손에 들고 그 무게를 가늠하면서 나는 그의 이름을 지닌 배로부터 그의 무덤으로 걸어 올라갔다. 그 위대한 탐험가도 결국에는 심장이 약한 것으로 판명되었다. 그 작은 묘지는 바다표범에 대비하여 울타리를 쳐 구분해 놓았는데 이전에 바다표범들이 표석을 깨부순 적이 있었다. 영국산 화강암으로 만든 표면이 거친 판석에는 '어니스트 헨리 섀클턴: 탐험가'라고 새겨져 있었다. 묘지 주위의 잔디밭의 얄게 패인 부분들은 그의 곁에 누워있는 포경선원들의 무덤을 드러내고 있었다. 섀클턴은 그 전망을 음미하고 그들과 함께 있는 것을 승인했을 것이다.

언덕 위로 올라가다가 나는 '펭귄의 강'에 의해 잘려진 넓은 계곡을 우연히 만났다. 그것은 청록색과 회색의 빙하 융해수의 급류였는데 킹펭귄들이 늘어서 있었다. 킹펭귄과 황제펭귄은 사천만 년 전에 한 조상에서 갈라져 나왔다고 생각되지만 그들은 서로의 가장 가까운 살아있는 친척들이며 동일한 속(genus)인 아프테노디테스(*Aptenodytes*)를 공유하고 있다. 그 두 사촌들이 가끔 만나는 것은 틀림없지만 킹펭귄은 위도 60도보다 더 높은 곳에서는 드물게 발견되며 황제펭귄은 60도보다 저위도에서는 거의 발견되지 않는다.

세계적으로 약 2백만 마리의 킹펭귄이 있는데 그 중 수십만 마리들이 사우스조지아에서 번식한다. 그 숫자는 아마 한 때 훨씬 더 많았을 것이다. 초기의 고래사냥꾼들과 물개사냥꾼들은 고래 기름을 정제하기 위한 연료로 그들의 몸뚱이를 이용했으며 거대한 고래 기름 가마솥 아래에서 장작단처럼 펭귄들을 태웠다. 1904년 노르웨이의 전설적인 고래사냥꾼 칼 라르센(Carl Larsen, 포경선 제이슨호 및 탐험선 안타크틱호의 선장으로 남극반도 동쪽 해안의 라르센 빙붕을 발견하였다—역자주)에 의해 그리트비켄 포경기지가 설립되었을 때 그는 그런 솥들이 해안가를 따라 흩어져 있는 것을 발견하였다. 그 솥들이 그 포경기지의 이름의 근원이었는데 그리트(*gryt*)는 'pot'에 해당하는 노르웨이어이며 비크(*vik*)는 'bay'를 의미한다. 후에 고래와 물개 기름이 부족하게 되자 펭귄들 자체가 품질이 더 낮은 기름으로 정제되었다. 수천 마리나 되는 이런 펭귄들을 널빤지 위로 몰아서 산채로 이미 끓고 있는 기름 가마솥 속으로 떨어뜨렸다. 앱슬리 체리 개러드는 그러한 관행에 강경하게 반대운동을 벌였으며 더 타임즈지(*The Times*)에 펭귄 한 마리의 죽음이 펭귄 사냥꾼에게 1파딩(구 페니의 1/4에 해당하던 영국의 옛 화폐—역자 주)도 안 되는 돈을 벌어준다는 분노에 찬 계산을 발표하였다.

그들은 내가 바랐던 만큼 두려움을 몰랐으며 그래서 나는 딱정벌레처럼 검은 그 눈에 비친 내 모습을 볼 수 있을 만큼 가까이 펭귄 한 마리에게로 살살 기어 올라갔다. 강둑을 따라 서 있는 다른 펭귄들처럼 그것은 겉으로 보기에 깊이 명상에 잠긴 듯 마치 조각상 같았다. 그들은 황제펭귄보다는 훨씬 더 날씬하며 체중은 황제펭귄의 약 반이지만 키는 거의 같으며 황제펭귄과 마찬가지로 머리 뒤를 향하여 양쪽에 불타는 듯한 귀의 반점이 있다. 이런 반점들이 없으면 그들은 다른 펭귄들이 알아볼 수 없게 되며 따라서 짝을 찾을 수 없다. 킹펭귄의 반점은 검은색 가장자리가 있는 타는 듯이 붉은 오렌지색이다. 그 반점은 마치 펭귄의 머리 양쪽에 걸쳐져 있는 발포고무로 만든 헤드폰처럼 보였다. 그에 상응하는 황제펭귄의 반점은 쏟아진 노른자처럼 연한 황금색이며 미나리아재비꽃이 창백한 피부 위에서 빛나듯이 점차 희미해져 흰색이 된다.

나는 킹펭귄을 많이 보아 왔다. 내가 다녔던 유치원에서 그들을 보기 위하여 우리들을 에든버러 동물원에 데리고 갔는데 거기서 좀 별나게도 노르웨이 군대에 의해 소유권이 주장되어 왔던 '닐스 올라프(Nils Olav)'라는 세례명을 받은 한 마리가 특별한 행사 때 제복을 입고 병사들과 함께 행진을 하였는데 그것은 확실히 아프테노디테스(*Aptenodytes*)를 의인화한 것의 가장 극단적인 본보기였다. 그들은 1980년대 내내 밤마다 영국 TV 방송에 출현하여 초콜릿 비스킷을 팔았다. 그들은 심지어 배트맨 영화들 중의 한 편에 불쑥 나타나기도 하였다. 그러나 사우스조지아에서 그들을 보는 것은 달랐다. 그들의 자유가 그들에게 예상 밖의 위엄을 더해 주었다.

1950년대 초에 버나드 스톤하우스(Bernard Stonehouse)에 의해 사우스조지아의 킹펭귄에 관한 정액 연구가 시행되었다. 영국 해군에서 전시비행 훈련을 마친 뒤 스톤하우스는 처음으로 더 남쪽의 남극대륙에 있는 펭귄에 매혹되었다. 1947년 그는 남극반도에서 떨어진 스토닝턴(Stonington) 섬에 있는 한 영국 기지에서 기상학자 겸 조종사로 복무하고 있었다. 다른 조종사와 감독관 한 명과 함께 비행하다가 그의 비행기가 상태가 좋지 못해 해빙 위에 비상착륙을 하지 않으면 안 되었다. 비행기에 부착된 스키가 얼음 덩어리에 부딪쳐 비행기가 확 뒤집혀 만신창이가 되었다. 자신들이 다치지 않은 것을 알고 놀란 그들은 석유 탱크로 썰매를 만들어 자신들의 소지품 몇 점을 끌고 기지를 향해 돌아가기 시작했다. 그들은 간신히 하루에 3,4마일 나아갔으며 밤에는 번갈아가며 한 개의 슬리핑백을 나누어 쓰고 식량은 24시간에 500칼로리로 제한하였다. 1주일 동안 걸은 뒤 그들은 머리 위로 날던 한 대의 미국 비행기에 의해 발견되어 구조되었다.

스톤하우스 박사는 지금은 대학교 교직에서 은퇴한지 오래되었지만 캠브리지 교외에 살면서 아직도 스콧 극지연구소에서 활발하게 활동하고 있다. 우리 두 사람이 서로 아는 친구 한 명이 내게 그의 전화번호를 알려주어 나는 남극대륙에서 유럽으로 돌아온 뒤 점심식사를 하기 위해 그를 만났다.

그는 청색 콤비 상의를 입고 페이즐리 무늬 스카프를 매고 있었으며 지팡이 없이 똑바로 걸었다. 그의 목소리는 온화하고 상쾌했으며 친절하고 교양이 있었다. 옥스브리지(Oxbridge) 칼리지에서 평생을 보냈기 때문에 그의 목소리에는 고향인 험버사이드(Humberside, 1974년에 신설된 잉글랜드 북부의 주—역자 주) 억양이 없었다. "어떻게 해서 결국 펭귄을 연구하게 되었습니까?" 내가 그에게 물었다.

"글쎄, 우리 비행기가 추락했을 때—어쨌든 그건 남극에서 쓰기엔 너무 조잡했지만—자네도 알다시피 내겐 남아 있는 할 일이라고는 아무 것도 없었지." 그가 설명했다. "아무 짝에도 쓸모없는 기상학뿐이었지. 그래서 나는 주위에 무언가 나를 바쁘게 해 줄 게 없나 하고 두루 찾기 시작했어."

북부 마거리트 만(Marguerite Bay)을 조사할 때 썰매 팀을 이끌다가 남극반도에서 약간 벗어나 있으나 스토닝턴 섬에서 접근이 가능한 디온 소도(Dion Islets)에서 그는 우연히 황제펭귄의 작은 군서지 하나를 만났다. 그는 흥미를 갖고 그 군서지를 주목하였으나 교대 선박이 도착하지 못했을 때에야 비로소 그는 본격적으로 펭귄을 연구할 생각을 하였다. 그는 이미 남극대륙에서 두 번의 겨울을 보냈으며 지금 세 번째 겨울에 직면해 있었다. 그는 기지로부터 약 50마일 떨어진 디온 소도에서 텐트 속에서 그 세 번째 겨울을 보내기로 결정하였다. "나로서는 어떤 종류의 오두막이라도 어느 종류의 텐트보다 낫지"라고 그가 내게 말했는데 이 말은 그가 기지를 벗어나기 위해 정말 얼마나 필사적이었는가를 보여주고 있다. 스토닝턴에 있는 그의 기지 대장인(후에 BAS 책임자가 되었던) 비비안 푹스(Vivian Fuchs)가 포클랜드 제도로 승인을 요청하는 무전을 보냈다. “승인을 받을 수 없었지.” 버나드가 말했다. “그래서 당신은 그것을 어떻게 했나요?” 내가 그에게 물었다. “나는 그것이 편리하게도 ‘전파 방해’가 있어서 우리가 그 명령을 전혀 듣지 못한 경우 중의 하나라고 생각했지.” 두 눈을 깜박이며 그가 말했다. “그것은 그 시절의 불량한 통신의 이점 중의 하나였지. 자네는 여전히 자신의 일을 할 수 있었을 거야. 푹스는 겨울 한 철 내내 자네가 절대로 원하지 않는 것은 거기에 있고 싶어 하지 않는 사람이라는 것을 알고 있었어.”

“모든 사람으로부터 그렇게 고립되어 3년 동안 그렇게 연락이 거의 없었던 것은 어땠습니까?” 내가 그에게 물었다. “오… 내 생각에 그것이 우리 모두를 대단한 영웅이라고 느끼게 했지.” 기억을 비웃으며 그가 말했다.

거의 40년 전에 황제펭귄의 알을 얻기 위해 에드워드 윌슨, 앱슬리 체리 개러드와 버디 바우어즈가 보냈던 끔찍한 긴 시간을 알고 있었기 때문에 그는 디온 소도의 번식지에서 하나의 시계열적 배아를 만들 것을 제안하였다. 그는 너무 늦게 도착했기 때문에 짝짓기는 목격할 수 없었으나 그에 따른 산란은 많이 목격하였다. 겨울 내내 야영을 하면서 그는 적절한 임신주수와 시기를 맞춘 황제펭귄의 알들을 수집하였다. 그의 표본들은 황제펭귄의 발생학을 설명하는 데 크게 도움이 되었는데 그것은 에드워드 윌슨이 이제까지 아무리 애를 써도 결코 이룰 수 없었던 것이었다.

“그 배아들을 가지고 무엇을 할지 어떻게 알았습니까?” 내가 그에게 물었다. “당신이 해군 조종사로 훈련받았다면 말입니다?” “나는 종교를 믿는 사람은 아니지만 내가 만약 그랬다면 그것은 신의 섭리이다라고 말하겠지.” 그는 설명하기를, 해군에 복무하기 전에 그는 헐 유니버시티 칼리지(Hull University College)에서 동물학을 전공하며 수개월을 보냈는데 그 기간 동안—여느 때와 달리—그는 알을 깨어 초기 배아를 제거하고 보존하는 실제적인 기술들을 배웠다. "나는 조류에는 별로 관심이 없었는데 단지 우연히 그렇게 된 것이었지." 그가 말했다. "우리들의 주 강사가 조류 발생학자였어." 그러다가 스토닝턴에서 독일 동물학자 한 사람이 탄 칠레 선박 한 척이 기지를 방문했어. "그것은 내가 디온 소도에 있는 번식지를 보기 전이었지." 그가 말했다. "나는 그 동물학자에게 아델리펭귄의 배아를 수집할 생각을 해 왔지만 배아 조직을 보존할 특수 고정액인 부앙용액(Bouin solution: 피크르산, 빙초산, 포르말린을 15:5:1의 비율로 혼합하여 제작한 고정액—역자주)이 없다고 말했어. 파티를 위해 칠레인들이 우리들 모두를 배 위로 초대했을 때 그 독일인이 내게 매우 큰 부앙용액 한 병을 선물하였어!" 일련의 놀랄만한 우연의 일치에 의해 그는 배아를 제거하는 법을 배웠고 고정액 한 병을 수중에 넣었으며 그러고는 최초로 알려진 접근 가능한 황제펭귄 번식지를 발견했던 것이다.

영국에 돌아와서 그는 자신의 동물학 학위를 마치려고 런던 유니버시티 칼리지(University College London)에 입학하였다. 그는 세계적인 과학 저널인 네이처(*Nature*)지에 자신의 황제펭귄 관찰소견에 관한 주석을 발표했으며 그 다음에 포클랜드제도부속령조사소(Falkland Islands Dependencies Survey)를 위한 일련의 보고서에서 그들의 행동양식과 번식 주기에 관한 더 완전한 기술을 발표하였다. 이미 획득한 한 개의 학위와 두 개의 권위 있는 출판물과 함께 그는 박사학위를 받기 위해 옥스퍼드 대학에 입학했다. 스토닝턴 섬의 기지가 폐쇄됨에 따라 그는 자신이 사랑하는 황제펭귄에게 돌아갈 수 있는 방법이 없었다. 그러나 포클랜드 제도 정부는 그를 위하여 사우스조지아에서 황제펭귄의 가장 가까운 친척들인 킹펭귄들을 연구할 시설을 제공하는 것을 제안하였다.

사우스조지아에서 살면서 연구했던 20개월의 산물인 킹펭귄의 번식, 행동양식과 발달에 관한 그의 논문에는 그 새들의 남쪽 사촌들에 대한 참고논문과 그들에 관한 일화가 많이 섞여 있다. 그것은 한 단원 전체를 킹펭귄과 황제펭귄의 비교에 바치고 있으며 남극의 한겨울을 견뎌낼 수 있는 황제펭귄들만의 방식에 대한 존경을 발산하고 있다. 그는 그 두 종의 아프테노디테스가 그렇게 흡사한 양식에는 별로 매력을 느끼지 않지만 그들이 아주 다른 양식에는 매력을 느끼고 있다. "짐작컨대 보기 드물게 강력하고 서로 다른 진화상의 압박의 결과로 그 두 종은 동종의 다른 어떤 펭귄들보다, 혹은 정말 밀접한 관련이 있는 다른 어떤 두 종의 조류들보다 번식습성에 있어 더 상이하다."라고 그는 썼다. 이제 머지않아 내 스스로 황제펭귄들을 보게 될 것이다.

* * *

그리트비켄 부두에 한쪽으로 기울어져 있는 것은 사우스조지아 최후의 강철 선체 포경선 중의 한 척인 페트렐호(*Petrel*, 바다제비)였다. 고물은 이미 물 아래로 가라앉았고 작살은 무해하게 산비탈을 향하고 있었다. 그것과 나란히 묶여 있는 것은 100년 된 콘월산(Cornish, 잉글랜드 콘월 지방산—역자 주) 목재 세일링 커터(cutter, 대형 선박에 딸린 소형 보트로 선박에서 육지 사이를 오가는 데 씀—역자 주)인 컬루호(*Curlew*, 마도요)였다. 그것이 어떻게 거기에 있게 되었는가 하는 이야기는 하나의 현실 도피적 환상이나 선구자의 생활에 관한 한 편의 드라마로 해석된다. 1967년 팀과 폴린 카(Tim and Pauline Carr)는 그 배가 몰타(Malta)에 버려져 있는 것을 발견하여 용골부터 상부로 복원하였다. 그들은 그 이후로 거의 줄곧 그 보트에서 생활해 왔으며 레이더, GPS 또는 심지어 엔진의 도움도 없이 여러 번 세계 일주 항해를 해 왔다.

10년 전 그들은 새로 설립된 박물관에 잠시 근무하기 위해 킹 에드워드 코브(King Edward Cove)에 불쑥 나타나서 큐레이터로 계속 머물렀다. 석면과 연료유, 오래된 다이너마이트와 군대 폐기물에도 불구하고 그것은 그들에게 천국처럼 보였다. 그들의 저서인 남극의 오아시스(*Antarctic Oasis*)는 그들이 발견한 독특한 생태계와 사우스조지아 주위의 바다에서 흘러나오는 생명에 대한 관심을 끌었으며 그 군도 보호의 긴급성에 관한 명쾌한 요청의 소리를 울렸다. 그 시절에 그리트비켄 기지는 여전히 영국군에 의해 점거되어 있었다. 팀과 폴린은 주민들 사이에 다반사가 되었던 환경적 관행에 가장 먼저 이의를 제기하였다.

그리트비켄은 세상의 가장자리에 가깝게 느껴지지만 기념품 매장과 크루즈 시즌과 함께 지금은 지나가는 이방인들의 장소 뿐 아니라 변경 생활 장소가 되어 버렸다. 박물관은 단지 하나의 전문가의 소규모 벤처 사업에서 그 섬들의 유산의 수호자, 사우스조지아에는 섀클턴, 고래잡이 또는 군대 이상의 것이 있다는 살아 있는 증거로 성장하였다. 첫 수년 동안 그들은 컬루호에서 잠을 잤는데 왜냐 하면 박물관이 들어 있던 낡은 기지 관리인 사무소가 너무 황폐했기 때문이었다. 팀과 폴린이 그리트비켄에 살았던 10년 동안 그들은 박물관을 완전히 재단장했으며 해안을 따라 있는 다른 포경 기지로부터 약탈될 위험에 처한 많은 유물들을 그 대피처로 가져왔다.

나는 전시품 사이를 거닐었다. 박제된 앨버트로스 한 마리가 마치 자유를 갈망하듯이 천장의 들보에서 몸을 떨었다. 일련의 프리즈들이 한 세기 전의 섀클턴 같은 탐험가들의 사정을 보여주었다. 유리 캐비닛과 재건된 방들을 따라 고래사냥꾼들의 생활에서 유래된 수백 가지 물건들이 전시되어 있었다. 그러나 그 박물관에 관해 나를 가장 매혹시킨

것은 큐레이터 자신들이었다. 그들은 나를 자신들의 부엌으로 맞이했으며 내가 자신들의 항해 모험에 관한 질문을 하는 동안 몇 잔의 차와 여러 접시의 토스트를 갖다 주었다. 움직이지 않을 때 그들의 시선은 마치 대양의 수평선에 맞추어진 것처럼 먼 곳을 향했다. 그들의 온화하고 관대한 겸손은 영감을 주었다.

"언제 헬리 기지로 떠납니까?" 팀이 내게 물었다. "내일요." "우리들 서너 명이 오늘밤 스키 등산을 갈 겁니다." 그가 말했다. "고개 꼭대기에서 보는 해돋이는 단연 최고지요. 함께 하신다면 환영합니다."

나는 오전 1시로 알람을 맞추고 아직도 심야 파티가 한창인 섀클턴호의 선상 바 가장자리에서 아침 식사를 하였다. 배에 상주하는 치과의사인 페니(Penny)와 함께 나는 해변에 누워 트림을 하고 재채기를 하는 코끼리바다표범 주위를 조심스럽게 걸어서 박물관으로 갔다. 팀은 우리들에게 진한 커피를 타 주고 내 부츠에 맞는 스키를 찾아주었다.

첫 30분 동안은 돌무더기와 자갈 비탈을 하이킹하였는데 헤드랜턴에서 새어나오는 빛의 웅덩이 속으로 발걸음을 떼면서 어깨 위에 걸친 스키의 균형을 잡았다. 설선 가장자리에서 우리는 눈을 움켜잡아 우리가 산비탈 위로 걸어올라 갈 수 있게 해주는 얇은 천 조각인 '스킨'을 스키에 묶었다. 우리가 고개에 도착한 때는 오전 3시로 라일락색의 첫 조수가 동쪽으로 막 찰랑거릴 때였다.

바람기 없는 곳에 웅크린 채 초콜릿을 우적우적 씹어 먹고 뜨거운 블랙커런트를 마시면서 고개에 앉아 있는 것은 영혼을 진정시키는 것이었다. 나는 렌즈모양의 구름들이 진홍색으로 불붙기 전에 부드럽게 인광을 발하는 것을 지켜보았다. 그것들은 불같은 색색의 스펙트럼을 뚫고 계속 미끄러져 마침내 아침의 푸른 빛 속으로 씻겨 들어갔으며 그림자가 비친 봉우리들이 공기가 빛을 모음에 따라 3차원으로 더 커지고 더 둥글어졌다. 흰바다제비들이 우리 주위의 공기를 뚫고 선회하다가 빙빙 돌면서 계곡 아래로 내려가서는 멀리 바다를 향해 날아갔다. 나는 마치 내가 바위와 바다와 생의 풍요로움에 작별인사를 하고 핼리 기지를 향해 출발하기에 앞서 자신을 준비시키는 것처럼 느껴졌다.

오전 4시쯤 우리는 돌아가야 한다는 결정을 내렸는데 왜냐하면 배를 지연시키는 것은 용서할 수 없는 일이기 때문이었다. 팀은 부드러운 호를 그리며 깔끔한 텔레마크식 회전(한쪽 다리를 앞으로 내밀며 다리를 굽혀 회전하는 기술—역자 주)을 하며 산비탈 아래로 미끄러져 내려갔다. 나는 그보다 덜 우아하게 내려갔는데 맨 아래에 도달하기도 전에 온 몸에 멍이 퍼져갔다.

그리트비켄에서는 보슬비가 내리고 있었다. 나는 오전 다섯 시에는 우울한 장소인 포경기지의 녹슬고 있는 헛간들과 썩어가는 판자들 사이에서 팀에게 작별인사를 했다. 킹펭귄들이 나를 섀클턴호 쪽으로 되돌아가는 것을 안내하는 표시 기둥들처럼 해안선을 따라 일정한 간격을 두고 떨어져 있었다. 머리를 쳐들어 내가 가는 것을 지켜 본 것은 한 마리도 없었다.

오전 7시 30분에 1등 항해사의 목소리가 스피커로부터 섀클턴호의 모든 선실 내로 울려 퍼졌다. "핼리 기지에 가고 싶지 않은 분이 있으면 하선해 주시기 바랍니다." 오후 쯤에 사우스조지아가 사라졌다. 나는 사우스조지아가 차츰 멀어져 가는 것을 지켜보았는데 그것은 바다에서 솟아올라 꼬리를 철썩 치며 작별인사를 하는 고래들에게 하나의 절묘한 배경이 되었다.

배는 남동쪽으로 나아가 큰 시계 문자판 같은 웨델 해의 해빙 가장자리를 빙 둘러서 짙은 안개 속에 사우스샌드위치 제도를 살금살금 지나갔다. 나는 밖으로 나가 갑판 위에 서서 자보도브스키(Zavodovski, 사우스 조지아 섬 남동 350km 지점에 있는 무인 화산도—역자 주)섬 화구구로부터 흘러나오는 유황가스의 기미를 맡아보려고 코를 킁킁거리며 산들바람을 들이마셨고 서던 툴레(Southern Thule, 극북의 땅, 세틀랜드 제도, 노르웨이, 아이슬란드 등을 가리키는 고대 그리스 로마의 지명—역자 주)의 윤곽을 알아보려고 두 눈에 안간힘을 썼다. 이 섬들이 세계에서 가장 외딴 섬들 중의 일부이다. 이들 뒤쪽으로 이삼백 마일 떨어진 곳에 종종 세상에서 가장 외딴 섬이라고 기술되는 부베 섬(Bouvet Island, 남위 54도 25분의 남대서양에 위치한 노르웨이 보호령의 아남극 무인 화산도—역자 주)이 있었다.

고향의 내 방 벽에 걸려 있는 세계지도 위에는 부베 섬은 나타나 있지도 않다. 아르헨티나, 남아프리카 및 남극대륙의 드로닝 모드 랜드(Dronning Maud Land)로부터 대략 등거리에 있는 그 섬의 위치는 'WORLD'의 'L'자 밑에 숨겨져 있다. 1920년대 이래 명목상 노르웨이 영토인 부베 섬은 기후조건이 사람이 살기에 너무 힘들어 무인 기상관측소들만 존재하는데 이것들마저도 산사태로 인해 주기적으로 파괴된다. 그러나 1979년 미국 인공위성 벨라 호텔(Vela Hotel)에 의해 이중 섬광 하나가 주목되었는데 누군가 부베 섬 위에서 또는 그 인근에서 핵폭발을 일으켰다. 프랑스, 이스라엘 그리고 남아프리카 공화국이 모두 그 핵실험에 대한 혐의를 받아왔으나 지금까지 잘못을 인정한 국가는 없었다.

핼리 기지에 도착하기 위해 핵폭탄까지도 눈에 띄지 않고 슬쩍 빠져나갈 수 있는 이런 외딴 바다들을 우리가 횡단해야 한다는 것이 나를 감동시켰다. 핼리 기지는 종점이었으며 남극대륙에 있는 영국 연구기지들 중에서 가장 멀리 내동댕이쳐진 가장 접근하기 어려운 곳이다. 각각의 기지는 공식적인 통신에 사용되는 암호 문자를 가지고 있는데 그것은 종종 그 기지명의 첫 글자이다. 그러나 핼리는 'Z'를 배정받아 왔다.

그 역사의 초기에 헬리 기지는 '아이스 스테이션 지브라(Ice Station Zebra)'라는 낭만적인 위엄을 지닌 이름을 받기도 했다. 가장 멀리 떨어진 기지는 영어에서 마지막으로 그리고 가장 덜 사용되는 자음을 고려하여 알파벳의 끝까지 연장되었다. 어느날 섀클턴호 바에서 나는 나의 새 호칭인 'Zdoc'이 스크래블 게임(Scrabble, 철자가 적힌 플라스틱 조각들로 글자 맞추기를 하는 보드 게임의 일종—역자 주)에서 내게 16점을 벌어준 것 것을 알고는 기뻤다.

12월 21일 섀클턴호는 남극권을 건넜으며 우리는 겨울을 향하여 길게 미끄러지기 시작하였다. 우리는 2,3일 동안 철갑을 입힌 것 같은 해빙으로 된 광대한 부빙을 들이받아 분쇄하고 깨어진 얼음들을 뒤섞인 조각그림 조각들처럼 한쪽으로 밀치면서 돌파해 왔다. 마침내 우리는 그 크기가 거의 레바논만한 빙호(polynyas, 극지방의 얼음에 둘러싸인 직사각형 해면—역자 주) 속으로 진입하였다. 빙호는 나무판자 속의 드릴 구멍처럼 해빙의 꺼풀에 구멍을 뚫어 놓은 넓게 펼쳐져 있는 얼어 붙지 않은 바다이다. 위성사진에 따라 배는 빙호로 나아가려고 애를 쓰며 형판을 따라가는 톱날처럼 일직선으로 얼음을 헤쳐 나간다. 어떤 곳에서는 빙호 건너편의 얼음이 아주 비틀어져 있어 섀클턴호는 얼음 위로 높이 올라타서 잠간 머물러 얼음을 깨부수고 뚫고 나오지 않으면 안 되었다. 이렇게 지진 난 것처럼 크게 흔들리는 동안 선체는 괴로워서 신음 소리를 내었다.

어느 날 아침 내가 부빙을 지켜보고 있을 때 나는 배 꼭대기의 전망탑으로부터 외치는 소리를 들었다. "빙붕이다!" 나는 쌍안경을 남쪽으로 획 움직였으나 단지 지평선까지 깨진 해빙 조각들만 보였을 뿐이었다. 내가 전망탑에 도착했을 때 나는 다시 시도해 보았다.

리저-라르센 빙붕(Riiser-Larsen Ice Shelf). 그것은 설화 석고 같은 얼음의 벽이었으며 높이는 아마 100피트 정도였고 수평선을 따라 잔물결

모양을 이루고 있었으며 복잡하게 균열이 가 있었는데 그것이 눈길을 사로잡고 그 엄청남과 그 연한 푸른빛의 질에 대한 감탄을 강요하였다. 스콧과 섀클턴 같은 서양 탐험가들은 종종 빙붕의 근엄한 위엄과 그들의 적대감과 접근하기 어려움에 관해 얘기하고 있으나 다른 관점도 있다. 나는 종종 잊혀져 있는 1911년의 일본 국립 탐험대의 책에 있는 기술을 즐긴다. 그 기술은 로스 빙벽은 '하얀 병풍처럼' 주름이 져 있었고 해안선의 나선형 주름은 '쉬고 있는 거대한 흰 뱀이었다'라고 보고하고 있다.

나는 그날 저녁 내 일기에 썼다. '드디어 남극대륙이다!'

여름

4

드디어 남극대륙에 오다!

눈은 끊임없이 이어지는 지평선에서 하늘과 만나기 위해 영원히 굴러갔다.
이곳에는 사막의 광활함이 있었는데 천지창조의 원료의 광활함이라고 말해도 좋을 듯하다.

리처드 버드(Richard Byrd), 혼자서(Alone)

얼음이 끊임없이 영원히 펼쳐져 있는 빙원과 나란히 순항하면서 나는 그 침묵의 엄청난 무게와 그 공허함의 놀라운 실상에 경탄하였다. 넓게 펼쳐진 남극대륙의 심장이 무자비한 하늘 아래 숨겨져 있었다. 얼음이 그 하늘을 지탱하는 것처럼 보였으며 가장 넓은 손바닥으로 그 무게를 고이 안고 있었다. 비교 신학자들은 우리들에게 대부분의 인간 사회가 하늘에서 노려보고 있는, 인간들을 좌지우지하는 엄격한 족장인 남성 천신(sky god, 하늘 그 자체가 인격화된 신—역자주)과 함께 시작된다고 말하고 있다. 그리스인들은 자신들의 신인 우라노스(Ouranos, 그리스 신화의 1세대 하늘의 신으로서 가이아의 아들이자 남편이고 크로노스의 아버지이자 제우스의 할아버지이다—역자 주)를 거세하고 아폴로와 아프로디테와 운명을 같이 하였다. 그러나 남위 75도에서는 땅의 신이

니 계절의 신이니 하는 것은 거의 말이 안 된다. 나는 남극의 하늘 아래에서는 우라노스를 부활시켜 그의 보호를 구할 필요가 있다는 느낌이 들었다.

이곳에서는 공기가 일종의 렌즈였는데 지평선을 따라 깔려 있는 하나의 치밀한 공기층이 빛을 변형시키고 접어서 아지랑이로 만들었다. 멀리서 얼핏 본 빙산들은 하늘 쪽으로 아가리를 떡 벌리고 펼쳐져 있었으며 그들의 부서지기 쉬운 과립상 구조는 빛에 의해 가변성이 있게 되고 열의 층에 의해 만들어진다. 그들의 순수한 텅 빈 표면들이 땅의 굴곡 주위로 드러나 보였다. 나의 머리 위로 태양이 커다란 빛의 무리(halo) 속에 집중되어 있었다. 햇무리 내부는 그 주위보다 더 어두웠으며 하늘에서 훑어보는 홍채와 같이 그늘이 져 있었다. 그 눈이 하늘을 감시하듯이 24시간이 표시된 시계 위로 지평선을 한 바퀴 선회시켰다. 햇무리의 각각의 주요한 장소에서 더 밝은 빛의 파편이 태양 자체로부터 갈라져 나오는 것을 종종 볼 수 있었는데 이것이 환일(parhelion, 공기 속에 뜬 얼음의 결정에 태양빛이 반사, 굴절했을 때 일어나는 현상—역자 주) 또는 무리해(sun-dog)인데 너무나 기적적이고 아름다운 관대한 현상이어서 최초의 북극 탐험가들은 그것을 신의 선물이라고 여겼다.

라르센 빙붕에서 핼리기지까지에는 배가 멈추어 정박할 수 있는 장소가 몇 군데 있다. 그 중 한 군데에서는 빙붕 아래에서 해저가 융기하여 땅의 앞부분이 얼음의 장막 위로 텐트처럼 솟아올라 리덴 아이스 라이즈(Lydden Ice Rise)를 이루고 있다. 그것의 남쪽으로 빙붕이 툭 불거져 나와 빙하류가 바다로 쏟아지는데 이것이 스탠컴-윌스 빙하(Stancomb-Wills Glacier)이며 그 다음에 다시 안으로 좁아져 브룬트(Brunt) 빙붕이라는 새 이름을 얻는다. 브룬트 내에서 해저가 또 다시 융기하여 머리를 들어 올려 맥도널드 아이스 럼플(McDonald Ice Rumples)이 된다. 이러한 융기로 인해 생긴 빙붕 내의 파문과 균열이 선박이 브룬트에 정박할 수 있는 이유이며 그곳이 핼리 기지의 장소로 선택된 이유이다. 해빙이 그 균열을 채워 섀클턴호 같은 4천톤 급 선박을 위한 비교적 비바람이 들이치지 않는 항구 뿐 아니라 그 위에서 황제펭귄이 번식할 안정된 플랫폼 같은 장소를 허용해준다. 균열은 적설로 가득 차 있으며 눈이 다져져 경사면을 이룬다. 이러한 경사로가 해빙과 기지 사이에 차량들이 화물을 끌어당길 수 있는 수단이 되는데 기지는 내륙으로 12킬로미터 들어간 곳에 대륙으로부터 멀리 흘러나온 빙붕의 얼음 위에 위치해 있다. 그리고 럼플에 의해 생긴 균열들이 펭귄과 인간들을 동일하게 펼쳐져 있는 해안으로 이끌었다.

코모도어 서전(Surgeon Commodore, 코모도어는 영연방군내 해 · 공군 준장에 주어지는 계급임—역자주)인 데이비드 데글리쉬(David Dalgliesh)는 1956년에 핼리 기지를 위한 직위를 택했다. 그는 그곳의 첫 기지대장이었으나 그의 이력서에는 또한 영국 해군 부의무감, 항만노동자, 경찰견을 부리는 경찰관, 요리사, 여왕 주치의, 원예가 및 성가대원이 포함되어 있었다. 내가 그를 만났을 때 그는 데번셔(Devonshire, 잉글랜드 남서부의 주—역자 주)에 있는 자기 정원의 장미 화단에 앉아 있었다. "우리가 이곳을 샀을 때 그것은 단지 껍데기에 불과했어." 자기 뒤편의 오두막을 향해 한 손을 흔들며 그가 말했다. "박공벽은 덴마크의 어느 바이킹이 지었다는데 내 생각에 그건 토지대장(Domesday Book, 중세 영국의 토지 대장—역자 주)에 있을거야." 그의 얼굴은 지치고 주름져 있었으나 그의 눈가에는 아직도 번뜩이는 아이러니가 어슴푸레 빛났다.

나는 핼리 기지에서 생활하는 데 관한 조언을 구하기 위해 그를 만나러 갔다. 데글리쉬는 1957년에서 1958년까지의 국제 지구물리학의

해(International Geophysical Year)를 위한 왕립협회(Royal Society, 영국 학술원, 1662년 인가; 정식명 the Royal Society of London for Improving Natural Knowledge—역자 주)의 남극 기금 총책임자로서 그 기지를 설립하였다. 세계 각지의 정부들이 관측소를 후원하는 데 자금을 쏟아 붓고 있었다. 지구 전체에 걸친 장소들로부터 얻은 동시적인 기상학, 지질학 및 천문학 데이터가 인류에게 지구의 작동 방식에 대한 독특한 정보를 제공할 수 있으리라고 기대되었다.

"내가 자네에게 줄 수 있는 최선의 충고는 자네 맘에 드는 대원들을 고르라는 것이네." 그가 내게 말했다. "나는 그렇게 하는 것이 허용되지 않았네. 그래서 결국 두 서너 명의 진짜 말썽꾸러기들과 함께 지냈지." 나는 나도 역시 내 맘에 드는 대원들을 선택할 기회를 가질 것 같지 않다고 더듬거리며 말했다. "정말 안됐군." 그가 말했다. "일단 망나니들이 거기에 끼어 있으면 녀석들을 솎아내기 아주 어렵지."

데글리쉬는 남위 75°, 케어드 해안을 따라 필크너 빙붕(Filchner Ice Shelf) 위의 바젤만(Vahsel Bay) 쪽에 기지를 지으라는 명령을 받았다.

"우리는 멀리 76.5°까지 도달했으나 두꺼운 얼음을 뚫고 나갈 수 없었어." 그가 내게 말했다. "자네가 가는 장소는 우리가 실제로 빙붕으로 트랙터를 몰고 올라갈 수 있는 유일한 지점이었지… 내 생각에 그들은 나중에야 그곳이 세상에서 오로라를 관찰하기에 최고의 장소들 중의 하나라는 것을 알았을 거야." 자만의 기색을 띠고 그가 코를 킁킁거렸다. "그러나 물론 나도 그때는 그걸 몰랐지."

그의 아내인 켈리가 뒤에서 서성거렸는데 왜냐하면 데글리쉬는 이제 늙었고 그녀는 그의 휴식에 신경 쓰고 있었기 때문이었다. 반면에 그녀는 기운이 남아서 집과 정원 사이를 왔다갔다 뛰어다녔다. "당신에게 보여드릴 게 있어요." 그녀가 문간에서 소리쳤다." 그리고 차 한 잔

하실래요?" 자신들의 딸과 함께 그 부부는 그린란드로 향수를 불러일으키는 여행을 하고 돌아온지 오래 되지 않았다. 데글리쉬는 핼리 기지로 데려갈 에스키모개들을 고르기 위해 1950년대에 그곳으로 간 적이 있었다. 그는 그린란드를 사랑했으며 다시 그곳을 볼 기회를 좋아하였다. 남극대륙의 1/10 크기인 그린란드를 방문하는 것은 남쪽 대륙 자체를 방문하는 것 다음으로 가장 좋은 것이며 그리고 유럽인들에게는 적어도 훨씬 더 접근이 가능한 곳이다. 그녀는 만년설과 산맥과 빙산들로 가득한 사진 앨범 한 권을 가져왔다. 데글리쉬가 골랐던 개의 후손들은 1980년까지 핼리 기지에서 계속 살고 일했다. "머그잔에 우유만 가져갈까요?" 그녀가 물었다. "아니면 건축업자가 마시는 차를 한잔 드릴까?"

데글리쉬는 이전에 1940년대 말 스토닝턴 섬의 의무관으로 남극대륙에 가본 적이 있었다. 그는 디온 소도의 황제펭귄 번식지에서 버나드 스톤하우스와 함께 야영 생활을 하며 겨울을 난 적이 있었다. 1950년 그가 돌아왔을 때 썼던, 나중에 병원 저널에 발표되었던 회고록에서 그는 자신이 탐험대에 선발된 경위를 기술하고 있다. '해군본부에서 나는 다소 한가한 표정으로 요즘도 어디에 가는 탐험대가 있는지 물었는데 내가 영원히 놀랍게도 "있고말고. 14일 기간 동안 남극으로 갈 의사를 원하는 탐험대가 하나 있어- 자네 가고 싶나?"라는 말을 들었어.'

그는 다음 해에 돌아오기로 되어 있었으나 교대 선박이 얼음을 통과할 수 없었다. 그들은 모두 또 한 해 겨울 동안 갇혀버렸다. 데글리쉬는 개인적인 공간의 중요성을 알고 있었다 그래서 디온 소도로 떠나기 전에 연달아 세 번째 겨울을 맞이할 대원들을 위한 별도의 방을 하나 처방하고 그것을 짓기 위해 자신의 목공 솜씨를 연마하였다. "우리는 그것을 1등 객실이라고 별명을 붙였는데," 스톤하우스가 나중에 썼다. "사람들로 붐비는 숙소의 중압감을 느끼는 사람은 누구든지 물러나 잠시 조용히 쉴 수 있는 장소였다." 디온 소도의 황제펭귄들에 관해서 데글리쉬는 "눈 가운데서 그렇게 다채로운 색을 가진 새들을 발견한다는 것이 얼마나 희한한 일인가. 그들은 황제라고 명명되어 마땅하며 타고난 우아함과 위엄을 지니고 있다."라고 썼다. "핼리 기지에서 황제펭귄들과 함께 많은 시간을 보낼 수 있었습니까?" 내가 그에게 물었다. 켈리가 차를 가지고 와 내 옆의 벤치에서 김이 올라오게 내려놓았다. "오, 물론이지." 그가 말했다. "우린 그때 해빙에서 뒤로 1마일 밖에 떨어져 있지 않았어. 자네 황제펭귄 알 오믈렛을 꼭 먹어보게." 그는 그 기억이 나서 껄껄 웃었다. "알 한 개면 배고픈 대원 세 명을 먹일 거야!"

은퇴할 때 쯤 데글리쉬는 전 세계에 걸친 의사 경력을 가졌다. 그는 내게 간략한 요약을 말해주었는데 황실 요트 브리태니아호의 의무관, 그 다음에는 홍콩으로 파견되었으며 나중에 싱가포르에 있는 함대 의무관으로 승진되었다. "그런 모든 외국 근무지와 비교해 보면 남극대륙은 어떻습니까?" 내가 그에게 물었다. "비교라? 글쎄…"라고 그는 말하더니 잠시 말을 멈추었다. "이런 식으로 설명해 보지. 만일 내가 조금만 더 건강하다고 느낀다면 난 자네와 함께 그리로 내려가는 것을 전혀 개의치 않을 걸세."

우리들이 데글리쉬가 자기의 트랙터들을 내려놓았던 브룬트의 "소만"까지 순항해 올라간 것은 크리스마스이브 때였다. 우리들 중 한 무리가 바깥의 선수루 위에 서서 산타 모자와 순록 뿔을 완전히 갖추고서 저녁 햇살 속에서 크리스마스 캐럴을 부르고 있었다. 하늘은 깊이를 알 수 없는 푸른색의 둥근 지붕이었으며 얼음이 옻칠한 것 같은 흰 광택을 드리우고 있었다. 나는 큰 소리로 'Hark the Herald Angels sing'을 노래하고 있었는데 바로 그 때 뱃전을 살펴보다가 나는 내 최초의 황제펭귄을 보았다.

우리가 자연계에서 최초의 만남을 가질 수 있는 여러 가지 방법이 있다. 황제펭귄을 간절히 보고 싶어 하는 열렬한 조류학자들이 내게 말하기를 그 순간에 스피커가 '펭귄 출현! 펭귄 출현!'이라고 그들에게 경보를 발했으며 그들과 동료 승객들은 난간으로 달려가 그들로부터 멀리 떨어진 수로에서 희미한 검은 형체를 하나 보았다고 말했다. 나는 북극에서 그런 크루즈를 탄 적이 있는데 거기서는 스피커에서 북극곰 경보를 요란하게 울려댔다. 그러나 다행히도 이번에는 아무런 팡파르도 없었고 난간으로 달려가지도 않았다. 두 명의 동료 캐럴 가수들이 몸을 굽히고는 미소를 지었다. "저길 봐." 한 명이 말했다. "황제펭귄이야." "약간 살찐 킹펭귄 같아 보이는데."라고 다른 사람이 말했다. 잠시도 가만있지 못하고 꽥꽥거리는 아델리펭귄 무리가 해빙 가장자리의 얼음같이 찬 흰 파도 거품 속으로 들락날락 하면서 법석을 떨고 있었다. 그들 뒤로 적절하게 제왕에 걸맞는 포즈 속에 턱을 하늘 높이 쳐들고 마치 섀클턴호가 통과하는 것을 지켜보는 것이 또 하나의 따분하지만 필요한 보초 사열이란 듯이 황제펭귄이 서 있었다. 나는 마치 황제펭귄이 자기 나름대로 나를 케어드 해안으로 환영하려고 모습을 드러낸 것인양 넋을 빼앗겼다.

크레인이 하역망으로 네 명의 A, B급 선원(able-bodied seaman, 숙련 유자격 갑판원—역자 주)들을 얼음 위로 내렸으며 기초 작업으로 가장 단단한 해빙에 4개의 구멍을 파내려간 뒤 드릴을 사용하여 그 일을 끝냈다. '빈 술병(dead men)'이라고 부르는 기둥들을 약 3미터 깊이로 박아 넣었다. 스키두들이 엄청난 로프들을 밖으로 끌어당긴 다음 기둥에 로프를 둥글게 감았다. 섀클턴호는 얼음에 단단히 고정되었고 우리는 간신히 크리스마스에 맞추어 도착하였다.

해빙은 깊이가 4미터라고 알려져 왔으며 우리는 드릴 대신 고성능 폭약으로 해빙에 손상을 입히지 않고 기둥 구멍을 박아 넣을 수 있었다. 해빙이 튼튼해야 했는데 왜냐하면 그 다음 며칠에 걸쳐 섀클턴호가 대기해 있는 설상차의 트레일러 위로 45갤런 들이 드럼통 2천 개 분의 항공 등유를 하역할 것이기 때문이었다. 얼음이 균열을 일으키지 않고 설상차, 트레일러 그리고 연료의 무게를 지탱해야 할 것이다.

1940년 유럽의 동계 전쟁에 끌려들어가는 것을 염려한 나머지 도르시(N. Ernest Dorsey)라고 부르는 한 미국인이 부대를 얼음 위로 데리고 나가는 실행 계획을 조사하라는 요청을 받았다. 그가 얼어붙은 다뉴브 강 위로 탱크들이 구르는 것을 상상하면서 자신의 나날을 보낸 것처럼 보이지만 도르시는 메릴랜드에 있는 미국 정부 도량형기 표준국에서 근무했다. 그 주제에 관한 그의 저서는 고전으로 간주되고 있으며 오늘날 지구화학자들에 의해 종종 참조되고 있다.

그는 두께가 2인치에 불과한 얼음이 '병사 한 명 또는 적절한 간격을 둔 보병부대'를 지탱할 수 있다고 보고하고 있다. 두께를 배로 늘리는 것은 그 얼음이 '말 한 필과 기병 그리고 경화기들'을 지탱해 낼 수 있음을 뜻했다. 10인치에서 그는 더 안전하다고 느꼈는데 얼음이 '한 부대, 무수한 대중'을 지탱할 수 있고 15인치 두께에서는 '기차와 선로들'을 지탱할 수 있다. 그는 이보다 더 무거운 물건들은 관찰하지 않았으나 한 보고서에서 그는 자신이 2피트 두께의 얼음이 60피트 높이에서 그 위로 떨어지는 승객이 가득 찬 객차 한 량을 버틸 수 있으나 그 엔진은 버틸 수 없음을 발견한 바 있다고 말했다.

정상적으로는 핼리 기지에 도착하는 순간 배와 기지 둘 다 화물을 하역하는 정신없이 바쁜 기간으로 빠져드는데 사용가능한 모든 일손이 배를 비우고 난 다음 한 해분의 기지 폐기물을 배에 되실을 때까지 24시간 햇빛을 뚫고 12시간 교대로 작업을 한다. 선장이 초단파(VHF) 무전으로 브룬트 위의 헬리 기지 대장과 교신을 해왔다. 그들은 함께 헬리 기지 교대 작업을 다른 날로 잠시 미룰 수 있다는 결정을 내렸는데 왜냐하면 성탄절이 휴일이기 때문이었다.

바깥의 갑판 위에서는 아델리펭귄 청중이 참석한 가운데 캐롤 부르기가 계속되었다. 그 고독한 황제펭귄이 자신의 보병들을 사열하는 쇼군처럼 그들 사이로 점잔을 빼며 걸어 다녔다. 해빙 건너편 멀리 경사로들 중 하나의 바닥으로부터 빙붕 위까지 패드를 댄 오렌지색 작업복을 입은 몇 개의 작은 사람 그림자들이 섀클턴호를 향하여 오고 있는 것을 볼 수 있었다. 남극반도로부터 날아온 한 쌍의 프로펠러가 달린 비행기들이 벌써 월동대원들의 고립 상태를 깨뜨렸지만 비행기들은 알코올을 가져 오지는 않았다. 물러나는 월동대원들이 자신들과 교대할 대원들을 맞이하기 위해 얼음을 가로질러 조심스럽게 걸어와서는 사우나에 앉아서(섀클턴호는 어쨌든 스칸디나비아인들에 의해 건조되었다.) 약간의 신선한 맥주를 마시고 있다.

크리스마스 아침, 빙붕 위에서는 바람이 글자그대로 얼어붙듯 너무나 차가왔다. 남극으로부터 돌풍이 불어왔고 내 머리털에 얼음이 얼기 시작했다. 물러나는 Zdoc인 린지 본(Lindsey Bone)이 자신의 스키두를 타고 나를 맞으러 내려왔다. 우리는 의과대학에서 같은 클래스에서 교육받았으나 몇 년 동안 서로 본 적이 없었다. 얼음을 가로질러 내게로 걸어왔을 때 그녀는 튼튼하고 건강해 보였고 두 뺨은 햇볕에 탔으며 긴 팔다리로 성큼성큼 걸었다. 그녀가 모자를 벗었을 때 나는 그녀가 자신의 황갈색 머리를 빡빡 깎은 것을 보았다. "이렇게 하면 덜 가렵거든"

설명 대신 머리를 문지르며, "알잖아 모자를 계속 쓰고 있으면"이라고 그녀가 말했다. 나는 그녀의 태도에서 무언가를 알아내려고 애썼다. 나를 기다리고 있는 경험에 관한 것과 다가올 겨울을 가장 잘 맞이할 방법에 관한 무언가를. 그녀의 움직임은 재빠르고 활기찼으나 나는 그녀의 두 눈이 쉽게 흐리멍덩해지는 것을 보았으며 때로 그녀는 자신의 문장을 끝내지 못했다. "이 곳은 굉장해." 잠시 후 그녀가 말했다. "정말 굉장해." "충고해 줄 말이라도 있니?" 내가 물었다. "난 네게 수많은 충고를 할 것인가 아님 전혀 말 것인가를 결정하려고 며칠을 보냈어. 내 생각에 충고를 안 하기로 결정했어. 단지 너 스스로 살아봐야 할 거야."

나는 손에 땀을 쥐게 하는 놀이 열차 관광을 하려고 초조한 마음으로 그녀의 스키두 뒷자리로 뛰어올랐다. 그것이 빙붕 위에서의 나의 첫 번째 여행이었으며 몇 분 이내에 내 두 뺨의 근육들이 뻣뻣하게 고정되었고 나의 초조한 미소는 일그러진 미소로 얼어붙었다. 나는 다른 사람들도 모두 그들이 남극대륙에 처음 도착했을 때 이런 느낌을 받기를 바랐다. 내가 이런 곳에서 어떻게 1년을 살아남을지 궁금했다.

내가 받은 첫 인상은 공간, 침묵, 추위, 얼음, 평탄함 등이었다. 얼음은 당신이 시원한 산 개울에서 맡을 수 있는 가장 순수하고 가장 미묘하고 가장 쉽게 사라지는 향내와 같은 냄새를 지니고 있었다. 360도 순백의 지평선인 극지 사막이 우리의 스키두를 둘러싸고 있었다. 린지는 그 빙원을 본두(bondoo)라고 불렀으며 그것이 완전히 평탄한 것은 아니고 완만한 바다의 기복과 함께 출렁인다는 것을 내가 알아차렸는지 더 조심스럽게 보고 있었다.

올해가 내게 공간과 시간을 대량으로 제공할 것이나 나는 아직 그것을 충분히 상상할 수 없었다. 그것은 시간에 대한 일종의 마하바라타(Mahabharata, 고대 인도의 서사시—역자 주)와 라마야나(Ramayana, 고대 인도의 2대 서

사시 중의 하나—역자 주)였는데 나는 내가 선택한다면 지구상의 모든 위대한 문화권의 서사시들을 읽을 수 있었다. 올 한해가 마치 365개의 주판알이 있는 한 개의 주판처럼 내 앞에 서 있었다. 잠긴 문도, 기억할 열쇠도, 계산서도, 돈도 전혀 없을 것이다. 심지어 내 식사를 차려줄 요리사도 없었다. 내가 거리낌 없이 선택하지 못했던 전문적 또는 지적인 도전도 없을 것이며 단지 세상의 밑바닥에서 생활하는 정어리 통조림과 같은 공간의 사회적 및 정서적 압박감만 있을 뿐이었다. 그리고 환경의 도전들이 있는데, 나는 인간은 열대 포유동물이라는 것을 스스로에게 상기시켰다. 당신이 주의하지 않으면 이러한 환경이 당신을 죽일 것이다.

우리는 기지에 다다랐다. 핼리 기지의 건물들은 색다른 문제에 직면해 있는데 빙붕이 존재하도록 허용해주는 똑같은 적설이 1,2년 이내에 어떤 영구적인 구조물도 묻어버릴 것이다. 탐험가인 리차드 버드가 관찰했듯이 엠파이어스테이트 빌딩조차도 남극에서는 쌓인 눈 더미에 의해 곧 파묻힐 것이다. 건축가들은 그 역설적 상황을 두 가지 방식으로 해결해 왔는데 다리 위로 건물을 들어 올리든지 건물이 주기적으로 꾸준히 쌓이는 눈의 표면으로 끌어올려지도록 동활차 위에 건물을 올려두는 것이었다. 이번이 브룬트 위의 다섯 번째 핼리 기지였다. 이전의 네 기지들은 모두 매몰된 상태로 방치되어 왔으며 따라서 기지 내로의 접근은 해치와 터널을 통해서였는데 그 입구들은 매년 새로운 더 높은 눈의 표면으로 연장되어야만 했다. 그것은 10년가량 동안은 훌륭하게 작동하였으나 얼음의 죄는 무게와 접근 터널의 길이가 마침내 생활 조건들을 개탄스럽게 만들었다.

주 건물인 로스(Laws) 빌딩은 해마다 들어 올려지는 종류의 것이었다. 멀리서 보면 그것은 죽마를 탄 스완 베스타(Swan Vestas) 성냥갑을 닮았다. 나는 그 곳에서의 일자리의 가능성에 관해 처음 들었던 이후로 줄곧 수백 장의 사진들 속에서 그 건물을 보아 왔다. 이제 나는 그 건물의 현관으로 올라갔으며 '우체국' 사인과 '영국령 남극 지역(British Antarctic Territory)'이라는 조약거부 문구가 새겨져 있는 빨간 우체통을 만났다. 발치에 있는 한 개의 디딤대는 양손에 물건을 가득 쥐고서도 그것을 열 수 있음을 뜻하였다. 나는 발로 차서 그것을 팽개치고 안으로 걸어 들어 갔는데 건물 길이 전체에 이르는 중앙 복도의 폭을 보고 놀랐는데 좁은 토끼장 같은 섀클턴호에서 지냈던 뒤라서 그런지 아주 널찍하였다. 양팔을 밖으로 뻗어도 나는 벽에 닿을 수 없었다. 이 복도의 좌우로 방들이 배열되어 있었다. 내가 들어갔을 때 옥외 활동복과 신발을 갈아입는 방은 오른 쪽에, 발전기가 들어 있는 방이 왼쪽에 있었다. 그보다 더 안으로 창고, 장비보관실, 세탁기와 회전식 건조기가 들어 있는 방, 그리고는 주방과 식당 맞은편에 거실과 바 겸용 공간이 있었다. 거실과 식당 지역을 지나면 도서관, 사진용 암실, 극히 작은 체육관, 무전실, 남성 및 여성용 화장실, 그 다음에 의사 진료실이 있었다. 이 모든 것들을 지나(그것은 긴 복도였다) 기지의 나머지 부분과 분리된 곳에 '침대 방'으로 이루어진 수면 공간이 있었는데 각 방에는 외부의 가차 없는 눈부신 빛에 대비하여 암막 블라인드가 쳐져 있었다. 방들 자체는 길이가 3미터, 폭이 1.8미터로 작은 칸막이 방에 지나지 않았으며 2단 침대와 옷장으로 완전히 가득 찼다.

나는 다른 기지들을 충분히 보아 왔기 때문에 이제 그 형식을 알았는데 그것은 다음과 같았다. 기관의 벽과 천정 판자는 회색으로 하고, 수십 년 지난 수염 기른 대원들의 빛바랜 사진들을 걸어 놓고, 벽에는 비디오와 DVD와 법에 따라 서명이 있는 여왕의 사진을 얹어 놓은 선반을 둔다. 우리는 여왕폐하의 시선 아래서 크리스마스 점심을 먹기 위해 앉았다. 바로부터 캐롤 음악소리가 퍼져나갔다. 우리들 중 약 서른 명은 식당에 있었고 나머지 대원들은 아직도 저 아래 배에 있었다. 우리는 물을 타 원상태로 만든 크렌베리 젤리와 잡아당기는 크리스마스 크래커(영국에서 크리스마스 파티나 만찬 때 쓰는 것으로 양쪽 끝을 잡고 당기면 딱 소리가 나며 작은 크리스마스 선물이 나온다—역자주)와 함께 냉동 칠면조를 먹었으며 크래커에서 떨어진 종이조각에 적힌 허튼 농담에 끙 하고 앓는 소리를 내고 파티 모자를 썼다. 모두들 고향에 있는 사랑하는 사람들 생각은 하지 않으려고 안간힘을 썼다.

나중에 무전실에서 나는 터무니없이 비싼 미국 위성 전화로 이사(Esa)를 불렀다. 선이 계속 끊어져 나는 혼선으로 지직거리는 잡음 위로 그녀의 말을 가까스로 들을 수 있었다. "날 위해 거길 설명해 봐"라고 그녀가 말했는데 그녀의 목소리는 위성망을 뚫고 수만 마일을 퍼져나갔다. 나는 말을 더듬거리고 주저했으며 선이 떨어져서 다시 교신할 수 없었다. 창밖을 바라보며 쉭쉭거리는 수화기와 함께 나는 무전실에 홀로 있었다.

그것을 어떻게 설명하나? 얼음과 고립의 제국, 눈부신 백색의 무한한 평원, 얼음과 하늘의 2진법 세계. 나는 아직도 그것이 1년 동안 내가 매일 바라볼 장면이라는 것을 헤아릴 수 없었다. 그것은 구약성서 창세기에서처럼 '빛이 있으라'하는 순간의 바로 그 땅이었다. 얼음과 하늘 사이의 선이 아주 분명하여 갑자기 내 눈에 그것이 마치 대기의 얇은 껍질이 벗겨진 것처럼 보였다. 얼음의 표면에서 우주 공간이 시작되었으며 나는 마치 스타베이스 핼리가 세상의 밑바닥으로부터 떨어진 곳에 매달려 그것의 궤도를 도는 것처럼 느껴졌다. 우주비행사라면 집으로 돌아가는 것이 더 쉽다는 것을 알겠지만 차라리 우주비행사가 되는 편이 낫겠다라고 나는 마음속으로 생각했다.

크리스마스 다음날(boxing day, 영국 등에서 크리스마스 뒤에 오는 첫 평일을 공휴일로 지정한 것. 이 날 고용인, 집배원 등에게 크리스마스 선물 박스를 주는 풍습이 있다—역자 주), 그래도 헬리 교대 작업은 진행되고 있었다. 동력으로 치자면 말 1,500필에 맞먹는 8대의 설상차량들이 기지와 섀클턴호 옆의 해빙 사이를 왕래하면서 연료 드럼통이 실린 썰매들을 끌고 있었다. 4대의 '해빙용 설상차'와 4대의 '빙붕용 설상차'가 있었는데 전자는 해빙을 가로질러 빙붕으로 가는 눈 경사로 위로 썰매를 끌어 짐을 분리시키고 후자는 절벽 가장자리에서 기지 자체까지 12킬로미터를 썰매를 끌었다. 해빙용 설상차는 그들의 탈출가능성 때문에 선택되었다. 그것들은 얼음이 깨어져 차량이 빠져 운전자가 빨리 탈출해야 하는 경우에 대비해 탈출구로서 선루프를 가지고 있었다. 두 팀의 정비사들이 교대로 근무하여 부서진 섀시를 용접하고 낡은 엔진들을 정비하였다. 설상차들은 연중 대부분 얼음 위에서 타폴린 방수천 아래 보관되어 있었지만 교대 작업을 할 때 마다 그들의 커민스(Cummins Inc, 미국 인디애나주 컬럼버스에 본사를 두고 있는 엔진 설계 제작 회사—역자 주) 디젤 엔진은 밤낮으로 작동되었다. 한 주일 동안 그들은 냉각되는 것이 결코 허용되지 않았다.

기지로부터 일련의 45갤런 들이 빈 드럼통의 행렬이 퍼져나가고 있었는데 그것들은 크레바스가 없다고 증명된 바 있는 길이었다. 그 행렬들이 안전한 이동을 가능케 하고 눈보라가 치는 경우 기지로 돌아오는 길을 안내해 주었다. 설상차와 그들이 끄는 썰매들이 배의 계류용 밧줄과 기지 사이에 매달려 있는 북쪽으로 가는 한 개의 드럼통 행렬을 따라갔다. 또 다른 행렬이 황제펭귄들이 겨울을 나기 위해 모이는 해빙 너머에 있는 곳을 향해 서쪽으로 뻗어 나갔다. 또 다른 한 개의 행렬이 기지 기상학자들이 시정을 평가하기 위해 사용하는 키가 큰 4킬로미터 코스 표지를 향해 동쪽으로 뻗어 나갔다. 간격이 더 넓은 한 개의 행렬이 N9라고 알려져 있는 빙붕의 한 부분을 향해 동쪽으로 갔는데 거기는 섀클턴호에서 브룬트로 직접 기중기로 화물을 하역할 수 있을만큼 빙붕이 낮았다. 화물을 끌고 가야 할 거리 때문에 N9는 그 위에서 작업할 해빙이 없는 경우에만 사용되었다. 이러한 경로 표지들 이외에도 로스 플랫폼으로부터 1킬로미터 반경에 원형의 드럼통 행렬이 하나 놓여 있었는데 기지 위의 모든 건물들은 그 경계 내에 놓여 있었다.

핼리 기지에서는 의사는 환자 비밀을 보호하기 위하여 항상 진료실과 벽이 통하는 침대 방을 배정받는다. 린지가 아직 기지 위에 있는 한 그녀가 그 방에 머물 것이므로 나는 퉁명스런 과학자 한 명과 다른 방을 함께 썼는데 그는 "내가 아래의 침상을 쓸 거요"라고 툴툴거릴 따름이었다. 모든 이들이 낮에는 긴 시간을 작업하고 밤에 이런 작은 공간을 함께 쓰는 핼리 기지의 여름철 두 달간의 눈코 뜰 새 없이 바쁜 소란 속에서 나는 침묵을 지키기 위해 외부 장소 한 곳을 찾아야 한다는 것을 알았다.

나는 울타리로 둘러막은 땅의 경계를 살펴보는, 새로이 우리에 갇힌 한 마리 동물 같은 느낌이 들었다. 핼리 기지에서의 첫 날 저녁 린지가 손에 땀을 쥐게 하는 관광에서 지나치면서 이름을 말했던 그 장소들을 더 자세히 조사하기 위해 나는 걸어서 출발하였다. 차고와 하계 숙소 건물이 북쪽으로 놓여 있었다. 그 둘 다 차량들과 임시 직원들로 부산했기 때문에 나는 그것들을 피하는 것이 최선임을 알아차렸다. 스키 코스에 착륙하는 비행기들을 위한 정비용 오두막이 그들 뒤로 놓여 있었으며 역시 부산하였다. 동쪽과 남쪽으로 심슨(Simpson) 플랫폼과 피갓(Piggott) 플랫폼이 놓여 있었는데 이들은 각각 기상학과 대기 과학을 다루는, 주 건물인 로스 플랫폼의 축소판들이었다. 과학자들과 지원 스텝들이 밤낮으로 거기를 들락날락하였으며 그래서 그것들도 그대로 내버려 두었다. 남동쪽으로 새로운 실험실 한 동이 건설되고 있었는데 그것은 공기 시료 채취 작업을 위한 것이었다. 남극에서 불어오는 지구상에서 가장 깨끗한 공기의 일부를 오염시키는 경우에 대비해 그 구역을 방문하는 것은 금지되어 있었다. 나는 기지 주변의 가장 먼 경계에 있는 조짐이 좋아 보이는 붉고 흰 줄무늬가 있는 작은 오두막 한 채를 향하여 남서쪽으로 터벅터벅 걸어 나갔다. "저것을 무어라고 부르지요?" 나는 지난 해 월동대원들 중 한 명에게 물어보았다.

"옵티컬 카부스(The Optical Caboose,)"라는 말을 나는 들었다.

"그런데 거기서 무얼 합니까?"

"겨울에 거기서 오로라 사진과 상층부 대기의 스냅 사진을 찍지요."

"지금은 하는 것이 있습니까?" 내가 물었다.

"없을 걸요."그녀가 말했다.

진행 중인 과학 실험도 없고, 그 일대에 차량도 없고, 방해하는 기계도 없었기 때문에 옵티컬 카부스야말로 나의 요구에 꼭 맞았다. 핼리 기지에 있는 오두막의 대부분은 카부스로 알려져 있는데 카부스는 한때 화물열차의 마지막 객차에 대해 사용된 북아메리카 용어의 하나로 거기에서 승무원 한 명이 잠을 자거나 음식을 마련할 수 있었다. 남극의 용어로는 카부스는 일반적으로 한 개의 작은 이동 오두막, 즉 기지와, 소음과, 덜커덕거리는 소리와, 긴밀하게 맺어진 공동생활의 압박감과 요구로부터 벗어난 장소였다. 실내에서나 실외에서나 기지의 수다는 끊임이 없었다. 다른 모든 사람들과 마찬가지로 나는 가슴에 채널 6에 맞춰진 초단파 무전기를 차고 있었으며 설상차와 정비공들과 배와 기지 사이에 오고 가는 농담이 그날에 대한 끊임없는 배경 잡음을 만들어 내었다.

내가 옵티칼 카부스에 도착했을 때 시각은 경도상 자정인 오후 11시였다. 그곳으로 스키를 타고 나갔을 때 내 주위로 윌슨의 쇠바다제비(storm petrel) 한 마리가 원을 그리며 날고 있었는데 그것은 끝없는 얼음사막보다는 남극해의 파도와 돌풍에 더 익숙한, 나비의 날개 짓을 가진 갈색과 흰색이 섞인 작은 새였다. 아마도 그 새는 폭풍은 충분히 겪었을 것이며 나는 그 새가 함께 있는 것이 기뻤다. 태양은 남극 너머에 걸려 있는데 아직 충분히 높이 떠 있어 구름 위에는 홍조가 없었다. 나는 카부스의 금속 계단 위로 올라가 태양을 향해 마주보며 문 바깥에 앉았다. 로스 플랫폼에서는 아무도 나를 볼 수 없었다. 바다제비는 날개를 파닥이며 해안 쪽으로 날아갔다. 한 줄기의 산들바람이 내 얼굴에 불어왔는데 그것은 대륙의 숨결이었다. 나는 무전기 스위치를 끄고 침묵이 다가오게 하였다.

* * *

기지에 있는 모든 떠나는 대원들 중에서 의사가 인계할 시간이 가장 적었다. 교대 작업이 끝나면 바로 1주일도 안 되어 배는 포클랜드 제도로 떠날 것이고 린지도 배와 함께 떠날 것이다. 배는 약 6주 후 겨울이 오기 전에 마지막 화물들을 가져가기 위해 돌아올 것이며 그리고는 모든 하계 대원들을 다시 데려갈 것이다. 지금 기지에는 우리 일행 60명이 있지만 배가 두 번째로 떠나면 14명만 남을 것이다. 바다는 꽁꽁 얼어붙을 것이며 우리는 약 열 달 동안 고립될 것이다. 다음 해 여름 비행기나 배가 돌아올 때까지는 아무도 들어오거나 나가지 못할 것이다.

여름을 보내기 위해 왔던 40명가량의 대원들 중에는 과학자, 철강조립공, 배관공, 항공기 정비사, 마스트 엔지니어, 크레인 운전사, 심지어 추가된 요리사 두 명이 있었다. 그들의 대부분은 드루리(The Drewry)라고 부르는 별도의 하계 숙소 건물에서 머물렀다. 철강 조립공들은 좋은 친구들이었는데 일단의 조르디인들(잉글랜드 북동부 타인사이드(Tyneside) 출신 사람—역자 주)인 그들은 다수가 보수가 좋은 직장을 포기하고 비록 비계나 크레인 꼭대기로부터지만 단지 남극대륙을 볼 기회를 갖기 위해 여기로 왔다. 나는 별명이 '아빠(Dad)'라고 하는 그들 중 한 명과 사다리 위에서 그의 네 자녀에게 경의를 표하며 어느 오후 한나절을 보냈다. 우리가 로스 플랫폼의 다리를 들어 올리고 있을 때 그는 내게 네 아이들 각각이 학교생활을 어떻게 하고 있는지, 그리고 고향에서 대신 자리를 지켜주고 있는 아내가 얼마나 자랑스러운지에 관해 말해주었다. 이번이 그가 놓친 첫 번째 크리스마스였으나 남극을 향해 손짓을 하면서 그는 "하지만 내 아내는 내가 이곳을 꼭 보아야 한다는 것을 알고 있었지."라고 말했다. 다수의 다른 사람들도 비슷한 견해, 즉 아무리 많은 돈도 그들이 방문하도록 주선할 수 없는 어떤 장소를 볼 기회를 가진 데 대한 깊은 감사의 마음을 지니고 있었다. 또 다른 사람은 고향에서 여가 시간에는 강철 조각가였다. "내가 이런 기회를 가질 줄 생각해 본 적도 없었지." 어느 날 남극을 향하여 밖으로 얼음을 응시하면서 그가 내게 말했다. "나는 내가 용케 이리로 오리라고는 정말로 생각해 본 적이 없었어."

진료실 창 밖에서는 설상차들이 화물을 가져오는 것에서 연료 드럼통을 실은 썰매로 전환됨에 따라 저장 행렬이 길어졌다. 린지와 나는 의료 장비들이 저장 행렬에 도착하는 대로 그것들을 찾아서 6주간의 여름을 바깥의 얼음 위에서 보내는 '현장 연구(deep field research)'를 수행할 대원을 위한 야외 구급상자를 준비하였다. 그녀가 내게 메인 플랫폼이 전소되는 만일의 사태에 대비하여 기지 주위에 감춰져 있는 응급

장비들을 보여주었다. 우리는 진료실 벽장 속에 숨겨져 있는 모든 종류의 들것, 부목 그리고 기계를 꺼내어 조립하였다. 펭귄 박제술에 대한 안내서와 신경외과용 드릴 꾸러미도 있었다. 태고 적의 엑스레이 기계 한 대가 있었는데 그것은 끽끽거리는 고음을 내면서 수 메가와트의 전류를 방사선으로 변화시켰다. 우리는 서로의 손을 실험적으로 촬영하고 그 필름을 주문제작한 암실에서 현상하였다(섀클턴호에서는 나는 욕조에서 엑스레이 필름들을 현상해야만 했다). 나의 정규 임무 중의 하나는 치과 검진을 시행하는 것인데 핼리 기지에서 소비되는 초콜릿의 양을 고려하면 나는 머지않아 치과용 드릴과 치아 충전 장비를 시험해 볼 기회가 있을 것이라는 것을 알았다.

핼리 기지 의무실에 있는 자료의 일부는 기지가 창설된 이후로 거기에 있었으며 나는 기밀 진료보고서들을 발견했는데 기지가 설립된 이래 매년 한 권이었다. 나는 무작위로 두 권의 보고서를 골라 첫 문장을 읽어보았다. '덴마크 정부는 뭔가 부패되어 있다.' 그 다음도 좋지 않았는데 겨울 동안 급격히 저하되는 기지의 사기, 파벌의 형성, 사회적 결속력의 와해, 점점 쇠퇴하는 기지 대원 개개인의 정신 건강 등이었다. 또 다른 보고는 어느 해의 월동 팀이 본부 명령으로 선거권이 박탈되어 분개한 나머지 교대 선박이 도착했을 때 마중하러 해안으로 내려가기를 거부했던 경위를 기술하고 있었다. 나는 그 보고서를 닫고 내 한해가 끝날 때까지 더 이상 보지 않기로 결정했다. 나는 이제야 일부 남극 프로그램들이 새 직원들이 물러나는 월동대원들을 만나는 것을 허용하지 않는 이유를 깨달았다.

이 보고서들을 훑어보고 나서 나는 남극대륙에서 의사들이 어째서 색다른 여러 가지 책임이 있는가를 더 잘 알게 되었다. 그들은 직원들의 육체적 및 정신적 건강과 기지 환경 자체의 안전성을 감시하고 개인들에게 응급처치 훈련을 시키고 의학적 응급상황과 중대한 사고에 대한 계획을 세우고 손상과 질병을 다루기 위해 즉각 도움을 줄 수 있어야 한다. 아마도 가장 중요한 것은 그들은 파벌에 관여하지 않아야 하며 누구에게나 접근이 가능해야 하고 그 작은 공동체 내의 절대적인 기밀을 유지해야 한다. 그의 또는 그녀의 역할은 약사, 카운슬러, 치과의사, 마취과의사, 신경외과의, 방사선과의, 그리고 내 경우에는 쓰레기 수거인과 항공기 조수가 될 수 있을 것이다. 의사는 본부와 직통전화가 있어서 기지 대장의 건강조차도 비밀리에 논의할 수 있다. 독일 기지는 의사들을 기지 대장으로 겸임하게 함으로써 이러한 잠재적 갈등을 피하고 있으나 영국 기지는 그들의 남극대륙 프로그램이 해군 탐험대로서 비롯되었기 때문에 그 두 가지 역할을 분리시키는 것을 항상 선호해왔다. 둘 다가 된다는 것은 한 개인에 대해서는 너무 많은 책임이거나 아니면 그 개인이 신뢰할 수 없다고 밝혀질 수 있다.

새해 전날쯤에 우리는 모두 하루 12시간 교대 근무로 돌아갔다. 교대 작업도 거의 끝났다. 파티를 위해 우리는 로스 플랫폼에서 바비큐 그릴에 불을 붙였다. 자정이 왔다 갔다 했으나 태양은 그것에 상관없이 하늘을 맴돌았다. 낮과 밤, 한 해 또는 다음해란 개념은 이곳에서는 아무런 의미가 없었다.

린지는 다음 날 떠날 것인데 벌써 자신의 짐을 배로 옮겨 놓았다. 나는 그녀에게 몇 가지 마지막 조언을 부탁했고 그녀는 원래의 태도에서 약간 누그러졌다. "그냥 즐기기만 해." 그녀가 말했다. "때로 힘들고 지루하게 느껴질 거야 하지만 네가 미처 알기도 전에 너는 내가 있는 곳에 앉아서 누군가 다른 의사에게 모든 걸 인계하고 있을 거야." "그밖에 딴 건 없어?" "이곳은 일종의 선물과 같아." 그녀가 말했다. "누구에게도 거의 주어진 적이 없는 독특한 선물이야. 네가 정적 속으로 걸어

나갈 때 네 발아래의 얼음의 느낌, 그와 같은 것은 아무것도 없어. 그 느낌을 잊지 않도록 노력해."

그날 밤 나는 내 가방들을 의사 침대 방으로 옮겼으며 다시 내 자신의 공간을 가져서 기뻤다. 한 해가 앞에 펼쳐져 있었지만 그것은 다음 단계로 들어가는, 마침내 Zdoc이 되는 일종의 구원처럼 느껴졌다. 그리고 머지 않아 황제펭귄을 볼 기회가 있을 것이다.

남극대륙의 인간들 뿐 아니라 펭귄들에게도 여름은 준비의 시기이다. 펭귄들도 지방을 비축하는 것과 가장 중요한 보수 작업인 깃털 정비에 그들의 시간을 보낸다. 털갈이를 하는 동안 그들은 헤엄치거나 사냥할 수 없으며 그래서 그 과정이 끝날 때까지 한 달 이상 동안 굶는다. 집단으로 먹이를 먹고 이동하고 번식하고 알을 품는 군서 동물의 일종으로서 여름철 털갈이는 그들의 연례적인 고독한 피정이며 광야에서 보내는 그들만의 40일이다. 그들이 자신의 의식 상태가 변하는 것을 느끼는지, 시련을 겪은 후 그들이 자신들을 펭귄 신에게 더 가깝다고 느끼는지 어떤지는 알려져 있지 않다.

털갈이는 두 개의 뇌 반구 사이에 놓여 있는 '제 3의 눈'인 송과선(pineal gland)의 활동이 감소되어 유발된다고 생각된다. 송과선은 여전히 빛에 대한 약간의 감수성을 지니고 있는데 일부 매우 원시적인 종에서는 송과선은 머리를 통해 그것에 스며들어온 빛에 반응할 수 있다. 그러나 인간에서와 마찬가지로 펭귄에서 그것은 망막에서 이탈된 뉴런을 통하여 주변의 빛을 감지한다. 남극의 여름은 어둠을 별로 제공하지 않으며 따라서 송과선의 과다 노출이 여름철 털갈이를 야기하는 것과 어떻게든 관련이 있음에 틀림없다.

다른 요인들도 그 과정에 포함되어야 한다. 펭귄이 자신의 새끼들을 위한 먹이를 발견할 수 없으므로 새끼들은 깃털이 다 나야 하고 자력으로 꾸려가야 한다. 송과선 뿐 아니라 갑상선도 또한 중요하다. 일단 그 새가 털갈이할 준비가 되면 갑상선이(조류에서는 두 개가 있다) 커지기 시작하여 요오드를 흡수하여 티록신이라는 호르몬을 만들어 낸다. 신체 대사율이 증가하기 시작한다. 한 가지 변화 과정이 먹은 물고기를 깃털로 전환시키는데 그에 필요한 에너지는 새로이 비축된 지방을 연소시킴으로써 제공된다. 털갈이가 절정일 때 체중 30kg의 펭귄이 하루에 1kg의 지방을 상실할 수 있다. 황제펭귄은 1제곱 인치 당 100개로 모든 종들 중에서 깃털 밀도가 가장 높다. 추위에 대한 단열을 최대화하기 위해 낡은 깃털이 아직 부착되어 있는 동안 새 깃털이 형성된다. 그것은 아무 것도 걸치지 않은, 끊임없이 재생되는 피부를 가진 우리 인간들이 상상할 수 없는 연례적인 탈바꿈이다.

모든 황제펭귄이 고독한 피정을 택하는 것은 아니다. 핼리 기지에서 외로운 황제펭귄 한 마리가 차고 뒤에서 털갈이 할 것을 선택하였다. 그 펭귄은 해빙으로부터 경사로를 올라와 기지에 이르는 드럼통 행렬을 따라왔음에 틀림없다. 나는 매일 스키를 타고 가 그와 함께 앉아서 그 펭귄이 점퍼 위의 보푸라기처럼 몸에 달라붙은 낡은 깃털을 쪼아서 뽑아내고 꼬리 밑의 샘에서 분비된 기름으로 새 깃털을 다듬어 반드르르하게 빛나게 만드는 것을 지켜보았다. 눈부시게 아름다운 광택이 깃털 위에 깃들었다. 회청흑색의 그 등과 지느러미발이 윤이 나는 비닐 광택을 띠었다. 가슴 깃털의 가장자리는 샤프란 기가 돌았다. 그것은 자신의 평온을 위협하는 설상차와 스키두, 움직이는 크레인 그리고 불도저를 인식하지 못했다. 차고 밖에서 자신의 입장을 고수하면서 그 펭귄은 새 깃털을 만드는 일을 진척시켰다.

5

즐거운 휴일과 특별한 행사들

야외작업의 대부분은 또한 비교적 따뜻하고 낮 시간이 긴 여름철의 달에 제한되어 있다…
여전히 눈보라를 견뎌야 하며 날씨가 종종 성취할 수 있는 것을 제한하고 있다.

BAS 대원 핸드북

많은 할 일이 있었다. 기지로부터 퍼져 나온 행렬 위의 표지 드럼통의 각각을 새로운 눈의 높이로 들어 올려야 했다. 쓰레기는 모아서 배가 마지막으로 방문했을 때 갈 준비가 된 상태로 포장해야 했다. 얼음 속에 파묻힌 오래 된 연료 드럼통 저장고는 큰 망치와 크레인으로 산산이 부수어야 했다. 차량들을 정비해야 했다. 이제 지표 20미터 아래에 파묻힌 배관 및 배선용 터널들을 점검하고 점검구를 들어 올려야 했다. 건물들과 마스트들을 들어 올려야 했으며 길 안내용의 새로운 핸드 라인을 설치해야 했고 매일 막대한 양의 눈을 활송장치를 따라 아래로 '해빙수 탱크' 속으로 치워 넣어야 했는데 그 탱크에서 우리는 마실 물과 세탁용수를 얻었다. 그리고 무엇보다 우리가 거기에 있어야 하는 첫째 이유인 과학 프로젝트를 착수해야 했다.

'오락' 시간은 짧았으며 행사는 엄격하게 일정표가 짜여 있었고 하루 저녁에 개인 당 최대 두 병의 맥주가 윤활유 역할을 하였는데 이것이 하절기 전체 동안의 시행 규칙이었다. 매일 밤 바에서 내기당구 챔피언전이 진행되었는데 철강 조립공들과 영국 공군 출신의 몇몇 마스트 엔지니어들이 압도적으로 우세하였다. 어느 주말에 로스 플랫폼 서쪽의 얼음 위에 불도저로 밀어 풋볼 경기장 하나가 만들어졌고 또 다른 얼음 위에 경사로와 스키 코스가 완비된 스턴트 스키두 트랙이 두드러져 만들어졌다. 누군가가 내 스키두 위에 '위험한 의사'라고 적어 놓았던 것은 스턴트 트랙 주말이 지난 후였다. 나는 가장 빠른 최신 모델 중의 하나를 배정받았으나 스턴트 트랙에서 내가 사고를 낸 뒤 액셀러레이터 위에 속도제한기가 설치되었다.

의사는 공식적으로 할 일이 아무 것도 없는 유일한 기지 대원이었다. 나는 단지 사고가 났을 경우 도움이 될 수 있어야만 했다. 할 일이 없다는 것은 내가 위에 말 한 것 전부 그리고 더 많은 것에 관여할 수 있음을 의미했다. 그러나 예고 없이 '활용가능'하다는 것은 내가 종종 스키 코스 아래로 불려가 비행기 작업을 하는 것을 뜻했다. 핼리 기지에는 하절기 2개월 동안 한 쌍의 프로펠러가 달린 두 대의 트윈 오터(Twin Otter) 항공기가 기지를 두고 있었다. 비행기 바퀴는 착륙용 스키로 덮여 있었는데 이는 얼음이 충분히 부드러우면 그 비행기들이 대륙 위의 어느 곳에서나 이착륙할 수 있음을 의미했다. 그 비행기들은 현장 프로젝트를 수행하는 과학자들을 지원하고 자동 기상 관측소로 정비요원을 데려가고 외진 곳에 있는 연료 저장고에 연료를 보충하였다. 비행기 한 대가 이륙하거나 착륙할 때마다 나는 내 스키두에 소화기 트레일러 한 대를 묶어 놓은 채 스키 코스에 있다가 모든 화물이나 연료 교체 작업을 다루어야 했다.

영국 공군에서 파견된 두 명의 항공 정비공들이 나의 안내인들이었다. BAS를 위해 일하는 다른 많은 군인들과 제대 군인들이 전쟁 지역 대신 남극대륙으로 파견된 것을 기뻐하였다. BAS에는 그들의 흥미를 끄는 계급에 따른 기관의 분위기가 충분했으며 훈련과 군대 배치의 위험이 없었다. 바에서 그들은 자신들이 Mount Pleasant, 바그람(Bagram), 그리고 바스라(Basra)와 같은 곳들에서 갈고 닦은 내기당구 솜씨를 뽐낼 수 있어 기뻤다.

그들 둘 다 내게 반드시 비행기들 중 한 대에 타라고 말했다. 조종사들은 단독으로 비행하였으나 자신들의 목적지에 도착했을 때 연료를 적재하고 화물을 하역하는 것을 도와 줄 '부조종사'를 항상 원했다. 때로 그들은 오래된 저장고로부터 대륙의 심장부 깊숙이 연료를 재급유해야 했다. 종종 얼음에 싸인 연료 드럼통들을 파내 줄 여분의 일손은 언제나 환영이었다. 항공 안전 수칙에는 그들이 만약에 조종사가 쓰러지거나 무력한 상태가 되면 연료 공급을 차단할 수 있는 어떤 다른 사람과 함께 비행해야 한다고 되어 있었다. 당신이 어떻게 자신의 힘으로 그 비행기를 착륙시켜야 하는지는 언급되어 있지 않았다.

오직 부자들이나 전념하는 사람들이나 운 좋은 사람들만 자기네 뒤뜰에서 이륙하여 낯익은 고향의 랜드마크들이 크기가 점점 작아져 오직 공중으로부터만 그 광대함과 연속성을 감상할 수 있는 풍경 속으로 빨려 들어가는 것을 바라보는 기쁨을 맛본다. 부조종사로서 동쪽으로 우리의 가장 가까운 이웃인 1,200킬로미터 떨어진 노이마이어(Neumayer) 독일 기지로 가는 여행이 1년 동안 이미 기지에 있었던 기상학자들 중 한 명에게 상으로 수여되었다. 남극에 있는 미국 기지로 가는 훨씬 더 귀한 여행은 수십 년 동안 여름철마다 남극대륙으로 왔던 상임 과학자들 중의 한 사람에게 주어졌다. 나는 조종사인 레츠(Lez)와 친구가 되었는데 나는 그에게 내가 얼마나 간절히 비행기를 타고 싶어 하는지를 내비쳤다. 레츠는 곰의 앞발 같은 악력과 입술 언저리에 따옴표 모양의 흉터를 가진 과묵하고 태평스런 거인이었다. 그는 남쪽의 여름을 남극대륙에서 비행하면서, 북쪽의 여름은 네덜란드에서 공중에서 농약을 살포하면서 보냈다. 하나의 삶으로서 그것은 그에게 적합한 듯이 보였다. 그들의 생각이나 태도가 어떻든 간에 남극대륙의 조종사들은 언제나 매우 인기 있는 기지 대원들이며 누가 부조종사로서 비행하는가는 그들에게 달려 있다.

다음 비행은 서쪽으로 650킬로미터 떨어진 베르크너(Berkner) 섬에 있는 얼음 핵 시추기지에서 얼음 시료들을 가져오는 것이었다. 거기에 있는 과학자들 중 두세 명이 무전으로 피부에 발진이 생겼다고 말했을 때 내게 기회가 왔는데 두 건의 5분 진찰을 위해 베르크너 섬까지 줄곧 가는 것이었다.

우리는 동쪽을 향해 이륙하여 하늘 쪽으로 느긋하게 나선형으로 기지 위로 고리 모양을 그리며 날아올랐다. 나는 로스 플랫폼이 브룬트의 아이스 링크 위에 내던져진 작은 레고 블록으로 오그라드는 것을 지켜보았다. 우리는 남쪽으로 잘려진 빙붕의 절벽들을 따라 비행하였다. 한 군데 해안이 움푹 들어간 곳이 프리셔스 베이(Precious Bay)라고 알려져 있는 만을 형성하고 있었다. 빙붕은 아주 취약하게 보이고 위태롭게 얇았으며 하루에 2미터의 속도로 거대한 웨델 해의 소용돌이 속으로 아주 천천히 움직였다. 마치 가장 약한 바람이라도 그것을 뚝 부러뜨려 북쪽으로 떠내려 보낼 수 있을 것 같았다. 만에 근거를 두고 서 있는 빙산들이 마치 아래로부터 빛을 비춘 것처럼 수면 아래에서 보는 각도에 따라 색깔이 변하는 푸른색으로 빛났다. 남극 바다제비들이 빙산의 봉우리 주위를 빙빙 돌았다. 우리는 헤드폰을 끼고 있었으며 내 입술 위에 음성 기동 마이크가 자리 잡고 있었다. "내게 말하고 싶으면 이 버튼을 누르시오." 레츠가 말했다. "하지만 다른 버튼을 누르면 당신은 세상 사람들에게 말하는 것이오. 그것이 단파 라디오로 전송됩니다."

우리는 침묵 속에 빙산들 위로 비행했으며 필크너 빙붕(Filchner Ice Shelf)을 향하여 남서쪽으로 코우츠 랜드의 해안선을 따라갔다. 우리들 아래로 푸른색 유리 위에 덕지덕지 잘못 칠해놓은 페인트처럼 얇은 막 속에 백색의 줄무늬가 나 있었다. 두세 시간 비행한 후 그가 내게 아래를 보라고 말했다. 거기에는 이랑이 지고 갈라진 혼란스런 얼음 속에서 길을 잃은 몇 개의 검은 얼룩들이 있었다. "단단한 바위지요." 그가 말했다. "빙상을 뚫고 올라오는 누나탁(nunatak, 대륙빙하의 침식을 견디고 빙하면을 뚫고 솟아 있는 고립된 암석 산정, 원래는 그린란드 지방의 인디언들이 사용하던 말이다—역자 주)들이지요."

"그리고 저 아래에 무언가 빨간 게 있는데요." "아르헨티나 기지인 벨그라노(Belgrano) 기지지요." 그가 말했다. "그들은 당신들의 가장 가까운 이웃들이지요. 내려가서 집에 누가 있는지 한 번 봅시다." 그는 좀 더 가까이 보려고 더 낮게 급강하하였다. 무전기로 호출이 올라오지 않았고 기지 바깥의 눈에는 발자국이 없었다. 검은 색 지붕이 있는 몇 채의 빨간 색 오두막들이 한 무더기의 마스트와 접시 안테나 주위에 무리지어 있었다. 활주로는 없었다. 그것은 얼어붙은 바위 위에 위태롭게 앉아 있고 크레바스들에 둘러싸여 있어 도달하기 쉬운 장소처럼 보이지 않았다.

"그들이 거기에 둔 것은 병사들뿐이지요." 레츠가 내게 말했다. "그리고 그들은 헬리콥터로 기지에 보급을 합니다. 아르헨티나 쇄빙선 한 척이 할 수 있는 한 가까이 접근한 다음 사람들과 식량을 안으로 공수하고 사람들과 쓰레기를 밖으로 공수해내지요. 한 번은 2월 말에 우리가 급히 떠나고 있을 때 나는 그들이 기지에 보급하는 것을 보았는데 그들 주위 사방에 해빙이 형성되고 있었지요. 용감한 친구들이죠."

"그런데 당신은 왜 아무도 없다고 생각합니까?" 내가 그에게 물었다. "지금 당장의 아르헨티나의 큰 경제적 문제들 때문이지요." 그가 말했다. "작년에 내가 듣기로 아르헨티나인들이 영국인들에게 내려와서 자기네 대원들을 데려가 달라고 요청했답니다. 세상의 이런 곳에서 자기들끼리 티격태격하면서도 영국인들에게 도움을 청하러 왔다니 틀림없이 그들은 마음이 상했을 거요. 군수과에서는 비용을 들여 자기네들이 하겠다고 말했으나 우린 더 이상 소식을 듣지 못했지요. 틀림없이 가격이 너무 비쌌을 거요. 결국 그들이 그 사람들을 어떻게 구출했는지 궁금하군요."

나는 그 기지를 내려다보았다. 그것은 약간 굽은 능선 아래에 자리 잡고 있었으며 대부분의 경우 그늘져 있었음에 틀림없었다. 그것은 위도 상 거의 남위 78도로 핼리 기지보다 몇도 더 남쪽이었으며 누나탁 위에 있었으므로 또한 틀림없이 더 추웠을 것이다. 그것은 추가로 한 해 더 갇혀 있기에는 좋은 장소같이 보이지 않았다.

"그래서 우리가 올해는 이웃이 없다는 것입니까?" 내가 그에게 물었다.

"그렇지는 않은 것 같아요. 그러나 그 당시 당신은 알 수 없지만 그들은 아마도 마지막 순간에 사람들을 안으로 공수했을 겁니다."

레츠는 내게 벨그라노 기지에서 생활이 정말 얼마나 힘들어 질 수 있는지에 관한 얘기를 하나 해 주었다. 자신의 군대를 행군시켜 흔적도 없이 사라지게 만들었던 정신 나간 페르시아의 캄비세스(Cambyses) 왕처럼 한 번은 아르헨티나 기지대장 중 한 명이 벨그라노 기지로부터 남쪽으로 행군하겠다는 자신의 생각을 발표했다. 그들은 설상차에 식량을 가득 채우고 연료가 가득 찬 썰매를 걸고 남극으로 몰고 갈 예정이었다. 그 여행은 깜짝 놀랄 만큼 위험했으며 그 기지 자체도 크레바스들에 둘러싸여 있고 그들은 아무런 지원도 없이 1,000마일 이상을 이동해야 할 것이었다. "그들이 성공했습니까?" 내가 레츠에게 물었다.

"그들은 무사히 도착했지요." 그가 말했다. "그러나 그들이 용케 돌아왔는지는 잘 모르겠어요."

우리가 날아가 만나려 하는 베르크너 기지에서 수행하는 프로젝트는 물속에 잠겨 있는 섬 위로 굴러다니는 얼음의 맨틀 속 깊이 얼음 핵을 시추하는 영불 합동 탐험의 하나였다. 그 얼음은 두께가 1킬로미터였다. 얼음 핵을 포장하여 헬리 기지로 공수한 다음 섀클턴호의 냉동고 속으로 끌고 가서 분석을 위해 캠브리지 대학으로 다시 가져갈 것이었다. 수세기 전의 지구 대기 구성의 증거를 찾기 위해 얼음 속에 갇혀 있는 작은 기포들을 분석할 것이다. 여러 층의 얼음의 패턴이 과거의 지구 기후 변동의 징후를 보여 줄 것이다.

기지 주위로 나를 안내할 사람은 얼음을 다루면서 작업하는 실험실 과학자들 중의 한 명인 쟝비에브(Genvieve)였다. 그녀의 업무가 그녀에게 세부 사항에 대한 지나친 주의감을 부여했으며 그녀는 얼음의 오염을 피하는 것에 대해 광적이었다. 그녀는 매우 섬세한 손길을 지니고 있었으며 이런 얼어붙은 세계보다는 발데제르(Vald'Isere)의 스키 활강코스에 더 어울리는 방울이 달린 무늬가 있는 양털 모자를 쓰고 있었다. 나는 길다란 회색 플라스틱 튜브 속에 저장되어 있는 얼음 핵들 중의 한 개를 가리켰다. "그럼 거기 저 튜브 속에 들어 있는 얼음, 그것은 언제 눈으로 내려왔습니까?" 내가 물었다. "오, 저거요?" 그녀가 코를 킁킁거렸다. "저건 꽤 얕은 건데요. 아마 백년 전쟁(1337~1453년의 영국과 프랑스 간의 전쟁—역자 주) 시기 쯤 될 거에요."

베르크너 섬은 대륙의 중심으로부터 웨델 해를 향해 밖으로 흐르는 얼음 속에 점차 파묻혀 왔다. 그것은 일종의 '장벽'인 거대한 빙붕을 서쪽의 론(Ronne) 빙붕과 동쪽의 필크너(Filchner) 빙붕으로 둘로 나누고 있다. 그 섬 자체는 길이가 200마일에 달하는 이중으로 불쑥 솟아오른 산이었는데 그것이 부드러운 기복 속에 이 빙붕들의 얼음을 밀어 올려 놓았다. 과거에는 북쪽 돔과 남쪽 돔 양쪽 모두 위에 시추 캠프가 설립되었다. 그 섬이 마지막 빙하기 이전에 얼음으로 덮여 있었던지 여부에 관하여 여러 가지 기후 모델들이 일치하지 않았다. 그것이 얼음에 덮여 있었는지 여부는 전 세계에 걸친 과거 해수면의 모델들과 밀접한 관계가 있었다 그래서 관련된 수송상의 여러 가지 어려움에도 불구하고 베르크너 섬의 맨 아래까지 시추하는 것이 몇 가지 중요한 문제들에 대한 해답을 줄 것이라고 결정되었다. 남위 79도 32분에 위치한 남쪽 돔이 시추하기 가장 좋은 장소라고 의견이 일치되었으며 따라서 BAS의 로브 멀베니(Rob Mulvaney)가 이끄는 이러한 과학자들이 바로 암반까지 시추하는 것을 시도할 예정이었다.

프랑스의 3색기가 유니언 잭과 나란히 펄럭였다. 그 깃발들 주위에 1세기의 남극대륙 탐험에서 그 디자인이 변하지 않았던, 긴 여름을 위한 기본적 숙소인 일련의 피라미드 형 텐트들이 정렬되어 있었다. 한쪽에서 멀리 떨어진 곳에 얼음 표면 아래에 파져있는 통로를 통해 우리가 들어온 정원사들의 비닐터널 같은 플라스틱으로 된 반달 모양의 '시추 텐트'가 서 있었다.

내부는 일종의 초월적인 푸른색의 석굴이었다. 텐트의 낮은 지붕이 이제는 아치 모양의 천정처럼 우리들 머리 위로 높이 서 있었다. 바닥에 있는 나무로 된 작은 문을 한쪽으로 당기면 한층 더 멀리 지성소로 내려가는 얼음을 깎아 만든 계단들이 드러났다. 우리가 얼음 핵 자체에 접근함에 따라 조용한 숭배의 감정이 시추 팀에게 밀려왔다. 바닥에는 하수관보다 별로 넓지 않은 구멍이 하나 있었으며 그 속에 1킬로미터 아래에 도달할 드릴이 매달려 있었다.

그들은 여기서 하절기를 세 번 더 보낼 것이며 해마다 12월에 로테라 기지로부터 남극반도 위로 날아갈 것이다. "맨 아래에 있는 얼음은 얼마나 오래 되었다고 생각합니까?" 내가 장비에브에게 물었다. "현재의 모델들은 그것이 약 3천년 되었다고 보고 있습니다." 그녀가 말했다. "우리가 거기에 도달하면 보아야 할 겁니다."(2년 후 그들은 정말 바닥에 도달하였으며 그리고 거기에 있는 얼음이 14만년 되었다고 추정하였다.)

우리들의 '관광'을 위해서는 달리 볼 것이 별로 없었다. 구름이 뒤덮인 하늘이 얼음과 대조가 되지 않았으며 그 깊이를 알게 해줄 표지가 하나도 없었다. 지평선도 없었다. 빙원 위에 남겨져 있는 석유 드럼통 한 개는 빈 깡통이었을 가능이 있었고 거리를 측정하는 것이 불가능했다. 베르크너 섬의 남쪽 돔 위에 있는 것은 구름 속이나 또는 원근법이 중지된 어떤 꿈같은 세계 속에 있는 것 같았다. 명백한 비현실감이 있었다. 나는 그녀가 일을 하지 않을 때 기나긴 저녁과 환한 밤을 어떻게 보내는지 물어보았다. "글쎄요, 우린 초콜릿을 많이 먹지요." 그녀가 말했다. "그리고는 카드놀이를 많이 하지요."

얼음과 침묵이 내가 찾고 있었던 것, 즉, 나의 모든 생각, 기억, 관념과 야망을 펼쳐 보일 **백지**(*tabula rasa*)라면 그것을 할 더 좋은 장소는 없을 것이다. 베르크너 섬 남쪽 돔 위에서 1년을 보낸다면 틀림없이 집중을 방해하는 것이라고 할 만한 것을 거의 없을 것이다. 나는 핼리 기지가 남쪽으로는 솟아오르는 대륙의 징후와 북쪽에는 이따금씩 빙산의 신기루만 있는 정말 매우 다른 평평한 빙붕인지 궁금하였다. 그러나 그때 나는 핼리 기지에는 황제펭귄이 있다는 것을 상기하였다. 적어도 하나의 다른 종과의 교제가 없다면 나는 아마도 완전히 속박에서 풀리게 될 것이다.

브룬트로 돌아오는 것은 3시간 걸리는 비행이었는데 시속 150마일의 속도로 순항하였다. 우리는 고도 7천피트로 비행했는데 비행기의 두 날개가 칼을 갈 듯이 구름의 아랫면 위를 스치고 있었다. 조종석 덮개에는 여러군데 틈이 나 있어 저 아래의 빙원 위로 빛이 반짝일 때 그것을 얼룩지게 했다. 나는 우리가 수중에서 비행하고 있다는 느낌이 들었는데 구름 속에서는 캐노피가 파도였고 빛이 우리들 아래의 해저에 얼룩덜룩한 반점이 생기게 하였다. 트윈 오터기는 얼음 위에 무지개빛 후광이 있는 영광을 드리웠으며 비행은 브로켄의 요괴(Spectre of Brocken, 안개에 뒤덮여 있는 산에서 등산자의 그림자가 안개에 비치어 크게 보이는 현상—역자 주)에 해당하였다. 그것은 비교 기준이 없는 경치였으며 비행에 대한 기준이 있음에도 불구하고 우리는 3만피트의 고도로 날거나 수면을 스치듯 날아갈 수 있었다. 얼음의 패턴은 눈송이의 형태로나 아니면 대양만큼 넓은 빙하류의 형태로 끊임없이 되풀이되었다.

우리는 프리셔스 만(Precious Bay)을 건너 브룬트로 접근하였다. 힌지존(Hinge Zone)의 주름들과 브룬트가 대륙과 만나는 곳을 따라 나 있는 주름이 비록 50킬로미터나 떨어져 있었지만 만질 수 있을 만큼 가깝게 보였다. 레츠가 황제펭귄 번식지 위로 낮게 급강하 하였다. 수천 마리의 황제펭귄들이 보였다! 이끼처럼 검은색의 어른 펭귄들과 회색의 새끼들이 얼음에 점묘화를 그린 듯하였다. 그들의 머리 너머 저 멀리 핼리기지가 텅 빈 페이지 위의 글자들처럼 검은색의 각이 진 형체로 보였다. 갑자기 공포가 엄습했고 나는 다가 올 최악의 한 해를 상상하였다. 기지는 너무나 취약했고 내가 알고 있는 세계와 안전한 곳으로부터 너무나 터무니 없이 동떨어져 있었다. 공포의 어두운 날개가 펄럭였으며 그것이 나의 내부에서 펼쳐질 것 같았다. 조만간 기지 위의 대기가 매섭고 혹독하게 변할 텐데 기지에 나를 돌봐줄 훈련을 받은 사람은 아무도 없이 만약 내가 심각한 병에 걸리는 경우 내가 무엇을 할 수 있을까 궁금하였다.

그러나 그 때 그 형체들이 스스로 모양을 다시 만들어 함께 모여 차고와 로스 플랫폼과 정렬된 마스트와 옵티컬 카부스로 되었다. 그리고 나는 그것이 단지 순백 위의 한 개의 반점이 아니라 윤곽과 가장자리를 가진 풍경의 일부라는 것을 깨달았다. 기지는 단지 죽마 위의 건물들의 집합체가 아니라 나의 집이고 개인전용 공간이었다. 아래를 보았을 때 나는 연료 저장고를 파면서 거기서 어느 날 오후를 보냈던 장소인 얼음 속의 움푹 꺼진 곳을 보았으며 다른 쪽에서는 내가 기상학자들이 기상 관측 기구를 날려 보내는 것을 도와주었던 장소를 보았다. 벌써 풍경과 관련된 추억들이 있었다.

샐린저(J. D. Salinger, 미국의 소설가—역자 주)는 자신의 등장인물들 중 한 명으로 하여금 일생 동안 어디를 가든지 우리는 성지의 다른 부분들 사이에서 움직이고 있다고 말하게 하고 있다. 그것은 일종의 매력적인 철학이며 샐린저의 논리를 따라 나는 브룬트 빙붕도 또한 성지임에 틀림없다고 자신에게 말했다. 우리가 활주로를 향해 들어갔을 때 그 두려움은 접어졌으며 나는 내가 만약 이 장소의 정적과 그것의 공허함과 사랑하는 사람들로부터의 그것의 거리감을 견디지 못한다면 나는 그런 비전에 마음을 터놓을 수 없을 것이라고 생각했다.

대부분의 펭귄 종의 새끼들은 선조들의 얼어붙은 무덤 위에서 부화된다. 각 세대의 죽은 시체들이 자갈 속에 짓밟히고 겨울 내내 얼음 속에

싸이며 다음 해에 새로운 층이 추가된다. 남극반도 위의 턱끈펭귄과 아델리펭귄 번식지 일부는 매트리스 두께이며 시체와 구아노로 이루어진 타르 같은 층이 있다.

황제펭귄은 해빙 위에서 알을 부화하는 유일한 종이다. 해마다 여름철이면 그 얼음이 깨어져 북쪽으로 흘러가는데 그것은 거기서 녹아 광대한 남극해와 합쳐질 것이다. 여름철의 폭풍들이 그들의 기억들을 깨끗이 지워버려서 한 해 한 해가 그 군서지의 첫 해가 될 수 있다. 그것은 마치 내가 더 남쪽으로 여행할수록 생활이 점점 더 잘 잊어먹게 되고 새롭게 하기에 더 쉬워지는 것 같았다.

첫 번째 교대 작업이 끝나자마자 곧 우리들 중 다수가 첫 휴일에 대한 준비를 했는데 그것은 펭귄을 보러가는 여행이었다. 우리는 옷을 따뜻하게 챙겨 입고 번식지의 절벽 아래로 끌고 갈 설상차의 썰매에 올라탔다. 태양 주위에 반그림자가 있었으며 강철 위에 친 부싯돌처럼 무지개가 그 가장자리에서 번쩍였다. 드럼통 행렬의 끝에서 카부스 하나가 절벽으로부터 아래로 해빙까지의 압자일렌 지점을 표시하고 있었다. 그것은 립스틱처럼 붉은 색이었는데 냉혹한 흰색에 대한 환영의 표시로 칠해 놓은 색깔이었다. 우리는 차례대로 썰매에서 내렸으며 함께 웃고 농담하고 명랑하고 들떠있었다. 그것은 세상의 바닥에서 멀리 떨어진 빙붕이 아니라 스코틀랜드의 케언곰 고원(Cairngorm Plateau)이 될 수 있었다. 우리는 차례차례 몸을 밧줄로 묶고 절벽 가장자리로 다가갔다. 코니스(cornice, 벼랑 끝에 차양처럼 얼어붙은 눈 더미—역자 주)의 얼음은 마치 브룬트의 테두리가 코린트식 주두로 되어 있는 것처럼 끝이 동그랗게 말려 있고 화려하게 장식되어 있었다. 그들에게는 텅스텐의 광택이 있었고 쇠 빛깔의 바다와 북쪽의 흐릿한 수공에 대해 멋진 대조를 이루었다.

절벽 맨 아래쪽으로 엄청난 양의 얼음 자갈들이 온화한 위엄과 함께 타이드 크랙(tide crack, 조류에 의해 해빙이 갈라지는 곳, 해빙과 고정된 빙원 사이에 갈라진 틈—역자 주) 속으로 붕괴되고 있었다. 어떤 장소들에서는 그 크랙이 단단한 얼음처럼 보였고 다른 장소들에서는 부동해(open water, 부빙이 수면의 1/10 이하인 개빙 구역—역자 주)처럼 보였다. 그것은 일종의 경첩과 같은 것인데 그것을 따라 조수의 무자비한 움직임이 절벽으로부터 멀리 해빙을 끌어당긴다. 절벽 발치에 있는 얼음 동굴들은 군청색으로 빛났는데 그들은 유혹하는 듯이 보였으나 나는 그것들이 치명적이라는 것을 알고 있었다. 1패덤(fathom, 물의 깊이 측정 단위, 6피트 또는 1.8미터에 해당함—역자 주) 길이의 고드름들이 그들의 입구로부터 독이빨처럼 늘어져 있었다.

남아 있는 해빙은 거의 없었다. 나는 균열 위에 걸쳐 있는 눈으로 된 다리로 압자일렌(abseilen, 하강하는데 위험한 급경사면을 자일에 의해 내려가는 것—역자 주) 해서 내려간 뒤 로프를 풀었다. 토해 낸 피와 같은 주홍색 구아노로 눈이 얼룩져 있었는데 그것은 황제펭귄이 크릴 떼를 게걸스럽게 먹고 있었다는 징후의 하나이다. 농축된 구아노 조각들이 표면을 녹여 놓아 나는 평평한 얼음 위가 아니라 무릎까지 오는 3D 풍경의 고원과 계곡과 피비린내 나는 삼각주를 걷고 있었다. 분홍빛을 띤 한 부분은 서서히 공기가 빠지는 폐처럼 녹고 있었다. 절벽으로부터 더 멀리 떨어진 곳에 구근 모양으로 생긴 노랗게 변색하는 얼음 기둥이 있었는데 그것은 가축용 암염(salt lick, 목초지에 두는 가축이 핥아먹는 암염—역자 주)처럼 부드럽고 오래 전에 폭풍에 의해 부서졌다가 새 위치에 다시 얼어붙은 수직의 얼음 조각들이었다. 육지에 단단히 고정된 해빙은 점점 가늘어져 해안에서는 미묘한 쐐기 모양으로 되어 있으나 여기서는 빙붕에만 고정되어 있었으며 내 발 아래의 바다는 사납고 깊었다. 나는 바닷물이 조수와 함께 등을 동그랗게 구부려 내 발 아래의 얇은 우빙(glaze)을 꽉 죄는 것 같은 느낌이 들었다.

나는 발밑을 조심해야 했다. 내가 신은 어설픈 부츠는 2인치 두께의 밑창과 호일과 발포고무로 된 이중의 안감으로 단열처리가 되어 있었으나 발목은 지지해 주지 않았다. 그것은 '머크럭(mukluk, 에스키모가 신는 물개 모피로 만든 장화—역자 주)'이라고 하는 것이었는데 '카부스(caboose)'와 마찬가지로 아무런 내력이 없이 이 대륙 위로 옮겨진 캐나다 용어의 하나였다. 머크럭을 최초로 만들었던 캐나다의 이누이트족은 오리털로 안감을 댄 물개 가죽을 사용하였다. 그들은 틀림없이 갈라진 틈과 길쭉하게 솟은 이랑들의 촉감을 모두 느끼며 살살 움직였겠지만 나는 마치 죽마를 타고 걷는 것 같은 느낌이었다.

나는 펭귄 군서지를 향하여 비틀거리며 나아갔다. 새끼들이 자신들에 대한 확신이 없이 무리를 이루어 그곳을 가득 메우고 있었는데 '탁아소'의 일부는 더 이상 감독하는 어른이 없었으며 그래서 머지않아 굶주림이 그들을 바다로 끌어낼 것이다. 토피(toffee) 사탕 속의 견과들처럼 얼음 속에 박혀 있는 것은 굶주림과 노출로 죽었던 새끼들의 얼어붙은 시체들이었다.

황제펭귄 새끼들은 고음의 날카로운 울음소리를 내는데 그 음색은 각각의 새끼에게 독특하다. 그 진동수는 올라갔다가 떨어지고 다시 올라갔다가 점차 작아지는데 그것은 흡사 먹이에 대한 욕망에서 지르는 늑대의 필사적인 휘파람 소리와 같았다. 나는 외톨이 새끼 한 마리를 보았는데 그것은 나머지보다 더 작았으며 눈 속에 쪼그리고 앉아 있었다. 그 울음소리는 헐떡이는 음색으로 오그라들었으며 휘몰아치는 눈이 벌써 그 위에 쌓이기 시작했다. 나는 그 새끼의 죽음에서 하나의 필요성 즉, 오직 적자생존만을 허용하는 도태 압력(selection pressure)이 없이는 그 종이 이런 환경에 결코 그렇게 잘 적응할 수 없었을 것이라는 것을 이해하려고 애를 썼다. 남극대륙은 3천만~4천만 년 이상 전에 최초로 얼기 시작했으며 다른 종들은 차례차례 떠나버렸다. 오직 황제펭귄들만이 자신들의 비상한 적응을 통하여 그러한 모든 기후 변화들을 용케 견뎌내었다.

나는 핼리 기지에서 기후 변화에 대해 별로 생각하지 않으려고 애썼다. 아마도 내 몸의 어떤 부분이 남극대륙이 나머지 세계와 연결되어 있었으며 그것과 교감하고 있었다거나 또는 어쨌든 그것의 피해자의 하나였다는 것을 인정하기를 원하지 않는 것 같았다. 아마도 우리가 그 대륙에 도착하여 거기서 살기 위해 땠던 수 톤의 선박 연료와 발전기용 석유에 내가 작게나마 관여했다는 것에 대해 죄책감을 느끼는 부정에 빠져든 것 같았다. 핼리 기지의 연구의 주요한 목적들 중의 하나는 세계의 기후 모델에 기여하는 것이며 우리가 그것에 대해 기여하고 있었는지도 모르는 바로 그 과정을 연구하기 위해 우리는 거기에 있었다. 나는 내가 가지 않았더라도 그 연료는 어쨌든 태워졌을 것이라는 것을 자신에게 안심시키려고 애썼는데 그것은 일종의 흔히 볼 수 있는 충분한 핑계였다.

나는 죽어가는 펭귄 새끼를 지나쳤으며 그것을 운명에 맡겨두었다. 지질학적으로 오직 두 세(epoch)에 불과한 지난 5억 7천만 년 동안 남극의 만년설이 거기에 있어 왔다. 현재의 추세가 계속된다면 우리는 현세를 다시 잃어버리고 있는 것 같이 생각되며 기후 변화가 인위적인지 또는 자연 주기의 일부인지는 펭귄과는 무관할 것이다. 남극대륙이 다시 녹으면 전 세계의 해수면은 60미터 상승할 것이며 범람원들이 침수되고 인간의 해안 도시들의 대부분이 물에 잠길 것이다(일부는 그때까지 남아 있다하더라도). 남극대륙의 다른 새들은 겨울을 나기 위해 떠남으로써 대륙이 냉각되는 데 적응했던 반면 황제펭귄만 이러한 가장 최근의 빙하기를 용케 살아남았다. 그들을 견디게 해주었던 바로 그 적응이 다시 더워지고 있는 더 새로운 남극대륙에서 이제 그들의 멸종을 야기할지 모르는 동일한 적응이 된다면 그것은 황제펭귄에 대해서는 쓰라린 아이러니가 되겠지만 자연은 총애하는 것이 없다.

내가 남극대륙에 도착하기 거의 한 세기 전에 어니스트 섀클턴의 탐험선인 인듀어런스호가 똑같이 펼쳐진 이 얼음을 지나 속수무책으로 표류하였다. 그 당시에는 해안선이 달랐을 것이며 지금 우리들의 펭귄 번식지 너머로 어렴풋이 보이는 얼음 절벽들은 70킬로미터가량 내륙으로 들어간 빙붕의 일부였다. 황제펭귄은 평균 생존기간이 약 20년이지만 다수는 40세까지 살고 번식한다고 생각된다. 1퍼센트는 심지어 50세에 이른다고 추정되어 왔다. 따라서 내 주위의 황제펭귄들의 적어도 일부의 조부모와 증조부모는 인듀어런스호가 지나가는 것을 보았거나 아마도 섀클턴의 부하들에 의해 얼음 위에서 한 번은 추적당했을 것이라고 상상할 수 있다.

인듀어런스호에 승선한 생물학자는 유머감각이 없는 애버딘 출신의 어류학자인 클라크(Clark)라고 불리는 남자였는데 그는 배가 으스러졌을 때 표본을 얻기 위하여 얼음에 구멍을 뚫고 낚시를 하면서 자기 시간을 보냈다. 그는 펭귄에 대해서는 관심이 거의 없었으며 해부대에 대한 자신의 의무상 그들을 선호하였다. 펭귄에 관해서는 그가 기록했던 것이 보존된 바 없다.

선장인 프랭크 워슬리는 펭귄에 대해 관심이 더 많았는데 그것은 아마도 펭귄들이 그에게 뉴질랜드에서의 자신의 어린 시절을 상기시켰기 때문이었을 것이다. 그는 그들의 경로 상의 펭귄 목격 장소들을 자신의 노트에 표시해 놓았는데 그 노트들은 해빙을 타고 간 여행, 갑판이 없는 작은 보트에 의한 여행과 사우스조지아 도보 횡단 여행에서 살아

남았다. 섀클턴 숭배의 열성적인 추종자들은 캠브리지의 스콧 극지연구소(Scott Polar Research Institute)에 있는 그것들의 복사본에게 경의를 표할 수 있다. 그러나 워슬리의 노트 외에도 인듀어런스호가 브룬트 빙붕에 얼마나 가까이 왔는가에 대한 증거들이 있다. 탐험대의 요리사인 찰리 그린(Charlie Green)이 버나드 스톤하우스에게 탐험대가 남서쪽으로 가서 웨델해 얼음에 갇혔을 때 그들은 솜털이 난 황제펭귄 새끼들을 포식했다고 말했다. "그것들은 맛이 더 좋았고," 그가 스톤하우스에게 말했다. "그리고 고기가 더 부드러웠지요." 찰리는 새끼들을 냄비에 넣기 전에 항상 무게를 달았는데 그런 점에서는 클라크보다 더 나은 조류학자였다.

내가 브룬트 빙붕에 관해 버나드 스톤하우스와 얘기했을 때 그는 워슬리의 차트 뿐 아니라 찰리의 이야기가 그에게 섀클턴의 탐험대가 브룬트에 틀림없이 얼마나 가까이 다가갔는가를 말해준다고 내게 말했다. 냄비에 넣기 위해 찰리가 가죽을 벗겼던 솜털이 난 새끼들은 번식지로부터 수 킬로미터 이상 떨어질 수 없었을 것이다. 스톤하우스는 1950년 그가 얼음에서 처음 돌아왔을 때 우연히 찰리 그린을 만났을 따름이었는데 헐(Hull)에 있는 그의 지방 신문이 그의 모험 즉, 그의 비행기 추락, 안전한 곳을 찾아 걸어간 것, 황제펭귄과 함께 보낸 그의 긴 겨울 등에 관한 기사를 실었다. 얼마 안 되어 그는 전화를 받았다. "나는 남극대륙에 있었습니다… 만나서 맥주나 한잔 하실까요?" 찰리 그린은 헐에 살고 있었으며 인듀어런스호가 침몰한 지 30년이 더 지난 후에도 여전히 배의 요리사로 일하고 있었다.

프랭크 워슬리는 찰리 그린에 대해서 "우리들의 검댕이 묻은 얼굴의 요리사는 놀라운 친구였다… 그의 쾌활한 활짝 웃음이 그를 떠난 적이 없었다"라고 말했다. 워슬리는 또한 찰리가 어떻게 해서 섀클턴이 총애하는 부하들 중의 한 명이 되었는가를 기술하였다. "어니스트 경은 요리사의 보호자였다."라고 그는 썼으며 계속해서 섀클턴이 자신의 부하들의 건강과 사기가 그들의 위장의 만족과 얼마나 밀접한 관련이 있는지를 어떻게 알고 있었는지를 논의했다.

"자네가 연구를 할 때는 공식적 기록들에만 의존하지 말게." 스톤하우스가 내게 말했다. "자네는 귀중한 자료를 놓칠 걸세." 찰리 자신을 만난 것이 그로 하여금 인듀어런스호 탐험과 섀클턴에 관한 새로운 관점을 모을 수 있게 해 주었다. "그는 정말 불한당이었고 해적과 같았지." 스톤하우스가 말했다. "두서너 세대 전이었더라도 그는 역시 해적이었을 거야." 1940년대쯤에는 인듀어런스호 이야기는 이미 하나의 위대한 영국 전설로 신성화되었다. "헛소리들만 잔뜩 늘어놓고 있어." 찰리 그린이 헐에 있는 그 선술집에서 말했다. "그들이 대륙에 도달한 적이 없어 다행이야. 그랬다간 섀클턴이 그들을 모두 죽게 만들었을 거야." 그는 리더들 중 아무도 썰매를 끄는 개에 대한 경험이 없었고 그들이 자기네들끼리 논쟁하느라고 시간을 전부 보냈다고 설명했다. "그 신사 모험가들 중 한 명을 갤리선에 태우면 그래도 어떤 일은 할 수 있었을 거야."라고 찰리가 말했다. "그러나 그들 중 두세 명이 거기에 들어오면 그들은 양파를 써는 최선의 방법에 관한 논쟁을 시작할 거야."

조종사들은 서쪽으로 론 빙붕과 필크너 빙붕을 가로질러 남극반도 위로 올라가 로테라 기지까지 장시간 비행한 다음 후방으로 아메리카의 긴 척추 위를 따라가는 평생에 있을까 말까 한 일자리인 '페리 운항(ferry flight, 공기비행: 항공기 도입, 항공기 이동, 기재정비 등을 위한 비행으로 통상적으로 돈을 받고 여객이나 화물을 수송하지 않음—역자 주)'에 대한 준비를 하고 있었다. 남극대륙의 제비갈매기들처럼 항공기들도 북극 지방 전역에서 다시 여름을 날 것이었다.

레츠는 자기가 떠나기 전 마지막 비행에서 내가 그를 위해 부조종사가 되어 줄 수 있는지 물었다. 그는 남쪽 깊숙한 곳에 있는 얼음 위의 임시 창고에 연료를 남겨두기를 원했는데 그것은 다음 계절에 조종사들이 그 위치를 찾아낼 수 있는 것이었다. 우리는 그것을 겨울 내내 기후 데이터를 기록할 자동 지구물리학 관측소(AGO, automated geophysical observatory) 바로 옆에 남겨둘 것이었다.

헬리 기지로부터 우리는 잠시도 가만있지 못하고 베게 던지기 놀이를 하는 구름들 위로 올라갔는데 구름은 바다로부터 뭉게뭉게 피어오르면서 서로 공중제비를 넘고 있었다. 일단 구름을 벗어나자 나는 북쪽으로 흘러가는 대륙의 얼음의 소용돌이무늬를 내려다 보았다. 머리 위의 하늘은 광대하고 곡선을 이루고 있었으며 원초적이었는데 그 빛은 마치 윤이 나도록 닦은 도끼에서 반사된 것 같았다.

트윈 오터기의 기수는 남쪽을 향하고 있었으며 우리 바로 뒤의 한낮의 태양은 마치 우리를 뒤쫓아 남극으로 내려가고 있는 것 같았다. 나는 우리들 아래에 보이는 대륙의 광대함과 그것이 얼마나 손쉽게 나를 삼켜버릴 수 있는지를 느꼈다. 아무 것도 없는 광대한 지역을 세 시간 반 동안 날아간 뒤 레츠는 레이더를 살피기 시작했다. 얼음은 꼭 같이 부드럽게 계속 펼쳐져 있었으나 스크린 위에 한 마리의 진딧물 같은 빛인 녹색의 작은 점 하나가 나타나 부풀어 오르기 시작했다. "저것이 AGO이지." 레츠가 말했다. "바로 맞췄어." 양 날개에서 바람이 쏟아지며 우리는 본두에 더 가까이 떨어졌다. 레츠는 비상하게 예리한 시력을 가지고 있었다. "보이지요?" 그가 내게 물었다.

그러자 나는 화이트아웃(white-out, 극지에서 천지가 온통 백색이 되어 방향 감각이 없어지는 상태—역자 주) 스크린 위의 단 하나의 검은색 화소인 그것을 내 자신의 두 눈으로 보았다. 그는 더 낮게 급강하하였고 비행기에 부착된 스키가 얼음에 부딪쳐 비행기 전체가 마구 흔들리기 시작했다. 로터가 코르크따개 역방향으로 회전하여 우리를 멈추게 했다. 레츠는 로터를 뒤로 회전시키고 스로틀을 잡아당겨 임시 연료 창고와 AGO 쪽으로 덜컥거리며 우리를 몰고 가기 시작했다. 거기에 그것이 있는 것은 논리와 원근법과 자연의 법칙들에 거역하는 것처럼 보였다. 한 무더기의 연료 드럼통들과 전자 회로가 이곳에 존재할 수 있다는 것, 이 거대한 공백의 일부가 될 수 있다는 것은 말도 안 되는 것이었다.

남위 81도, 이곳은 내가 남극에 도착할 만큼 가까운 것 같았다. 남극 자체는 아직도 남쪽 지평선 너머 600마일 떨어진 곳에 있었다. 나는 헤드폰을 빼고 레츠가 고개를 끄덕이기를 기다린 뒤 비행기 문을 밀어 열고는 밖으로 뛰어내렸다.

내 부츠 아래의 얼음은 세라믹처럼 부러지기 쉬우면서도 단단하였다. 그것은 평평하지 않고 남극을 향해 부드러운 경사면을 올라갔다. 그 속의 이랑과 구덩이들은 거인의 지문처럼 깊고 굽어 있었다. 내가 처음으로 숨을 들이마셨을 때 나는 내 코 안 높이 조이는 느낌을 느꼈다. 그 공기의 순수함, 건조함 그리고 차가움이 나의 부비강(sinus, 두개골 내의 점막으로 덮인 함기동—역자 주)들을 동결 건조시키고 있었으며 그래서 나는 구강 호흡으로 전환하였다. 그러자 즉시 감각이 내 입술로 이동했는데 마치 공기가 그곳에 들러붙는 것처럼 뻣뻣이 곤두 선 느낌이었다. 내가 그것을 레츠에게 말했다. "그것은 영하 약 20도에서 일어나지요." 그가 말했다. "그 느낌이 당신에게 점점 더 익숙해 질 겁니다." 신체의 영혼은 입술에 가장 단단하게 붙어 있으며 우리가 죽으면 그것이 거기서 우리로부터 떠나는 것을 느낄 수 있다는 것은 캐캐묵은 르네상스 시대의 생각의 하나이다. 공기가 내 입안의 습기를 세게 끌어당겼으며 나는 이것이 분리되는 영혼이 느껴지는 방식이 아닌가 궁금하였다.

나는 공기를 깊이 들이마시기 시작했는데 그 깨끗함과 순수함을 내 몸 안으로 끌어들이려고 애썼다. 그러나 공기가 내 목에 걸려 발작적인 기침을 일으켰다. "그것에 조심하시오." 레츠가 웃었다. "어떤 사람들은 폐 속에 얼음이 형성되면 피를 토한다고 알려진 적도 있지요."

우리는 눈삽으로 얼음 속에 파묻혀 버린 연료 드럼통들을 파내기 시작했다. 드럼통의 검은색 금속 표면 위에 눈보라가 치고 눈이 녹는다는 것은 드럼통의 다수가 녹았다가 다시 얼어붙은 얼음 속에 넣어져 마치 유리관 속 깊숙이 들어앉은 것처럼 파묻히는 것을 의미했다. 큰 망치가 종종 삽보다 더 유용했으며 각 드럼통의 얼음껍데기가 산산조각나면 우리는 그것들이 표면 아래의 길을 녹이지 않도록 나무 판자위로 굴렸다. 마지막으로 트윈 오토기 밖으로 굴려서 낡은 드럼통들 옆에 쌓아 둘 새 드럼통들과 비행기에 넣을 더 많은 연료가 있었다.

우리가 드럼통 위에 앉았을 때 레츠가 홍차가 든 보온병을 한 병 꺼내고 초콜릿 비스킷 한통을 열었다. 다른 소리는 전혀 없었다. 박물학자인 허드슨(W.H. Hudson)은 파타고니아를 탐험하고 훼손되지 않은 풍경을 찾아서 19세기의 몇 년을 보냈는데 왜냐하면 단지 그 속에서만 평온함을 찾을 수 있다고 느꼈기 때문이었다. "내 생각으로는 광대한 고독 속에서 사람이 경험하는 그러한 안도감, 도피감, 그리고 절대적인 자유만큼 인생에서 유쾌한 것은 없다." 나는 그가 파타고니아에서 평온함을 느낄 수 있었다면 여기에 있었더라면 그가 얼마나 더 강렬하게 그것을 느꼈을까 하는 생각이 들었다.

한 가닥 미풍이, 바람 중에서 가장 약한 바람이 내 얼굴을 스쳤다 그런데도 그것이 내 피부를 아프게 찔렀다. 내가 공기를 들이마셨을 때 나는 그것이 내 가슴 속에서 전기처럼 살아 있는 딱딱 하는 소리를 내는 것을 느꼈다. 호흡이 우리를 공기와 결합시키며 비록 우리가 어느 방향이든지 수백 마일에 걸쳐 숨을 쉬는 유일한 존재들이었지만 호흡을 통하여 나는 살아 있는 모든 것에 결속된 느낌이 들었다.

* * *

2월 말이 되었고 비행기들은 가 버렸다. 로테라 기지에서 비행기 한 대가 더 방문할 예정이었으나 마지막 순간에 그것은 취소되었다. 10개월이 지나야 우리들의 다음 우편물이 배달될 것이었다.

태양은 이제 자정에 남쪽 지평선 아래로 졌다. 황혼이 있다는 것과 빛에서 따뜻함을 본다는 것과 폭발하는 냉혹한 흰색 대신 라일락색과 진홍색에 잠긴 얼음이 있다는 것이 안심이 되었다. 그것은 마치 여름철의 용광로가 겨울에 대비해 불을 묻어 타다 남은 잉걸 불빛으로 줄어들고 있는 것 같았다. 달이 더 또렷해졌는데 그것은 바삭바삭한 청회색의 분화구와 매우 건조한 라틴 바다로 이루어진 백악질의 달이었다. 나는 떠나는 마지막 비행기의 뒤쪽에 우편물 가방 한 개를 던져놓았다. 내가 썼던 편지들은 론 빙붕과 필크너 빙붕 위의 연료 저장고를 지나 로테라 기지로 공수되어 거기서 포클랜드 행 Dash-7 비행기로 환승된 다음 열대 대서양 상의 어센션 섬(Ascension Island, 남대서양 영국령 세인트 헬레나에 속하는 작은 화산도—약자 주)을 경유하여 브리즈 노턴 영국 공군기지(RAF Briz Norton)로 공수될 것이다. 운이 좋다면 그 우편행낭은 4일 이내에 유럽에 있을 것이다.

나는 상사로부터 전화를 받았는데 그의 목소리는 위성 전화 위로 지직거리고 더듬거렸다. "게빈, 자네도 알다시피." 그가 말했다. "우린 여기서 항상 이메일로 연락하잖아. 그런데 이제 비행기가 떠나 버려 내년까지는 우리가 가서 자네든 누구든 거기서 데리고 나올 수가 없네.

다시 생각해본 적 있나?" 그러나 재고는 전혀 없었고 단지 앞날이 험난할지 모른다는 인식만 점점 더해지고 무슨 일이 닥쳐오더라도 그것에 대비해 용기를 단단히 다질 뿐이었다.

예기치 않았던 한파가 몰아친 동안 바다가 꽁꽁 얼기 시작했다. 섀클턴호 승무원들이 포클랜드 제도에서 돌아와 1년 치의 기지 폐기물을 적재하고 그 배와 동명의 사람이 그랬던 것처럼 자신들의 배가 갇히기 전에 북쪽으로 가려고 안달이었다. 아델리펭귄들처럼 그들은 햇살이 더 내리쬐는 북쪽으로 떠날 것이었다. 겨울 동안 머무를 우리 일행 14명은 설상차 뒤에 타서 작별인사를 하기 위해 브룬트 가장자리로 내려갔다.

얼음 가장자리에 다가갔을 때 나는 해빙이 모두 바람에 날아간 것을 보았다. 빙붕의 얼음이 갑자기 끝났으며 조수의 간만이 힌지를 갈라지게 했던 선을 따라 얼어붙은 해수면이 완전히 툭 부러져있었다. 폭풍우 속에서 북해의 유정 굴착 장치에 배를 단단히 고정하도록 설계된 섀

클턴호의 추진기들이 배를 절단된 눈 경사로의 맨 아래 부분에 꼭 맞게 붙들고 있었다. 여름을 보낸 마지막 대원들이 기중기에 의해 하역망으로 갑판 위로 올려졌다. 배의 3등 기사인 그래미(Graeme)는 우리들의 발전기 기사로 머물도록 설득되었다. 나머지 기사들이 후갑판 위에 서서 그를 놀려대었다. 윙윙거리는 추진기들이 방향을 바꾸었고 섀클턴호는 북쪽을 향해 빙산의 열도를 살금살금 통과해 나가기 시작했다. 우리는 대륙 가장자리에 서서 오래된 조명탄에 불을 붙여 팔 길이만큼 넓은 호를 그리며 그들에게 손을 흔들었다. 조명탄이 보라색 연기를 피어 올렸고 라일락색과 자홍색의 타오르는 화염 속에 우리들의 얼굴과 우리 주위의 얼음을 빛나게 만들었다. 배의 크기가 점점 줄어듦에 따라 우리는 갑판 위의 하절기 대원들의 외침소리가 점점 작아지는 것을 들을 수 있었고 마침내 우리들만 얼음 위에 서 있었다.

유일한 탈출 수단이 수평선 너머로 사라지는 것을 지켜보는 느낌이 어땠느냐고 사람들이 내게 물었다. 나로서는 그렇게 오래 기대했던 고립 상태가 시작되었다는 커다란 안도감이 있었다. 그러한 고립과 우리들을 다른 인간들과 사회로부터 갈라놓는 그 거리의 규모에 경이감이 있었다. 나의 시각이 해빙의 끝에 옹송그리며 모여 있는 우리들 무리 위로 높이 날아올라 대기 속으로 들어가 인간이 만들어 놓은 또 다른 표지를 볼 수 있기 전에 그것이 도달할 높이에 깜짝 놀랐다. 내 생활을 넘치게 할 공간과 침묵에 대한 열망이 있었는데 그것은 시간이 주는 무제한의 선물이었다. 그러나 약간의 불안감, 즉 갇힌 나방처럼 나의 장 속에서 날개를 퍼덕이는 긴장된 메마른 느낌도 또한 있었다. 우리의 작은 공동체의 모든 것이 순조롭지는 않을 것이며 분노, 짜증 그리고 밀실 공포증이 슬금슬금 들어와 이 해빙을 하나의 감옥으로 만들어버릴 것이라는 두려움이 있었다.

차량 정비공인 벤(Ben)이 우리들을 기지로 태워주었다. 우리는 설상차의 썰매 위에 나란히 앉아 눈의 융기부 위로 덜컹거리며 갔는데 우리들의 목소리에는 불안해하는 유쾌함이 있었다. 나는 로스 플랫폼으로 가는 계단을 올라갔는데 일단 안으로 들어오자 그 곳에서 내가 깨닫지 못했던 새로운 분위기를 느꼈다. 그곳은 고요하였다. 두 달 동안 거기에는 여러 가지 프로젝트와 실행 계획, 밤낮으로 서명하고 플랫폼을 들락거리던 근로자들 일행이 있었다. 그러나 이제는 다른 사람은 아무도 없었고 우리들의 목소리가 패널을 댄 벽으로부터 울렸다. 우리들 중 서너 명이 식당 안으로 들어가 테이블을 재배치하였다. 아무도 그것을 확신하지는 않았지만 겨울을 나는 일행은 항상 둥글게 모여 함께 식사해야 한다는 것이 BAS의 방침 내지 전통이었다. 나는 거기에 있는 내 자리에 앉아 내 앞에 있는 300끼의 아침, 점심, 저녁 식사를 상상하였다. 맞은편 창밖으로 동쪽 지평선에 의해 나누어진 두 가지 색조의 흰색과 구름으로 덮인 하늘에 비친 광활한 얼음을 볼 수 있었다. 그날 지상과 천상은 서로의 완벽한 반영이었다. 그것은 무한과 극단의 세계였으며 여러모로 보아 그야말로 단순함의 세계였다. 그리고 이러한 두 가지 얼음과 하늘의 광대함 사이에서 나는 우리 기지의 왜소함과 그것의 복잡함 그리고 이 침묵의 대륙에 대한 그것의 무관함을 느꼈다.

가을

6

대륙의 힌지

내가 확실하게 느낀 바로는 남극보다 그 경치에 있어 더 웅대하고
또한 그 아름다움에 있어 그보다 더 초월적인 지역은 세상에 없다.
그것은 거대한 규모로 펼쳐진 하나의 광대한 동화의 나라이다.

브라운(R.N. Rudmose Brown), 스코티아호 항해기(The Voyage of the Scotia)

대륙 위에 홀로 남은 첫날 저녁 우리는 드루리 빌딩의 해빙수 탱크 속의 물을 호사스럽게 40도까지 데우고는 그 속으로 올라갔다. 그것이 1년 넘게 우리들의 마지막 목욕이 될 것이며 다음 해 여름까지 그 탱크는 필요하지 않을 것이다. 밖에서는 눈보라가 채찍질하듯 몰아치는 동안 뜨거운 욕조 안에서 땀을 흘리면서 우리 집단은 새로운 집단 역학을 향해 힘겹게 나아갔다. 우리는 자신들의 과거와 성격과 가족들과 우리가 이곳에 있는 이유들에 관해 더 많이 드러내기 시작하였다. 그러나 우리는 아주 조심스럽게 그리 하였다—10개월은 작은 합판 상자 한 개를 공유하기에는 긴 시간이며 그래서 아무도 자신들을 아주 상처받기 쉽게 내버려두기를 원치 않았다. 우리는 신중하고도 계산된 방식으로 자신들을 공유했다. 마치 아무

도 먼저 일어나고 싶어 하지 않는 익명의 알코올 중독자 모임(Alcoholics Anonymous, 1935년 미국 시카고에서 시작된 알코올 중독자 갱생회—역자 주)의 회원들처럼.

물론 우리가 대륙 위에 홀로인 것은 아니었지만 한겨울쯤에는 남극대륙의 넓은 표면 위에 불과 이삼백 명의 호모 사피엔스(*Homo sapiens*)가 있을 것이었다. 이들의 다수는 여름철에는 1,000명이 넘는 거주자들이 있는 대륙의 뉴질랜드 쪽에 있는 미국의 초대형 기지인(여러 대의 자동 현금인출기와 한 개의 볼링장과 폐로 조치된 원자로 한 대가 있는) 맥머도(McMurdo) 기지에 주둔해 있을 것이다. 나머지 다수는 남극반도 상부에 흩어져 있는 한 무리의 작은 기지들에서 거주할 것이다. 남극반도의 풍경은 극적이며 겨울이 짧고 일부 기지들은 아주 가까워 상이한 국적의 남극대륙인들(Antarcticans)이 서로 방문할 수 있다. 핼리 기지의 빙원과 우리들의 긴 겨울과 있음직한 방문객이 아무도 없다는 사실 때문에 우리는 영국인들 중에서 오직 우리들만이 '진짜 남극(the real Antarctic)'을 경험하고 있다고 스스로를 위로했다. 나머지 사람들은 위쪽의 '온난한 지역(the banana belt)'에 있는 행락객들이라고 우리는 개인적으로 그리고 약간은 부러운 기색으로 말했다.

남극에서의 업무에 지원하는 사람들은 종종 자신을 신뢰하고 독립심이 강한, 고독을 즐기는 사람들이라는 것이 하나의 잘 입증되어 있는 역설이다. 그들은 아마도 사람들이 '위험한 여행에 참가할 사람을 모집함, 급료는 많지 않음, 살을 에는 듯한 추위, 수개월 동안의 칠흑 같은 어둠, 끊임없는 위험, 안전한 귀환은 의심스러움, 성공하는 경우 명예와 인정을 받을 수 있음'이라는 더 타임즈(*The Times*)지에 실린 섀클턴의 광고(애석하게도 출처가 불분명한)에 반응했던 이유가 되었던 매력 즉, 극단적인 경험의 매력 때문에 그 대륙에 마음이 끌리는 것이다. 이러한 개인들은 타인들로 이루어진 한 팀에 대한 절대적 상호의존의 상황, 떠나는 것이 종종 불가능한 장소에서 긴밀하게 맺어진 생활을 하는 상황에 처하는 것을 택한다. 이와 같은 무리의 지도자나 관리자가 되는 것은 특별한 도전을 수반한다.

케어드 해안에서 갇혔던 섀클턴의 대원들은 그들의 지도자에 관해 딜레마에 빠져 있었다. 그의 시기선택이 나빴으며 얼음은 아마도 그들이 남쪽으로 항해했던 해에 더 나빴으나 그들이 감금된 것은 그들을 구출해 내겠다는 충동과 정력을 가진 오직 한 사람 바로 섀클턴 자신에게만 그 책임을 물을 수 있었다. 그러나 그는 어려운 상황과 사람들을 다루는 데 달인이었던 것처럼 생각된다. 인듀어런스호를 잃고 난 후 집단 응집력이 엄청난 압박을 받았음에 틀림없다. 북극에서의 유사한 조난사고에서는 선원들이 급속히 파벌로 나뉘고 서로 등을 돌리는 사태가 일어났으나 모든 보고서에서 인듀어런스호의 선원들은 그들의 대장에게 끝까지 충실하였다. 심지어 그들이 끝장난 후에도 섀클턴은 그냥 '보스'라고 불렸으며 그의 말은 최종적이었다.

섀클턴의 리더십 스타일과 그것이 나머지 우리들에게 줄 수 있는 교훈을 논하는 여러 권의 책들이 저술되었고 여러 가지 직업들이 생겨났다. 오늘날의 현대적인 비교적 안전하고 편안한 기지들에서 훌륭한 남극 월동대원을 만들어주는 자질들을 좁히려고 노력하는 다른 직업들이 만들어져 왔다. 미해군에 근무하는 미국 심리학자들이 근면함과 정서적 안정 및 사교성이 당신이 겨울을 나게 해 주는 성격 요인의 이상적인 삼총사라고 추정하였다. 최근까지도 BAS는 대원 선발 절차에서 심리학적 선별검사를 사용하지 않는 유일한 주요 국가 프로그램이었으며 지원은 섀클턴의 시대에 그랬던 것처럼 의학적 검사와 '전임 남극 대원들'로 구성된 패널과의 인터뷰에서 어떻게 하느냐에 근거를 두고 있었다. 패널리스트들이 내게 그들의 결정은 "내가 이 사람과 함께 겨울을 날 수 있을까?"라는 육감을 토대로 내려진다고 말한 바 있다. 그들은 이러한 접근법이 그들에게 많은 도움이 되었다고 주장하지만 한 가지 최근의 연구가 그들이 심리 평가 설문지를 사용했다면 남극에 '예외적으로 잘 적응함'이란 등급이 매겨질 것으로 판명되는 사람들을 찾아내고 잘 대처하지 못할 사람들을 제외시키는 더 나은 기회를 가졌을 것이라고 제안하였다. 그 연구는 또한 여성들이 남성들보다 남극에서 더 잘 대처하지만 선발될 가능성이 더 적다는 것을 발견하였다.

현대의 남극 기지대장들은 섀클턴이나 스콧 같은 사람들이 직면했던 도전들에 직면하지는 않지만 그럼에도 불구하고 낮은 사기에 더 시달리고 있다고 생각된다. 아마도 상대적인 안전함이 문제의 일부이겠지만 외따로 떨어진 어떤 팀이 스트레스가 더 많은 사건들을 견디어 낼수록 전체적인 불안의 레벨은 그만큼 더 낮아진다는 것을 발견한 다른 연구들도 있다. 다행스럽게도 대부분의 기지대장들에 대해 모든 월동대원들이 자신들을 이끌어 줄 섀클턴 같은 지도자를 기대하거나 생명을 위협하는 중대한 위기를 예상하는 것은 아니다. 그러나 성공적인 리더가 되고 한 팀을 관리하여 극지방의 어둠으로 덮인 기나긴 수개월을 견뎌내려면 기지대장들이 '보스'로부터 약간의 암시를 얻는다면 성공할 것인데 그것은 '낙천적이고 현실적이 되라, 다투는 팀 대원들을 추려내지 말고 그들을 도와라, 모든 사람들에게 친절하고 도움이 되어라, 불평가들에게도 발언권을 허용하되 그들이 장악하게 내버려두지 말라.' 그리고 핼리 기지의 상황에서는, 날씨가 어떻든 자기 순서가 되면 언제나 해빙수 탱크 속에 삽으로 눈을 퍼 넣어라 라는 것이다.

이곳 극지방의 어둠을 보내기 위한 우리 일행 14명이 있을 것인데 럭비 팀을 만들기에는 인원이 좀 부족하고 풋볼 팀으로는 너무 많았다. 우리는 남녀가 섞인 한 무리였다.

우리들의 차량 정비기사인 벤(Ben)은 대장장이의 모루 같은 어깨를 가진 웨스트 컨트리(West Country, 영국 잉글랜드 남서부 지역—역자 주) 출신의 전직 낙하산 부대원이었다. 소총을 붙들고 어둠 속에서 비행기에서 뛰어내리는 훈련으로 인해 그는 난공불락의 엄청나게 침착한 태도를 지녀왔다. 남극에서 그에게 해 달라고 부탁할 것이 아무 것도 없다는 것이 그로서는 그만큼 어려울 수 있었다. 그는 열심히 일했으며 여름철 음주규정이 완화되면 다른 누구보다 더 열심히 술을 마셨다. 내가 핼리 기지에 도착했을 때 그는 연달아 자신의 두 번째 해를 시작하고 있었다. 'Zmech'으로서의 책임 이외에 그는 또한 'Zporn'이었는데 이 말은 수십년에 걸쳐 모은 방대한 포르노 장서가 일종의 남성 전용 기지로서 그의 침대 방에 저장되어 있음을 뜻하였다.

기상학자들 중 한 명인 스튜어트(Stuart)는 런던 출신의 천문학자였다. 그는 북미, 영국 그리고 호주의 여러 천문대에서 근무했으며 핼리 기지에 있는 것이라고는 삼각대가 달린 고장 난 망원경 뿐이었지만 남극대륙을 방문하고 싶어 했다. 그는 무명의 회전하는 어떤 항성에 관한 세계적 권위자였는데 그 항성의 특성은 오직 수학의 언어로만 논의될 수 있었다. 나는 그에게 혹성들이 반짝이지 않는 이유를 물었는데 그는 "반짝거림을 야기하는 것은 성간 물질(interstellar medium)의 교란운동(turbulence)이지요."라고 말했다. 핼리 기지 다음에 그는 아프가니스탄에서 위성 감시에 관한 일을 했다.

러스(Russ)는 전리층관측기(Advanced Ionospheric Sounder) 또는 그가 이름붙인 대로 '그 짐승(The Beast)'을 담당하는 엔지니어였다. 그것은 극지방 전리층 상태의 영상을 모으기 위해 고안된 부서지기 쉽고 신경질적인 1980년대의 전자 장치 박스였다. 종종 있는 일이지만 그것이 고장나면 로스 플랫폼 안에서 알람이 울리고 그러면 시간이나 날씨에 상관없이 러스가 난방이 안 되는 카부스로 건너가서 그것을 수리해야만 했다. 그는 심한 옥스퍼드주(Oxfordshire, 영국 남부의 주—역자 주) 사투리로 말했으며 모든 사람들이 그를 좋아하고 존경하였다. 핼리 기지에서 2년을 보낸 후 그는 옥스퍼드 근처의 세상의 끝(World's End)이라고 부르는 주택으로 되돌아가서 국제우주정거장으로 갈 초전도체 부품들을 만들었다.

그래미(Graeme)는 앤스트루더(Anstruther) 출신의 해양 엔지니어였다. 그는 섀클턴호를 타고 가는 6주의 관광여행을 신청하였는데 결국 발전기 정비사로 핼리 기지에서 2년 넘게 있었으며 해야 할 일은 무엇이든 하였다. 그는 솔직하고 아주 정직하고 다재다능하고 충실하였으며 벤과 마찬가지로 매우 열심히 일했다. 그는 선적 등록국 국기를 달고 있는 유조선에서 몇 년을 보냈는데 그 배들의 대부분을 몹시 싫어했으며 무명의 아이슬란드 팝 그룹들에 관한 방대한 지식을 축적하였다. 그는 육상생활을 더 좋아하였지만 언제나 자기 방을 '선실'이라 부르고 부엌을 '조리실(galley, 항공기나 선박의 조리실—역자 주)'이라고 불렀다. 조리사인 크레이그(Craig)가 그에게 생일상을 차려주었을 때 그는 마르스 초콜릿 바(Mars bar, 1932년 영국의 Forrest Mars가 처음 만든 초콜릿 바—역자 주) 튀김을 먹었다.

크레이그(Craig)는 활동적인 요크셔 출생자였다. 그는 전 세계에 걸쳐 호텔과 레스토랑을 경영하라는 제의를 받았으나 차분하지 못한 성격 때문에 점점 더 특이한 캐더링 기회를 갖게 되었다. 핼리 기지가 지금까지 중 가장 특이한 곳이었다. 200명분의 요리를 하는 호텔 주방을 운영하는 데 익숙했기 때문에 14명의 식사를 준비하는 것은 그에게 가소로울 만큼 쉬운 일이었다. 그의 일과 준비는 언제나 아침 9시에 끝났으며 그는 도서관에서 하루에 한 권의 책을 읽으며 그 날의 나머지 시간을 보냈다. 처음에 그는 남극대륙이 자기에게 너무 춥다고 결정하였으며 자기의 해빙수 탱크 당번을 이리저리 복잡하게 바꾼 뒤 석 달 동안을 밖으로 나가지 않고 지냈다.

마크 몰트비(Mark Maltby)는 링컨셔(Lincolnshire, 영국 동부의 주—역자 주) 출신의 물리학자였다. 러스와 마찬가지로 그는 전리층을 연구하는 실험을 계속했으나 오로라의 활동을 지켜보았다. 남반구 오로라 레이더 실험장치(Southern Hemisphere Auroral Radar Experiment)는 400만 평방킬로미터의 남극대륙의 하늘에 걸쳐 2분마다 고주파 전파를 발산했으며 전리층 관측기(AIS)보다는 훨씬 덜 자주 고장을 일으켰다. 핼리 기지에서 2년 반 그리고 로테라 기지에서 또 다른 겨울을 보낸 뒤 마크는 자신의 레이다 장비 아래서 얼음에 갇혀 있는 것에 부담을 느꼈다. 남극에서 마지막으로 돌아왔을 때 그는 조종사 면허시험을 쳐서 하늘로 가버렸다.

일레느(Elaine)는 기상학자였으며 디사이드(Deeside) 어시장에서 바로 올라온 짭짤한 애버딘 사투리를 썼으며 핼리 기지에서 2년째에 접어들고 있었다. 그녀의 사투리에 대한 용어 해설이 바의 벽에 고정되어 있었다('Fa's dae'in Fit=Who is doing What?'). 체중이 약 40킬로인 그녀는 매일 기상 관측 기구와 씨름했으며 눈보라 속에 심슨 플랫폼에 도착하려고 대부분의 사람들보다 더 많은 애를 썼다. 그녀는 그 전 해에 벤을 만났는데 그것이 원치 않는 남자의 주의로부터 자신을 보호하는 데 효과적이었다.

폴 토로드(Paul Torode) 또는 그가 더 좋아하는 대로 '토디(Toddy)'는 우리와 같이 상주하는 등산가인데 채널 제도(Channel Islanders, 프랑스 북서 해안 인근에 있는 영국령 제도—역자 주) 사람이었으며 더 높은 곳으로 더 추운 곳으로 가려고 애쓰면서 평생을 보낸 사람이었다. 그는 희미하게 보이는 초조성 활기 속에 움직였으며 물건을 고치고 수리하는 데 유용한 열광을 품고 있었다. 그는 장비실의 발재봉틀이나 릴 영사기를 만지작거리며 몇 시간을 보냈다. 반년쯤 지나자 그도 또한 자신이 대학 학위가 두 개 있다는 것을 밝혔다. 밖에서 얼음 위에 있을 때 우리들 모두가 자신의 안전을 의존하는 사람으로 그는 날씨를 판단하고 크레바스를 찾는 데 강박적인 성향을 보여주었다. 헬리 기지 다음으로 그는 바로 로테라 기지에서 겨울을 나러 갔으며 남극에서 돌아오자마자 전기톱을 하나 사서 수주일 동안 프리랜서 삼림관리인이 되려고 스코틀랜드의 산 속으로 사라졌다. 나는 숲에 대한 그의 동경을 이해할 수 있었다.

그에게 생명 유지에 필수적인 우리의 난방 장치가 의존하는 배관공인 로브(Rob)는 섀클턴호가 마지막으로 방문했을 때 외부에서 투입되었다. 영국에서는 배관공들이 아주 많은 돈을 벌기 때문에 첫 회의 인터뷰에 지원한 사람은 아무도 없었다. 왜 지원했느냐는 질문에 이상하게도 그는 침묵을 지켰는데 그가 법망을 피해 도주 중이라는 소문이 돌았다(나중에 사실이 아님이 판명되었다). 기지에서 유일한 흡연자로서 로브는 담배 한 대를 피우려고 영하 50도에 달하는 기온에서 하루에도 여러 차례 바깥에 서 있을 운명이었다. 이 말은 아마도 그가 나머지 우리들보다 오로라를 더 많이 보았음을 의미하였을 것이다.

목수이자 건축업자인 패트(Pat)는 이전에 겨울을 난 적이 있었는데 그는 십이삼 년 전에 로스 플랫폼을 건설한 팀의 한 사람이었다. 그 당시 그의 월동 팀은 모두 장인들이었으며 그는 취중 폭력사태, 의자를 던지는 싸움 그리고 여러 차례의 난방 및 조명 고장에 관한 이야기를 했다. 그가 돌아 온 것은 깜짝 놀랄 일이었다. 2년차 월동대원들 중 한 명이 '동계 기지대장'의 책임을 맡아 치안 판사처럼 취임 선서를 하고, 다른 기지들로부터 방문객들이 비행기를 타고 오면 우체국을 열고, 본부와의 교신을 책임지는 것이 BAS의 전통의 하나였다. 그것을 하려고 안달난 사람은 아무도 없었으며 그래서 이전에 핼리 기지에서 살았던 적이 있으므로 패트가 대장으로 승진되었다.

세 번째 기상학자인 아네트(Annette)는 그녀가 우주 과학을 전공했던 레스터(Leicester, 영국 중부의 도시—역자 주) 대학을 갓 나와 남극에 도착했다. 그녀는 천체물리학 전문가였으며 우주 기상이라는 굉장한 주제에 관한 논문을 한 편 쓴 적이 있었다. 핼리 기지는 우주의 기상을 측정하는 세계의 센터들 중의 하나이나 그녀는 왜 그런지 모르겠지만 결국에는 우주 대신 실제의 기상을 측정하는 일자리를 얻었다. 그녀는 공상과학 소설과 환타지 소설의 열렬한 독자였으며 내가 함께 펭귄을 보러 내려 갈 사람을 찾을 때 대개 그녀가 자원하였다. 그녀는 2년 계약의 2년째였는데 핼리 기지에서 세 번의 겨울을 났던 그녀의 남자친구가 섀클턴호가 두 번째로 방문했을 때 떠나버렸다. 기지에 있는 두 명의 여성들 모두가 단호하게 도움이 되지 않는다는 것이 아마도 꽤 많은 충돌이 시작되기 전에 그것들을 중화시켰을 것이다.

마크 스튜어트(Mark Stewart)는 데이터 관리자 겸 통신 담당관이었는데 이는 그가 기지에서 컴퓨터 장치와 그것과 위성과의 미약한 연결, 그리고 매일 과학 기지 밖으로 흘러나오는 몇 기가바이트의 데이터와 싸울 수 있는 유일한 사람이라는 것을 의미했다. 이번이 핼리 기지에서의 그의 세 번째 겨울이 될 것이다. 남극의 필수 생존 기술의 한 가지로 사교성을 주장했던 미국의 그 심리학자들은 마크에게 절망한 나머지 두 손 번쩍 들어버렸을 것이지만 근면함과 정서적 안정에 관해서는 그는 만점을 받았을 것이다. 그는 날씨에 상관없이 매일 밖으로 나갔던 유일한 다른 월동 대원이었으며 몇 개월이 지나서야 비로소 우리는 대화를 했다.

앨런 토마스(Allan Thomas) 또는 '토모(Tommo)'는 미들즈브러(Middlesbrough, 영국 잉글랜드 동북부, Tees강어귀에 있는 도시—역자 주) 근처의 레드카(Redcar) 출신의 대식가인 전기기술자였다. 내가 그를 처음 만났을 때 내가 "전 게빈이라고 합니다, 의사입니다."라고 말하자 그는 "나는 토모입니다. 건강염려증 환자지요."라고 말했다. 그가 언제 취했는가를 아는 유일한 방법은 그가 안경을 코 위로 밀어 올리는 횟수를 세는 것이었다. 도착한지 얼마 되지 않아 그는 자기 침대 방 복도에 '당신이 자위행위를 할 때마다 하나님은 고양이새끼 한 마리를 죽이신다'라는 설명문이 있는 솜털이 보송보송한 새끼고양이들의 포스터 한 장을 게시해 놓았다. 그는 핼리 기지에 2년을 계속 머물렀으며 그 후 다른 두 기지에서 겨울을 난 다음에야 집으로 갔다. 우리 일행 14명 가운데서 그 미국 심리학자들은 그와 함께라면 가장 행복했을 것이다.

내가 핼리 기지에서 집으로 왔을 때 일단의 상반된 등장인물들을 한 가정에 강제로 집어넣고 밤낮으로 녹화하는 리얼리티 프로그램에 대한 유행이 가속도가 붙고 있었다. 그런 생활을 한 적이 있었기 때문에 나는 그것을 간접적으로 볼 때 별로 흥이 나지 않았다.

예언자 예레미아는 새들이 계절과 함께 왕래한다는 것을 알고 있었다. 예레미아 8장 7절에서 그는 '공중의 학은 그 정한 시기를 알고 산비둘기와 제비와 두루미는 그들이 올 때를 지키거늘'이라고 기록했다. 나사렛 예수가 죽었을 때 열 살이었던 대플리니우스(Pliny the Elder, 23~79 ; 로마의 정치가, 박물학자, 백과사전 편집자—역자 주)는 그렇게 관찰력이 좋지는 않았다. 그는 대부분의 새들이 겨울을 나기 위해 땅 속에 숨는다고 믿었다. 그는 말하기를 흰머리딱새(wheatear)는 '천랑성(Sirius)이 뜨기를 기다려' 적당한 구멍을 찾아서 그 속으로 기어들어 간다라고 하였다. 아마도 그는 이러한 생각을 아리스토텔레스로부터 직접 도용했을 것인데 아리스토텔레스는 철새의 이동에 관해 알고 있었지만 다른 지방으로 날아가고 구멍에 숨는 것 뿐 아니라 많은 새들이 여름과 겨울 사이에 모습을 바꾼다고 생각하였다. 예를 들면 울새(robin)와 딱새(redstart)는 모습이 다른 하나의 동일한 종이라고 그는 믿었다. 대플리니우스와 아리스토텔레스만이 아니었다. 최근 수십 년까지만 해도 어떤 종의 새들이 매년 나타났다가 사라지는 것은 우리 주위의 세상을 관찰하고 그것에 관해 생각하는 사람들에게 생명의 위대한 신비 중의 하나였다.

성직자이자 유럽 계몽주의시대의 가장 감수성이 강한 박물학자 중 한 사람인 길버트 화이트(Gilbert White)는 다른 모든 생물에 비해 새들을 사랑했다. 시적 재능을 가진 과학자로서 그는 새들의 울음소리에 관해 다음과 같이 기록했다. “새들의 언어는 매우 오래된 것이다. 그리고 다른 오래된 연설 방식과 마찬가지로 매우 생략되어 있는데 즉 말하는 것은 적지만 뜻하는 바와 이해되는 것은 많다.” 그는 자신의 고향인 햄프셔주(Hampshire, 영국 남해안의 주—역자 주)의 셀본(Selborne)으로부터 몇 마일 이상 벗어난 적이 거의 없었지만 모든 새들에 관해 예리한 관심을 가졌다. 1767년에 그는 자신이 한 가지 혁명적인 생각—아마도 제비들이 가을에 어떤 다른 지역으로 날아가는 것 같다—을 했노라고 토마스 페넌트(Thomas Pennant, 1년 후 킹펭귄을 아프테노디테스 파타고니쿠스(*Aptenodytes patagonicus*)라고 명명했던 사람)에게 편지를 썼다. 나중에 그는 그 생각을 철회하고 지배적인 통설로 되돌아갔지만 한동안 그 신비가 풀리고 있는 것처럼 보였다. 심지어 그에게 경의를 표하여 황제펭귄이 *fosteri*라고 명명되었던 요한 포스터조차도 제비들이 겨울을 나기 위해 강바닥에 숨는다고 믿었다. 페르 캄(Pehr Kalm)의 **북아메리카로의 여행**(1773)의 자신의 번역에 대한 한 가지 주석에서 포스터는 개인적으로 제비들이 겨울 기면 상태에서 비슬라 강(Vistula, 폴란드에 있는 강—역자 주)으로부터 끌어내지는 것을 본 적이 있다고 주장하였다. 칼 린네(Carl Linnaeus)와 새뮤얼 존슨(Samuel Johnson) 같은 그 시기의 영향력 있는 지식인들이 동의하였다. 존슨은 제비들이 떼를 지어 빙글빙글 날고 난 뒤 어떻게 '공모양으로' 함께 모여 잠자기 위해 강바닥으로 떨어지는가를 설명하는 것에 자신의 문학적 재능을 전환하였다.

새들의 이동을 추진시키는 동요, 이동하려는 그들의 욕망은 유럽 계몽주의시대의 우뚝 솟은 지성인들 중 또 다른 한 명인 독일의 조류학자 요한 안드레아스(Johann Andreas)에 의해 처음으로 인식되었다. 찌르레기와 딱새류를 연구하다가 그는 이동 시기 무렵 우리에 가두면 새들이 이동하려고 끌리는 방향을 향하여 반복적으로 깡충 깡충 뛰면서 동요하게 되는 이유를 관찰하였다. 그는 그것을 끌어당기는 것을 의미하는 *zug*와 불안을 뜻하는 *unruhe*로부터 *zugunruhe*(이동충동)라고 불렀다.

내가 배운 바로는 황제펭귄은 고전적 이동충동을 보이지 않는데 그들은 그것에 대해 지나치게 독립적이다. 황제펭귄 번식지에 관한 연구를 한 뒤 버나드 스톤하우스(Bernard Stonehouse)는 세 마리의 어른 펭귄과 두 마리의 새끼를 기지로 가져 와서 계속해서 새끼들의 성장을 측정하였다. 그 새들은 철망으로 울타리를 친 장소에 자리 잡았는데 거기에서 그들은 곧 그들의 포획자들이 주는 먹이를 받아들이게 되었다. 그들은 울타리 벽을 두드리지 않고 언제나 바다와 군서지와 가장 가까운 울타리 끝에 모였다. 그들이 어느 방향에 자유와 자신들의 정상적인 생활이 놓여 있는가를 알고 있다는 것이 분명했다.

오직 한 가지 조건하에서 즉, 기아 상태에서 펭귄의 동요가 기록된 바 있다. 어떤 사람은 필요 없다고 말할 한 가지 호된 실험에서 로빈(J.P. Robin)은 황제펭귄들을 우리에 가두고 그들이 정상적으로 견디는 것 이상으로 금식을 강요하였다. 약 40%의 체중감소를 나타내는 약 24kg의 체중에서 황제펭귄들이 '운동성 활성(locomotor activity)'의 현저한 증가를 보였는데 이는 먹이에 대한 증가된 동기여부를 암시한다고 그가 냉담하게 논평하였다. 이것이 자기 짝이 교대해주지 않으면 수컷 황제펭귄이 지구상의 최악의 조건을 뚫고 두 달 동안 자신이 품고 다녔던 새끼를 포기하는 체중이다.

새들은 태양과 별과 지구 자기장—환언하면 그들에게 도움이 되는 모든 수단에 의해 그들의 갈 길을 찾는다고 생각된다. 펭귄을 연구하는 생물학자들이 이동 중인 아델리펭귄은 구름이 낀 상태에서는 동작이 더 굼뜨고 더 무목적인 것처럼 보이며 태양의 위치가 그들에게 분명해지면 자신들의 목표를 향해 속도를 높인다고 내게 말한 바 있다. 아마도 그들도 역시 자성을 이용하지만 더 약하게 이용하는 것 같다. 대서양 해저의 철분을 추적한 기록이 지구 자기장의 극성이 지난 500만 년 동안 서른 번이나 바뀌었음을 보여주고 있다. 그러한 이유로 자성을 이용하는 새들은 자기장의 극성보다는 그것의 고저(*pitch*)를 따라야 한다. 자극 근처에서는 자성의 선들이 급경사각을 이루어 지각으로부터 공중으로 수직으로 흘러나간다. 적도 근처에서는 그 선들이 평평해져서 지구를 따라 도는 궤도 속으로 굽어진다. 황제펭귄은 방위와 인식할 만한 지형지물이 없는 바다와 얼음과 하늘로 구성된 세 폭 제단화 속에 살고 있다. 얼음 해안선의 패턴은 해마다 바뀐다. 그들 내부의 풍경은 우리들에게는 보이지 않는 깊이와 조화를 남극대륙에 제공하는 성좌와 태양의 각도 및 자기장의 윤곽을 이용하여 그 지도가 만들어지는 것임에 틀림없다.

이제 가을이 되었으며 핼리 기지의 아델리펭귄들은 가 버렸다. 그들은 첫 번째 겨울 폭풍우가 도착하면 대륙의 얼음 가장자리로부터 위쪽으로 남극해로 이동할 것이다. 여름의 대부분 동안 시끌벅적한 그들의 무리가 차고 주위를 거들먹거리며 걸어 다니면서 방문객들을 환영하고 왕래하는 대형 차량들에게 꼬꼬댁거리고 쯧쯧 하고 혀를 차는 소리를 내었다. 그들은 우리들의 식수가 될 운명인 눈 더미 위에 똥을 누는 것에 대한 그들의 애정에도 불구하고 마지못해 용서를 받았다.

모든 펭귄 종 가운데 아델리펭귄이 이동에 대한 열광과 유별난 방랑벽을 가장 많이 가지고 있는 것 같이 보인다. 나는 남위 71도에 있는 야외 연료재공급기지의 하나인 포슬 블러프(Fossil Bluff) 기지로부터 외톨이 아델리펭귄 한 마리가 산비탈 위를 헤매고 있는 것을 발견했다는 보고를 들었다. 그것은 바다로부터 60마일 이상 오르막길을 걸어갔던 것이다. 그 기지의 대원들이 그것을 추적하여 자루 속에 밀어 넣어 북쪽으로 가는 트윈 오터기 조종사에게 넘겨주었다. 조종사는 해변에서 그 펭귄을 풀어주었지만 단지 그 새가 돌아서서 물로부터 다시 대륙의 심장 속으로 뒤뚱거리며 걷기 시작하는 것을 지켜보았을 뿐이었다.

남극대륙에 관한 자신의 영화인 세상 끝에서의 만남(*Encounters at the End of the World*)에서 베르너 헤르초크(Werner Herzog)는 자기가 '펭귄에 관한 영화'를 제작하고 싶었던 것은 아니라고 말했다. 그렇긴 하지만 그는 용케 한 사람의 조류학자에게 펭귄의 동성애 빈도에 관해 질문을 하고 마침 단호하게 남극으로 향해 나아가려는 방랑벽이 있는 이런 아델리펭귄들 중 한 마리를 포획하였다. 나는 아델리펭귄이 유별난 이동에 구조화되어 있는지, 그들의 일부가 언제나 끈덕지게 예기치 않은 방향으로 새로운 루트를 개척하는지 궁금하였다. 그 동물들의 일부가 항상 반드시 나아가야 하는 방향과 반대 방향으로 이동한다고 주장하는 연구도 있다. 진화론자에게 이러한 이론은 많은 것을 설명할 수 있는데 즉, 각각의 무리들 중에서, 새로운 사육 장소와 번식 장소를 찾아서 무리에서 벗어나 잠재적으로 자멸을 초래할 방향으로 가려고 기꺼이 애쓰는 서너 마리의 구성원들이 있다는 것에 생존상의 어떤 이점이 있다는 것이다. 그러나 나는 다른 이론을 더 좋아하는데 즉, 아델리펭귄의 일부는 속으로는 진짜로 방랑자들이며 리처드 바크(Richard Bach)의 갈매기 조너던 리빙스턴(Jonathan Livingston Seagull)이나 어떤 죽은 영국 탐험가들처럼 그들의 일부는 번식하고 고기잡이하는 부빙위에서의 단조로운 생활보다 극단의 경험을 하는 외롭고 위험한 생활을 더 좋아한다는 것이다.

황제펭귄들도 역시 이런 식으로 돌아다닌다. 1973년에 깃털이 다 자란 도보여행 중인 황제펭귄 한 마리가 뉴질랜드 남부의 해변을 걷고 있는 것이 발견되었다. 2011년에는 최근에 날 수 있게 된 어린 황제펭귄 한 마리가 그리 멀리 떨어져 있지 않은 해변 위로 쓸려왔는데 배가 모래로 가득 차 있었다(어떤 학자는 그 펭귄이 모래를 눈으로 오인했다고 생각하였다). 다른 펭귄들이 타즈마니아(Tasmania), 포클랜드 제도, 사우스조지아 그리고 파타고니아에 도달했으나 그곳의 인구가 희박하기 때문에 기록되지 않았을 가능성이 있다. 나는 황제펭귄 서식지에서 생활할 기회가 있는 대양과 빙원을 횡단하였다. 적어도 황제펭귄의 일부가 역방향의 여행을 하였고 알 수 없는 많은 시도 끝에 간신히 인간의 거주지에 도달했다는 것이 나를 기쁘게 했다.

레크리에이션용 여행은 장비를 갖추는 데 비용이 들고 기지 일상에 지장을 주고 남극대륙에서의 모든 활동들 중 당신을 죽게 할 가능성이 가장 크다는 것이 남극의 견해이다. 우리에게 다행스럽게도 영국 기지는 어쨌든 그것들을 허락하였다. 다수의 다른 남극 프로그램들은 그렇게 자상하지 않다.

배가 떠나자마자 곧, 2월 26일에 토디는 우리들을 3명으로 구성된 그룹으로 나누었다. 네 번째 그룹으로 그를 포함하여 각 그룹이 차례대로 브룬트 빙붕이 케어드 해안에 달려있는 깨지고 지극히 괴롭힘을 당하는 얼음 지대인 힌지 지역(Hinge Zone)을 탐험하기 위하여 차례차례 출발하였다. 나는 벌써부터 간절히 기지에서 벗어나고 싶었다. 핼리 기지에서 안전 때문에 실제 겨울 동안에는 결코 개최될 수 없었던 이러한 '겨울 여행'은 답답하고 들떠있고 경직된 기지의 일상을 날려버리고 벽으로 둘러싸인 방이 전혀 아닌 텐트 속에서 잠자고 기지 생활의 편의와 요구에 의해 여과되지 않는 남극대륙을 경험할 기회를 얻는 기회라고 생각되었다.

우리는 1960년대와 1970년대의 핼리 기지 밖으로 나간 여행에 대한 영화 필름이 감겨있는 낡은 릴들을 훑어본 적이 있었다. 수염이 난 대원들이 때로는 스키두 한 대에 둘씩 타고는 둥글게 말리고 갈라진 얼음 위로 몸에 로프를 묶지도 않고 윙윙거리며 주위 수백 마일에 달하는 빙하작용이 가장 활발한 위험한 지역의 변하는 빙원 경치를 탐험하는 것을 볼 수 있었다. 그 당시 그들은 힌지 지역을 횡단하여 남서쪽으로 우리들의 지평선 너머 수백 마일에 달하는 테론(Theron) 산맥과 섀클턴(Shackleton)산맥을 향하여 힘차게 전진하였다. 그것은 기지 부대장인 존 더드니(John Dudney)의 말로는 BAS가 '한 해에 대원 한 명씩 죽이던' 시절의 일이었다.

지금은 사정이 다르다. 우리는 한 달 동안 먹을 충분한 식량을 갖춘 난센(Nansen) 썰매에 각각 잡아맨 별개의 스키두를 타고 힌지 지역까지 50킬로미터를 운전해 갈 것이다. 각 쌍의 스키두는 한 대가 크레바스 속으로 추락할 경우에 대비하여 함께 로프로 묶을 것이며 텐트 한 동이 폭풍우 속에서 바람에 날려갈 경우에 대비하여 각 쌍을 위하여 두 동의 텐트가 마련되었다.

우리가 떠나기로 되어 있는 날 아침에 안개가 끼어있었다. 안개는 밤새 피어올랐으며 젖빛 백열전구 내부보다 얼음 위에 콘트라스트가 더 없었다. 크레바스를 암시하는 눈 표면의 푹 꺼진 곳들이 보이지 않을 것이며 그래서 우리는 아무 곳도 갈 수 없을 것이다. 좌절감 속에 애를 태우며 우리는 기다렸다. 이삼 일 뒤 안개가 물러갔을 때 그것은 잠에서 떠지는 눈꺼풀처럼 신속하게 물러났다.

구름은 알록달록하게 하늘 높이 떠 있었고 썰물 때의 모래 위의 잔물결 같은 형태를 하고 있었다. 구름이 하늘을 횡단할 때 모양이 변하여 은색, 회색, 오팔 같은 청색의 오늬무늬로 합쳐졌다. 캐노피의 틈을 통하여 빛이 반짝일 때 눈의 표면 위로 번쩍이는 빛의 거대한 들판이 펼쳐졌다. 그것은 제라드 홉킨스(Gerard Manley Hopkins, 1844~1889 영국의 시인, 참신한 운율과 어법을 사용하여 독창적인 시를 썼으나 생전에는 출판되지 않았고 사후에 브리지스(R.S.Bridges)가 〈홉킨스 시집〉을 발간하여 신시대 시인에게 큰 영향을 미쳤다—역자주)가 노래한 장엄한 날이었으며 구름 위에는 흔들리는 금박의(shook-foil, 홉킨스의 시 God's Grandeur의 첫 머리인 The world is charged with the grandeur of God, It will flame out, like shining from shook foil에서 인용함—역자 주) 햇빛이 비치고 얼음 위에는 알록달록한 빛이 비쳤다. 스키두는 눈의 융기부의 마루를 스치듯 지나갔으며 거품처럼 흰 파도들이 움직이는 중에 얼어붙어버렸다. 나는 거의 1년 동안 파도 소리를 들을 수 없으리라는 것을 깨달았다.

남의 도움 없이도 극지방의 환경에서 생존하는 법을 정말로 알고 있는 유일한 종족인 이누이트 족은 좋은 텐트의 중요성을 알고 있다. 그들의 문화에서 한 가정의 지도자는 옛 그린란드어로 이그투아트(*igtuat*)라고 알려져 있는데 그것은 아마도 '텐트 주인'을 뜻하는 말들과 관련이 있다. 한 이그투아트가 죽은 후에는 그의 아들이 텐트를 물려받고 그리고 자동적으로 자기 아버지의 부인들과 노예들과 수양자녀들을 책임진다. 한 동의 좋은 텐트는 끊임없이 보수되며 한 가족이 가질 수 있는 최선의 보험 증서였다.

썰매 위에 우리는 네 개의 버팀목이 있는 피라미드형 텐트를 운반해 갔는데 텐트의 색은 수년간 축적된 24시간의 햇빛에 바래어 얼룩덜룩한 당근 색이었다. 서양물푸레나무 뼈대의 난센(Nansen) 썰매는 한 세기 이상 전에 노르웨이의 그 박식한 사람이 고안한 이래 지금까지 바뀌지 않은 사양대로 만들어졌다. 남쪽의 대륙은 햇빛을 바라보는 한 개의 흰 방패였으며 대륙의 기저부는 북쪽의 지평선 너머로 보이지 않았다. 내가 공중에 숨을 내 쉴 때 그것이 얼어붙어 얼음 같은 엷은 안개가 되어 햇빛을 굴절시켜 홀연히 나타났다 사라지는 색색의 꽃을 피웠다. 공기를 들이마시고 무지개를 내뿜는 것은 하나의 신기한 경험이었다. 토디(Toddy)의 지시 하에 아네트(Annette)와 나는 얼음 표면 아래에 텐트를 단단히 박아놓기 위해 한 상자나 되는 눈을 파내기 시작하였다. 이렇게 하지 않으면 바람이 우리들의 텐트 속으로 들어올 위험이 있었다. 우리는 체리 개러드와 윌슨과 바우어즈가 세상 최악의 여행에서 자신들의 텐트를 잃어버렸던 식으로 우리들의 텐트를 잃어버리고 싶지 않았다. 남극에서 인간이 활동한지 불과 한 세기 조금 더 되었지만 우리의 선배들은 그 풍경에 내재하는 여러 가지 위험에 대한 예리한 감각을 우리에게 제공해 주었다. 우리가 의복과 슬리핑백과 조리와 조명에 사용하는 재료들은 스콧과 아문센에게 활용 가능했던 것들과 별로 다르지 않았으나 우리는 과거의 실패에 대한 지식과 하지 말아야 할 것에 대한 지혜는 풍부하였다.

우리 텐트는 두 사람이 잠잘 수 있는데 텐트가 세워지자 아네트가 우리들과 얼음 사이에 층층이 깔아 둘 물건들을 건네주기 시작하였는데 그것들은 바닥에 까는 방수포, 베니어판(이것들을 깔지 않으면 우리 몸이 얼음 표면을 작은 언덕만큼 녹일 것이다), 발포제로 된 카리매트(karrimat), 써마레스트(thermarest), 두 장의 양가죽과 캔버스 천 가방과 그 속에 든 사계절 겸용 극지용 오리털 침낭 등이었다. 우리가 건조한 상태로 있는 한 우리는 감기에 걸리지 않을 것이다. 매일 저녁 슬리핑백 속으로 우리들 자신과 함께 자외선차단 크림(그렇지 않으면 역청탄의 굳기로 얼어버릴 것이다), 카메라, 물병, 다음 날 입을 옷가지들, 소변 병이 들어갈 것이다. 남극의 슬리핑백 속에 들어 있는 것은 청동기 시대의 무덤 속에 누워 있는 것과 약간 비슷하였는데 나는 마치 내세에 필요한 경우에 대비해 가장 중요한 소지품 모두와 공간을 함께 쓰지 않으면 안 되는 것 같은 느낌이 들었다.

두 개의 침낭 사이에 우리는 일련의 썰매 운반용 박스들을 두었는데 야외 구급 박스, 조리 박스 그리고 '사람 식량' 박스('개 식량 박스'와 구분할 필요는 오래 전부터 상관없었지만)들이었다. 탈수된 페미컨(pemmican, 말린 고기로 만든 일종의 비상 식품으로 원래 북미 인디언들이 만들었다—역자 주)과 군배급용 '갈색 비스킷(Biscuits-Brown)' 아래에서 나는 포장된 지 20년 넘은 이라크산 대추야자 한 가방을 발견하였다. 그 시간 내내 그 대추야자들은 녹을 기회가 한 번도 없었다. 우리들의 프리무스(Primus) 난로는 더 따뜻한 사막 여행을 위해 의도된 성대한 아랍 글씨로 적힌 사용설명서가 있었다.

사람 식량 박스는 옛날 탐험가들을 견디게 해 주었던 그 사전 포장된 탈수된 페미컨 믹스인 '잡탕 찌개(hoosh, 극지방 탐험가들의 진한 수프-역자 주)'에 상당하는 현대판 내용물로 포장되어 있었다. 'Hoosh'라는 단어는 북아메리카의 'hooch(아주 독한 술, 특히 밀주-역자 주)'에서 유래한 것이 분명하나 알코올에 대한 언급은 오해의 소지가 있다. 인듀어런스호(*the Enduarance*), 제임스 케어드호(*the James Caird*) 그리고 퀘스트호(*the Quest*)의 선장이었던 프랭크 워슬리는 그가 그것을 얼마나 기대하게 되었는가에 관해 적었다. '일인용 식사를 위해 반 파운드 덩어리로 만들었는데 그것은 단단하기가 새로 만든 치즈와 같았고 색깔은 황갈색이었으나 물과 함께 끓이면 진한 복숭아 수프처럼 보였다. 조리할 때 이 암브로시아의 향내가 신들에게 바치는 향처럼 피어올랐다. 그것 한 파운드를 얻기 위해서라면 우리들 중 누구라도 중국인 한 명을 기분 좋게 살해했을 것이다.' 내가 그의 열정을 공유한다고 말할 수는 없지만 그때 나는 그만큼 배고픈 적은 한 번도 없었다.

텐트의 내피와 외피에는 폭풍에 대비하여 구두끈으로 묶어버릴 수 있는 끝을 잘라버린 풍향측정용 바람자루와 같은 둥근 문이 있었다. 토드는 우리에게 연료를 왼쪽 바깥에 두고 물을 얻기 위해 녹일 얼음 덩어리들을 오른 쪽에 두라고 말했다. 우리는 조리 후의 구정물을 텐트의 내피와 외피 사이에 부어버려야 했다. 그것이 얼음 속을 통과하면서 수직 홈통 모양으로 얼음을 녹일 것이다. 화장실도 똑 같이 해야 하는데 그것은 '소변 깃발'이라고 알려져 있는 깃발에 의해 표시되는 곳이었다. 토드가 "깃발 위에 오줌 누지 마라"라고 말했다. "안 그러면 우리는 그것을 다시 꺼낼 수 없을 거야."

한 걸음만 잘못 디디면 그들의 분노를 일깨울 수 있는 잠자는 거인들처럼 크레바스들이 우리들의 캠프 주위에 놓여 있었다. 빙붕의 표면은 대륙의 얼음의 흐름의 압력에 의해 찌그러졌다. 그것은 여러 곳에서 카라멜처럼 주름이 지고 둥글게 말리고 비틀어졌으며 상상도 할 수 없는 압력에 의해 강요된 깊은 균열로 쪼개져 있었다. 나는 바닷물이 가장 깊은 틈 속으로 솟아 들어가는 것을 보았으며—빙붕은 매우 얇았다—그런 장소 가까이에 캠핑을 하는 지혜에 경탄하였다. 바위 같은 얼음들이 눈사태 속에 굴러 내렸던 장소에 놓여 있었다. "겨울이 오고 있어."우리를 안심시키려고 애쓰면서 토디가 말했다. "올해는 너무 많은 이동은 없어야 할 텐데."

17세기 프랑스의 수학 천재였던 파스칼(Blaise Pascal)은 숭고한 풍경과의 만남이 두려운 것임을 알았다. 그는 우주의 광대함, 원초적 힘, 그 무한함에 왜소해짐을 느꼈으며 자신이 '전후의 영원 속으로 빨려 들어감을 느꼈으며 내가 채우고 있는 그 작은 우주… 이러한 무한한 우주의 영원한 침묵이 나를 두렵게 한다!'라고 적었다. 파스칼은 통증과 일종의 '신경성 질환'과 단호하고 비판하기 좋아하는 신에 대한 자신의 믿음에 의해 고통을 받았다. 숭고함에 대한 그의 경험은 인류를 타락하고 부패한 것으로 보는 그의 상상력에 큰 영향을 받았다. 그는 이러한 신비한 만남을 우리들을 일상적인 생활의 현실에서 벗어나게 해 주는 잠재력을 가진 것이라기보다는 자아에 대한 일종의 공격이라고 여겼다. 파스칼은 남극대륙을 싫어했을 것이며 자신이 그것과 무관한 것에 의해 겁을 먹고 압도되었을 것이다.

대단히 20세기적인 인물인 블라디미르 나보코프(Vladimir Nabokov, 1899~1977, 러시아 출신의 미국 소설가. 10대 소녀에 대한 중년 남자의 성적 집착을 묘사한 〈롤리타〉는 큰 반향을 일으켰다—역자 주)는 자신의 트위드 자켓과 넥타이를 바꾸는 것만큼 쉽게 언어와 국적을 바꾸었는데 그는 다른 경험을 하였다. 그에게 있어서는 숭고함의 본질은 그것을 경험하는 기쁨보다 덜 중요하였다. "그것은 그 속으로 내가 사랑하는 모든 것이 몰려오는 일시적인 진공과 같은 것이다. 태양과 바위와의 일체감. 관계자 제위-인간 운명에 관한 대위법의 천재 또는 운 좋은 인간의 비위를 맞춰주는 다정한 유령에 대한 감사의 전율." 나는 그라면 자신이 사랑하는 나비가 없음에도 불구하고 남극을 즐겼을 것이라고 생각하고 싶다. 그는 남극에서 무엇인가 광활하고 장엄한 것을 느꼈을 것이다.

서구에서 우리들은 이러한 전통 둘 다에 대한 계승자이며 그 둘 속에 살짝 빠졌다가 나올 수 있을 뿐 아니라 우리들 자신의 전통을 벼려 만들 수 있는 다행한 입장에 있다. 숭고한 풍경이 우리들에게 그렇지 않은 경우 오직 고난을 통해서만 배울 수 있는 교훈을 가르쳐 주며 우주는 상상할 수 없을 만큼 광대하다는 것과 우리는 상대적으로 왜소하고 취약하다는 것과 우리가 자신의 한계를 받아들이고 살아있는 존재의 참으로 아름다운 측면들을 즐기면서 잘 지내야 한다는 것을 우리에게 가르쳐 줄 수 있다는 것이 그 둘 사이의 공통점인 것 같이 생각된다. 그것은 자신에게 상기시켜야 할 하나의 소중한 관점이다.

스코틀랜드를 떠나기 직전에 옛 친구 한 명이 내게 철학자 조나단 글로버(Jonathan Glover)가 저술한 책 한 권을 우편으로 보내주었다. 그것은 무겁고 두꺼운 책으로 문짝 멈추개로 알맞았으며 남극대륙이 제공하리라고 그녀가 상상하는 종류의 고립감이 주어졌을 때에만 내가 읽게 되리라고 그녀가 생각하였던 그런 종류의 책이었다. 그 제목은 **인류: 20세기 도덕의 역사**라는 만만치 않은 것이었다. 그것은 그 까다로운 세기의 가장 끔찍한 사건의 일부 즉, 난마처럼 얽힌 발칸 전쟁, 르완다의 대량 학살, 홀로코스트, 일본에 원자폭탄을 투하하는 결정 등을 철학자의 눈으로 흘낏 쳐다본 것이었다. 처음에는 나는 그 책을 펼치기를 주저하였는데 나는 인류의 가장 어두운 약점을 그렇게 밝은 순수한 풍경 속으로 가져가고 싶지 않았으나 힌지 지역에서 바람과 불량한 콘트라스트에 의해 텐트 속에 갇혀있는 나날 동안 나는 읽기 시작하였다. 거기에서, 내가 한 명의 어린아이로서 알고 있었던 모든 지도의 맨 밑바닥에서 멀리 떨어진, 인간이 없는 하나의 풍경 속에서 나는 그런 책을 읽을 완벽한 장소를 발견하였다. 그것은 마치 풍경 자체가 재앙과 불행이 가득 찬 세상을 조사할 공간을 허용할 수 있을 만큼 중립적인 것 같았다. 나는 난민들의 위기, 자살 폭탄 테러범, 핵미사일 긴장완화, 파괴된 문화의 비애, 비양심적 잔학행위 등을 조용히 바라보았다. 고통으로 무뎌지고 비뚤어진, 과거에 내가 만났던 사람들의 얼굴들이 떠올랐다. 각각의 장은 차를 끓이기 위해 녹일 얼음 덩어리를 가지러 가거나 소변 깃발까지 왕래하기 위해 밖으로 나가는 것에 의해 중단되었다. 나의 경우 인간관계와 그것에 따르는 부담에 의해 닳아빠진 길들이 읍이나 도시들을 아주 싫증나게 느껴지도록 만들 수 있다는 것을 나는 깨달았다. 남극대륙은 결코 싫증날 수 없었는데 그것은 동시에 새롭고 아주 오래되었으며 나이를 먹지 않으며 인간의 역사 밖에 서 있을 수 있다는 인상을 주었다.

그러나 이것도 하나의 착각이었음을 나는 깨달았다. 인간의 역사가 남극대륙을 따라잡았으며 남극대륙은 아주 대수롭지 않게 거기에 놓여 있을 뿐이다. 얼어붙은 시체들은 자연 그대로의 얼음 아래에 가라앉아 있으며 배의 선장들과 국왕들의 이름은 지도 위에 산재되어 왔다. 그리고 이제 남극대륙은 지도가 만들어졌으며 여백은 줄어들고 있으며 인간 거주의 징후가 증가하고 있다. 그 시대의 탐험가들의 언어-의무, 노력, 희생-가 그 이야기의 일부에 불과한 대륙에 대한 우리들의 환상에 일종의 고귀함을 제공해 주었다.

나는 오리털의 층 속에 따뜻하게 파묻혀 텐트 안에 누워있었으며 콘트라스트가 좋아지기를 기다렸다. 비록 내가 그들의 실수로부터 배우는 것에 감사하지만 나는 타인들의 이야기에 의해 깔끔하게 정돈된 저 초기 탐험가들의 대륙에 대한 환상이 부러웠다.

어느 날 아침 나는 텐트의 창구를 통해 변형된 세상을 내다보았다. 부드러운 눈이 마치 약병에서 빼낸 탈지면처럼 우리들의 썰매와 텐트를 고정시키는 거이 로프(guy rope) 위에 두껍게 쌓여있었다. 눈송이들이 영하 25도의 오싹한 정적 속에 부드럽게 떨어져 내렸다. 각각의 눈송이는 완벽한 육각형 결정이며 복잡한 모양의, 가는 줄 세공을 한, 축소된 크기로 만들어진 로코코식의 걸작이었다. 일부는 폭이 1센티미터까지 되었으며 부서지지 않은 상태로 땅에 내렸다. 그러나 그것들은 두께가 불과 몇 마이크론에 불과하며 옆에서 보면 사라지며 쭉 뻗은 내 손에 닿는 순간 무너져 내렸다. 얼음이 물의 성질을 띠지 않고 직접 공기 속으로 증발할 수 있다. 그 과정을 설명하는 동사는 '승화하다(to sublime)'이다.

콘트라스트는 좋지 않았고 얼음과 하늘 사이의 벌어진 틈 사이에 향기로운 황금색의 얇은 띠가 걸려있었다. 서쪽 구름 위에 파스텔 블루색의 수공의 얇은 막이 있었는데 거기에서 새로 형성된 해빙이 밤중에 물러갔음이 틀림없었다. 토디는 자기가 그 지역의 크레바스들을 답사하러 나가서 그들 중 한 개에 가까운 표면 속에 스노 앵커를 박아 넣은 적이 있다고 말했다. 나는 방한용 내의, 플리스 덩거리 바지, 플리스 스웨터, 벤타일(Ventile)이라고 알려져 있는 미세면으로 만든 능직 의류 한 벌을 입고 두꺼운 스키 장갑을 끼고 발라클라바와 암벽등반용 헬멧을 쓰고 등반하러 나갔다. 우리는 등산용 하네스와 아이젠을 차고 아네트와 나는 로프를 묶었다. "이제 조심해야 해"라고 토디가 말했다. "자네들은 자신의 두 발에 부착된 한 쌍의 치명적인 무기들을 지녔어."

밧줄에 함께 몸을 묶고 우리는 그가 골랐던 크레바스로 터벅터벅 걸어갔다. 아이젠의 금속 이빨이 눈 밑의 딱딱한 얼음 위로 긁는 소리를 내었다. 유일한 다른 소리는 거칠게 헐떡이는 우리들의 숨소리와 밧줄이 휙 하고 움직이는 약한 소리였다.

마침내 우리는 안개가 한 차례 다가오기 직전에 크레바스의 입구에 다다랐는데 그것은 표면에 나 있는 삐죽삐죽한 푸른색의 균열이었다. 우리는 캠프로 똑바로 돌아가야 하는지 궁금하였으나 토드는 이미 돌아가는 방향을 정해 놓았다. "이제 우리가 여기까지 왔으니 우리는 머무를 수 있어." 그가 말했다. 하늘과 얼음이 둘 다 모두 부드러워져 똑 같이 희부옇게 불투명했으며 균열이 거의 보이지 않게 되었다. 나는 토디가 스노 앵커에 고정해 둔 로프에 몸을 묶고 엎드리고는 크레바스를 향하여 살살 뒤로 움직였다. 그가 접을 수 있는 삽을 내 밀었다. "조금 파 보아." 그가 말했다. "그런 다음 그 속에 들어가기 전에 약간 더 단단한 얼음이 나올 때까지 다시 그것을 잘라보게." 나는 한 손에 삽을 들고 팔을 뻗어 푸석푸석한 알갱이 모양의 얼음들을 아래위로 헤쳤다. 큰 얼음덩어리들이 서서히 사라졌는데 그 때 갑자기 삽이 내 손에서 미끄러져 얼음덩어리들과 함께 떨어져 버렸다. "걱정하지 말게." 토디가 말했다. "일단 자네가 들어간 뒤 그것에 닿을 수 있는지만 확인하게."

내 다리가 공간을 찾았고 엉덩이에서 두 다리가 아래로 흔들거렸으며 빈 공간 속으로 발길질을 하였다. 로프 위에서 천천히 움직이다가 스타카토로 짧고 날카롭게 홱 움직여 구멍 속으로 들어가는 것은 엄청난 마음의 노력을 필요로 하였으며 내 몸의 모든 본능과 대항해 싸워야 했다. 그 날 두 번째로 나의 세상이 완전히 바뀌었다.

라일락과 청금석이 내 두 눈에 몰려왔다. 나는 빛의 대성당 속으로 떨어졌다. 위를 쳐다보았을 때 나는 기하학적으로 완벽한 얼음 격자세공이 아치형의 둥근 지붕으로부터 아래로 자라 내려오는 것을 보았다. 나는 가는 밧줄에 매달려 천장을 향하여 함께 모이는 거대한 아치들 아래로 몸을 내렸다. 나는 자신이 냉랭하고 고요하게 이 빙하바닥 세계의 일부가 되는 것을 느낄 수 있었다. 내 코안의 높이 있는 막들이 숨을 쉴 때마다 얼어붙기 시작하였다. 크레바스가 아가리를 떡 벌렸을 때 얼음 다리들이 무너졌으며 그것들의 부러진 양 끝이 신전 기둥위의 아칸서스 잎들처럼 그 자체 아래로 둥그렇게 감겼다. 석순들이 찬양 속에 들어 올린 팔들처럼 벽으로부터 튀어나왔다.

나는 40미터나 되는 밧줄의 끝까지 죽 내려갔다. 맞은편을 바라보자 삽의 손잡이가 보였다. 그것은 한 쪽으로 2,3미터 튀어나가 있었다. 맨 밑바닥의 빛은 색조가 더 깊었으며 자수정을 통해 굴절된 것처럼 수정같이 맑았다. 내 옆으로 갈라진 유리처럼 금이 가고 정맥처럼 뻗어 있는 끝이 가늘어지는 얼음의 벽이 결코, 결코 탐사할 수 없는 끝없이 변하는 미로 속으로 이리저리 방향을 바꾸어 빛나가 있었다. 나는 이 대륙의 사방에서 얼음 아래에 있는, 인간의 두 눈이 거의 누릴 수 없는 위대한 아름다움을 상상하였다. 나는 잠시 벽에 등을 기대고 가쁜 숨을 몰아쉬면서 누빈 것 같은 특성의 침묵을 즐겼다.

쐐기 모양으로 좁아지는 유리벽을 이리저리 더듬어 나는 삽을 잡으려고 손을 내밀었는데 부츠가 꼼짝도 하지 않았다. 몇 초 동안 나는 제 자리에 갇혔으며 은은하게 빛나는 얼음의 벽 사이에 압착되었다. 나는 내 자신이 여기에 갇히고 파묻혀서 수 세기의 시간이 지난 뒤 오찰(Otzal)의 아이스맨 미이라처럼 빙붕의 표면에 얼어붙은 채로 모습을 드러내는 것을 상상하였다. BAS는 이런 식으로 여러 명의 대원들을 잃어버렸다. 나는 거의 청력 역치 이하의 낮은 지진의 잔향과 같은 무슨 소리가 들린다는 생각이 났다. 그 소리가 내 귀 뿐 아니라 뼈 속에서도 울렸다. 갑자기 그곳 빙하의 뱃속에 있다는 것이 그다지 평온하지 않게 느껴졌다. 그러자 마치 각빙 위로 쏟아지는 진(gin)처럼 갈라지는 더 가볍고 딸랑딸랑 울리는 명확한 소리가 들렸다. 무엇인가 떨어져 이 크레바스가 움직였던 것이다. 내 피부 밑에서 공포의 조약돌이 응어리졌으며 내 척추 아래로 오싹하며 미끄러져 내려갔다. "여기서 나가야 해."라는 생각이 들었다. 두 다리가 얼어붙어 버렸으나 나는 간신히 한 쪽 발을 빼서 로프를 타고 올라갈 수 있게 해줄 유마르 등고기의 고리 속에 넣었다. 나는 삽은 잊어버렸다.

헐떡거리면서 나는 로프의 꼭대기까지 40미터를 자신을 끌어당기고는 하네스 벨트에서 얼음도끼를 움켜쥐었다. 가장자리 너머로 몸을 쑥 내민 다음 나는 벌어진 틈에서 내가 도달할 수 있는 한 멀리 얼음 표면 속으로 얼음도끼의 곡괭이를 던지고는 안전한 곳으로 나 자신을 끌어당겼다.

지친 몸으로 터벅터벅 걸어 베이스캠프로 돌아왔으나 나는 벌써 그 공기를 들이쉬고 그 침묵을 빨아들이고 그 빛으로 가득차기 위해 다시 그 아래로 내려가고 싶었다.

나에게 그 여행을 위해 가져온 다른 책 한 권이 텐트 속에 있었는데 그것은 비비안 푹스(Vivian Fuchs)와 에드먼드 힐라리경(Sir Edmund Hillary)이 쓴 **남극대륙 횡단**(*The Crossing of Antarctica*)이었다. 그것은 1958년에 출판되었는데 1956년에서 1957년의 국제 지구물리학의 해(international Geophysical Year (IGY)) 기념행사의 일부로 자신들의 대륙횡단 자동차 여행을 기술하고 있다. 그것은 지루한 읽을거리이며 탐험의 모든 측면에 대한 물자와 인원들을 충실하게 열거해 놓았으며 종종 중고 서점에서 미심쩍게 나타난다. 그 책의 스타일에도 불구하고 그것은 읽기에 중요하다고 생각되며 영웅시대의 위험이 적은 탐험과 위험이 큰 탐험 간의 접점과 현재의 탐험대원들이 종종 경험하는 확립된 기지주도의 남극대륙을 기술하고 있다. 그들의 여행을 이해하는 것이 시작된 때부터 존재해 왔던 BAS와 남극의 여러 전통들에 대한 통찰력을 내게 제공한다고 생각되었다. 나는 그 책을 힌지 지역까지 가져갔으며 텐트가 눈에 갇힌 경우 그것을 읽는 것 이외에는 다른 선택이 없을 것이라고 생각하였다. 내 생각이 옳았다. 도덕 철학에 관한 두꺼운 책과 두 편의 아네트의 공상과학소설 블록버스터와 의료 상자 속의 응급처치 매뉴얼을 샅샅이 보고 난 뒤 나는 핑계 거리가 떨어져 버렸다.

영웅적 탐험시대의 개념 속에 남아 있는 영웅주의가 있다면 푹스의 남극대륙 횡단 여행은 그것의 마지막 무대였다. 그는 자기가 타고 갈 차량들을 위태롭게 만들기 전에 비행기로 자신의 루트를 정찰하였는데 대중들의 다수는 트랙터가 텅 빈 눈의 사막을 가로질러 굴러가는 동안 그것의 운전석에 앉아 있다는 생각에 흥분하기는 어렵다는 것을 알았다. 스콧은 결국 거기서 힘들게 짐을 끌고 갔으며 아문센조차도 개들이 끄는 썰매에 의존하였다. 그들 중 누구도 푹스가 그랬던 것처럼 머리 위를 나는 비행기로부터 그들을 응원하거나 남위 90도에서 샴페인 병을 들고 그들을 기다리는 미국인들 군중이 없었다. 많은 사람들이 전체적인 생각이 크게 시대에 뒤떨어졌다는 것 여부를 의심했으나 그것이 상상력을 사로잡았던 IGY의 유일한 일부라고 주장한 사람들도 있었다. 탐험대는 테론(Theron) 산맥과 섀클턴(Shackleton) 산맥을 발견했으나 이 산맥들은 지상에서 대륙을 횡단하는 시도를 하기 전에 정찰 비행에서 비행기들에 의해 발견되었다.

자신의 최근의 에베레스트 정복으로 자신감에 차 있었던 에드먼드 힐러리경이 섀클턴의 오로라호(*Aurora*) 역할을 하기 위해 선발되었는데 그는 남극대륙의 로스 해 쪽으로부터 보급물자 저장고를 설치하는 것을 지휘하였다. 푹스가 자신의 설상차량들을 위한 루트를 찾기 위해 개썰매 팀을 이용한 반면 힐러리는 개조된 농장용 퍼거슨 트랙터를 사용하여 자신의 작업을 수행하였다. 그가 받은 지시는 극지방의 고원 위에 보급물자 저장고를 설치하고 산맥을 통해 로스 해 쪽으로 내려가기 위한 땅을 조사하는 것이었다. 그러나 그가 일단 거기에 올라가서 자신이 로스 섬에 있는 자기 기지보다 남극에 더 가까이 있다는 것을 알았을 때 그는 남극을 향하여 달려가기로 결정하였다. 그는 1958년 1월 4일 정오에 남극에 도착했는데 그것은 푹스 일행이 개들과 도중에 그들이 IGY를 위해 수행했던 지진 연구 때문에 그랬던 것처럼 속도가 늦어져 느릿느릿 들어오기 2주 전이었다. 남극에서 느긋이 쉬는 동안 힐러리는 심지어 푹스가 너무 느리기 때문에 횡단을 완수할 생각을 포기하고 미국인들에게 자신과 대원들을 공수해 내는 것을 허용하는 것이 차라리 나을 것이라고 그에게 무전을 치기까지 했다. 푹스는 분노를 겨우 참고 식식거리며 거절했지만 그는 결국 미국인들에게 자기가 사랑하는 개들을 북쪽으로 로스 해까지 공수하도록 시켰다.

푹스 자신을 포함한 나중의 비평가들은 힐러리가 지시를 벗어난 짓을 하여 남극을 향한 경주를 하기로 결정했다는 주장을 간절히 침묵시키고 싶어 했다. 푹스는 포클랜드제도부속령조사소(FIDS)의 책임자였으며 1973년까지 BAS로 이행되는 동안 계속 그 자리에 남아 있었다. 은퇴한지 30년 후에도 BAS에 대한 그의 영향력은 여전히 깊었다. 그는 근엄한 인물이었으며 구식 지휘관의 한 사람이었는데 존경과 흠모 뿐 아니라 자기를 희생하여 약간의 농담도 고무시켰다. BAS 카페테리아에서 남극대륙 횡단 탐험에 관한 논의는 숨죽인 존경과 남학생의 능글맞은 웃음의 분위기 사이를 왔다 갔다 했다.

"그것이 푹스의 쇼가 될 것이라는 것은 의심의 여지가 없었어." 그를 알고 있었던 고참들 중의 한 명이 내게 말했다. "힐러리가 두서너 대의 낡은 퍼거슨 트랙터로 자기를 이겼다는 것을 알았을 때 그는 틀림없이 미쳐서 팔짝팔짝 뛰었을 거야."

우리는 햇빛이 내리 쬐는 며칠을 힌지 지역에서 산책하면서 보냈다. 로프로 함께 몸을 묶고 우리는 완만한 계곡과 모가 난 협곡들과 세로로 홈이 파인 얼음 계곡들을 탐사하고 다른 종류가 있을 수 없는 장소에서 빙벽 등반의 기초를 배웠다. 힌지 지역의 일부 봉우리와 골짜기들은 현재 다년간 변함이 없었으며 몇 년 동안 연이은 BAS의 직원들이 그것들의 이름을 붙였다. 고래 고기 소시지 산(Whale Meat Sausage Berg)이 있었고 슈퍼볼(Superbowl)이라고 불리는 넓은 협곡과 상상에 의해 석산(Stony Berg)이라고 명명된, 우리들 아래에 잠겨 있는 케어드 해안으로부터 바위들을 위로 끌어내었던 뒤집힌 얼음 덩어리도 있었다. 우리는 그 위에서 햇볕을 쬐며 바위들을 조사하였다. 남쪽으로 우리는 브룬트 빙폭과 남극을 향해 솟아오른 빙성 평야 위로 빛이 반짝이는 것을 바라보았는데 그들의 윤곽이 아래에 있는 대륙을 드러내 보였다. 비록 우리가 눈부신 빛에 대비하여 최대 강도의 선글라스를 끼고 있었지만 야외의 얼음 위에서 꼬박 하루를 보내고 난 뒤에는 우리들의 두 눈이 바늘로 콕콕 찌르는 듯한 설맹의 통증을 느끼기 시작할 것이다. 잠시 동안 두 눈을 감고 흰빛을 차단시키면 진통이 되었다.

저녁에는 우리는 베이스캠프로 돌아와 헬리 기지로 무전을 치곤 하였다. 우리는 낡아빠진 군용 야전 무전기를 사용했는데 안테나선은 두 개의 스키 스틱 사이에 매달려 있었고 주파수대역을 다이얼을 돌려 전리층의 간섭을 뚫고 "슬레지 알파, 슬레지 알파, 여기는 핼리 기지, 들리는가 오버."라고 우리를 호출하는 패트의 목소리를 들으려고 귀를 기울였다. 우리는 종종 미리 준비되어 있는 순서를 따라 다른 주파수대역을 호출하려고 시도했는데 우리가 맨 처음 선택한 주파수는 태양풍의 공격을 받거나 우주 공간으로 상실되거나 또는 심지어 한 번은 라틴 아메리카의 어떤 택시 회사의 시끄럽게 떠드는 소음에 점거되었다. 새클턴이나 스콧의 탐험대가 야외에서 기지를 호출하는 이런 호사를 누리지 못했다는 것을 현재로서는 상상할 수가 없다.

그 탐험대들이 불과 2,3년만 기다렸다면 그들을 안전하게 지켜줄 능력을 가진 혁신적인 기술이 활용가능하게 되었을 텐데 라는 것이 남극에서 그 탐험가들의 실패의 가장 가슴 아픈 측면들 중의 하나이다. 스콧의 테라 노바호 탐험 때쯤에는 이미 무전기를 사용할 수 있었으나 아직도 휴대가 가능하지 않았다. 섀클턴은 무전기 한 대를 인듀어런스호에 가지고 갔으나 가청 범위가 한심한 정도였다. 수년 후에야 비로소 군대가 야전용 무전기의 사용을 실험하기 시작했으나 그 후 얼마 안 되어 비행기 여행이 극지까지 인간을 수송한다는 개념을 거의 상관없게 만들어버렸다. 섀클턴이 포경 기지의 기적 소리를 향하여 사우스조지아섬 너머로 자신을 끌고 간지 불과 13년 후 리처드 버드가 남극 위로 비행기를 조종하였다. 새로운 기술과 다음 세대가 그것을 사용하는 용이함으로 인해 초기 탐험가들의 죽음과 그들을 거기로 보냈던 제국의 성급함이 터무니없고 비극적인 낭비라고 생각되었다.

낮에는 빛이 맹렬히 내리쬐었으나 밤에는 하늘이 어두워지기 시작하였고 태양은 자정에 내가 별을 볼 수 있을 만큼 남쪽 지평선 아래로 멀리 떨어졌다. 어둠이 환영받았으며 두 눈이 편안해졌고 나는 하늘의 부드러움을 느긋이 즐겼다. 오리털을 덧댄 토끼 모피 모자를 쓰고 나무판자처럼 뻣뻣하게 얼어붙은 별자리표를 움켜쥐고 나는 자정 무렵에 밖으로 올라가 얼음 위에 등을 대고 눕곤 하였다. 세상의 밑바닥에서 멀리 떨어져 무전기의 보호를 받으며 알지 못하는 힘에 의해 우리들의 혹성에 달라붙은 채 나는 새로운 천국에 익숙해지려고 애를 썼다.

7

겨울을 기다리며

지평선: 명사. 설명어. 인간 생활의 빈약한 계곡을 에워싸고 있는 줄지어 있는
최초의 산등성이들은 그 주민들 대부분에게는 지평선이다.
콜리지(Coleridge): 문학적 자서전(Biographia Literaria)

이안 해밀턴 핀레이(Ian Hamilton Finlay), 여섯가지 정의(Six definitions)

내가 기지로 돌아왔을 때 공기는 마치 차가운 액자 속에 갇힌 것처럼 고요하였다. 공기도 물도 얼음도 움직이는 것은 아무 것도 없었다. 나는 깊은 고요 속에 밖에서 스키를 타며 극지방의 침묵으로 달팽이관이 웅웅거리는 소리에만 귀를 기울일 뿐이었다. 그러자 깃대 위의 헬야드(halyard, 닻, 깃발을 달거나 내릴 때 쓰는 밧줄—역자 주)가 속삭이고 덜거덕거리고 손가락으로 튿는 소리를 내기 시작하더니 동쪽에서 불어오는 돌풍이 몇 시간에 걸쳐 점점 그 세기가 커지더니 엄청난 강풍으로 변했다. 앱슬리 체리 개러드가 "마치 온 세상이 히스테리 발작을 일으킨 것 같이"라고 이러한 남극의 강풍을 가장 잘 기술하였는데 나는 그의 책을 읽은 이후로 줄곧 그런 강풍을 한 번 경험해 보고 싶었다. 폭풍의 강도가 증가함에 따라 메인 플랫폼에서 계단

을 내려가는 것이 힘들게 되었지만 나는 다가올 긴 겨울의 매일을 바깥에서 산책하기로 다짐하였다.

영국에 있는 한 친구가 내게 극한 다림질(extreme ironing, 다림질을 하면서 극한 스포츠나 다른 위험한 활동을 하는 오락 활동—역자 주) 스포츠에 관한 이메일을 보냈는데 남녀들이 가장 가정적인 활동과 자신들을 결합시킴으로써 극한 스포츠의 남자다움을 조롱하였다. 열광적인 팬들이 스쿠버 복장을 하고서 또는 산꼭대기에서, 심지어 협곡 위로 고장력 철사줄에 매달려 다림질을 하려고 시도하였다. "너도 그것을 해 봐야 해."라고 그녀가 썼는데 나는 아마도 이것이 나의 기회일지 모른다고 생각하였다.

나는 다림질 판, 이불 커버, 다리미 그리고 2킬로와트짜리 발전기를 모은 다음 부트 룸에서 바람에 대비한 준비를 하였다. 토모가 나와 함께 가서 고향에 있는 내 친구를 위해 그 이벤트를 입증하는 것에 동의하였다. 손으로 더듬어 밖으로 나갔을 때 사포처럼 작은 얼음 알갱이들로 내 얼굴을 북북 문지르는, 할퀴듯이 불어대는 바람에 앞이 보이지 않았다. 내 스키 고글은 곧 얼어붙은 미세 먼지로 가득 찼는데 그 먼

지가 고글 통기공의 스펀지 격자를 통해 터져서 소석고의 송곳 찌꺼기 처럼 가루가 되었다. 이삼일 전의 침묵은 산불의 포효처럼 하늘을 통해 떠나갈 듯 큰 소리를 내는 엄청난 바람으로 바뀌었다. 토모와 나는 바람 속으로 머리를 숙이고 바로 이런 상황을 위하여 플랫폼들 사이에 매달려 있는 핸드 라인을 움켜쥐었다. 일단 내가 다림질을 마쳤을 때 이불 커버는 여느 때보다 더 헝클어져 있었다.

나중에 안전한 침대 방으로 돌아왔을 때 나는 바람이 안테나의 삭구를 통해 휘파람 소리와 신음 소리를 내고 바다가 배의 선체를 들어 올리는 식으로 로스 플랫폼을 흔들어 대는 소리를 들었다. 교대로 서로의 성대를 날려버리는 두 개인들에 의해 창조되는 이누이트족의 노래가 한 곡 있는데 그것은 지금 천장을 통해 신음했던 것과 비슷한 울림을 가진 잔향이다. 내 방의 창들은 얼음에 갇혀버렸다. 나는 얼음이 마스트로부터 부러져 내 침대 방 천정 위에서 산산조각이 날 때 휘몰아치는 경쾌하게 달리는 소리를 들었다. 시속 약 100마일의 속도에서 심슨 플랫폼 위에 있는 풍속계가 와지끈 부러져 우리는 풍속 기록을 잃어버렸다.

최초의 포르투갈 선원들 이래로 기상을 예측하는 데 관심이 있는 사람들이 풍배도(wind rose, 임의의 관측 지점에서 특정 기간 동안 각 방위별, 풍향별 바람의 출현빈도를 방사 모양의 그래프로 나타낸 것—역자 주)를 그려왔는데 그것은 어느 특정 장소 위로 부는 바람의 교차 벡터들의 시각적 합계이다. 웨델해의 빙원들은 그들 위로 부는 바람의 동맹이 하나 있는데 서쪽으로 향한 바다는 상공에서 서쪽으로 달리는 하늘에 비쳤다. 핼리 기지의 풍배도는 촘촘했으며 북쪽과 서쪽 그리고 남쪽의 꽃잎들은 길이가 짧고 깔끔했으나 그것은 탁월풍(prevailing wind, 일정 기간 동안에 출현빈도가 가장 높은 풍향의 바람—역자 주)이 되풀이하여 발생하는 폭풍이 되어 우리들 위로 무너져 내리는 방향인 동쪽으로 멀리 펼쳐져 있는 긴 줄기에 의해 지지되었다. 이러한 바람의 다수는 '활강바람(katabatic)'인데 이 단어는 '하강(descending)'을 뜻하는 그리스어 'katabatos'에서 유래되었다. 극지 고원 상층의 공기는 밀도가 높고 매우 차갑다. 그 대륙 자체가 일종의 얼음으로 된 높은 반구형 지붕이기 때문에 이러한 무거운 공기가 대륙에서 '떨어져' 해안 쪽으로 돌진하여 마침내 허리케인의 가속도가 붙게 된다.

돌진하는 공기의 벽이 어떤 물체—그것이 건물이든 깃대이든 또는 스키두이든—와 만나면 난기류가 발생해 공기 속에 실려 있는 눈을 떨어뜨려 얼음 위에 남겨진 물체 뒤에 엄청난 눈 더미가 모이게 된다. 이러한 '바람 꼬리들(wind-tails)'이 그것을 발생시킨 건물이나 차량만큼 높이 자랄 수 있으며 우리들의 평평한 세상으로부터 윤곽이 있는 풍경을 하나 만들어 내었다. 로스 플랫폼 뒤의 바람 꼬리가 너무 높이 자라 건물을 완전히 에워쌀 조짐을 보여 그래미와 벤이 수천 톤의 얼음을 끈기 있게 치우느라고 불도저와 함께 긴 날들을 보내야 했던 때가 여러 번 있었다. 얼음과 하늘과 눈이 직사 일광이 제공하는 콘트라스트를 잃어버리고 모두 똑같은 색조의 흰 색이 되면 이러한 바람 꼬리들이 또한 위험이 될 수도 있다. 폭풍이 그쳤을 때 나는 지름길로 차고의 서쪽 측면 뒤로 가서 보이지 않는 눈 더미의 벽 속으로 똑바로 걸어들어 간 적이 있었다.

그러나 태양이 구름 속을 비집고 나오면 마치 암실의 현상접시에서 사진이 서서히 모습을 드러내듯이 장면이 완전히 바뀌곤 하였다. 엄청난 아름다움이 얼음 속에 조각되어 있었다. 눈 더미들이 'S'자 모양의 소용돌이 무늬로 조각된 것처럼 보였으며 뾰족한 눈 더미들은 완만한 곡선을 이루며 길게 이어지는 사하라 모래 언덕의 윤곽을 이루었다. 바람 꼬리에는 일종의 순수한, 주름이 없는 장엄함이 있었다. 비록 생긴

지 몇 시간 밖에 되지 않았지만 그것들은 마치 수 세기 동안 순례자들의 손가락에 문질러져 매끄럽게 된 것처럼 윤이 나는 광택이 있었다.

나날이 지나 몇 주가 되자 하나의 생활 패턴이 나타났는데 7시 30분쯤에 기상하고 30분 동안 앉아서 생각을 모으고 내 숨결을 느끼고 내 방 바깥의 위대한 침묵에 귀를 기울인다. 8시쯤 식당에서 아침 식사를 들면서 다른 사람들과 잡담을 하거나 평온한 가운데 식사를 한다. 9시쯤에 내 책상에 앉아서 독서와 글쓰기를 하고 이메일을 보내고 내가 관련되어 있는 과학 프로젝트를 위한 데이터를 수집, 분석하거나 창밖을 응시한다. 때로 나는 이태리어 어학 코스 한두 장을 하였다. 11시까지 여전히 독서를 하거나 컴퓨터 스크린 앞에 앉아 있는데 내 근육들이 밖으로 나가거나 기지 주위에서 스키를 타려고 당겨진다. 그러면 나는 더 주의하여 창밖을 바라보고 입어야 할 옷가지를 판단한다.

무전실에는 외부 기온, 풍속 그리고 풍향이 끊임없이 디스플레이되었는데 이것을 대충 훑어본 뒤 스키에 바를 왁스를 고르곤 하였다. 가을 중반쯤에는 더 이상 이렇게 할 필요가 없었는데 왜냐하면 기온이 항상 영하 15℃ 이하이고 우리에게는 그 기온에서 사용할 수 있는 한 종류의 왁스만 있었기 때문이다. 나는 스키에 왁스를 칠하고 면으로 된 벤타일 수트를 입고 얼음 쪽으로 계단을 내려갔다.

햇빛이 있으면 얼음이 무지개의 카펫이 되어 각각의 얼음 알맹이는 한 개의 축소된 프리즘으로 시각이 바뀔 때마다 스펙트럼을 통한 만화경을 나타내었다. 나는 숨을 크게 들이마셔 깨끗한 공기로 나의 폐를 가득 채우고 키보드와 컴퓨터 스크린의 딱딱함을 떨쳐버리고 마음을 스키에 고정하곤 하였다. 콘트라스트와 시계가 좋지 않으면 나는 표시되어 있는 기지 경계선을 향하여 드럼통 행렬을 따라가야 했다. 로스 플랫폼으로부터 1킬로미터 떨어진 그 경계선에 도착했을 때에만 나는 스키와 고독의 리듬에 천천히 빠져들곤 하였다.

공기와 얼음은 청결함, 순수함, 활력, 생명 그 자체였다. 내 마음이 매일 그 속으로 확장되는 광대한 수정으로 된 동화의 나라였다. 두 가지 요소로 구성된 단순한 세상에서 집중을 방해하는 것이 없기 때문에 내 마음이 안정되기 시작하는 것을 느꼈다. 몇 달 동안 날마다 똑같은 길로 스키를 타면서 나는 눈의 융기부의 마루로부터 그리고 태양의 위치로부터 서서히 나만의 랜드마크들을 끌어내었는데 어쨌든 이러한 풍경에 대한 방향과 극성이 있었으며 여기에 고정된 느낌을 느낄 수 있었다. 얼음 위로 움직이면서 나는 스키의 속삭임에 귀를 기울였으며 마치 풍경 위로 높이 스치듯 날아가는 트윈 오터기에 다시 탄 것처럼 내 마음이 설면 위로 활주하는 것을 느꼈다. 나는 광대한 얼음과 훨씬 더 광대한 하늘 사이에서 살금살금 걸어 다니는 아주 작은 하나의 형체였다. 이런 장소로부터 내가 무엇을 배우기를 바랐던 것인가? 나는 인내, 관용, 참을성, 고요함을 원했다. 이 목록은 일종의 황제펭귄 직무해설서 같은 느낌을 준다. 스튜어트가 내가 그가 기상학적 관찰을 하는 것을 도와줄 수 있도록 내게 구름 도감 입문서를 한 권 주었다. 나는 구름의 점호 방식에 온화한 미가 있다는 것을 발견했다. 그것은 라틴어로 기술된 일종의 명상적 만트라였는데 cumulus(적운), stratus(층운), cirrus(권운) 그리고 nimbus(먹구름)이었다. DNA를 구성하는 네 개의 구성 요소들처럼 이 네 개의 구름 형태들을 nimbostratus(난층운), cirrocumulus(권적운), cirrostratus(권층운), cumulonimbus(적란운)과 같이 끊임없이 결합시키고 재결합시킬 수 있었다.

"그건 그렇게 어려운 문제가 아니야." 스튜어트가 내게 말했다. "보이는 대로만 기술하면 돼."

내게는 그것이 항상 간단한 것은 아니었다. 어느 날 저녁 얼음 위에 누워있을 때 하늘이 아주 환하고 맑아서 지평선의 가장 어두운 부분을 따라 두 세 개의 별들만 볼 수 있었다. 서쪽으로부터 짜낸 강판 같은 구름 장벽이 나를 향해 달려왔는데 그것의 앞 가장자리는 부풀어 오른 삼각돛처럼 바람에 날렸다. 그것의 반그림자가 달에 다다랐을 때 무지개가 피었으며 그러더니 갑자기 달이 가려져버렸다(현학자라면 더 문어체로 말했을 것이다). 그 구름 덩어리는 해치가 미끄러져 닫히듯이 내게로 미끄러져 왔다. 나는 심슨 플랫폼으로 달려가서 구름 도감을 꺼냈으나 아무런 결과를 얻지 못했다. "아마도 그건 권운이었을 거야." 나는 혼잣말을 하였다. "아니면 질주하는 아치형 적운(cumulus arcus)이었을 거야." 도감이 내게 구름 형태에 대해 린네 분류법에 대한 공감을 불러일으키는 '아치구름(arcus)', '토막구름(pannus)', 또는 '방사상구름(radiatus)' 같은 이름의 서술어들을 덧붙이는 법을 알려주었다. 마치 각각의 구름이 그 고유의 속(genus)과 종(species)이 있는 것 같았는데 그것은 일종의 하늘의 분류학이었다.

케어드 해안을 따라서는 대기를 방해하는 비행운이나 광역도시권이나 발전소도 없었으며 며칠 동안 하늘은 텅 빈 마음만큼이나 열린 상태로 매달려 있었다. 하늘은 구름을 동경하였다. 그러면 구름들이 부드럽게 다가 왔는데 높다란 권운은 남극으로부터 표류해 왔고 그 다음에는 서쪽으로부터 응유 식품처럼 덩어리가 많은 고적운(altocumulus)이 몰려왔다. 시간이 지남에 따라 나는 적운의 무리는 북쪽으로부터 올 가능성이 가장 크며 형태에서 가장 큰 다양성을 보인다는 것을 알았는데 공상 과학 만화가들의 벤치에서 피어오르는 연기와 같은 기체로 된 꽃 모양이거나 제멋대로 구는 초등학생들처럼 서로 상대방 위로 기어올랐다. 때로 그것들은 간격이 고르고 통솔이 잘 되어 있었으며 해군의 소함대처럼 웨델 해로부터 남쪽으로 전진하였다.

그러나 구름이 언제나 그렇게 매력적인 것은 아니었다. 며칠 또는 심지어 몇 주일 동안 질식시킬 것 같은 층운이 길고 나지막하게 그리고 하상에서 보이는 부드러운 돌멩이처럼 회색으로 드리워져 있었다. 그것들이 나를 짓눌렀다. 내가 읽은 바로는 'stratus'는 '얇게 펼치다 또는 펼쳐지다'를 뜻하는 라틴어 '*sternere*'와 관련이 있었다. 층운이 브룬트 위에 낮게 드리워져 있는 날에는 그것이 시간을 늘이는 것 같았다.

새로 발견된 구름에 대한 나의 열정과 함께 나는 지금까지 기지 주변에서 찍었던 사진들을 살펴보고 구름 도감을 사용하여 대개 눈에 띄지 않고 조용한 배경을 형성했던 구름들의 이름을 붙였다. 구름 속의 하늘에 주의를 기울였기 때문에 나는 사진들을 신선한 눈으로 바라보았다. 그것들은 기지 주변 사건들 뿐 아니라 하늘 높이 대류권과 성층권의 상태를 스냅샷으로 찍은 사진들이었다. 나는 구름 사이의 틈으로부터 기상학자들에게 야곱의 사다리(Jacob's Ladder, 창세기 28장 12절에 나오는 야곱이 꿈에 본 하늘에 닿는 사닥다리—역자 주)라고 알려져 있는 부채살 빛(crepuscular ray, 구름 사이로 비쳐 공중의 미세한 먼지를 비치는 석양, 새벽의 햇빛—역자 주)을 포착한 적이 있었다. 하늘 쪽으로 작은 탑 모양으로 펼쳐진 탈지면 덩어리들 같은 탑상 고적운(altocumulus castellanus)도 있었다. 물결 층적운(stratocumulus undulatus)은 푸른색과 흰색의 고른 막대기 형태로 한쪽 하늘에 줄무늬를 만들었으며 방사상 권운(cirrus radiatus)은 7, 8마일 상공에서 세밀하게 그린 연필선 모양으로 다른 쪽 하늘에 흘러갔다.

그러나 가장 큰 발견은 내가 핼리 기지에 도착한 직후 찍은 사진 속에 있었다. 한밤중의 태양이 남극 위에 걸려 있었다. 얼음은 썰매 자국이 나 있었으며 쟁기로 갈아 놓은 들판의 고랑 속에서 물이 반짝이듯이 태양 속에 반짝였다. 핼리 기지의 건물들은 10킬로미터 떨어져 있었는데 지평선 위에서 보일 뿐이었다. 한 무리의 권층운(cirrostratus)이 남동쪽에서 북서쪽으로 움직이고 있었으며 하늘의 텅 빈 사분면 속으로 전진하고 있었다. 이 구름 둑의 꼭대기를 따라 파도가 형성되었고 대륙에서 멀리 떨어진 고공에서 부는 바람의 전단 효과에 의해 폭이 수마일 되는 백파가 생겼다. 내가 읽은 바로는 이러한 현상은 켈빈 헬름홀츠 파상운(Kelvin-Helmholtz Wave Cloud)이라고 알려져 있다. 물리학자인 켈빈 경(Lord Kelvin)과 헤르만 폰 헬름홀츠(Hermann von Helmholtz) 두 사람 모두 속도가 다른 유동을 강제로 상호 작용시켰을 때 매질에서 발생하는 불안정성을 기술하였다. 그들의 기술은 구름에만 한정된 것은 아니었다. 나는 그들이 소용돌이 유체의 현상학을 기술했을 때 남극의 바람을 염두에 두고 있었던 것이 아닐까 하는 생각이 든다. 내가 남극대륙 위에서 포착했던 백파들은 파도타기 하는 사람들이 완벽한 파도 물마루에서 찾는 것과 동일하며 토성과 목성의 구름경치 속을 회전하는 것과 동일한 과정에 기인하는 것이다.

나는 설상차를 멈추고 그 지붕 위에 서서 그 사진을 찍었던 기억이 난다. 주위의 공기는 고요하였으나 그 순간에 구름에 대한 주의가 날카로워졌기 때문에 내 머리 위 2,3만 피트 상공의 하늘의 포효하는 기류가 갑자기 드러나게 되었던 것이다.

몇 달 동안 태양은 밤낮으로 빙빙 돌았으며 사제의 순례에서 성체현시대처럼 높이 떠올랐다. 춘분쯤에 태양은 연기 나는 지평선을 따라 낮게 매달려 있는 잉걸불이나 향로와 더 비슷한 것으로 형태가 바뀌었다.

3월 21일 지구는 춘분 축 위에서 흔들거렸으며 우리는 페르시아의 새해인 Nowruz를 축하하였다. 런던에 있는 나의 한 쿠르드인 친구의 지시를 따라 우리들은 밖에서 본두 위에 낡은 포장용 목재로 불을 피우고는 불이 녹아들어 얼음 속에 불의 고리들을 박아 넣을 때 그 위를 뛰어 넘었다. 얼음 위에 불을 나란히 놓는 것에는 무언가 마음을 기쁘게 해 주는 것이 있었으며 스콧과 섀클턴의 탐험대들이 그랬던 것처럼 우리들 모두는 저녁에 모이기 위해 실내에서 불을 피우기를 소망하였다. 크레이그가 전통에 따라 쌀과 생선으로 페르시아의 축하 음식을 요리하였으며 즉석에서 자신의 식재료들을 진짜 남극 스타일의 요리로 만들었다. 그는 내가 진료실 벽장에서 발견한 유효 기간이 지난 포도당 수액으로 터키 사탕(Turkish Delight)을 만들었다.

그것은 어둠을 기다리는 일종의 대기 시간이었다. 북쪽의 바쁜 세상은 믿기 어려울 정도로 먼 것처럼 생각되었다. 나는 BBC 월드 서비스 몇 마디를 포착하기 위해 전리층과 씨름하면서 무전실에서 점점 더 적은 시간을 보내는 자신을 발견하였다. 나는 어린 시절의 야망을 달성하기 위하여 이글루 한 동을 지었으며 어느 날 아침 그 속에서 잠이 깨어 내 얼굴에 온통 미세 얼음 결정이 뿌려진 것을 발견하였다. 토성이 지구에 바싹 다가왔으며 밤마다 나는 낡은 핼리 기지 망원경을 통해 토성을 지켜보았다. 토성이 얼음 위로 낮게 선회할 때 그 고리들이 전자 궤도처럼 희미하게 빛났다.

나는 다가오는 긴 어둠을 위하여 내 자신을 충전하듯이 날마다 정오 무렵의 가장 밝은 시간 내내 스키를 타면서 가능한 한 많은 빛을 자신 속으로 끌어들이기 위해 애썼다. 나는 눈부신 빛으로부터 싹둑 잘라낸 실루엣 같은 정오의 내 그림자가 낮이 점점 짧아짐에 따라 변하는 것을 지켜보았다. 그것은 눈에 대비되는 회색이 아니라 푸른색이었으며 날이 지나감에 따라 어두워졌으며 대양과 같이 평온한 하늘을 반영하고 있었다. 넓어지는 어둠 때문에 마치 그 해가 거의 끝나가는 것처럼 느껴졌으나 페르시아인들처럼 펭귄에게는 새해가 막 시작되고 있었다. 얼마 안 있어 기지 근처 해빙 위의 거대한 펭귄 잼보리에 참가하기 위해 바다에서 석 달을 보낸 펭귄들이 돌아올 것이다.

4월이 되자 정오의 하늘이 빛의 방화 속에 불타는 듯하였다. 남쪽 방향으로 하늘은 짙은 성난 보라색, 남색, 자홍색으로 강렬한 색깔이 섞인 팔레트였다. 북쪽으로는 그 색깔들은 몹시 화가 난 붉은색과 구리 빛 황색으로 더 강렬하였다. 이 풍경은 가장 간단한 요소인 빛, 얼음, 공기로 이루어졌으나 그것들로부터 바람에 깎인 얼음의 형태, 태양과 달 주위의 후광과 무지개, 공기 중에 걸려 있는 다이아몬드 더스트, 지평선을 따라 흔들리는 신기루 등 무한히 풍요롭고 다양한 아름다움이 생겨날 수 있었다. 공기는 어느 순간에라도 산산이 조각날지 모르는 렌즈처럼 부서지기 쉽고 뻣뻣하게 느껴졌다.

러스와 나는 펭귄에 다가가기 위해 해빙 아래로 내려가려고 노력했으나 좋지 않은 콘트라스트와 빨라지는 풍속에 의해 정지당했다. 카부스 안에서 기다리면서 하루를 보낸 뒤 지평선 너머로부터 빛나는 서치라이트와 같은 주홍색 기둥인 '해기둥(sun pillar, 태양을 꿰뚫어 위아래로 생기는 무리; 대기 중에 부유하는 얼음 결정에 의한 반사.굴절에 의해 생김—역자 주)'이 우리들의 두 번째 아침이 다가왔음을 알렸다. 우리는 그것을 좋은 징조로 받아들였다. 빛줄기가 지평선 너머로 솟아오르는 것을 보면서 나는 똑같은 태양이 유럽 대륙 위로 매일 더 높이 솟아오르며 열대 지방에 걸쳐 뜨거운 석탄처럼 떨어지는 것을 상상하였으며 그것이 동일한 행성일 수 있다는 것에 경탄하였다.

그 풍경은 그 속에 인간적인 것과 일체의 생명은 없었으나 펭귄과 우리 자신에 관한 것은 있었다. 그리고 그것을 하나의 제한으로 느끼는 대신 잠재력에 대한 어떤 느낌이 내게 물밀 듯 밀려왔다. 메마른 인간성의 부재가 그 풍경을 나 자신 속으로 끌어들이고 그것의 일부를 느끼는 것을 어렵게 만들었으나 나로 하여금 고집스럽게 내 혈액의 반항적인 온기와 내 근육과 뼈 속에서 노래하는 생명을 느끼게 만들었다.

그 두 번째 아침 늦게 우리는 자일을 타고 간신히 해빙으로 내려갔다. 해빙의 표면은 바삭바삭한 최근에 얼어붙은 거죽이었는데 이제 겨울 내내 놓여있을 것이다. 해빙은 움직이지 않았으나 이따금씩 들리는 채찍질하는 것 같은 소리들이 내게 얼음 아래의 바다가 달에 대한 욕망으로 긴장하고 있음을 말해주었다. 이 빛의 세상에서 어두운 형체들인 우리는 빙하의 말단 부위로부터 펭귄들을 향하여 나아갔다.

그들은 우리가 번식지를 헤쳐 나갈 때 부드럽게 우리를 위해 길을 열어주었다. 그들은 우리들을 너그럽게 보아 주었으며 두려워하지 않았고 그래서 나는 "땅의 모든 짐승과 공중의 모든 새가 너희를 두려워하며 너희를 무서워하리니."라는 그 히브리인의 예언이 매우 틀릴 수 있음을 상상하였다.

바다로 나가서 3개월 동안 체중을 늘인 뒤 수컷과 암컷들이 짝을 찾고 또 다른 한 해를 시작하기 위해 돌아오고 있었다. 공기는 시끄럽게 지껄여대는 그들의 재회의 떠들썩한 소리로 가득 차 있었다. 열 마리의 황제펭귄 중 불과 약 한 마리만이 매년 동일한 짝에게 충실한데 이는 펭귄들 중 가장 낮은 부부간의 충실도이다. 아마도 시간이 너무 짧아 그들이 특정한 파트너가 돌아오는 것을 기다릴 여유가 없거나 아마도 더 큰 유전자 혼합이 이러한 냉혹한 환경에 적응하는 그들의 가능성을 향상시키는 것이리라. 새끼들을 양육하는 데 요구되는 일들이 아마 그들이 결합하기에 충분한 긴 시간을 함께 보내지 못함을 의미할 수 있다. 군중 속을 헤쳐 나갈 때 나는 몇 마리가 서서 상체를 뒤로 젖히고 휴식을 취하고 있는 반면 다른 펭귄들은 함께 노래 부르고 꾸벅 꾸벅 절을 하고 두세 마리로 구성된 무리 속에서 자신들을 과시하고 있는 것을 보았다. 그들의 울음소리가 내 귀속에서 울렸다. 초서(Chaucer, 영국의 시인; 캔터베리 이야기의 저자—역자 주)의 가장 유명한 시 중 한 편인 'The Parlement of Fouls'에는 스키피오 아프리카누스(Scipio Africanus, 고대 로마의 장군, 정치가—역자 주)에 의해 한 장소로 안내되는 해설자가 나오는데 그곳에서는 지구상의 모든 종의 새들이 성 발렌타인데이(St Valentine's Day)에 짝을 선택하고 있다. 우리는 발렌타인데이에 두서너 달 늦었지만 그렇지 않다면 나는 그 서술을 알아보았을 것이다;

And that so huge a noyse gan they make
That erthe and see, and tree, and every lake
So ful was, that unnethe was ther space
Foe me to stonde, so ful was al the place

이 새들의 생활에서 웅장하고 영웅적인 무엇인가를 최초로 보았던 에드워드 윌슨은 또한 마치 구혼의식이 나팔 소리를 들을 자격이 있는 것처럼 그들의 노래 소리를 '자랑스럽게 알리는 것'이라고 부른 최초의 사람이었다. "그것은 반항적인 집합 나팔소리와 같으며 부빙 너머로 먼 거리에서도 들을 수 있다. 이것은 고개를 똑바로 들고서 내뿜는, 펭귄이 같은 무리를 불러 모으는 소리이다." 나는 '황홀한 과시'라고 알려진 바 있는 울음소리를 한 번 들었다. 그것을 영적으로 도취된 것이라고 기술하는 것은 아마도 그것을 과장하는 것이 될 것이다.

아마도 수컷인 듯한 외로운 새 한 마리가 또 다른 새에게로 걸어가 2,3인치 떨어져 멈추어 섰다. 최초의 그 새가 부리를 가슴에 떨구고는 깊이 숨을 들이쉰 다음 어깨를 딱 벌리고 가슴을 펴고 몸을 꼿꼿이 세우고 서서 노래 부르기 시작했다. 그것은 더듬거리는 노래였는데 운율의 변화가 있는 저음의 금속성이며 베이스 하모니카 소리처럼 그 새의 가슴으로부터 울려 퍼졌다. 더듬거리는 것은 그 노래를 짧은 음절들로 나누기 위한 것이라고 생각된다. 음 높이는 음계를 따라 서서히 올라갔다가 몇 초 후 떨어졌다. 음향학 전문가들은 그 노래 소리가 약 0.5kHz에서 시작되어 음계의 소프라노 끝에서는 최대 6kHz까지 가능하다고 우리들에게 말하고 있다. 그 소리는 약 4kHz에서 가장 크게 들린다.

황제펭귄을 '모든 새들 가운데 가장 엄밀하게 남극적인 새'라고 불렀던 미국의 조류학자 머피(Robert Cushman Murphy)는 일찍이 1936년에 '황제펭귄의 구애 행위는 알려져 있지 않다'라고 기술하였다. 심지어 지금도 황제펭귄이 자신들의 짝을 선택하는 방식은 완전히 이해되어 있지는 않다. 대부분의 펭귄들과 달리 그들은 서로 멋을 부리지는 않는다. 다수의 펭귄 종들은 그들의 둥지 짓는 솜씨와 작은 돌멩이 선물로 잠재적인 짝에게 깊은 인상을 주려고 노력하지만 황제펭귄은 둥지도 없고 돌멩이를 찾을 기회도 거의 없다. 자신들의 대단한 위엄을 지키는 데 있어 그들은 서로 얼굴을 맞대고 서서 부리는 하늘 높이 치켜들고 상호간의 응시 속에 서로를 비추는 것을 더 좋아한다. 그다음에 그들은 노래를 부른다. 그들이 무리 중에서 두드러지는 방법과 잠재적 파트너에게 깊은 인상을 주는 방법은 그들의 경쟁자들보다 노래를 더 잘 부르는 것이라고 생각된다.

주파수 대역 영상인 초음파검사는 얼음 층의 단면도처럼 보이는데 개체들 간에 울음소리의 음절의 길이와 패턴에 큰 변이가 있음을 보여주고 있다. 노래 전체에 걸쳐 산재해 있는 것은 각각의 펭귄에 대해 독특한 운율 체계를 가진 단절부와 휴지부들이다. 뒤뚱뒤뚱 걷는 6만 마리의 펭귄 무리 속에서 그 노래 소리는 각 펭귄의 정체성을 나타내고 있다. 암컷들은 평균적으로 수컷들보다 음절의 수가 두 배이나(10개에 비해 약 20개) 암수에 있어 모두 그 노래는 약 2초 이내에 끝난다. 아마도 모든 황제펭귄들은 완벽한 스탠자(stanza, 보통 4행 이상의 각운이 있는 시구—역자 주)를 추구하는 시인들일 것이다.

내가 지켜보았던 펭귄은 머리를 옆으로 흔들고 부리로 수평의 호를 만들고는 그 다음에 위를 쳐다보았다. 다른 펭귄으로부터 반응이 없었는데 그 노래 소리가 실망적인 것에 틀림없었다. 그 수컷은 다시 숨을 깊이 들이쉬고는 다른 데로 가버렸다. 암컷이 까다롭게 보이지만 그들은 호된 겨울과 씨름해야 하고 번식지에서 과잉 상태에 있는 수컷들보다 사망률이 더 낮다. 프랑스인들이 남극대륙의 황제펭귄에 대한 가장 장기간 계속된 연구를 수행했던 장소인 Point Geologie에서 암수의 비는 60/40이다.

나중에 번식지의 다른 곳에서 나는 한 쌍의 펭귄이 무리로부터 떠나는 것을 보았다. 인간들과 마찬가지로 그들은 교미를 위해 약간의 프라이버시를 선호한다. 성공적으로 짝짓기를 한 후 그 새들은 알이 생성되고 낳을 준비가 될 때까지 함께 머무를 것이다. 프랑스 연구원들은 구애와 산란 사이에 이러한 배회에서 앞장 서 안내를 하는 것은 대개 수컷이며 이들이 아마도 암컷의 의지를 시험한다는 것을 알아내었다. 암컷이 수컷을 잃어버리면 6월 초에 알을 낳았을 때 그것을 품어줄 수컷이 전혀 없게 되는데 이때는 태양이 하늘에서 사라진지 오래이며 아직도 몇 주를 더 지나야 하는 것이다.

고대 이집트인들은 다산의 토템으로 그들의 신전에 알을 매달아두었다. 그리스도 전의 시대에 일부 게르만족과 슬라브족 사람들은 토양에 생식능력을 옮기기를 기대하여 그들의 괭이에 알을 발랐다. 인터넷 시대의 사이버 마녀들은 '알품기 의례'를 판매하고 있는데 연인의 보답으로부터 즉각적인 임신에 이르기까지 무엇인가를 장담하고 있다. 단순한 포란 행위가 끈적끈적한 진흙 같은 것을 하나의 살아있는, 숨을 쉬는 존재로 변형시킬 수 있다는 것이 여전히 사람을 깜짝 놀라게 하는 힘이 있는 것이다.

계란은 유태인들의 유월절 음식의 전통적인 일부였으나 예수가 자신의 마지막 만찬에 그것들을 포함시켰는지 여부에 대해서 복음서들은 침묵하고 있다. 호일에 싼 초콜릿 대신 매년 부활절 때 예수를 기억하기 위해 계란을 사용하고 있으며 계란은 부활, 거듭남 그리고 심지어 잠긴 무덤으로부터의 탈출에 대한 완벽한 상징이다. 'Easter'란 단어는 앵글로색슨어이며 비드(Venerable Bede, 잉글랜드의 종교사를 쓴 수도사, 673?~735—역자 주)는 우리들에게 Eostre가 게르만족 여신의 한 명이었는데 해마다 봄에 그녀의 달을 기념했다고 말하고 있다. 또한 알은 그녀의 의식의 일부였다.

여름에 맨 처음 펭귄들을 방문했을 때 나는 얼음 위에 흩어져 있는 버려진 알들을 발견했다. 일부는 수개월 전에 떨어뜨려졌으나 펭귄 무리에 의해 얼음 표면 위로 이리저리 움직였을 것이다. 펭귄 생물학자들은 산란된 모든 펭귄 알 중 약 열에 한 개가 무리 속에서 잃어버려지거나 이동된다고 추정해 왔으며 얼음 위에 놓여 있는 얼어 붙은 이런 알들이 그 결과였다. 일부는 금이 가 있었으나 황제펭귄 알 껍질은 매우 튼튼하여 대부분은 그렇지 않았다. 나는 몇 개를 모아서 그것들을 기지로 가져갔다. 내가 그것들을 쉽사리 밖에 둘 수도 있었지만 나는 알들을 냉동고 속에 보관하였다. 알들은 좀체 녹지 않았다.

부활절이 다가왔을 때 나는 알 한 개를 꺼냈다. 나는 손으로 그 무게를 가늠해 보았는데 거의 500그램으로 그것은 무거웠고 분홍색과 녹색의 구아노가 발려 있었다. 알이 녹기 시작했을 때 오래 된 생선처럼 냄새가 좋지 않았으며 그래서 나는 그 표면을 문질러 크림색의 새조개 조가비처럼 희게 만들었다. 그것은 공룡의 알처럼 보였다. 그것을 면밀하게 검사했더니 표면 위에 구멍들이 배열된 것을 볼 수 있었는데 알 속에 있는 새끼를 위한 여분의 숨구멍들이었다. 건조한 남극의 공기로 인해 황제펭귄의 알은 이례적으로 적은 수의 구멍이 있다. 구멍이 너무 많으면 알에서 습기가 새어 나가는 것을 허용할 것이며 구멍이 너무 적으면 새끼가 질식할 것이다. 그들의 알 껍질은 새들의 세계에서 가장 두꺼운 것에 속하며 알 전체 무게의 약 15%를 차지한다.

나는 부활절 계란 장식을 하고 싶었다. 내가 계란 한 개에 칠을 해 본지 몇 년이 되었다. 아주 공들여 주의하여 나는 황제펭귄 알 위에 핼리 기지의 하늘을 연한 색조로 그렸는데 색깔의 층이 지게 하고 페인트가 알 표면에 얼어붙게 하였다. 로스, 심슨 그리고 피갓 플랫폼들의 검은 색 실루엣으로 풍경을 마감하고 그리고 나서 나는 그것을 식당 테이블 위에 진열해 두었다.

크레이그가 전에 없이 잘 하여 알을 테마로 한 연회를 마련하였다. 우리들이 자리에 앉아 부활절 점심식사를 했을 때 2,3킬로미터 떨어진 아래의 해빙 위에서는 펭귄들이 짝짓기를 하고 있었다. 그 날에 이 해안에 남겨진 유일한 두 종이 모두 생명과 새로운 탄생의 희망을 축하하는 것은 적절하다고 생각되었다.

샤를마뉴 대제(Charlemagne, 서로마 제국 황제, 742~814—역자 주)가 유럽의 달력을 쇄신했을 때 그는 5월인 Winnemanoth를 '환희의 달(month of Joy)'로 부를 것을 결정하였다. 나는 그가 뜻했던 바를 알고 있는데 5월은 내게 언제나 여름에 대한 기대를 의미하였다. 춘분과 하지 사이의 중간점을 기념하기 위한 켈트족의 축제인 벨테인(Beltane) 축제는 전통적으로 5월 1일에 거행되었다. 그 이름은 언어학적으로 고대 켈트족의 태양신인 벨레노스(Belenos)와 관련이 있다. 벨레노스는 일종의 남자 판 아폴로와 같은데 자존심이 강하고 강력한 불사신이다. 그의 신화는 온대 지역에서 발전되었으며 그래서 그는 그 지역의 태양과 흡사하게 신뢰할 만하게 하늘을 행진한다.

이누이트족에게는 태양은 더 변덕스러우며 여인이다. 자기 오빠인 달에게 성폭행 당한 뒤 그녀는 넌더리가 나서 자기 젖가슴을 잘라버리고 하늘로 올라가 버렸다. 떠나기 전에 그녀는 그의 얼굴을 검댕으로 검게 칠했으며 그가 그녀를 뒤쫓아 다닐 때 그는 종종 먹는 것을 잊어버린다. 그리고 그것이 달이 해보다 더 어둑하고 때때로 여위어지는 것처럼 보이는 이유이다. 태양의 빛과 열기는 학대받은 여인의 눈부시게 밝은 격렬한 분노를 통하여 설명된다.

고대 노르웨이인들은 일종의 극지 민족이었으며 이누이트족과 마찬가지로 그들에게는 태양은 그들의 남쪽의 이웃들이 생각하는 것보다 더 연약하다고 생각되고 있다. 신들의 몰락(Ragnarok)의 떠들썩한 혼돈 속에 거대한 늑대인 Skoll('배반')이 결국 태양을 내려쫓아 그것을 먹어버린다. Skoll의 형제인 Hati('증오')가 달을 먹어버리고 한편 그들의 아버지인 Fenrir(또 다른 늑대)와 삼촌인 Jormungand('세상인 뱀')가 최후의 전장으로 나아가 모든 신들을 죽인다. 노르웨이인들의 우주론은 신들의 몰락 후의 거듭남과 부활을 허용하며 태양의 귀환은 순환하는 우주의 본성에 대한 그 문화권의 믿음을 나타내고 있다.

가을이 겨울을 향해 미끄러져 가는 그 몇 주 동안 마치 태양이 북쪽의 지평선과 매일 일전을 벌이는 것 같았다. 태양은 눈에 띄게 더 약해졌으며 멍들고 피투성이가 되었으며 매일 2, 3분 더 적은 시간 동안 얼음에서 벗어나려고 허우적거렸으며 마침내 기진맥진하여 얼음 속으로 푹 쓰러졌다. 이러한 광경을 목격하고 여기에는 아무런 신화가 없으며 그 풍경에는 아무런 의미가 부여되지 않았다는 것을 아는 것은 의외의 일이었다. 그것을 설명하거나 자신들의 우주론 속에 통합시키려고 시도했던 토착 인간 사회는 없었다. 과학적인 설명은 아무리 그것이 명쾌하다 하더라도 부족한 것처럼 보였다.

4월의 마지막 날들이 태양이 비치는 마지막 나날들이었다. '일몰(sundown)'의 날 우리는 태양이 지는 것을 바라보았다. 태양은 114일 동안 다시 나타나지 않을 것이다. 그날 하늘이 맑았는데 그 동안 우리는 운이 좋았던 것이다. 붉은색이 파노라마처럼 물밀 듯 밀려오는 가운데 북쪽 지평선 위에서 단 한 개의 잉걸불이 서서히 타들어 갔다. 태양의 맨 꼭대기 부분만이 얼음 너머로 간신히 조금씩 움직였다. 나는 빛의 점이 줄어들 때 침묵 속에 그것을 지켜보았으며 그것이 그렇게 할 수 없음을 알면서도 그 빛이 머물기를 바랐다.

가장 나이 많은 기지 대원인 마크가 지붕 위로 올라가서 횃불을 흔들었다. 그는 우리들 모두에게 좋은 겨울을 빌어주고 영국 국기를 내렸다. 그것은 이제는 거의 9개월 전인 작년 '일출(sun-up)'때부터 게양되어 왔는데 폭풍과 수개월 동안의 표백작용이 있는 햇빛에 의해 해지고 색깔이 바래졌다. 그러한 제스처는 마치 우리가 기지를 버리고 있는 듯 이상하게 마지막인 것처럼 보였다. 그러나 겨울을 나기 위해 우리들과 황제펭귄들을 버렸던 것은 바로 그 태양이었다.

겨울

8

어둠과 빛

별들은 강철로 된 점이며 빙하들은 광을 낸 은이다.
눈은 당신의 발소리에 맞추어 울리고 쿵하고 떨어진다…
그리고 모든 것 위에, 파도 위의 파도, 주름 위의 주름처럼 오로라의 커튼이 걸려 있다.

앱슬리 체리 개러드(Apsley Cherry-Garrard), 세상 최악의 여행(The Worst Journey in the World)

겨울의 문은 태양이 떠난 것과 함께 우리들에게 쾅하고 금방 닫히지 않고 며칠 그리고 몇 주에 걸쳐 조금씩 닫혀 갔다. 기지에서 우리들은 어둠의 리듬에 익숙해졌다. 나는 매일 스키를 조금 타고 독서를 하거나 앉아 있거나 연구를 하고 글을 쓰고 산보하고 기도드리고 잠을 잤다. 이야기는 별로 하지 않았다. 어느 날 앉아 있었을 때 나는 맥박이 호흡과 박자가 맞추어진 것을 발견하였는데 각각의 들숨에 대해 두 번의 박동과 한 번의 날숨에 대해 네 번의 박동이었다. 나는 내 평생에 그렇게 면밀한 주의와 함께 그와 같은 사소한 일에 관심을 기울일 기회가 얼마나 드물었던가를 깨달았다. 나의 옛날 생활은 단추가 풀린 셔츠처럼 떨어져 나가고 있었고 점점 더 비현실적으로 보였다. 밖에 있을 때면 나는 종종 서쪽으로 어둠 속을 쳐다보았으며 펭귄들이 어떻게 지내고 있는지 궁금해 하였다. 그들은 아직 첫 알들을 낳지 않았을 것이다.

나머지 사람들도 자신들의 일의 리듬에 빠져들었다. 나는 벤과 그래미가 차량 정비 작업을 할 때 그들을 보러 차고에 들렀으며 심슨 플랫폼에 들러 아네트와 일레느와 스튜어트와 차를 마셨고 토모와 로브와 농담을 하려고 작업장에 들르곤 하였다. 내가 돈과 자물쇠와 노인들과 아이들이 없는 세상에 사는 이상 그것은 정상이었다. 일상에 변화를 줄 기회가 거의 없었으며 우리들 중 옷이 다른 사람은 아무도 없었는데 우리는 모두 BAS에서 지급해준 똑같은 복장을 하고 있었다. 크레이그가 하루에 두 번 식사를 차려주었으며 그래서 우리는 무엇을 먹을까에 관해 생각할 필요가 없었다. 하루에 선택할 것이 거의 없다는 것이 좌절감을 주지는 않았다. 나는 긴장이 풀려 유쾌한 정신적 자유 속에 빠져든 자신을 발견하였다. 여러 가지 생활의 실제적 사항에 관한 생각을 할 필요가 없다는 것은 내가 무엇을 택하든 그것에 관해 자유롭게 생각할 시간이 많다는 것을 의미했다. 나는 도서관에서 내가 좋아하는 책들을 읽고 또 읽으면서 몇 시간을 보냈으며 초기 남극 탐험에 대한 고전적 이야기들 중 하나인 리처드 버드(Richard Byrd, 미국의 해군 소장, 극지 탐험가: 1888~1957—역자 주)의 '*Alone*'을 다시 읽었다. 버드도 역시 남극의 겨울이 그에게 제공했던 시간을 느긋하게 즐겼으며 겨울철의 고립이 어떻게 그에게 하나의 큰 선물이 되었던가에 대해 감동적으로 기술하였다.

미 해군 제독의 한 명이었던 리처드 버드는 남극의 광범한 지역의 지도를 작성하기 위해 가장 먼저 비행기를 이용하였다. 1920년대의 단 하루의 비행에서 그는 자기 이전의 모든 육상 탐험대들이 달성했던 것보다 남극대륙을 더 많이 측량하였다. 1934년 그는 야심만만한 한 개의 탐험 프로그램을 수행하기 위해 돌아왔으며 그 해 겨울 동안 로스 빙벽

(Ross Ice Barrier) 위에 있는 기상관측소 임무를 맡아 혼자서 4개월을 보냈다. 80년 전 월든 호숫가에 살았던 그의 동포 소로(Thoreau)와 마찬가지로 그는 홀로 머무는 것을 택했는데 그것이 전적으로 필요해서가 아니라 단순히 그런 고독의 경험을 최대한 맛보기 위해서였다. 권태에 마비되는 대신 그는 겨울이 제공하는 여러 가지 기회에 매혹되었다.

> 생명과 사물의 본질에 관한 생각이 부드럽게, 너무나 부드럽고 너무나 자연스럽게 흘러나와 광대한 우주의 조류 속에 조화롭게 떠다니는 하나의 환상을 만들어낸다… 지적 경험을 위한 나의 기회는 사실상 제한이 없다. 나는 내가 선택한다면 책 한 권의 단 한 페이지에 몇 시간을 보낼 수 있다. 오늘 밤 나는 그것이 얼마나 충실하고 단순한 생활인가 하는 생각이 들었는데 실제로 내게 정말 부족한 것은 유혹이다.

버드는 남극대륙에서 그것이 제공하는 심오한 고독감을 최초로 공공연하게 추구한 사람들 중의 한 사람이었으며 자신의 동기에 관해 매우 솔직하였고 그리고 결정적으로 나중에 북쪽 세상 사람들에게 그것을 분명하게 설명하였다. 그는 그 대륙에 대한 보다 문화적이고 지적인 평가를 개척하기 위해 자신에게 돈을 대는 사람들의 지리학적 및 정치적 야심을 이용하였다. 나는 그의 저서인 '*Alone*'을 읽고 깊이 인정하였으며 내 자신이 남극의 겨울 한 철을 버티어 내고 있었기 때문에 존경의 느낌이 점점 더 커졌다.

* * *

겨울의 암흑은 단 한 가지 장점이 있었는데 그것은 이제 우리들이 남극광(aurora australis)을 볼 수 있다는 것이었다. 태양은 비록 지평선 아래에 묻혀버렸지만 핼리 기지 상공을 통해 태양 폭풍의 증거가 정기적으로 타 올랐다. 이러한 암흑에는 경이가 있었다.

우리들의 태양에 관해서는 이 정도 알려져 있는데 즉 태양은 핵융합에 의해 연료를 공급받는 이온화 가스로 이루어진 하나의 뜨거운 구체이다. 그 뱃속 깊숙한 곳에서 양자와 중성자와 전자가 부글부글 끓어 오르고 상상할 수 없는 에너지에 의해 주조되고 변형된다. 때때로 태양 표면에서 아가리들이 크게 벌어져 소화불량 환자처럼 트림을 하면 우리의 항성이 태양계에 걸쳐 하전 입자들을 토해낸다. 자성이 우리를 보호하고 빠르게 흐르는 개울 속으로 조심스럽게 전진하는 보트처럼 지구는 그 입자들을 헤치고 나아간다. 그러나 극지에서는 양자 에너지의 폭우가 누출구를 발견한다. 그 하전입자들이 우리들의 초고층 대기에 도달하여 거기서 발견되는 가스들 속으로 그들의 에너지를 방출한다. 북극광(aurora borealis)과 남극광(aurora australis)을 발생시키는 것은 그 입자들의 전자가 정상 상태로 돌아갈 때의 그 가스들의 냉각과 빛의 방출이다.

각각 '북쪽의 여명(northern dawn)'과 '남쪽의 여명(southern dawn)'을 뜻하는 그 명칭은 어떤 프랑스 천문학자에 의해 만들어진 지 400년이 채 안되었다. 고대 그리스인들에게 그 이름들은 *chasmata*(구멍을 뜻하는 chasma의 복수형—역자 주), 즉 들어오기를 갈망하는 하늘의 큰 문들이었다. 핀란드인들에게 그것들은 *revontuli*, 즉 라플란드(Lapland, 유럽 최북부 지역—역자 주) 위로 날쌔게 움직이는 한 마리 큰 여우의 모습인 '도깨비불(foxfire)'이다. 중국인들에게 꿈틀거리는 녹색의 소용돌이는 단지 용으로만 설명될 수 있다. 스코틀랜드인들에게 가장 영감을 주는 것은 그들의 움직임인데 그들은 그것을 '즐거운 댄서(merry dancers)'라고 부른다. 노르웨이인들에게는 그것들은 *bifrost*(북유럽 신화; 하늘과 땅에 걸친 신들의 무지개다리—역자 주), 즉 땅과 하늘 사이의 큰 다리였다. 일부 이누이트족들에게는 그것들이 죽은 적들의 유령을 숨겨 주고 있어 그것에 유혹되어 너무 오랫동안 쳐다보는 것은 광기를 자초하는 것이다. 다른 아메리카 원주민 부족들은 그것들이 주술사의 작품이며 마법을 써서 자연력과의 싸움에서 빛을 만들어낸다고 믿었다.

등온선(isotherm)이나 등압선(isobar)과 마찬가지로 그리스인들에게 경의를 표하여 오로라 빈도가 동일한 지역은 아직도 오로라등빈도선(isochasm)이라고 알려져 있다. 오로라 빈도가 가장 높은 오로라등빈도선은 오직 몇 군데에서만 바다와 만나는데 그러한 장소들 중 하나가 핼리 기지 상공이다.

남극대륙에서 내가 보았던 최초의 오로라는 일몰(sundown) 몇 주 전이었다. 자정 후 얼마 안 되어 얼음 위에서 산책을 하고 있을 때 나는 둥근 활 모양의 빛이 남쪽에서 부드럽게 빛나는 것을 지켜보았다. 핀으로 찔러놓은 것처럼 정확한 별들 아래에서 그것은 흐릿한 녹색이었으며 바람을 만난 찢어진 얇은 천처럼 조용히 부풀어 올랐다. 나는 노르웨이인들의 말이 의미하는 바를 알 수 있었는데 그것은 하늘과 땅 사이의 다리처럼 보였다. 나는 이것이 흥미롭게도 태양풍의 상승과 함께 적도 쪽으로 펼쳐져 있는 남쪽에서 흔히 보이는 빛의 띠인 '조용한 호광(quiet arc)'이라고 알려져 있는 것임을 알게 되었다. 그것은 나를 향하여 둥근 호를 그렸으며 겨울의 침묵과 장관으로 나를 손짓해 부르고 환영하였다.

2~3주 뒤 나는 또 다른 다소 소심한 오로라를 우연히 만났다. 자기권 내로 적록색의 칼날들이 발사되어 하늘을 찌르고 있었다. 에메랄드와 석류석으로 된 삐죽삐죽한 하늘만큼 넓은 대산맥이 내 머리 위 높은 곳에서 만나고 있었다. 그 능선들의 꼭대기는 별들로 치장되어 있었

고 다이아몬드 더스트 같은 은하수가 산위의 안개처럼 빛기둥 사이에 걸려있었다. 그것은 마치 하늘의 천이 바람에 펄럭이는 큰 깃발인 것처럼 흔들거리고 재빨리 움직였다. 나는 심하게 어지러운 느낌이 들었고 로스 플랫폼 지붕 위에 누웠을 때 별들의 깊이를 느꼈으며 중력이 꽉 쥔 손을 놓쳐버리면 내가 떨어질 그 무한한 거리를 느꼈다. 오로라를 쳐다보는 것은 우주가 이동하고 굽혀지고 깊이를 축적하고 쏟아버리는 것을 바라보는 것이었다. 비록 오로라가 기저부를 갖고 있지만(우주비행사들이 오로라가 지구 표면에서 약 100킬로미터 상공에서 시작되는 것을 관찰한 바 있다) 그들이 도달하는 깊이는 정확하게 측정할 수가 없다. 나는 이러한 빛 속에서 우리들에게 드러나는 우주의 깊은 틈이라는 그리스인들의 기술의 진실을 느꼈다.

우주와 마찬가지로 오로라도 시간을 휘게 한다. 그들은 시간이나 날과는 관계가 없는 리듬에 따라 작동하는데 구체의 안정된 회전보다는 스타버스트(starburst, 은하 생성기의 폭발적인 별의 생성—역자 주)에서 유래한다. 예수회 수사이자 시인인 홉킨스(Gerald Manley Hopkins)가 1870년 9월 북극광(Northern Lights)을 맨 처음 보았다. 불과 2주 전에 그는 서약을 하고 랭커셔(Lancashire, 잉글랜드 북부의 주—역자 주)에 있는 큰 예수회 대학인 스토니허스트(Stonyhurst College)로 옮겨 왔다. 그 대학의 창문으로부터 그는 하늘이 빛으로 고동치는 것을 지켜보았다. 오로라는 "날과 해를 셈하는 우리의 계산으로는 계산되지 않고… 심판의 날(Judgement Day)로 거슬러 올라가는 시간의 계통에 속해 있었다."그는 그 빛을 보고 깜짝 놀랐는데 그것은 "신에 대한 하나의 새로운 증거였으며 매우 기쁜 공포로 내 마음을 가득 채웠다."

불타는 듯한 오로라의 디스플레이가 있기 전에 나침반의 침들이 들썩인다. 배 위에 장착되어 있거나 호주머니 속에 지니고 있거나 서랍 속에 잠긴 채 잊어버렸거나 간에 그것들은 기대에 들떠 가볍게 흔들린다. 오로라가 나타나면 그것이 에너지로 전리층을 압도한다. 오로라가 공간파를 방해함에 따라 무선 통신 교신이 끊기게 된다. 이동 자계(shifting magnetic fields)가 구리선을 활성화시켜 태양 폭풍이 격렬한 동안에는 전기를 추가하지 않고도 동선을 통해 전보를 보내는 것이 가능해진다.

핼리 기지를 떠나기 전 나는 용케 오래 된 과학 논문 한 편을 찾았는데 그것은 핼리 기지에서 하늘을 자세하게 조사하면서 보낸 한 해의 결과였다. 그 저자인 쉬렛(Mark Sheret)은 최초의 핼리 기지 지붕에 있는 해치 아래에서 쪼그리고 앉아 1959년 겨울을 보냈다. 그는 때로 15분 간격의 몹시 힘든 관찰 계획에 따라 (그 당시에는) 지하 기지에서 벌떡 일어나 외부의 불을 모두 끄고 하늘의 오로라 상태를 평가하곤 하였다. 그의 논문은 절제된 과학적 표현의 하나의 모범이지만 나는 그가 자신이 보았던 환상에 계속 마음이 흔들리지 않았다는 것을 믿지 않았다. 자신이 얼마나 많은 맑은 밤을 경험했는지를 정확하게 열거하면서도 그가 자신에게 허락했던 유일한 감정은 자칫 흐려지기 쉬운 브룬트에 대한 짜증이다. 지붕 위에 장착된 도구를 사용하여 그는 '조용한 호광'의 높이를 평가하고 자기력계가 지시하는 눈금 값으로 하늘에서 본 색깔과 움직임을 비교하였다. 그는 다소 새로운 결론에 도달했는데 불타는 듯한 오로라의 전시는 불규칙하며 종종 경쟁하는 여러 형태의 빛에 의해 압도되거나 모호하게 된다는 것이었다.

2년 후 또 다른 남자 대원인 조지 블룬델(George Blundell)이 그 실험을 계속하였다. 가장 어두운 날들을 통해 15분 간격으로 관찰을 수행하고 그는 다음과 같이 오로라를 분류했다. 0 = 너무 어두워 볼 수 없음; 1 = 은하수만큼 밝음; 2 = 달에 비친 권운만큼 밝음; 3 = 달에 비친 적운만큼 밝음; 4 = 눈 위에 비친 보름달처럼 매우 밝음. 그는 파장이

5,577옹스트롱인 빛만 투과시키는 특수 고글을 착용하였다. 이것이 1원자 산소의 주파수를 방출하는 '극광 녹색선(auroral green)'인데 이는 쉬렛과 달리 그가 구름을 통해서도 오로라를 볼 수 있었음을 뜻한다. 그는 오로라가 달과 마찬가지로 27일 주기로 나타나는 것처럼 보인다는 것을 알았으며 자신이 본 오로라 형태를 캐나다의 오로라 관측소 기록들과 비교하여 북극과 남극에서 동시에 보이는 오로라 형태 사이에 유사성은 있으나 완전한 일치는 없다는 것을 주목하였다.

내게는 쉬렛의 시와 블룬델의 경험이 그들의 사진에 포착되어 있다. 그 과학 리포트들은 둘 다 도해가 잘 되어 있는데 둥근 영상, 흑백의 얼룩들이 한 페이지에 여러 개의 하늘을 맞추기 위해 소형화되어 있다. 그 두 사람은 자신들 시대의 어설픈 기술로 그들이 목격했던 장엄한 아름다움을 약간 전달하려고 노력하였으나 그것은 허사였다. 언뜻 보기에는 그 사진들이 하늘을 전혀 보여주지 않는 것처럼 보이는데 나는 망막사진이 생각났다. 내가 쉬렛과 블룬델의 보고서들을 막 읽고 난 뒤 오로라 아래에서 하늘을 쳐다보았을 때 하늘은 마치 확대된 동공처럼 캄캄하였다. 나는 마치 두 눈이 딱 벌어진 것처럼 별들을 바라보았다.

스콧의 마지막 탐험에 대한 앱슬리 체리 개러드의 기록인 세상 최악의 여행은 어떤 방면에서는 비판할 여지가 없는 하나의 신성한 교과서의 지위를 획득해 왔다. 하나같이 비평가들은 일관되게 그것을 세계 문학의 고전에 속하는 것으로 평가해 왔는데 그것은 다른 책을 쓴 적이 없는 한 사람에게는 놀랄 만한 성취였다. 그 책은 남극점으로 향한 스콧의 무거운 발걸음과 뒤이어 일어나는 로스 빙붕 위에서의 그의 죽음과는 관련이 없고 1년 중 가장 어둡고 추운 몇 주 내내 체리 개러드와 에드워드 '빌(Bill)' 윌슨과 헨리 '버디(Birdie)' 바우어즈가 크로지어 곶(Cape Crozier, 남극대륙 로스 섬 위의 곶—역자 주)의 황제펭귄 번식지까지 '기이한 새(weird bird)'의 둥지 찾기 여행을 한 것에 대해 언급하고 있다. 체리 개러드의 책 뿐 아니라 윌슨의 편지와 일기들은 윌슨이 스콧과 함께 남극으로 돌아가는 것에 동의한 것은 오직 이 여행 때문이었다는 것을 암시하고 있는데 그는 개인적으로는 남극점에 도달하는 데 아무런 관심이 없었다. 바우어즈와 윌슨은 나중에 스콧과 함께 사망했으며 체리 개러드는 그 후 죽을 때까지 그들을 애도하였다. 그의 책은 이 사람들의 겸허함, 관대함 그리고 우정에 대한 일종의 비탄에 잠긴 애가이다. "그들은 황금처럼 고귀하고, 순수하고, 탁월하고, 진실하였다. 말로는 그들의 동료애가 얼마나 훌륭하였는가를 표현할 수 없다."

그 탐험대가 출발했던 1910년에는 다윈의 자연도태에 의한 진화이론에 대해 여전히 많은 비난론자들이 있었다. 생명의 종(species), 속(genera) 그리고 심지어 강(classes)들 간의 연관성이 여전히 시험적으로 테스트되고 있었다. 황제펭귄에 대한 논의는 최상급의 찬사에 의해 지배되고 있으며 숙련된 생물학자인 윌슨은 황제펭귄이 살아있는 새들 중 가장 오래되었고 가장 원시적이며 가장 파충류와 비슷하다고 생각하였다. 상이한 발생 단계의 황제펭귄 배아를 포획하는 것이 오랫동안 의

심되어 온 파충류와 조류 사이의 관련을 매듭지을 것이라고 그는 기대하였다. 스콧 자신은 그 여행에 대해 심각한 의문을 전개하여 윌슨에게 가지 말 것을 강력히 촉구하였다.

그들은 동지 직후인 6월 27일 마치 벨벳으로 하늘을 감싼 것 같은 깊은 어둠 속에 출발하였다. 발이 9개 달린 두 대의 썰매 위에 그들은 757파운드의 짐을 끌고 갔는데 이는 한 사람 당 110킬로그램 이상에 해당하였다. 그들은 두 대의 연결된 썰매에 묶인 가죽 끈에 몸을 연결하고 서로 나란히 걸어갔다. "우리는 대개 목성 방향으로 움직였는데 지금 목성을 보면 반드시 그 시절의 그의 우정이 생각난다."라고 체리 개러드는 썼다. 그들은 스콧의 디스커버리호 탐험대의 오두막이 여전히 서 있었던 장소인 허트 포인트(Hut Point)라고 부르는 반도 주위의 에반스 곶(Cape Evans)에 있는 그들의 기지로부터 암흑을 뚫고 나아간 다음 로스해 장벽(Ross Sea Barrier)을 가로질러 크로지어 곶을 향해 나아갔다. 7년 전 윌슨은 황제펭귄들이 그 곳에 모여 있는 것을 본 적이 있으며 심지어 번식지로 몇 차례 용케 방문한 적도 있었다. 그는 심지어 아주 이른 봄에 수차례 방문했을 때에도 새끼들이 벌서 부화된 것을 알고는 깜짝 놀랐다. 그는 황제펭귄이 겨우내 그들의 알을 품어서 부화시키는 유일한 펭귄임에 틀림없다는 것을 깨달았다.

연료는 적었고 그리고 성냥은 소중하였다. 체리 개러드는 매 시간 그의 마음속에 울려 퍼지는 짧은 구절에 시달리게 되었는데 그것이 시간을 재고 그의 발걸음을 재촉하였다: "너는 벌을 받고 있는 거야– 버티어라, 버티어라– 너는 벌을 받고 있어." 쉬는 동안 그들은 텐트 속에서 서너 시간 동안 몸을 떨곤 했는데 그들이 숨 쉴 때 습기가 응결되어 그들의 순록 모피 슬리핑백이 관 뚜껑처럼 뻣뻣하게 얼어붙었다. 온기를 증가시키는 것은 슬리핑백을 닫는 것을 의미하였으며 그들은 재호

(위) 마침내 남극에 오다!

(아래) 핼리 기지 주위 해빙에 도착하다.

(위) 핼리 연구 기지 – 로스 플랫폼

(아래) *섀클턴호*와 기지 사이의 설상차 궤적

(오른쪽)
10개월의 고립이 시작된 순간
손을 흔들어 *섀클턴호*에
작별 인사를 하는 월동대원들

(왼쪽)
얼음 절벽에서 압자일렌하는 대원.
멀리 지평선에
황제펭귄들이 보인다.

(오른쪽)
대륙의 힌지 존 탐사

(위) 남극 위로 지는 해
(아래) 겨울을 기다리며

(다음 장 위) 심스 플랫폼 위로 뜬 겨울 달
(다음 장 아래) 로스 플랫폼 위로 돌아온 태양

(앞장)
바다에서 수개월을 보낸 뒤 돌아온
황제펭귄 암컷

(위) 새로 부화된 황제펭귄 새끼

(왼쪽) 깃털이 나기 시작한 황제펭귄 새끼

(아래) 해빙 가장자리에서 기다리는 황제펭귄 행렬

(오른쪽)
집으로 돌아갈 준비가 된
짐 상자들

(아래)
남위 80도의 섀클턴 산맥

흡한 공기로 인해 서서히 질식하는 데 익숙해졌다.

그들은 기진맥진했으며 영양실조와 저체온증에 빠졌다. 허트 포인트를 통과한 후 그들은 모래를 헤치고 통나무를 끌듯이 깊은 과립상 얼음의 빙원을 가로질러 썰매들을 전달해야 했다. 그들은 종종 3마일을 전진하기 위해 10마일을 썰매를 끌어야 했다. 그들은 어둠 때문에, 그리고 체리 개러드는 자신의 심한 근시로 인해 앞이 보이지 않았다. 그들은 청각이 예민하게 되었는데 그는 이누이트족의 *kamit*와 같은 모피로 만든 가벼운 *finnesko* 신발을 신었기 때문에 그들이 크레바스 위로 움직일 때 자신들의 발소리의 변화를 어떻게 알아차리게 되었는가를 기술하고 있다. 블리자드가 그들을 습격했으며 한 번은 거기에서 도중에 그들은 사흘 동안 텐트에 갇혀 있게 되었다. 그 경험은 거의 유쾌했다고 그는 쓰고 있는데 그들은 강요된 휴식과 대기압의 감소가 가져오는 기온의 상승을 즐겼다. 여행 중에 처음으로 그들의 의복과 슬리핑백들의 일부가 녹기 시작하였다.

마침내 그들이 크로지어 곶에 다다랐을 때 윌슨은 더 불안해졌다. 로스 섬의 부피에 압착된 얼음의 압력 능선들이 그가 마지막으로 그들을 방문했을 때 이후로 그 양상이 변해버린 것처럼 보였다. 나중에 그 능선들이 바다 쪽으로 3/4마일 늘어났다는 것이 발견되었으며 펭귄 군서지는 정기적으로 붕괴되는 얼음 절벽 아래에 위태롭게 위치해 있었다. 이러한 사실에도 불구하고 그들은 뒤틀린 얼음을 헤치고 자신들이 황제펭귄을 발견하리라고 기대하는 장소를 향하여 아래로 나아갔다.

"그리고 그때,"라고 체리 개러드는 쓰고 있다. "우리는 황제펭귄들이 외치는 소리를 들었다… 그들은 엄청난 소동을 일으키며 자신들의 기이한 금속성 목소리로 나팔 소리를 내고 있었다." 그는 그들의 생명에 대한 공포와 서서히 그들을 죽이고 있던 여건을 해마다 견뎌내는 이 새들에 대한 공포로 경외감을 느끼고 있다. 그들은 기름을 얻기 위해 펭귄 세 마리를 도살하고 알 다섯 개를 빼앗았다. 체리 개러드는 이들 중 두 개를 운반하도록 받았으나 둘다 불행하게도 그의 벙어리장갑 속에서 깨어져 버렸다. 곶 위의 산비탈 위에 그들은 돌로 이글루 한 동을 짓고 캔버스 천으로 그것을 덮었다. 윌슨은 거기에 펭귄 태아들을 마련하려고 생각하였으며 그래서 자신들의 소지품을 보호하기 위해 이글루 바로 바깥에 그들의 텐트를 설치하였다. 남은 알 세 개를 지닌 채 그들은 임시 캠프 위로 다시 엉금엉금 기어 올라갔다. "상황이 좋아질 거야."라고 그들 모두 잠을 자려 하기 전에 윌슨이 말했다. 그러나 사정은 좋아지지 않았다. 폭풍과 같은 위력의 하강 기류로 인한 강풍이 산으로부터 아래로 그들에게 불어와 그들의 텐트를 벗겨버렸다. 곧 이글루의 캔버스 덮개도 벗겨져 버렸다. 그들은 얼어붙은 슬리핑백 속에 누워있었으며 마치 파상풍에 걸린 것처럼 몸을 떨었고 죽음을 기다렸다. 그러나 아직 죽음은 다가오지 않았다.

바람이 잠잠해지는 데 사흘이 걸렸다. 각각의 대원들은 텐트나 캔버스 천도 없이 어떻게 용케 안전한 곳까지 70마일을 돌아갈 수 있을지를 궁리하고 있었다. 그들은 아직 텐트 바닥에 까는 방수포는 가지고 있었고 그래서 매일 밤 눈을 한 상자 파서 그 속에 누워 이 얇은 외피만으로 자신들을 보호할 생각을 하였다. 그들은 자신들이 바보 같은 짓을 하고 있음을 알았다. 텐트 없이는 그들은 곧 죽을 것이다. 그럼에도 불구하고 그들은 알을 버릴 생각이 없었다.

마침내 바람이 가라앉았을 때 그들은 어둠 속에서 절망적이고 겉으로 보기에 가망이 없는 텐트에 대한 수색을 하였다. 모든 합리적인 가능성에 반하여 바다 쪽으로 반마일 아래의 비탈에서 바우어즈가 그것을 발견하였다. 텐트를 위로 끌어 당겼던 강풍의 기이한 진공압이 또한 그것을 우산처럼 찰칵 닫아버렸던 것이다. 그것은 얼음으로 매우 무거웠으며 체리 개러드는 그것의 무게가 50킬로그램에 달한다고 추정하였다. 대나무 살과 외피가 함께 엉켜서 그것이 바람 속으로 다시 펴지는 것을 막아주었다. 이 세 가지 요인들이 함께 작용하지 않았더라면 그 텐트는 반드시 잃어버렸을 것이다. 놀라고 감사하는 침묵 속에 그들은 서로를 응시하였으며 마침내 바우어즈가 알을 더 모으러 아래로 되돌아가자고 제안하였는데 윌슨은 현명하게 그 제안을 거절하였다. 그들은 썰매에 짐을 싣고 기지를 향해 되돌아갔다. 그 다음부터 바우어즈는 로프로 텐트를 자기 허리에 묶은 채 잠을 자곤 하였다.

체리 개러드는 한 달 넘게 잠을 잘 자지 못했다. 그가 썰매를 끄는 동안 잠자고 바우어즈에게 부딪쳤을 때만 깨기 시작한 것은 대략 여행의 이 단계에서였다. 그는 심지어 하룻밤을 따뜻하게 한숨 푹 자기 위해 그가 무엇을 줄 수 있는가에 대한 공상에 잠기기 시작했다. 자기 생의 5년을 주겠다고 그는 결론을 내렸다.

돌아오는 길에 그들은 더 빨리 이동했는데 그것은 아마도 바람이 도중에 그들을 괴롭혔던 깊이 쌓인 눈의 대부분을 씻어 없애버렸기 때문이었다. 때로 극지방의 얼음 표면 위에 얇은 껍질이 놓여 있는데 그것은 깊이가 몇 인치 될 수 있는 공극(air gap, 토양의 물리적 성질 가운데 하나로 토양 입자 사이의 틈을 말한다—역자 주)을 가리고 있는 부서지기 쉬운 껍질이다. 나는 브룬트 빙붕 위에서 그 현상을 여러 번 경험하였는데 자연 상태의 얼음 위로 한 걸음 디디면 얼음이 푹 꺼지면서 발걸음 주위의 넓은 지역이 넌더리나는 '쿵' 하는 소리와 함께 무너져 내리곤 하였다. 나는 핼리 기지 경계선 내에서는 크레바스에 대한 두려움이 없었지만 체리 개러드는 그런 호사를 누리지 못했다. 귀환 도중 그는 눈 속에 구멍을 팠으나 그 결과 눈의 침하만 야기하여 썰매와 텐트와 그들 세 사람 모두 약 1피트 정도 내려앉았던 경험을 기술하고 있다. 그들은 숨을 멈추고 기다리면서 그들이 계속해서 더 깊이 떨어지는지 확인하였으나 그렇지는 않았다. 돌아오는 날들에 걸쳐 공기는 더 고요하지만 또한 훨씬 더 차가와졌다. "나는 우리들의 혀가 왜 얼어붙지 않는지를 모르겠다."라고 그는 썼는데 "그러나 내 치아와 죽어버린 그 신경들은 모두 산산조각이 났다." 온도계 중 한 개는 영하 77.5℉, 즉 대략 영하 60℃를 기록하였다.

그럼에도 불구하고 그들은 예의와 평정을 유지하고 있었다. 심지어 그들은 더 많은 물자가 비축되어 있는 허트 포인트에 더 가까이 왔을 때 스스로 즐기기 시작하였다. 체리 개러드는 바우어즈와 윌슨과 함께 농담하면서 그들을 기다리고 있을 음식과 온기를 상상하던 그 시절에 대한 자신의 행복한 기억에 관해 썼다. 심지어 윌슨은 그들이 물자를 저장한 오두막에 도착하면 그 오두막 밖에서 야영을 해서 너무 많은 열로 자신들의 신체를 압도하지 말 것을 제안하였다. 이 제안은 그 의도는 매우 훌륭했지만 조용히 무시되었다. 그들은 자신들을 위해 남겨진 신선한 기름이나 슬리핑백이 없다는 것을 알았으며 에반스 곶의 해안을 따라 몇 마일에 걸쳐 메인 파티를 연다는 무분별함에 대한 체리 개러드의 실망이 얇은 베일에 가려져 있다.

에반스 곶 쪽으로 마지막으로 길게 펼쳐져 있는 지역에서 윌슨은 동료들에게 "나는 이보다 더 훌륭한 동료 두 사람을 발견할 수 없었다. 그리고 뿐만 아니라 앞으로도 결코 발견할 수 없을 것이다."라고 말했다. 그는 파수꾼이 세 사람 모두 생존했다는 것을 알도록 그들에게 몸을 죽 뻗으라고 재촉하였지만 그곳에 그들을 환영할 파수꾼은 없었다.

"이 여행은 우리들의 언어를 빈약하게 만들었다."라고 체리 개러드는 나중에 썼다. "어떤 말로도 그 공포를 표현할 수가 없었다." 그는 이 사람들이 견디어 내었던 혹독한 육체적 고통은 상상조차 할 수 없을 뿐 아니라 그것은 말로 다 할 수 없다는 것을 되풀이하여 말하고 있다. 그것을 이해하는 유일한 방법은 그것을 다시 경험해 보는 것이며 자진해서 그렇게 하는 것은 미친 짓이 될 것이다. 극지 생존 이야기들 가운데 하나의 전설로서 그것은 인듀어런스호의 해체로부터 사우스조지아 섬의 스트롬니스(Stromness)에 도착하기까지의 섀클턴의 여행과 일치한다.

이와 같은 이야기들이 그렇게 인기 있는 것은 무엇 때문인가? 아마도 그것은 그들이 고취시키는 경이와 그들에게 일어났던 모든 것에도 불구하고 이 사람들이 사기가 왕성하였고 신과 함께 그리고 서로와 함께 평온을 유지하였다는 후광을 우리가 느끼기 때문일 것이다. 그것들은 스릴 있는 소설들이며 이야기의 진행이 빠르고 흥미진진하지만 실제 사건들을 나타내고 있다. 그것들을 읽는 기쁨의 일부는 우리라면 비슷한 상황에 어떻게 대처할 것인지 궁금해 하는 것에 관한 것이다 그리고 그들의 인내의 비결은? 인듀어런스호에 승선한 섀클턴은 심지어 남극대륙을 밟지도 못하였고 스콧은 귀환 길에 사망하였으며 윌슨의 펭귄 알들은 과학에 보탠 것이 거의 없었다. 냉소가들은 제국이 무너지기 시작함에 따라 영웅적인 실망의 이야기들이 영국 독서 대중에게 더 공감을 불러일으키고 승리주의자들의 성공담보다 더 전설로 변형되기 쉽다고 주장할지 모른다. 예를 들면 조난 사고나 전시 포로수용소의 다른 특이한 생존 이야기들은 아주 똑같은 방식으로 그것들을 성인의 반열에 올리는 것에 저항해 왔다. 그러한 이야기들은 아마도 남극대륙 자체의 어떤 신성화 효과가 결여되어 있을 것이다.

도착 직후 그들이 비틀거리며 오두막 안으로 들어가 뜨거운 음료와 샌드위치를 제공 받았을 때 찍은 한 장의 사진이 세 사람의 기질과 자신들의 경험에 의해 초래된 변화를 약간 보여주고 있다. 바우어즈는 코코아에 입김을 불고 있으며 마치 밖으로 나가 그 일을 전부 다시 할 준비가 되어 있는 것같이 보인다. 윌슨은 좌측에 있는데 그의 두 눈에는 불꽃이 일고 있다. 그는 신앙심이 깊은 사람이었으며 그의 응시에는 마치 자신의 신에 대한 새로운 수준의 이해에 도달한 것처럼 초월을 증명하는 어떤 강렬함이 서려 있다. 세 사람 중에서 체리 개러드는 가장 크게 실패하였다. 그의 쑥 들어간 두 눈, 긴장된 두 뺨 그리고 까매진 피부가 영혼이 인내할 수 있는 한계에 다다른 남자를 증명하고 있다. 그의 움푹 꺼진 응시가 나락의 언저리에서 구해진 사람처럼 안락의자에 아늑하게 앉아 있는 우리들을 되돌아보고 있다.

내가 가지고 있는 **세상 최악의 여행**은 두 권으로 되어 있으며 초판이 나온 지 약 15년 후인 1937년에 출간된 펭귄 출판사의 재판본이다. "나는 **최악의 여행**이 펭귄 출판사에서 출간되어 기쁘다."라고 체리 개러드는 그것의 시작부에서 언급하고 있는데 "어쨌든 그것은 주로 펭귄에 관

한 것이다.” 겨울 여행의 기술은 1권의 마지막 장이다. 그렇다 치고 그 책의 마지막 페이지들은 윌슨이 원했던 대로 세 개의 펭귄 배아가 사우스 켄싱턴(South Kensington)에 있는 자연사박물관에 증정되는 1913년으로 2년을 뛰어 넘는다. 그것은 으스스한 후기이며 출판된 지 한참 뒤에도 여전히 충격을 주는 힘이 있다. 윌슨과 바우어즈는 사망하여 로스 빙붕에 묻혀있다. 그들의 전수자들에게 그 배아들은 두 사람의 용기와 자기희생의 상징이 되었다. 박물관 관리인 사무실 밖에서 체리 개러드는 무시당하고 무례한 말을 듣고(“여기는 달걀 가게가 아니오.”), 그리고는 마침내 그 배아들을 넘겨준 뒤에도 그것에 대한 영수증을 거절당한다. 서너 달 뒤 그가 스콧 대장의 여동생과 함께 돌아왔을 때 그는 그것들을 어떻게 했는지 아무도 모른다는 것을 알게 된다.

마침내 그 배아들이 발견되었는데 그것은 부분적으로는 틀림없이 스콧 여동생의 분노 덕분이었다. 그것들은 애쉬톤 교수(Professor Asshton)에게 전해졌는데 그는 전쟁으로 인한 주의 산만 때문에 그 배아들을 가지고 한 것이 거의 없었다. 그러고 나서 애쉬톤은 죽었고 그 배아들은 에든버러 대학교의 코사(Cossar Ewart) 교수에게 넘어갔다. 1922년 코사는 **최악의 여행**에 부록으로 넣은 그 배아의 간단한 외부 조사 결과를 발표했는데 그것은 황제펭귄의 깃털 유두(feather papillae)가 파충류의 비늘과 어떤 관련이 있음을 확실히 암시한다고 결론을 내렸다.

1932년과 1934년에 파슨스(Parsons)라고 하는 해부학자가 세 개의 배아에 대한 더 심도 있는 연구 결과를 발표하고 그 세 개의 표본들이 어쨌든 펭귄의 발생학과 조상에 관한 인간의 지식에 큰 보탬이 되지 않았다는 한 가지 다른 결론에 도달하였다. 1949년 자신의 비행기가 남극 반도에 추락한 뒤 버나드 스톤하우스가 시기별로 펭귄 배아들을 수집한 것은 이런 상황 하에서였다.

1950년 스톤하우스가 자신이 수집한 배아들을 영국박물관으로 가져왔을 때 그는 체리 개러드가 받았던 것보다 더 따뜻한 환영을 받았다. 자연사 과에서 그에게 해부학자인 체어링 크로스 병원(Charing Cross Hospital)의 글레니스터(T.W. Glenister)를 소개해 주었는데 글레니스터의 평가가 1953년에 포클랜드제도부속령조사소(FIDS)에 의해 발표되었다. 글레니스터가 그 배아들의 잠재적인 과학적 중요성 뿐 아니라 그들이 나타내는 것을 고려해 볼 때 그들에 관한 논의 과정에서 보여 질 민감성에 대한 훌륭한 아이디어를 갖고 있었다는 것은 처음부터 분명하다. 체리 개러드는 그 당시 아직 살아 있었으나 테라 노바호 탐험에서의 자신의 역할에 대한 수십 년의 강박관념 때문에 흥미를 잃어버린 듯이 보였다. "내가 1950년에 그를 만나 점심을 같이 했을 때 체리 개러드는 주로 추억의 세계에 살고 있었지."라고 버나드 스톤하우스가 내게 말했다. "그는 그 최악의 여행에 관해 자유롭게 말했으나 우리들의 연구결과에 그다지 관심이 없는 것처럼 보였어. 나는 그에게 내 출판물 사본을 보냈으나 그는 그것들을 받았음을 알려주지 않았어."

"그것은 믿을 수 없는 것처럼 보인다."라고 글레니스터는 크로지어 곶에서 수집한 배아에 관해 쓰고 있다. "그런 지독한 상황 하에서 그런 결단력으로 수집된 그렇게 희귀하고 생물학적으로 중요한 그 배아들이 그렇게도 적은 관심과 절박감과 함께 취급되어야 했다는 것이." 체리 개러드가 사우스 켄싱턴에 있는 사무실에 앉아 있었던 이래로 40년 동안 많은 변화가 일어났다. 대영제국은 붕괴되고 있었고 두 차례의 세계대전을 치렀고 가장 중요한 것은 스콧의 '실패한' 탐험 이야기가 하나의 국민적 전설로 변형되어 왔다는 것이다. 체리 개러드의 책은 그것이 사라진 한 시대의 비가이고 스콧의 장단점에 대한 불굴의 평가라는 점을 고려해 보면 그 변형에 영향을 미치는 데 있어 큰 역할을 하였다.

글레니스터는 암흑의 장기인 송과선이 스톤하우스의 배아들에서 고도로 발달되어 있으나 작은 앵무새들에서는 더 이상 그렇지 않다고 기록하고 있다. 그는 그것이 '거대 파충류의 정수리의 눈에 상당한다' 고 말하고 있다. 보고서의 대부분은 고도로 전문적이지만('제1 내장 주름(visceral furrow)과 관련된 새상판(epibranchial placodes)이 특히 잘 발달되어 있다') 그는 황제펭귄 배아의 꼬리가 거북의 꼬리와 같은 방식으로 발생한다고 생각되며 발생 중의 심장이 파충류와 동일한 일련의 회전을 거친다고 말하고 있다. 그는 뱀이 공기를 맛볼 수 있게 해주는 파충류에 특징적인 특수 조직인 '야콥슨 기관'(Jacobson's organ, 척추동물의 비강의 일부가 좌우로 부풀어 생긴 한 쌍의 주머니 모양의 후각 기관—역자 주)'의 증거를 찾고 있으나 찾을 수 없어 스톤하우스가 아마도 야콥슨 기관의 흔적 기관이 출현했다가 사라진 시기에 정확하게 표본을 수집하지 못했을 것이라고 결론을 내리고 있다. "따라서 이 배아들에게 그것이 없다는 것은 펭귄이 현재 살아 있는 새들 중 가장 원시적이라는 가설의 가치를 거의 손상시키지 않고 있다… 윌슨의 추측은 타당성이 인정된 것으로 생각된다."

FIDS의 과학 보고서들과 마찬가지로 나는 남극광에 관해서 읽은 적이 있는데 글레니스터의 보고는 도판과 함께 잘 도해되어 있다. 그의 배아들은 그것들을 얻었던 남극의 암흑과 같은 장례식의 어둠 속에 표류하고 있다. 그들은 해부용 램프에 노출되어 깜짝 놀란 것처럼 보이며 부풀어 오른 송과선이 빛을 향해 툭 불거져 있다. 발생의 여러 단계에서 그것들은 악어와 닮은 것처럼 보이며 현존하는 파충류는 발생에서 조류와 가장 가깝다고 생각된다. 도해의 선택에서 글레니스터는 그가 마치 자기의 사진들이 자신이 풀기를 원하는 과정의 아름다움을 전달해야 한다는 것을 의식하고 있는 것처럼 자신이 미학에 민감하다는 것을 드러내고 있다.

그는 스톤하우스에 대한 자신의 존경을 감추지 않고 있다. 스톤하우스가 일했던 1949년의 디온 소도의 여건은 1911년의 에반스 곶과 크로지어 곶 사이의 여건보다 더 온화했으며 스톤하우스는 훨씬 더 좋은 장비를 가지고 있었으나 그것들도 아직은 한심스러웠다. 날씨에도 불구하고 그 배아들은 보존 상태가 탁월하였다. "이는 상당 부분 스톤하우스의 기술과 열정 때문이다."라고 글레니스터는 말했다. "그는 남극의 한겨울의 매우 어려운 상황에서 이 표본들을 수집하고 고정하였다." 나는 스톤하우스가 디온 소도의 번식지의 떠들썩한 소리 속에 쪼그리고 앉아 있는 것과 글레니스터가 체어링 크로스 병원의 흰 타일로 된 실험실에서 자신의 현미경 너머로 쪼그려 앉아 있는 모습을 상상하는 것을 좋아한다. 그들은 서로 다른 세상에 살았으나 똑같은 목표를—에드워드 윌슨이 시작했던 연구를 완성한다는— 마음속에 지니고 연구를 했다.

윌슨은 크로지어 곶에서 수집한 배아들의 해부가 파충류와 조류 사이의 관련성을 강화시켜 줄 것을 희망하였다. 그 관련성은 인위적인 것처럼 보이지만 조류와 파충류는 인간의 생각 뿐 아니라 계통발생학에서도 밀접하게 관련되어 있다. 바그너의 지그프리트가 용의 피를 맛보았을 때 그는 새들의 언어를 이해하기 시작했다. 일부 공룡의 골격은 새들의 골격과 놀랄 만한 유사성을 보여주는데 사이노사우로테릭스(sino-sauropteryx)라고 불리는 어떤 공룡은 비늘 끝에 털이 있는데 그것이 최초의 깃털이었을 가능성이 있다. 그리고 펭귄의 깃털은 앨버트로스의 깃털이 비행에 중요한 것만큼 수영에 중요하다.

DNA 이종교배 기술이 둘 다 원시 조류인 펭귄과 앨버트로스가 밀접한 관련이 있음을 증명한 바 있다. 2세기 이상 전에 린네는 그 연관성을 인식했던 것처럼 생각되는데 그는 처음에 자카스 펭귄(Jackass penguin,

케이프펭귄이라고도 불리는 따뜻한 해류에 사는 펭귄과 훔볼트펭귄속에 속하는 작은 신장의 펭귄—역자 주)을 그 당시 그가 한 가지 유일한 다른 종인 나그네 앨버트로스를 포함시켰던 속(genus)인 디오메데아(*Diomedea*) 속에 포함시켰다. 펭귄과 앨버트로스, 또는 그들의 공통 조상은 한때 조류가 그들의 공룡 조상으로부터 어떻게 진화했는지를 푸는 열쇠를 쥐고 있다고 생각되었다.

19세기를 통하여 일련의 명망 있는 과학자들이 펭귄의 기원에 대한 의문에 자신들의 지적 영향력을 추가하였다. 선의(ship's surgeon)로서 세상을 바라보았던 타고난 재능을 지닌 박물학자인 토마스 헉슬리(Thomas Huxley)는 1867년 펭귄이 큰 바다 오리(Great Auk, 펭귄 비슷하게 생긴 멸종 동물—역자 주) (현재는 멸종된, 그의 속명이 'penguin'이란 명칭의 기원에 관한 이론들 중의 하나인 *Pinguinnis impennis*)와 얼마나 유사한가에 관해 말했다. 그러나 1887년 멘츠비어(Menzbier)는 다른 모든 새들과 달리 펭귄이 독특한 파충류 조상을 가지고 있다고 생각하였다. 그리고 뉴턴(Newton)은 1896년 "아마도 진단에 도움이 되지 않는 펭귄의 깃털이나 뼈는 거의 없으며 지금까지 관찰된 거의 모든 특성이 낮은 형태학적 등급을 나타내고 있다"라고 기록하였다.

1905년 파타고니아의 박식한 학자이자 열렬한 화석 수집가인 아메기오(Ameghio)는 펭귄 조상들이 수생동물이 되기 전 날지 못하는 육생 단계를 거쳤다는 자신의 믿음을 자세하게 설명하였다. 로우(Lowe)는 1933년 인간에서 발목 바로 아래 관절에 일치하는 뼈들인 펭귄의 부척골(tarsometatarsus)에 매혹되었다. "그것은 조류 강(class Aves)에서는 전적으로 독특하다. 두 발로 걷는 공룡들에서 한 가지 비슷한 변형이 눈에 띈다."라고 썼다.

비늘로 덮인 황제펭귄의 두 발을 볼 때는 언제든지 나는 하등 파충류, 공룡에 대한 어린 아이의 강한 흥미, 지그프리트의 용의 죽음을 상상하고 나도 또한 새들의 언어를 배울 수 있을까 궁금하였다.

나는 첫 번째 펭귄 알 속으로 침입하는 데 가슴이 조마조마하였다. 나는 그 속의 펭귄 새끼가 너무 작아서 볼 수 없을 정도로 미세한지 아니면 거의 완전히 형성되어 밖으로 나오기 어려운지 전혀 몰랐다. 비록 안에 있는 새끼가 죽은 지 거의 1년이 되었다 하더라도 생명에 대한 존경과 죽은 것에 대한 존경과 관련이 있는 껍질을 부수는 데 대한 두려움이 있었다. 때는 6월 초였으며 저 아래 해안에서는 황제펭귄들이 산란을 하고 있을 것이다. 펭귄 알과 윌슨, 체리 개러드 그리고 스톤하우스에 대한 생각을 하면서 나는 내 자신의 숨겨둔 황제펭귄 알들을 플라스틱 백 속에 싸서 그것들을 해동시켰다. 잠깐 숙고한 뒤 나는 송곳으로 첫 번째 알의 밑 부분에 구멍을 하나 내고 안을 살펴보았다.

　검은 깃털 한 다발이 드러났다. 나는 구멍을 더 넓혀서 핀셋을 사용하여 간신히 새끼의 부리를 붙잡았다. 나는 그것을 밖으로 뽑아내고 구멍을 더 열어 머리 꼭대기를 꺼냈다. 머리가 아래로 덜렁거렸으며 목은 밧줄에 매달린 자살자처럼 방추형으로 가늘어져 있었다. 두 눈은 감겨 있었는데 주위에 흰 반점이 있는 검은 두 눈은 사진 원판 속의 판다 새끼와 같았다. 황제펭귄 새끼들은 난치(egg tooth, 새나 파충류 따위가 알을 깨고 나오는 데 쓰이는 주둥이 끝—역자 주)와 부화된 후 쇠퇴하는 특수한 목 근육이 있다. 그렇다 할지라도 그들이 장갑을 두른 껍질을 뚫는 데는 사흘이 걸릴 수 있다. 아마 이 새끼도 그렇게 하려고 애를 썼을 것이다. 나는 알의 나머지 부분을 깨뜨리고 새끼가 알 속에 깔끔하게 꼭 들어맞는 것과 껍질의 꼭대기 속으로 꼬리와 몸의 뒷부분이 점차 가늘어지는 것과 자연의 섭리를 찬탄하였다. 나는 의무실에서 몇 개의 스테인레스 스틸 쟁반들을 찾아서 시체안치실의 시체처럼 알을 배열해 놓았다.

그 다음 알은 더 쉬웠다. 내가 껍질에 구멍을 내자 흰자가 쏟아져 나오기 시작하더니 그러고는 갑자기 멈추었다. 안을 들여다보았을 때 나는 제방 속의 손가락 끝처럼 둥근 다육질의 혹이 구멍을 막고 있는 것을 보았다. 나는 그것을 다시 들어 올리고 핀셋으로 작은 나무 가지처럼 섬세한 부리를 잡고 그것을 빼내었다. 털이 없는 목은 지렁이처럼 주름져 있었고 그 가죽은 창백했으며 거의 투명하였다. 그것은 고무 같았으며 바위 밑에 남겨진 풀처럼 누렇게 떠 있었다. 그것은 아마도 임신 1개월의 중간 단계로 보였다. 얇은 머리 가죽을 통하여 나는 두개골을 채우고 있는 두 눈의 검은 윤곽을 볼 수 있었는데 그 두 눈은 그들이 생존했더라면 바다 밑 500미터에 있는 물고기의 번득임을 추적했을 것이다. 윌슨이 크로지어 곶으로 가는 최초의 디스커버리호 여행에서 알을 수집했을 때 그는 바로 이와 같은 단계의 배아를 발견하기를 희망했으나 그의 알들은 모두 훨씬 더 성장한 것이었다.

몸의 나머지 부분이 빠져 나오고 뒤 이어 난황낭과 흰자의 나머지가 빠져 나왔다. 날개와 두 발은 올챙이 꼬리처럼 뭉툭하고 반투명했고 핀으로 콕 찌른 것 같은 깃털이 복부와 꼬리 주위의 피부에 그늘을 드리우고 있었다. 깃털은 장갑 낀 손으로 문질러 지워졌다.

세 번째 알은 부패된 탁한 수프와 같았으며 색깔과 잎이 무성한 모습이 마치 모자반 같았다. 나는 유황 악취 때문에 그것을 물로 씻어 내려버렸다. 네 번째 알은 잘 보존되어 있었으나 그 속의 배아는 난황 위의 검은색 어린 배아로 너무 초기라서 적절하게 볼 수가 없었다. 의무실에는 인간의 혈구 계산을 하기 위한 아주 오래된 현미경이 한 대 있었지만 죽은 펭귄 조직을 고정시키기 위해 내가 필요로 하는 화학약품은 전혀 없었다. 황제펭귄에 대해 알려지지 않은 것이 여전히 많이 있으며 아마도 내가 그것에 관해 연구를 할 수 있었겠지만 나는 내가 살아 있거나 죽은 황제펭귄에 관한 어떤 진지하고 도움이 되는 연구를 수행하기에는 전혀 준비가 되어 있지 않다는 것을 깨달았다.

윌슨의 시절에는 남극 탐험대 박물학자가 되는 것은 의사의 일이었으나 과학이 전문화되고 BAS가 외무성의 애국심을 부추기는 수단에서 세계적인 과학 기구로 변형됨에 따라 그러한 역할은 조용히 중단되어 왔다. 그것은 현재 박사후 연구원들의 직무이며 큰 예산이 드는 일이다. 핼리 기지에서 황제펭귄도 그리 중요하지 않은 사항이며 휴일과 방문하는 고위 관리들을 위한 괜찮은 주간 여행거리가 되었으며 그 외에 별다른 것은 없다. 스톤하우스 자신도 내게 BAS가 핼리 기지에서 황제펭귄에 관한 생물학적 연구를 수행하려는 그의 요청을 거부한 것에 대한 자신의 실망을 얘기했다.

나는 연구 장비나 목표가 없음에도 불구하고 나만의 조용한 방식으로 그것들을 연구했으며 세상 사람들의 지식에 기여한 것은 없었으나 내 자신의 호기심과 경외감과 인간으로서 우리들이 이곳에 홀로가 아니라는 감사함에 주의를 기울였다.

9

한겨울

그리고 이것은 파수꾼의 이야기인데
그는 한밤중에 일어나
14명의 잠자는 대원들에 관한 얘기를 하는데
그들의 코고는 소리가 그를 시들게 하네.
어니스트 섀클턴(Ernest Shackleton), '한겨울 밤(Midwinter Night)'

핼리 기지에서는 두 장소에서만 문을 잠글 수 있었는데 그것은 화장실과 암실이었다. 디지털 카메라 뿐 아니라 나는 완전 수동의 SRT 모델인 투박한 구식 미놀타 카메라 한 대를 가지고 왔는데 왜냐하면 그것은 배터리가 필요 없고 추위 속에서도 작동하기 때문이었다. 그것을 구입했을 때 나는 그것이 튼튼한지 물어보았다. "가져가서 한 번 써 보세요."라고 상점 주인이 말했다. "당신이 해야만 한다면 그 물건으로 못을 두들겨 박을 수도 있지요." 디지털 카메라가 기능이 정지되거나 끽끽거리거나 꼼짝하지 않은 지 오랜 후에도 그 카메라는 계속 작동하였다. 야외에서 필름을 가는 것은 정교하고 솜씨 좋은 기술이 되었으며 당신은 스풀에 새 필름을 끼워 넣은 뒤 아세테이트 필름이 냉각되어 뻣뻣해지고 갈라지기 전에 재빨리 그것을 감아야 한다. 나는 카메라 내부로부터 깨진 필름 조각들을 골라내는데 능숙하게 되었다. 나는 스콧과 섀클턴의 사진사였던 허버트 폰팅(Herbert Ponting)과 프랭크 헐리(Frank Hurley)에 대한 새로운 존경심이 생겼는데 그들은 훨씬 더 다루기 힘든 장비를 가지고 작업했다.

나는 슬라이드 필름과 흑백 필름을 교대로 사용했는데 사이키델릭한 펭귄 모습이 담긴 필름이 모습을 드러냈을 때 스스로 슬라이드 필름 현상을 포기하였다. 그 때부터 귀국할 때까지 죽 나는 노출된 필름을 진료실 냉장고 속 여행용 백신 바로 옆에 보관하였다. 나는 흑백 필름에 대해서는 더 실험적이었으며 영상을 현상하고 인화하면서 암실에서 몇 시간을 보냈다. 때로 단지 내가 문을 잠글 수 있는 어딘가로 간다는 것이 하나의 위안이었다.

겨울의 어둠이 깊어지고 기온이 계속 떨어짐에 따라 사진 촬영은 지략을 포함하였다. 나는 나사로 카메라에 고정되는 타이머를 가지고 있었다. 장갑을 안 낀 손가락으로 나는 미놀타를 삼각대 위에 장착하고 그 다음에 타이머를 작동시키고 물러서서 찰칵 소리를 기다렸다. 기온이 영하 40℃보다 더 낮으면 셔터가 열린 상태로 꼼짝하지 않았으나 어쨌든 별이나 오로라나 달빛의 노출은 언제나 몇 초를 필요로 하였다. 나는 큰 소리로 카운트를 하고 렌즈 캡을 손에 쥐고 삼각대로 몰래 다가가 확 덤벼들었다. 몰래 하는 손의 날랜 솜씨가 노출을 끝내며 셔터가 제 자리에 얼어붙어 버린 경우 필름을 감으면 대개 셔터가 내려오곤 하였다.

암실로 돌아와 나는 필름을 현상하곤 하였다. 음화는 그것들을 확대기에 넣을 수 있기 전에 건조시키는 데 시간이 걸렸으며 초점을 조작한 후 필름을 통해 베이스플레이트와 인화지 위로 빛을 비추었다. 최고의 순간은 그것들이 현상통 속으로 들어갔을 때였다. 액자의 보호를 받은 은을 입힌 세상이 어둠 속으로 하나하나 떠올랐다.

암실은 혼자가 되는 한 가지 방법이었으며 밖으로 나가 헬리 기지 경계선 너머에 있는 카부스에 머무르는 것은 또 다른 방법이었다. 그렇게 자주 카부스에 갔을 때 나는 내가 은둔하고 있었는지 잘 모르겠다. 'recluse'라는 단어는 'to close' 또는 'to stop'을 의미하는 라틴어 동사 *claudere*에 근원을 두고 있다. 그것은 '접근할 수 없게 만들다(to make inaccessible)'와 같이 수동적 결정보다는 오히려 능동적 결정의 분위기를 지니고 있다. 내가 밖에서 카부스에서 보냈던 몇 주일은 세상에서 차단하는 것보다는 오히려 개방하는 것처럼 느껴졌다. 기지를 떠나는 것—발전기의 웅웅거리는 소리, 식사 스케줄, 바에서의 파티—은 외부로 눈길을 돌리는 한 가지 방법이며 이 풍경을 이루는 요소들 사이에 놓여 있는 강력한 침묵에 아주 열심히 귀를 기울이는 한 가지 방법이었다. 심지어 그곳으로 가는 여행은 의식을 확대하는 훈련의 하나였다. 달빛이 비치지 않을 때는 경계선을 표시하는 드럼통들이 2, 3미터 떨어진 곳에서만 볼 수 있었다. 오직 별들의 하얀 숨결의 안내만 받아 드럼통을 세면서 머뭇거리며 나아가야만 했다. 심슨 플랫폼으로부터 9개의 드럼통을 지나면 경계선에 도달하였다. 아홉 번째 드럼통에서 북쪽을 향해 좌로 돌아 11개의 드럼통을 더 센다. 11번째 드럼통으로부터 약 50미터 거리에 북동쪽으로 카부스가 놓여있었다. 거기로 걸어 나가는 것은 일종의 신앙여정이었다. 가장 어두운 날에는 경계선 멀리 펄럭이는 깃발을 카부스로 오인할 수도 있었다.

기지에서 멀리 떨어진 곳에서는 침묵의 능력과 자비가 더 증가하였다. 그 침묵에는 일종의 깊이와 편안함이 있었는데 나는 점차 그것을 사랑하고 그것으로 돌아가고 있었다. 대개의 경우 내가 카부스에 도착했을 때 그 문은 얼음으로 덮여 있곤 했다. 발로 차서 얼음을 없앤 뒤 나는 안으로 들어가 헤드토치의 불빛으로 등유 램프를 켰다. 통풍구가 종종 얼음으로 막혀있었으나 2단 침대 위에 올라서면 천정의 해치를 강제로 열고 지붕 위로 나가 통풍구를 뚫을 수 있었다. 지붕위에 서서 뒤를 돌아보면 약 1킬로미터 떨어진 곳에 기지를 볼 수 있었는데 기지의 할로겐램프가 교도소의 서치라이트 같았다. 내 자신의 입김으로 서리는 안개를 뚫고 난로에 불을 피우고 차를 끓이곤 하였다. 찻잔이 빌 때쯤이면 카부스 안에 심한 온도경사가 생기곤 하였는데 허리 위로는 아무것도 걸치지 않고 머리와 몸통은 열대지방의 열기에 싸여 있으나 발목에서는 공기가 영하 20℃가량 되었으며 나는 머클럭을 계속 신고 있어야 했다. 천장에서 떨어지는 물과 내 이마에서 뚝뚝 떨어지는 땀방울이 바닥 주위에 배열해 놓은 양동이 속에 얼음의 석순을 형성하곤 하였다.

시간이 흘러갔다. 내 침대 위에 한 무더기의 책이 있었는데 그것은 내가 남극대륙으로 가져 왔던 책 트렁크에서 고른 '읽을' 목록이었다. 많은 일 때문에 내가 계속 바쁜 것처럼 느껴졌는데 난로 불 조절하기, 차 끓이기, 설거지하기, 창밖을 내다보기 등이었다. 그리고 내 마음이 더 이상 인쇄된 단어들을 받아들이지 않거나 내 위가 더 이상 뜨겁고 달콤한 차를 받아들이지 않을 때면 복장을 모두 차려 입고 밖으로 나가 잠시 동안 누워 있을 수 있었다. 내가 '정상적인' 생활의 섬광전구 교환과 씨름해야 했던지 몇 개월 되었다. 핼리 기지에서 나는 내 마음의 백그라운드 무선 잡담이 고요해 지기를 희망해 왔다. 그 점에 있어서는 나는 아직 갈 길이 멀다고 느꼈지만 실망하지는 않았다. 이렇게 긴 기간 동안 심사숙고 한 후에도 장래의 계획을 세우는 것에 관한 한 나는 여전히 결론에 도달하지 못했다. 내 주위의 침묵과 공간이 아주 중독성이 있어 내가 그것들을 충분히 가질 것인지 궁금하였다. 아마도 나는 결국 극지방의 풍경 속에서 이러한 생활을 계속하는 방법을 발견할 것이다. 다른 물이 빠짐에 따라 내 잠재의식의 경사면과 윤곽선이 떠올랐다. 이제 한겨울이 되어 나는 친구들과 가족들의 생활이 북쪽에서 어떻게 펼쳐지고 있는지를 상상하였다.

내 부모님은 그들이 수십 년 이래 가장 무더운 여름을 겪었으며 주말마다 정원에서 바비큐 파티를 했다고 편지에 썼다. 내 동료들의 경력은 진전을 보이고 있는 반면 내 경력은 글자 그대로 얼음 위에 서 있었다. 이사(Esa)는 밀라노에서의 일을 그만 두고 학생들을 가르치기 위해 베이루트로 옮기기로 결정했다. 그녀는 편지하기를 자신은 남극대륙의 그 어둠과 차가움과 침묵을 상상할 수 없다고 하였으나 나에게는 아랍 도시의 그 열기와 인간미가 또 다른 세상의 일부인 것처럼, 그리고 또 다른 불가능한 생활처럼 생각되었다.

나는 심슨 플랫폼에서 천문학에 관한 서적 한 권을 발견하였으며 종종 그것을 가지고 카부스로 갔다. 나는 기지에서 멀리 떨어진 곳에서 얼음 위에 누워 낯선 별들을 자신에게 소개하곤 하였다.

'잔잔한 바다'를 뜻하는 라틴어와 아랍어의 혼성어인 Miaplacidus가 있었다. 그리고 태양보다 3천배 더 밝은 청백색 별인 아케르나르(Achernar, 고래좌(Cetus)와 오리온좌(Orion) 사이에 있는 남천의 별자리인 에리다누스(Eridanus) 자리의 1등성—역자 주)가 있었다. 그것은 너무 빨리 회전하기 때문에 타원형으로 보인다. 나는 '아레스(Ares, 화성)의 경쟁자'인 안타레스(Antares, 전갈자리의 주성인 붉은 1등성-역자 주)를 가려내었는데 그것은 전갈(Scorpio)의 허리에 있는 출혈하는 것 같은 진홍색이었다. 그것은 거대한 붉은 별이라고 알려져 왔는데 우리의 태양계로 바꿔 놓으면 그 둘레가 소행성대(asteroid belt, 화성과 목성 사이의 공간에 존재하는 소행성들로 도넛 모양으로 생겼으며 높이 1억 km, 가로 방향의 두께는 2억 km정도이며 거의 원형 궤도로 태양 주위를 돌고 있다—역자 주)에 닿을 것이다. 나는 또한 카노푸스(Canopus, 용골자리(Carina)의 1등성—역자 주)도 알아보게 되었는데 그것은 고대 천문학자들에게 나일 강 상류에 걸쳐 하늘에서 나지막하게 보였으며 사막의 지평선의 불빛을 반영하기 위해 콥트인들에 의해 Kahi Nub 즉 '황금빛 땅'이라고 명명되었다. 아랍인들은 그리스인들보다 이러한 하늘을 더 잘 알고 있었는데 그들의 지식은 아프리카와 인도양으로의 오랜 무역 여행에서 배태되었다. 아랍어의 장식체들은 al-Suhail al Mulif, al-Suhail al Wazn 등과 같이 별자리를 누비고 다닌다. 나는 대척지(Antipodes, 오스트레일리아와 뉴질랜드; 이 나라들이 영국과 대척지에 있다는 사실에 의거하여 흔히 익살스러운 표현으로 사용함—역자 주)로 가는 여행에서 남십자성(Southern Cross)을 알았는데 거의 머리 바로위에서 그것을 보는 것은 일종의 충격이었다. 때로 북쪽 지평선 위에서 나는 오리온좌가 거꾸로 있는 것을 잠깐 보았는데 내 어린 시절의 하늘과 연결된 느낌, 즉 우주가 활모양으로 연속되는 것을 느끼곤 하였다. 심지어 세상의 밑바닥에서도 오리온은 항성으로 된 그의 곤봉을 흔들었으며 별과 성운들이 그의 벨트에 매달려 있었다. 오리온좌는 극지에 걸쳐있는데 이누이트 족에게 그의 벨트의 별은 얼음 위에서 행방불명이 된 세 사냥꾼들인 Siagtut이다.

종종 내가 얼음 위로 걸어 나갔을 때 천랑성(the Dog Star)인 시리우스(Sirius)가 북동쪽 지평선 위에서 용접 불꽃처럼 확 타오르는 것을 볼 수 있었다. 선원들은 대양의 가장자리를 두르는 '대양의 별(ocean stars)'에 관한 얘기를 하고 있다. 나는 내가 좋아하는 별의 일부를 지평선의 불빛을 통해 굴절된 '얼음 별(ice stars)'로 생각하기 시작하였다. 남서쪽으로 전갈의 침이 은하계의 자오선 속으로 돌돌 감겨들어갔다. 나는 마젤란 운하(Magellanic Clouds)를 지켜보았는데 그것은 아랍인들이 '양(Sheep)'이라고 부르는 양털모양의 빛의 홍조이다. 17만 년 전 마스토돈(mastodon, 코끼리 비슷한 동물—역자 주)과 글립토돈(glyptodon)이 아직 북쪽에서 풀을 뜯어 먹을 때 거기에서 별 하나가 폭발하였다. 현대의 천문학자들에 의해 관찰된 최초의 초신성인 그 폭발의 빛은 1987년에 지구에 도달하였고 중성미립자들(인간의 오염으로부터 멀리 떨어진 곳에서 가장 쉽게 탐지된다)의 파동이 남극대륙에서 포착되었다.

워즈워드는 바위가 별과 친분이 있다고 말했다. 내 주위 세계의 단순함, 양자가 별 속으로 미끄러져 들어가는 것을 생각한다면 나는 얼음에 대해서도 똑같은 생각을 할 수 있다. 얼음의 부서지기 쉬운 순수함, 그것의 차가운 견고함에는 하늘의 별 속에서 울려 퍼졌던 어떤 특성이 있었다. 그리고 얼음의 세계에서는 별빛이 종종 당신이 필요로 하는 빛의 전부이다.

우주는 팽창하고 있으며 태양계는 붕괴하고 탄생하고 있으며 별들은 상상할 수 없는 속도로 내게서 쏜살같이 달아나고 있다고 나는 자신에게 말하곤 했다. 그러나 내가 볼 수 있는 것은 영원이 전부였다. '밤'이나 '낮'의 어느 시간에든 밖에서 얼음 위에 누워 별들을 지켜봄으로써 인간으로서 우리가 살고 있는 지저분한 유기계에 대해 이해하게 되었는데 우리들의 호흡하고 맥이 뛰고 먹이를 소화시키는 유기체들이 비교해 보면 얼마나 연약하고 복잡한 것인가. 나는 무한에 초점을 맞추고 내 자신이 가장 간단한 구성 요소들로 분해되는 것을 상상하려고 애썼다. 그러나 나는 생명의 혼란스러움을 포기하거나 영원히 은둔자로 남아 있을 수는 없었다. 나는 자신을 생명과 관련시켜야만 했으며 그리고 남극대륙에서는 그것은 펭귄들에게로 돌아감을 의미했다.

내가 항상 카부스에 있거나 스키를 타거나 또는 암실에서 빈둥거리는 것은 아니었다. 기지 의사로서 나는 우리들 생활에 만연해 있는 어둠에 대한 심리적 및 신체적 반응을 조사하는 연구에 관련되어 있었다. 황제펭귄과 꼭 같이 우리 인간들도 뇌의 가장 깊은 핵심 속에 송과선을 가지고 있다. 어둠 속에 묻히면 송과선이 시삭(optic tract)으로부터 전환된 빗나간 신경 섬유들을 통하여 주변의 빛을 알게 되고 우리들의 시각피질(visual cortex, 시각과 관련된 대뇌피질 후두엽의 영역—역자 주)을 대상으로 하는 신호들이 더 하부의 더 원시 장소로 전달된다. 전달되는 빛이 더 적을수록 우리의 송과선은 더 많은 양의 멜라토닌(melatonin)을 만들어내는데 저위도 지방에서는 야간에 그 분비가 최고점에 달한다. 그 어둠의 호르몬은 한 잔의 우유 속으로 가라앉는 한 방울의 잉크처럼 우리가 잠을 잘 때 신체를 통해 퍼진다. 그것이 당신의 신체 시계를 맞추어 언제가 조용히 휴식할 때이고 언제가 활동적이고 깨어 있을 때인지 우리들의 신체 기능을 알려준다.

우리의 몸은 고위도지방에 맞게 설계되어 있지 않다. 우리들은 열대성 포유동물인 것이다. 극지방의 밤 동안 멜라토닌이 정상 상태에서 벗어나 우리들의 24시간 주기 리듬(circadian rhythm)에 혼란을 야기한다. 그 호르몬이 야간에 최고조에 달하지 않으면 우리는 불안정하게 되고 우리의 신체가 하늘에서 정해진 24시간 리듬 대신 22시간, 23시간 또는 심지어 25시간의 자유진행 리듬(free-running rhythm)에 빠지게 된다. 우리의 자유진행 리듬이 짧아지거나 길어지는 것은 클럭(CLOCK-Circadian Locomotor Output Cycles Kaput) 유전자라고 하는 것에 의해 유전적으로 정해져 있는데 아침에 일찍 일어나는 사람들은 하루의 길이가 더 짧은 경향이 있고 올빼미 같은 사람들은 초과하는 경향이 있다.

다른 차이트게버(zeitgeber, time-giver; 생물시계의 움직임에 영향을 주는 빛, 어둠, 기온 등의 요소—역자 주)들이 있다. 우리의 운동 시기 선택과 코티졸 호르몬이 중요한 것처럼 음식 섭취의 패턴을 유지하는 것이 중요하다. 그러나 관심이 집중된 것은 멜라토닌이며 그것이 시차증(jet lag)과 불면증의 치료와 힘들게 일하는 많은 야간 근무자들을 위한 신속한 적응에 대한 가망을 제공한다.

헬리 기지에서는 우리 모두가 번갈아 한 주일의 야간 근무를 했는데 야간에 대한 적응이 우리들의 신체 시계에 대한 어둠의 영향을 연구할 수 있는 방법들 중의 하나였다. 화재 감시 야근은 모든 기지들이 목조이고 스프링클러 설비가 없던 시절에 시작된 또 다른 BAS의 전통이었다. 동쪽으로 수백 킬로미터 떨어져 있는 독일 기지인 노이마이어(Neumayer) 기지는 야근을 없앴으나 우리는 야근을 계속하였다. 나는 우리가 그래서 기뻤다.

헬리 기지는 그 위치에도 불구하고 혼잡하게 느껴질 수 있었다. 야간 근무가 기지와 대륙을 독차지하는 기회를 제공하였다. 밤새 할 일은 별로 없었는데 신선한 빵을 구워 아침 식사 준비를 하고 분유 몇 통을 타서 냉장고에 넣어 두고 새벽 3시와 6시에 밖으로 나가 기상을 점검하였다. 헬리 기지에는 50년 전까지 이어지는 지속적인 기상학적 기록이 있었다. 날씨가 어떠하든지 얼음 위로 나가야 한다는 것은 당신이 그렇지 않은 경우 놓칠 지도 모르는 오로라를 보는 것을 의미하였다. 내가 잠시 외출했으나 누워서 하늘을 지켜보며 한 시간을 보냈던 경우가 허다하였다.

내 연구 프로젝트는 상당히 단순하였다. 기지의 모든 대원들은 광센서와 동작센서가 내장되어 있는 손목시계를 차고 있었다. 수집된 데이터는 내가 각 개인들이 노출되었던 빛과 그들이 언제 가장 활동적이었으며 그리고 가장 중요하게 그들이 밤에 얼마나 잘 잤는가를 계산할 수 있음을 의미하였다(야간의 동요는 수면 부족의 다른 기준들과 양호한 관련이 있었다). 나는 멜라토닌치를 평가하고 그들의 신체가 얼마나 신속하게 정상적인 '주간(day)' 리듬으로 복귀하는가를 보기 위해 야근을 시작하고 마치는 모든 대원들의 소변 검체도 또한 수집하였다. 이전의 Zdoc들은 배경 조명이 정상적인 기지에서 이러한 정보를 수집해 왔다. 막대꼴 형광등과 구식 필라멘트 전구를 사용한 핼리 기지의 조명은 카라멜처럼 적갈색 톤이고 속이 느글거릴 정도로 달콤하였다. 연구결과 불량한 조명은 송과선에게 빛이 조금이라도 있다는 것을 간신히 확신시킬 수 있음이 발견되었다. 나의 프로젝트는 추가의 광선을 사용하였는데 백색 전구와 푸른빛이 강화된 전구를 교대로 사용하여 단파장의 빛을 보강하는 것이 송과선에게 어떤 형체가 있다는 것을 정확하게 확신시키는 데 보다 효과적인지 여부를 평가하였다.

그 광선은 비록 약간의 이득은 있었지만 대성공은 아니었다. 나는 간신히 모든 기지 대원들의 빛의 노출을 두 배로 증가시켰으나 여전히 송과선에게 우리가 열대지방에 있다는 것을 확신시키기에는 충분치 않았다. 푸른색 전구는 모든 대원들을 더 잘 자게 만든다고 생각되었으나 단지 미미한 정도였다. 몇 주가 지나 어둠이 더 깊어짐에 따라 수면이 점점 더 방해받게 되었으며 서너 명의 사람들은 자신들 내부에 새로 정해진 신체 시계에 따라 자유 진행 리듬을 나타내기 시작하였다. 누군가 자유진행 리듬을 보이게 되면 기지 일상의 기강이 긴장상태에 놓이게 되고 그래서 패트는 기지 대장으로서 그것을 정상 상태로 유지시키려고 안간힘을 썼다. 기상과 취침의 기강해이는 다른 종류의 기강해이를 야기할 수 있다고 말할 수 있으며 따라서 그것은 용인될 수 없을 것이다.

북쪽의 이누이트족은 한때 고래 기름 램프로 그들의 겨울을 밝혔다. 얼음에 갇힌 북극 탐험대원들은 스키 왁스 깡통 속의 면 심지에 불을 붙였다. 윌슨, 바우어즈와 체리 개러드는 그들의 유명한 동계 크로지어 곶 여행에서 하루 24시간 리듬을 완전히 포기했는데 왜냐하면 그것이 자신들이 필요로 하는 충분한 시간을 포함하지 않는다는 것을 알았기 때문이다. 그러한 상황에서는 하루의 일상은 상관이 없고 유일한 우선 사항은 생존이다. 우리들에게도 또한 낮은 먼 옛날의 추억이었으며 우리들의 밤은 1년의 1/4 이상 지속할 것이다. 아마도 여분의 전구들은 달의 어두운 쪽에 성냥을 켜는 것처럼 일종의 무익한 제스처였을 것이다. 우리가 아무리 빛의 밝기를 높인다 하더라도 우리 기지에서 나오는 빛은 붕괴하는 별 속으로 사라지듯이 어둠 속으로 서서히 사라졌다. 대륙은 항상 더 많은 빛에 굶주려 있었다.

6월 중순 경이 되자 온 종일 캄캄했을 뿐 아니라 심슨 플랫폼 바깥의 스티븐슨 백엽상 안에 자리한 낡은 온도계의 수은이 곤두박질 쳤다. 나는 영하 40도에서 스키 타는 데 막 익숙해졌으나 그런 기온에서 힘들게 숨을 쉬면 가슴이 아프기 시작하여 나는 종종 양쪽 광대뼈와 코 위에 동상의 전조인 '서리꽃'이 창백하게 핀 채로 돌아오곤 하였다. 얼굴 내부에서 얼음 결정이 형성됨에 따라 마치 아주 작은 갈고리로 피부를 들어 올리는 듯한 느낌이 들었다.

대륙성 고기압이 접근해 오면 풍속계가 천천히 돌아가다가 멈추었다. 기압계가 올라감에 따라 온도계는 떨어져서 영하 52℃에서 바닥을 쳤다. 로브는 멀리 난방실에서 일했는데 우리들의 난방은 디젤 발전기에 내장되어 있는 교환기에서 나왔는데 그것들이 따라 갈 수 없어서 기지 내부 온도가 떨어지기 시작했다. 발전기 자체는 설상차에 있는 것과 마찬가지로 디젤 엔진이었다. 할 수 있는 사람들은 자기들 침대방의 침대 맨 위층으로 이동했으며 우리들은 모두 실내에서도 머클럭을 신기 시작했다. 이상하게도 '퍼거스(Fergus)'라는 이름이 붙은 2킬로와트짜리 난방기가 보관되어 있었으며 로스 플랫폼의 복도에서 밤낮으로 타고 있었다. 플랫폼 밖으로 달려 나가 끓는 물 한 잔을 공중에 던지는 유행이 생겨났다. 그것은 '쉭' 하는 부드럽게 두드리는 소리를 내며 금방 얼어붙어 버렸는데 그 소리는 어김없이 만족스러웠다. 물을 바닥에 뿌리면 튀지 않고 자석에 던진 쇠처럼 플랫폼의 나무판자에 즉시 달라붙었다. 그것은 그 당시에는 재미있게 생각되었으나 곡괭이로 다시 그것을 부수어 떼 낼 때는 재미가 적었다.

영하 50℃ 이하에서 또 다른 핼리 기지의 전통이 나타나기 시작했는데 그것은 나체로 로스 플랫폼 주위를 스트리킹하는 것이었다. 완전한 누드는 요구되지 않았는데 모자, 장갑 및 머클럭은 심각한 냉해를 막기 위한 최소한의 필수 장비로 간주되었다. 남자 대원들 중 다섯 명이 참가하였다. 우리가 플랫폼 다리 주위를 달렸을 때 추위를 가장 많이 느낀 것은 피부가 아니라 폐였는데 그것은 마치 겨울이 내부로 들어와서 원천적으로 우리 몸으로부터 생명을 끄집어내는 것 같았다.

북서항로(North-West Passage, 북대서양에서 캐나다 북극해를 빠져서 태평양으로 나가는 항로—역자 주)를 통과하는 길을 발견하려고 애썼던 엘리자베스 여왕 시대의 모험가인 존 데이비스(John Davis)는 북극 지방에서 오랜 겨울을 보냈으며 그런 추위를 잘 알고 있었다. 그는 "조물주의 영원한 법에 의해 모든 기후 지역에서 열기는 견딜 수 있으며 이와 마찬가지로 추위도 조물주의 변치 않는 법에 의해 참을 수가 있는데 그 이유는 그렇지 않으면 자연이 괴물이 되어야 하기 때문이다."라고 썼다. 나는 조물주의 자비에 대한 데이비스의 믿음은 공유하지 않았으나 모든 정도의 추위가 견딜 수 있어야 한다는 그의 생각에 매혹되었다. 단테도 결국 그의 가장 고통스러운 지옥계를 위해 얼음을 따로 마련해 두지 않았던가. 데

이비스 후 약 330년 지나서 리처드 버드는 다른 관점을 지녔다. 그에게는 극지방의 겨울은 일종의 죽은 세상이며 그 속에서는 인간들은 중대한 위험에 직면해 있었다. "이것은 빙하 시대의 병적인 얼굴인 극지방의 밤이었다. 아무 것도 움직이지 않았고 아무 것도 보이지 않았다. 이것은 불활성의 영혼이었다. 마치 엄청나게 무거운 물체가 가라앉는 것처럼 멀리서 삐걱거리는 소리를 거의 들을 수 있었다."

기온이 영하 50℃ 이하로 떨어진 첫날 밤 나는 내가 가진 옷을 모두 입고 밖으로 나가 얼음 위에 누웠다. 나는 먼저 거대한 '곰 발톱' 장갑을 한 개는 엉덩이 밑에, 한 개는 어깨 밑에 두었다. 지하의 고요가 공중에 서려 있었다. 그 정적 속으로 천천히 숨을 내 쉬었을 때 낯선 소리가 들렸는데 내 숨 속의 증기가 내 입을 떠나자 즉시 얼어붙고 있었다. 그것은 아주 멀리서 유리가 깨어지는 것처럼 바스락거리고 쨍그렁거리는 소리를 내었다. 여기서는 호흡이 소리 뿐 아니라 색깔도 있었다. 머리 위에서 내가 쉰 숨이 변형될 때 그 너머의 별빛은 무지개와 황금색의 후광으로 바뀌었다. 숨을 세게 또는 부드럽게 내뿜는 것에 의해 그 후광이 커졌다가 줄어들었으며 가슴으로부터 위로 올라가 내 입 위 몇 인치되는 곳에서 사라졌다. 북극의 일부 부족들은 숨이 얼어붙는 소리를 나타내는 단어를 가지고 있으나 나는 별빛을 배경으로 호흡이 만들어내는 색깔에 대한 단어가 그들에게 있다고는 들어본 적이 없다.

나는 갈수록 더 낯이 익은 별자리들을 지켜보았다. 위성 두 개가 서로 교차했으며 운석 한 개가 남극을 향해 얼음 쪽으로 떨어졌다. 달은 거의 보름달이었고 대리석 무늬가 있었으며 바위에 부딪쳐 산산 조각난 얼음처럼 갈라져 있었다. 달빛이 얼음에 활기를 띠게 하고 아프리카 방향인 북북동으로부터 지평선 주위로 구부러져 있었다. 달에서 아래로 하늘을 지탱하는 공중 부벽(flying buttress, 고딕 성당 같은 대형 건물 외벽을 떠받치는 반 아치형 벽돌 또는 석조 구조물—역자 주)처럼 은빛의 계단폭포인 '달기둥(moon pillar, 달의 위아래로 수직된 빛의 기둥이 나타나는 무리(halo) 현상—역자 주)'이 쏟아져 내렸다. 아마도 데이비스가 옳았어, 나는 생각했다. 이것은 버드가 경험했던 그 죽은 세상이 아니었다. 그것은 우리 혹성의 살아 있고 변화하는 한 부분이었다.

나는 내 발 밑의 수백 미터 두께의 얼음과 그 아래의, 남극해에 담겨 있는 남극 판(Antarctic Plate)의 냉각된 검은 껍질을 상상했다. 그 껍질 아래에는 뜨거운 마그마가 보이지 않는 협곡들을 휘감아 흘러가고 있었다. 아프리카의 금광들은 너무 깊숙이 가라앉아 있어 그 열기에 접근해 있다. 초원의 여름 열기로부터 당신은 엘리베이터를 타고 지구의 서늘한 어둠 속으로 내려갈 수 있으며 그 다음에는 암벽이 땀을 흘리고 부드러워져 있는 그 마그마 방을 향해 내려갈 수 있다.

지구 표면 위에서 지금까지 기록된 가장 찬 기온인 영하 89.2℃는 러시아의 남극 기지인 보스톡(*Vostok*)에서 경험되었다. 미국인들이 남극점(South Pole)에 자신들 기지를 건설했던 1957년에 러시아인들은 한발 앞섰는데 같은 그해에 그들은 남극 고원의 가장 접근하기 어렵고 소박한 장소에 보스톡 기지를 건설하고 그리고 스푸트닉(Sputnik)호를 궤도에 진입시켰다. 보스톡 기지는 더 높고 더 추우며 자남극(South Magnetic Pole)에 더 가깝기 때문에 지리학적 남극점(geographic South Pole)보다 대기 관측에 더 나은 장소이다.

핼리 기지에 있는 우리들에게 보스톡 기지는 반신화적 지위를 가지고 있다. 극한의 대륙 위에 있는 가장 힘든 기지라고 사람들은 그것에 대해 조용하고 경건한 어조로 말했다. 보스톡 기지의 6월 평균 기온이 대략 영하 65℃라고 하는데 이 기온에서는 2, 3분 이상 밖에 나가는 것이 거의 불가능하다. 기후와 마찬가지로 사회적 문제들도 전설적이었다. 어느 해 여름 교대 팀이 도착해 보니 각각의 월동 대원들이 자신들의 침대 방 속에 바리케이드를 치고 있었다는 소문이 있었다. 몇 달 동안 대원 각자는 개인적으로 비축한 통조림을 먹고 살고 있었다.

보스톡 기지의 월동대원들은 틀림없이 핼리 기지를 식은 죽 먹기라고 생각하겠지만 영하 50℃에서 밖에서 10분이 지나자 내 엉덩이와 어깨가 욱신거리기 시작했다. 다리와 턱이 떨리기 시작했고 그 다음에 속눈썹이 테두리를 이루어 엉겨 붙어 두 눈꺼풀이 닫히려고 하였다. 어린 아이 머리털만큼 가는 섬세한 서리 조각이 내 재킷의 면섬유 위로 응결하고 있었다. 나는 초기 남극 탐험 시절의 많은 사람들처럼 저체온증에 빠지지 않고 영양실조에 걸리지 않고 기진맥진하지 않고 사기가 꺾이지 않아서 다행이었다. 만약 내가 그렇다면 나는 아주 쉽게 겨울에 압도당하고 내 생명의 불꽃이 얼음 속으로 빠져나가버려 대륙의 광대함 속으로 상실되었을 것이다.

우리 혹성의 척추가 휘어져 있기 때문에 우리들은 7주 동안 어둠 속으로 기울어져 있었다. 동지가 가까워 졌으며 이제 우리들은 다시 빛을 향하여 구부러질 것이다.

남극 기지의 한겨울은 파티를 위한 하나의 구실 이상의 것이다. 그것은 어둠의 반을 견디어 냈다는 뜻이며 우리가 다시 태양을 향해 움직이고 있음을 의미했다. BAS 기지는 모든 일상 업무로부터 1주일의 휴일을 선포하였다. 모든 크리스마스 장식들이 모두 내걸리고 기지의 모든 대원들은 선물을 준다. 우리가 그 속에서 빛이 돌아오는 약속을 축하하는 어둠의 축제라는 크리스마스의 진정한 의미가 드러난다. 패트가 자기의 기지 대장 사무실로 나를 불러 7년 전에 핼리 기지에 있었던 어떤 Zdoc이 서명을 한 크리스마스카드 한 장을 내게 주었다. 그가 카드

한 무더기를 사무실에 남겨둔 것이 틀림없었는데 그것은 먼 미래의 헬리 기지 의사들을 위한 타임캡슐이었다. 카드 내부에는 "친애하는 Zdoc에게, 나는 당신이 눈부신 겨울을 보내고 있기를 바랍니다, 만약 그렇지 않다 하더라도 당신은 거기서 반쯤 보낸 겁니다. 서명, Zdoc."

몇 주일 동안 우리는 서로를 위한 선물을 준비해 왔다. 우리는 각자 모자에서 다른 기지 대원 한 명의 이름을 빼냈다. 나는 습관적으로 매일 기지 밖으로 나가는 유일한 다른 남자 대원인 마크 에스(Mark S)를 뽑았으며 기지 경계선 너머에 있는 카부스에서 그에게 줄 모자와 스카프를 짜며 몇 시간을 보냈는데 그에게 장갑을 만들어 주려는 시도는 성공하지 못했다. 우연하게도 그는 내 이름을 뽑았고 내게 핼리 기지 하늘의 구름의 영상을 담고 있는 사진 액자를 하나 만들어주었다. 그 영상 자체는 마치 보는 사람이 은자의 오두막 창을 통해 밖을 응시하는 것처럼 보이게 만든 서로 다른 나무 조각들로 된 액자에 들어 있었다. 그 액자의 중심부에 그는 나무 한 그루를 넣었다. 그가 아무 말 안했음에도 불구하고 그는 나를 면밀히 관찰해 왔으며 내가 가장 소중히 여기는 것을 내게 주었던 것인데 그것은 한 군데의 은둔처, 남극의 스키, 그리고 나무가 자랄 수 있는 가능성이었다. 나는 감동했으며 내가 그를 위해 만들었던 모자와 스카프를 만져보았는데 그것들은 의도는 좋았으나 비교해보면 변변찮은 선물들이었다.

한 주일의 한겨울 준비 기간 중에 우리는 세계의 지도자들로부터 일련의 "개인적" 팩스를 받았다. 영국 수상은 우리들에게 우리가 하고 있는 일에 대한 자신의 자부심에 관해 말했다. 미국 대통령은 우리들에게 자기 부부는 '인류의 지식을 진보시키기 위한 우리들의 천부적인 과학적 재능'에 감명을 받았다고 말했다. 중국의 메시지는 모두 표준 중국어(Mandarin)이었다. 우리는 국무총리와 내각 각료들을 포함한 인도 정부

고관들로부터 자그마치 다섯 개의 지지 메시지를 받았다. 해양개발부 장관은 우리들에게 그렇게 인도와 반대되는 환경에서 생활하고 근무하다니 우리들 모두가 틀림없이 비상한 영감을 주는 사람들이라고 말했다. 그 주일 내내 달 주위의 북쪽 지평선 위에 가장 어둑한 깜박이는 빛만 보였고 다른 모든 것은 어둠이었다. 매 휴일마다 계획된 다른 행사가 있었는데 로스 플랫폼 복도에서의 번지 레이스, 퀴즈 나이트, 펜시 드레스 등이었다.

한겨울 오후에 우리들은 캠브리지에 있는 BAS 본부가 우리를 위해 준비한 BBC 월드 서비스 방송의 한겨울 메시지를 청취하기 위해 거

प्रधान मंत्री
Prime Minister
MESSAGE

[For Station Commanders of all Antarctic Stations, Antarctica]

On the occasion of 'Antarctic Mid-Winter Day, June 21, I convey my warm greetings to you all. The people of India admire your courage and determination in braving harsh conditions of Antarctica in pursuing frontiers of scientific knowledge. I wish you all a fruitful and successful stay in Antarctica and a happy journey back home.

실로 모여들었다. 그들은 인사를 녹음하기 위해 우리의 가족들과 친구들에게 연락을 했다. 전리층이 비협조적이었으며 그래서 우리들은 잡음 너머로 우리가 사랑하는 사람들의 목소리가 지구의 불거져 나온 곳 주위로 휘는 것을 들으려고 안간힘을 썼다. 나는 이사(Esa)가 이태리의 전화박스에서 '사랑해'라고 외치고는 날이 너무 더워서 자기 신발이 보도 속으로 빠지고 있다고 말하는 것을 들었다. 마크 에스가 그 프로그램을 테이프에 녹음했으며 나는 나중에 그것을 몇 번이고 다시 틀고는 물이 집 밖에서 액체가 될 수 있고 타맥(tarmac, 아스팔트 포장재—역자 주)이 녹을 수 있는 그 머나먼 세상을 상상하였다. 그녀에게는 기온이 40℃ 이상이었고 반면에 내게는 영하 40℃에 가까웠다.

우리는 테마가 있는 술집 순례를 하기 위해 모두 책임지고 다른 방이나 공간을 하나씩 개조하기로 했다. 아네트와 일레느와 스튜어트는 심슨 플랫폼을 한 개의 해변으로 바꾸었다. 나는 배관용 판지와 초록색 종이로 도서관을 새의 지저귀는 소리가 몰래 들리고 나무들이 있는 완전한 숲으로 만들었다. 심슨 플랫폼 근처에 얼음 동굴을 하나 파서 얼음 속에 깎아 만든 벤치에서 몇 파인트의 진토닉을 제공하였다. 스콧의 기상학자였던 원래의 심슨은 그와 꼭 같은 얼음 동굴 속에서 실험을 수행해야만 하였다. 우리는 결국 그를 기념하여 명명된 플랫폼에 있는 해변에서 밤새 칵테일을 홀짝이며 우리의 고립상태가 끝나기 전에 남아 있는 5개월에 관해 얘기를 나누었다.

심슨 플랫폼에서 로스 플랫폼으로 돌아오는 길에 나는 어둠 속에 걸음을 멈추고 서쪽을 바라보았다. 달은 'Darkness'의 'D'자와 같이 완전한 반원이었다. 하늘은 막 잠들려하는 뇌의 검은색이었으며 별들은 밤을 위해 마감하는 뉴런들처럼 반짝였다. 바람은 없었으며 기온은 영하 35℃에 불과해 한겨울 치고는 온화하였다. 심슨 플랫폼에서의 비치

파티는 북쪽에서 우리 모두를 기다리고 있는 또 다른 하나의 세상을 상기시켜 주었는데 그것은 나날이 가까워지고 있었다. 저 아래 가장 가까운 우리들의 진짜 해변에서는 지금쯤 황제펭귄 암컷들이 마지막 알을 낳고 모두 떠나버렸을 것이며 외해로 걸어 돌아가고 있을 것이다. 수컷들은 지구상에서 최저 기온 속에 4개월 단식의 절반을 끝냈을 것이다.

1907년에서 1909년의 섀클턴의 **님로드호**(*Nimrod*) 탐험대는 아주 훌륭한 물자 공급을 받았다. 체리 개러드는 자신들의 **테라 노바호** 썰매 여행에서 사치품이 부족한 경우에는 대개 섀클턴의 물자 저장고 중 한 개를 찾아서 파내려 가면 양의 혀, 치즈 또는 로운트리(Rowntree's) 코코아를 얻을 수 있다고 비꼬는 투로 말했다. 저장고 한 군데에서 그들은 작동 상태가 완벽한 프리무스(Primus) 난로 한 개를 발견했는데 그들은 탐험이 끝날 때까지 그것을 사용하였다. 최근에 로이즈 곶(Cape Royds)에 있는 섀클턴의 기지 오두막 근처에서 매장되었던 맥킨리(Mackinlay's) 싱글몰트 위스키 한 병이 발굴되었다. 이러한 모든 사치품 이외에도 섀클턴이 인쇄기 한 대를 남극대륙에 운반해 갔다는 것이 종종 간과되고 있다. 자신의 **님로드호** 탐험에서 그는 남극점 100마일 이내에 도달했을 뿐 아니라 자남극을 발견했고 에러버스산(Mount Erebus, 남극대륙 로스섬에 있는 활화산—역자 주)을 용케 최초로 등정했으며 지금까지 진정한 의미에서 남극에 관한 최초의 서적인 **남극광**(*Aurora Australis*)을 인쇄했다. 그것은 약 100부 한정판으로 인쇄되었으나 나는 팩시밀리 판 1부를 간신히 구해서 그것을 남쪽으로 가지고 왔다.

안표지 위의 출판사명에는 두 마리의 황제펭귄과 전설적인 "펴낸 곳 'The Penguins' 출판사, 펴낸이 조이스와 와일드(Joyce and Wild). 주소 남위 77° 32′ 동경 166° 12′ 남극대륙 동부. 판권 소유."라는 문구가 보인다. 편집인으로서 섀클턴은 테니슨의 영향을 깊이 받은 두 편의 시와 두 개의 서문을 기고하였다. 첫 번째 서문은 다음과 같이 끝을 맺고 있다: "이제는 우리들의 일부가 되어버린, 태양이 없이 오직 부랑자 같은 달과 알기 어려운 오로라만 비추는 수개월 동안 우리는 이 작업에서 흥미와 휴식을 발견하였으며 궁극적으로 그것이 먼 북쪽 땅에 있는 우리들의 친구들에게도 동일하다고 판명되기를 희망한다." 두 번째 서문은 고르지 못한 인쇄의 질에 대해 사과하고 있는데 그의 보고에 의하면 그것은 인쇄기의 인자판이 서리로 덮이는 것을 막기 위해 양초를 사용했기 때문이었다. 목차를 훑어가다가 '황제펭귄과의 인터뷰'라는 제목의 한 작품에 즉각적으로 내 시선이 끌렸다. 그것은 탐험대 의사 두 명 중 한 명인 맥케이(Alistair Forbes Mackay)가 쓴 것이었다. 내가 황제펭귄을 보러 갈 수 있었던 이래 두 달이 지났으며 그래서 나는 다음에 언제 그들을 보기 위해 다시 그 아래로 갈 수 있을지 알지 못했다. 섀클턴의 의사도 역시 그 기나긴 겨울 동안 그들의 유일한 이웃에 대해 생각하고 글을 썼다는 것이 나의 흥미를 돋구었다.

맥케이는 극지방의 풍경을 매우 사랑하고 있으며 그 곳에서 자신이 보는 미에 대해 기술할 때 그의 산문이 돋보인다. 그의 작품은 한겨울 조금 지나 크로지어 곶 방향으로 도보 여행한 것에 관한 기술로 시작한다. "그런 흰색과 푸른색들이라니! 그것들은 격노한 것 같고 이 세상 것이 아니었으며 전기와 같이 강렬하였다. 내 생각에 예술가들은 생기 없는 흰색에 관해 이야기하지만 그런 형용사는 달빛에 비친 남극의 눈의 흰색에 결코 적용할 수 없을 것이다… 그것은 어린 시절의 가려진 시선으로 보는 어떤 아름다운 장면 전환과 같았다." 자신의 탐험대의 제국적 목표에도 불구하고 그는 더 나아가 그로서는 남극대륙에서 사람을 가장 도취시키는 생명의 측면을 기술하고 있는데 그것은 소유자가 없다는 것이다. 그 다음에 진실을 조사할 때 숨겨져 있는 한 토막의 코미디가 슬며시 끼어든다. "지구의 제법 큰 표면의 이 상당한 부분은 우리 것이었다. 오염시키는 발은 어떤 것도 자연그대로의 고독이 훼손된 우리들의 발을 구하지 못한다… 어떤 제복을 입은 공원경비원이나 코르텐 바지를 입은 사냥터지기도 우리의 길을 막을 수 없을 것이다." 이 해변 위의 유일한 다른 생명은 황제펭귄들이며 그는 선임 외과의사인 에드워드 윌슨만큼 그들에게 깊은 감동을 받고 있다. 그들은 '살아있는 새들 중 가장 위풍당당하다.'

그러자 그때 한 개의 빙산 뒤로부터 날개 밑에 물개 뼈로 만든 경찰봉을 지닌 6피트나 되는 펭귄이 걸어 나온다. "그것은 사냥터지기임에 틀림없다." 맥케이는 숨이 막힐 듯이 쓰고 있다. "그는 내가 지금까지 만나보았던 가장 거대한 황제펭귄이다… 나는 사냥터지기들과 그런 기질의 사람들과 많은 힘든 인터뷰를 해보았지만 이 사람을 만나보려면 내 모든 외교 수완을 다 동원해야 할 것이다." 놀랍게도 그 펭귄은 순 스코틀랜드 사투리를 사용했으며 이어서 그들의 몸을 더듬어 숨겨둔 알이 있는지 검사했다.

"자, 신사여러분들." 그는 말한다. "당신들이 어디서 왔는지 용무가 무엇인지 내게 말해주면 당신들에게 내 사유지를 보여주겠소."

맥케이는 계속해서 휴대용 술병에서 위스키를 권하고 펭귄은 감사하며 받아들이고("아니 이런 훌륭한 물건을… 여기서는 꽤 귀한 건데") 그는 졸부들과 많은 토지를 소유한 상류층 양자 모두의 스코틀랜드의 굉장한 사유지를 지키는 사냥터지기에 쫓긴 소년의 신분으로 그가 했던 것에 틀림없는 대화를 패러디하고 있다.

"우리가 마침 누구의 사유지를 무단 침입한 건 가요? 나는 이 일대에 사유지가 있는 줄은 몰랐는데요."

"오, 미스터 포스테리, 아프테노디테스 포스테리 씨(Aptenodytes Fosteri), M.P의 사촌인. 아니 자네가 그걸 몰랐다니 놀라운 걸! 아주 오래된 가문인데."

그 거대한 펭귄은 그들에게 그들이 볼 수 있는 땅이 전부 포스테리씨의 소유라고 말하고 있다. 그는 자신들이 단지 돌멩이 표본을 수집하기 위해 거기에 있다는 그들의 중얼거리는 변명에 깜작 놀라게 되는데 왜냐하면 돌멩이를 모은다는 것은 그 펭귄에게 그들이 둥지를 짓고 거기에서 번식한다는 것을 암시하기 때문이다. 맥케이가 재빨리 설명한다: "오 아니요."라고 나는 말했다. "우린 단지 집에 가져가서 그것에 관심이 있는 사람들에게 보여주려고 그 돌멩이들을 모으고 있어요… 게다가," "우리들에게는 암컷도 없어요."라고 슬프게 덧붙인다.

그 펭귄은 그들에게 그 '사유지'를 자랑하고 그들에게 크로지어 곶 방향으로는 다시 가지 말라고 부탁한다. "어쨌거나." 우리는 그의 명령에 복종해왔다."라고 맥케이는 쓰고 있다. 윌슨과 바우어즈와 체리 개러드가 크로지어 곶으로 겨울 여행을 떠난 것은 3년 뒤의 일이었다.

맥케이의 작품은 초현실주의적이고 불손한 것이지만 토지 소유에 관한 한 편의 풍자로서 정곡을 찌르고 있다. 펭귄에게 스코틀랜드 사투리와 위스키에 대한 애호를 부여한 것은 아마도 탐험대원 들 사이의 사적인 농담에 토대를 두었을 것이다(맥킨리 몰트위스키 일부를 잃어버렸다는 것을 알았을 때 그것은 펭귄이 가져갔다고 생각되었다). 그러나 그 대사 속에 숨겨져 있는 것은 하나의 중대한 문제인데 그것은 펭귄은 이곳에서 자기 집에 있는 것이며 맥케이는 남극대륙에 있는 모든 인간들과 마찬가지로 침입자라는 것이다. 모의 사유지의 창조는 남극의 토지 소유권 개념을 드러내 보이는데 그것에 대한 환상이 실제로 존재한다. 황제펭귄들은 그 해안 위에서 살고 번식하고 그리고 죽는다. 맥케이는 "우리는 단지 집으로 가져가려고 돌멩이들을 모으고 있으며" 그리고 "우리들에게는 암컷이 없다"는 대조적인 인간의 입장을 요약하고 있다.

우리들 자신의 한겨울 출판물을 위해 토디가 월동대원 티셔츠를 위한 디자인과 함께 비슷한 주제에 관한 그림을 그렸다. 성난 황제펭귄 한 마리가 우리들 중 한 명을 스키두로부터 거칠게 밀쳐내고는 가속기를 비틀어 지평선을 향해 달려가고 있다. 결국 그것은 그들의 얼음인 것이다.

우리들의 한겨울 사진에는 유니언 잭(Union Jack)이 계속 거꾸로 달려 있었다. 이것은 우리가 지구 맨 밑바닥으로부터 거꾸로 달려있는 것을 고려하면 아마도 고의적인 것이었다. 그렇지 않다면 그것은 스콧이나 섀클턴 일행에 의해서는 결코 저질러질 수 없었던 하나의 실수이다. 한겨울 무렵의 그 시절에 나는 그들이 1년 중 가장 어둡고 가장 추운 시기 동안 무엇을 하고 있었는지 보기 위해 그 탐험가들의 가장 유명한 탐험에 대한 공식적인 기술을 읽고 또 읽었다. 내게는 다시 한 번 그 탐험들 중 두 가지인 테라 노바호와 함께 한 스콧의 탐험과 인듀어런스호와 함께 한 섀클턴의 탐험이 실패와 비극에 의해 감동을 주었을 뿐 아니라 또한 역경을 초월하는 인간 능력과 함께 빛난다는 생각이 들었다. 결국 그 점이 아마 그것들의 매력의 비결일 것이다. 순조롭고 성공적으로 진행되는 그런 탐험들에게는 훨씬 주의를 덜 기울이는 것이다.

얼음 속에 갇힌 인듀어런스호에 대한 섀클턴의 묘사는 한겨울 기념 행사들에 대한 언급이 없다. 1915년 6월 15일의 주에 대원들은 그들의 개와 함께 '남극 경주(Antarctic Derby)'를 개최하였다. 이 계절 동안 그들의 주된 걱정거리와 그리고 보다 긴급한 사안들로부터의 한 가지 탁월한 기분전환거리는 개들을 잘 훈련된 상태로 유지시키는 것이었다. 그들은 앞으로 자신들의 생명이 그들에게 의존하게 될지 모른다는 것을 알고 있었다. 로스 해 안에서 대륙에 걸쳐 오로라호에 승선했던 그들 일행의 다른 절반의 일부가 계류용 밧줄이 끊어져 남위 76도 근처 어딘가에서 역시 얼음 속에서 표류하고 있었다. 오로라호의 선장 대리인 스텐하우스(Stenhouse)는 간결하게 다음과 같이 언급하였다. "오늘 태양이 북쪽 경사의 한계에 다다랐다. 그리고 이제 태양은 남쪽으로 가기 시작할 것이다. 이 날을 휴일로 기념하였다."

1년 뒤 섀클턴은 칠레 파타고니아의 푼타아레나스(Punta Arenas)에 있었으며 앨런 맥도날드(Allan McDonald)의 주최 하에 엘리펀트 섬(Elephant Island)에 갇혀있는 그의 대원들을 구출하기 위한 돈과 배를 함께 마련하기 위해 애를 쓰고 있었다. 그는 포클랜드제도에서 쌀쌀맞은 환영을 받은 뒤 칠레로 갔는데 대원들을 구하기 위한 두 번의 시도가 이미 실패한 뒤였다. 한편 두 대의 뒤집힌 보트로 만든 막사에 수용된 그 대원들은 뜨거운 우유와 '열 두 조각의 곰팡이 핀 견과식품과 함께 끓인 비스킷 분말'로 만든 푸딩으로 걸쭉해진 잡탕 찌개인 '훌륭한 아침 식사'를 즐기고 있었다. 난파된 인듀어런스호로부터 구해내 그 섬까지 죽 운반해

온 물건들 중의 하나는 기상학자 레너드 허시(Leonard Hussy)의 '거의 다치지 않은' 밴조였다. 한 척의 보트 속으로 몰려 들어가 대원들은 함께 노래를 불렀지만 그들은 자신들이 구조될 가능성이 희박해지고 있음을 알고 있었다.

5년 전 대륙의 다른 쪽에서 에반스 곶에 있던 스콧 일행은 더 전통적인 기념행사를 하고 있었다. 한겨울 밤을 위한 일기에서 앱슬리 체리 개러드는 대원들은 모두 연설을 하도록 요청받았으며 바우어즈는 연설 대신 대나무와 스키 스틱들과 깃털로 된 수제 크리스마스트리를 만들었다고 언급하였다. 그들은 모두 밀크 펀치를 마시고 함께 춤을 추었다. 러시아인 개 몰이꾼인 안톤(Anton)은 춤을 너무 잘 추어 "그는 러시아 발레를 무색하게 만들었다."우리가 볼 DVD 선반이 있는 곳에서 그들은 폰팅이 찍은 사진들의 슬라이드 쇼를 보았다. "그것은 굉장한 쓸모없는 물건이었다."라고 체리 개러드는 말했다.

그 다음 해인 1912년 그들의 사기는 훨씬 더 낮았다. 극지 탐험대 일행은 귀환하지 않았고 빅터 켐벨(Victor Campbell)이 이끄는 지질학 연구팀 일행도 돌아오지 않았다. 테라 노바호가 켐벨 일행을 교대할 예정이었으나 그 배가 얼음을 헤치고 그들에게 도달할 수 없었다. 대원들은 그들이 '형언할 수 없는 섬(Inexpressible Island)'이라고 이름붙인 바위 위의 눈 동굴 속에서 겨울을 나지 않으면 안 되었으며 도살한 펭귄과 물개를 먹고 생존하였다. 일행 대부분이 이질에 걸렸다. 일행 중 의사인 조지(George Murray Levick)는 이와 같은 경험에 대한 자신의 느낌을 간신히 다음과 같이 표현하였다; "지옥에 이르는 길은 아마 선의로 포장되어 있을 것이나 지옥 자체는 아마도 '형언할 수 없는 섬'의 스타일을 따른 무언가로 포장되었을 것 같은 생각이 들었다."

9명의 대원들이 뉴질랜드에서 겨울을 나기 위해 테라 노바호를 타고 북쪽으로 가버렸다. 13명의 대원들이 또 다른 겨울 속으로 들어가기 위해 에반스 곶에 남겨졌다. 체리 개러드는 윌슨과 바우어즈의 죽음을 몹시 애통해 하였다. 그의 책에는 그 해의 한겨울 기념행사들에 관한 언급이 없으며 오직 그가 한겨울의 낮에 맞추어 *South Polar Times* 한 부를 제작해야 한다는 압박감을 느끼고 있다고 말하고 있는데 그는 간신히 그것을 해냈다. 핼리 기지에서는 우리들의 신문은 8월까지 나오지 않았다. 또 다른 의사인 앳킨슨(Atkinson)은 스콧이 없을 때 '기지 대장'이었다. 그는 겨울 내내 대원들이 그 다음 봄과 여름에 무엇을 할 것인가를 결정하기 위한 회의를 소집하였다. 약간의 물자를 가지고 상륙했으며 그래서 아직 살아있다고 생각되는 캠벨과 그의 대원들을 찾기 위해 그들이 북쪽이나 서쪽으로 갈 것인가? 아니면 그들이 남쪽으로 가서 틀림없이 사망했을 극지 탐험대 일행이 어떻게 되었는지 그 흔적을 찾으려고 애를 쓸 것인가? 체리 개러드는 "우리가 죽은 사람들을 찾기 위하여 살아있는 사람들을 남겨두어야 한다는 것은 내게는 상상도 할 수 없는 것처럼 보였다."라고 적었다. 그러나 나중에 그는 마음을 바꾸었다. 한겨울 무렵에 앳킨슨은 그것을 표결에 부쳤는데 오직 한 명의 대원인 래슬리(Lashly)만이 남쪽으로 가는데 대해 찬성투표를 하지 않았다. "그 문제의 복잡성을 고려할 때 나는 이러한 만장일치에 놀랐다."라고 체리 개러드는 말했다.

캠벨의 대원들은 결국 안전한 곳으로 귀환했으며 1912년 여름에 남쪽으로 간 썰매 탐험대 일행도 물론 스콧의 텐트를 발견하였다. 그 여행 이야기와 그 주위에 자라난 신화는 그 자체가 그 투표 덕분이다. 스콧의 마지막 일기는 1912년 3월 29일 기록되었는데 그들의 생명을 살렸을 물자 저장고로부터 11마일 밖에 떨어지지 않은 곳이었다. 그의 몸 위에서 발견된 서류들은—윌슨의 아내, 바우어즈의 모친, 배리(J.M.

barrie)에게 보내는 편지들, 그리고 '영국 대중에게 대한 메시지' 등과 같은—영국의 전설 속으로 들어갔다.

헬리 기지에서 우리들은 전설의 삶을 살고 있지 않았다. 우리들의 삶은 예외적이고 특권이 주어졌으며 극한적이고 매우 고립된 것이었으나 이러한 이야기들을 읽고 난 후에는 우리의 삶도 역시 매우 안전하다고 생각되었다.

10

4분의 3

극지의 밤을 통한 모든 탐험에는 거의 한결같은 불만이 발생한다…
우리들은 지금 캄캄한 밤의 차가운 단조로움에 싫증난 것만큼
서로의 동행에도 싫증이 나 있다.

프레데릭 쿡(Frederic Cook), 남극의 첫 날 밤을 보내며(Through the First Antarctic Night)

7월을 지나면서 내게는 기지의 분위기가 변하기 시작했다. 마치 대기 속에 단조 코드를 짜 넣은 것 같았다. 여러 가지 생각들이 마치 기름으로 미끄러운 것처럼 솟아오르려고 몸부림쳤다. 내 마음이 버터같이 부드럽게 되었다. 몇 개월 동안 우리는 하루에 두 끼 아니면 세끼 식사를 함께 해왔으며 그래서 이제는 이야기 거리들이 떨어지기 시작하였다. 술 취한 삼촌과 함께 하는 가족끼리의 저녁 식사처럼 불안한 침묵이 식탁 주위로 내려앉곤 하였다. 러스가 내게 더 길어진 저녁 식사 시간의 침묵 동안 내가 낮은 소리로 흥얼거리기 시작했다는 것을 지적해 주었다. 나는 여태 눈치 채지 못했으나 마크가 식사시간을 피하는 이유를 이제 알기 시작했는데 이번이 핼리 기지에서의 그의 세 번째 겨울이었다. 그와 벤과 아네트와 일레느는

지금 그들의 두 번째 연속적인 겨울을 겪고 있는 중이며 각자 자기 나름대로 그것에 대처하고 있었다. 마크는 바깥에서 열심히 훈련하기 시작했는데 봄에 있을 인력으로 썰매를 끌고 가는 여행에 대비해 몸을 탄탄하게 만들 목적으로 매일 기지 경계선 주위에서 머클럭을 신고 고글을 끼고 조깅을 했다. 벤은 어둠의 영향을 거의 받지 않는 것처럼 보였다. 그는 아마도 겨울이 깊어짐에 따라 술을 조금 더 마시는 것 같았으나 그도 역시 매주 2, 3일 저녁에 기지의 자그만 체육관을 이용하기 시작했는데 로스 플랫폼을 쩡쩡 울리는 스래시 메탈(thrash metal, 매우 빠르고 불협화음을 내는 헤비메탈의 일종—역자 주)의 사운드트랙에 맞추어 역기를 들고 턱걸이 운동을 하였다. 일레느와 아네트는 둘 다 잘 지내고 있었다. 아네트는 밖에서 긴 시간을 보내면서 마치 떠나기 전에 가능한 많은 추억을 모으기 위해 애쓰는 것처럼 심슨 플랫폼으로 향한 계단에서 별들을 지켜보았다. 일레느는 장난에서 위안을 찾았는데 그녀는 밤중에 부트룸으로 숨어 들어가 남몰래 머클럭에 다양한 시리얼을 채워 넣었다. 그녀는 매주 다른 피해자를 신중하게 선택했는데 그래서 한동안 공격 패턴을 알아내고 누가 장본인인가를 추측하는 것이 기지의 얘기 거리였다. 그녀는 한겨울 잡지에 익명의 기사도 기고했으며 그것을 어느 날 아침 토모의 작업대 위에 몰래 남겨두었다. '신발 강도님'이라고 토모는 자신의 사설에 썼다. "우리는 당신에게 경의를 표하는 바입니다." 그것은 그녀가 핼리 기지를 떠난 수주일 후 이메일로 고백했을 때까지 하나의 미스터리로 남아있었다.

기지 밖에서는 극지의 밤이 내게 그 아름다움의 일부를 상실해 버렸다. 그것은 역사와 미래 사이의 일종의 휴식, 불확실한 상태, 숨을 고르며 잠깐 쉬는 시간이 되었다. 기지 주위에서 스키를 탈 때 얼음이 내게 다르게 보이기 시작했다. 구속 받지 않고 넓게 트인 자유로운 공간

대신 나는 얼음이 사물을 가두는 방식을 보았다. 지금까지 나는 달을 얼음 위와 마찬가지로 열대지방과 내가 사랑한 사람들 위로 자애롭게 빛나는 반가운 친구의 한 명으로 바라보았다. 이제는 달이 간수의 눈처럼 눈을 가늘게 뜨고 나를 내려다보았다. 북쪽에서 오는 메시지는 속도가 느려지는 것처럼 보였다. 나는 2, 3일 이내에 내가 보낸 이메일에 대한 회신이 없으면 비이성적으로 짜증을 내게 되는 자신을 발견하였다.

뉴스로는 우리는 한 페이지의 요약을 팩스로 받았는데 거기에는 전쟁, 자연재해 그리고 정상회담이 각각 한 줄의 기사감이 되었다. 이제는 이 출력된 뉴스가 너무 보잘 것 없다고 생각되었으며 북쪽으로부터의 뉴스에 굶주린 나머지 나는 무전실 안에서 쪼그리고 앉아서 저 멀리 아프리카로부터 송신되는 쉭쉭거리는 잡음과 함께 더듬거리는 BBC 월드 서비스 방송에 채널을 맞추려고 다시 시도하였다. 나는 적도의 어둠 속에 있는 다른 청취자들과, 열대성 곤충들의 윙윙거리는 소리가 동반된 그들의 뉴스를 상상하는 한편 포효하는 남극의 블리자드 너머로 그 헤드라인을 잡으려고 안간힘을 썼다.

침묵과 고독에 관한 자신의 명상록에서 사라 메이트랜드(Sara Maitland, 영국의 작가—역자 주)는 오랜 시간을 침묵 속에 보낸 은자들과 고행자들에게 엄습할 수 있는 무기력하고 무관심한 마음 상태인 *accidie*(무감동)에 관해 논하고 있다. 그 현상을 경험한 바 있는 메이트랜드에 따르면 그러한 마음 상태는 심지어 자유로이 자신들의 고독을 선택한 사람들과 그것을 뒤에 남겨두고 떠날 수 있는 수단과 능력을 가진 사람들에게도 영향을 미칠 수 있다. 그녀는 자신들의 고독을 자유로이 선택하지 않았거나 그들의 탈출구가 막힌 개인들은 훨씬 더 심각한 심리학적 위험을 안고 있다고 말한다. 세계 일주 항해를 하는 선원들에서 자학하는 수도승에 이르는 다양한 사람들의 노트와 일기를 인용하여 그녀는 침묵과 고독이 어떻게 해서 일부 개인들을 광기를 향해 몰아갈 수 있는가를 보여주고 있다. 수도회들이 생활의 리듬과 규율을 발전시키는 것은 이러한 위험들을 감소시키기 위한 것이라고 그녀는 말하고 있다. 대부분의 남극 기지들이 왜 엄격한 일상을 고수하는가에 대해 동일한 이유를 부여할 수 있다.

나는 BAS 의료부 도서관에서 '격리되고 국한된 환경(Isolated and Confined Environments)'으로 알려져 있는 것에 관한 심리학을 다루고 있는 한 무더기의 서류와 **영국 정신과학회지**(*The British Journal of Psychiatry*), **환경과 행동**(*Environment & Behaviour*), 그리고 **심리학 저널**(*Journal of Psychology*)을 포함한 학술지를 받았다. 이러한 논문들에서 우주 탐험, 석유 시추시설, 잠수함 및 포화 잠수부들(saturation divers)의 폐쇄된 공동체에 대한 대용물로서 남극의 겨울이 사용되었다. 그 논문들은 겨울을 나는 것이 비록 이득을 가져오지만 일부에게는 하나의 극심한 부정적 경험이 될 수 있다는 것을 보여주었다.

'영국령 남극대륙 근무의 심리학적 영향(The Psychological Effects of Service in British Antarctica)'이란 논문에 남극반도에서의 겨울 한 철이 기술되어 있는데 그 겨울 동안 기지 대원들의 4분의 1이 정서 및 불안 문제들로 인해 조기에 떠나버렸다. "심리적 장애를 경험하는 경우 남극에 잔류하는 것은 명확하게 한 개인에게 손상이 된다."라고 저자들은 썼다. "조그만 외딴 기지에서 그를 치료하기 위한 시설이 부적절할 뿐 아니라 남극 자체가 종종 심리학적 문제들의 근본 원인이 되며 따라서 기지를 떠나는 것이 종종 치료와 치유 양자 모두에 도움이 된다고 생각된다."

프랑스인들이 황제펭귄에 관한 최고의 종적 연구를 수행한 것처럼 그들은 월동 기지대원들의 정신 건강을 고찰하는 가장 오랜 데이터 세트의 일부를 보유하고 있다. Point Geologie의 프랑스 기지의 전임 월동대원의 한 명이었던 닥터 장 리볼리에(Dr Jean Rivolier)가 그 주제에 관한 20년의 연구를 고찰하여 정도의 차이는 있지만 거의 모든 월동대원들이 일련의 부정적 반응들을 경험한다고 결론을 내렸다. 그는 어떤 월동대원이 기지 위에 만연해 있는 프라이버시의 결핍과 접할 때의 최초의 '경고 반응(alarm reaction, 적응하기 어려운 돌발적 자극에 대한 일반적 반응—역자 주)'을 기술하고 제일 먼저 남극대륙에 가려는 그들의 동기를 개별적으로 질문하는 것으로 옮겨가고 있다. 이러한 상태는 리볼리에에 따르면 저항('우울증과 공격성')으로 이동하고 탈진 상태('관용, 무관심')로 절정에 달한다. 1956년으로 거슬러 올라가 리볼리에는 비록 펭귄들이 그 이야기의 한 가닥을 채우는데 불과하지만 **황제펭귄**(*Emperor Penguins*)이라고 불리는 월동 경험에 관한 책을 한 권 저술하였다. 나는 복사본 한 권을 남쪽으로 가져 왔다. 식탁을 위해 서너 마리를 죽였음에도 불구하고("신선한 고기를 먹고 싶은 나의 욕망이 이겼다") 리볼리에는 자신의 동료 인간들 문제로 그가 기지에서 겪는 여러 가지 곤란과 대조를 이루는 이 새들에 대한 깊은 사랑과 존경의 마음이 생겼다. "두 눈의 표정으로 보아 그는 연애 사건이나 친구의 죽음을 기억하고 있는 것처럼 보이곤 했다."라고 그는 펭귄에 관해 썼다. "그들은 지구가 제공하는 최악의 폭풍의 지배를 받고 있지만… 그러나 그들은 똑같이 두 눈을 크게 뜨고 똑같이 위엄 있게 이 모든 것들을 직면하고 있다."

리볼리에가 그의 기지에 도착했을 때 떠나는 월동대원들 중 아무도 그에게 자신들의 경험에 관해 이야기 하려고 하지 않았다. 들러붙은 턱수염과 아주 더러운 의복과 함께 그들은 그의 질문을 피했으며 교대 선박으로 가는 도중 그를 밀치고 지나가버렸다. 겨울 늦게 야외 여행에서 3, 4일 동안 뒤에 남겨진, 리볼리에의 일행 중 한 명이 좀비들이 자기 음식에 독을 뿌리고 있다는 환각에 빠지기 시작하였다. "심리학자들이 아마도 동계 캠프의 "정신적 증후군"이라고 불렀을 것들의 이면에는 여러 가지 원인들이 존재하고 있다."라고 리볼리에는 적고 있다.

"외로움, 때때로 산 자의 명부에서 삭제되었다고 일행의 모든 구성원들이 느끼는 감정, 기후, 그렇게 많이 붐비는 조건하에서 살아가는 어려움, 성적으로 굶주린 부인할 수 없는 사실. 이 모든 것을 합쳐 생각하면 히스테리의 표현인지 아니면 광기 직전의 정신적 붕괴인지를 아주 쉽게 설명할 수 있을 것이다."

다른 심리학자들이 남극대륙의 월동대원들에게 '3/4 효과(Third-Quarter Effect)'를 적용해 왔는데 그것이 왜 7월인 이제야 내가 그렇게 갇힌 느낌이 들기 시작하는가를 설명하는 데 도움이 될 수 있을 것이다. 그 효과는 여태까지 인내해 왔던 모든 것에도 불구하고 아직도 끝이 멀리 떨어져 있다는 인식으로 인해 개인들이 고립되거나 몹시 힘든 어떤 경험의 4분의 3이 특히 어렵다고 생각하는 것이다. 나중에 내가 동료 월동대원들이 작성한(기지 조명 연구 프로젝트의 일환으로) 심리학적 설문지를 분석했을 때 그들은 일반적으로 3/4 효과를 경험하지 않는다는 것이 명백했지만 이제 생각하니 나는 그것을 경험했었다. 두 번의 겨울에 걸쳐 4개의 남극 연구 기지에 대한 대규모 연구에서 조안나 우드(Joanna Wood)는 "설령 3/4 효과가 존재한다 하더라도 극한 환경에 있는 모든 개인들이 보편적으로 그것을 경험하는 것은 아니다."라고 썼다. 어째서 일부 개인들은 그것을 경험하고 일부는 경험하지 않는가는 그 연구에 의해 밝혀지지 않았다.

리처드 버드가 1928년 로스 빙붕에 도착했을 때 그는 관은 두 개밖에 챙겨오지 않았으나 구속복(straitjacket, 미치광이나 죄수 등에 입히는 조인 자켓—역자 주)은 열 두 벌이나 꾸려 왔다고 한다. 그는 수개월의 격리에 의해 야기되는 '남극 응시(Antarctic Stare)'를 최초로 기술한 사람들 중 한 명이었는데 그것은 한 번에 몇 분 동안 초점이 맞지 않는 눈으로 중경(middle distance, 그림, 시야의 중간 부분—역자 주)을 응시하는 것을 말한다. 캠브리지에 있는 BAS 본부에서는 그것을 '핼리 응시(Halley Stare)'라고 불렀으며 남쪽으로 가기 전에 나는 그것이 단지 또 다른 남극의 전설이라고 생각하였다. 그러나 여러 가지 연구가 그것을 확인한 바 있다. 뉴질랜드 스콧 기지의 한 연구원이 해를 넘기기 전과 넘긴 후의 그들의 피최면성에 대해 월동대원들을 조사하였다. 그들은 겨울을 보낸 후 더 많이 응시했을 뿐 아니라 최면 걸기가 더 용이해졌고 그들의 뇌파가 변하였다. 저자들은 이것을 오랜 기간 동안의 지각결손의 탓이라고 생각하고 있다.

그러나 몇 번이나 연구해보아도 남극에서 진성 정신 질환은 드물다는 것이 밝혀졌다. 버드 제독은 그 구속복에 대해 지나치게 조심하였다(그러나 핼리 기지 진료실 벽장에는 그것들의 현대적 등가물인 향정신병 근육주사제가 잘 갖추어져 있다). 대부분의 월동대원들은 자신들의 경험을 즐기는데 그것은 높은 재지원자 수에 의해 증명되고 있다. 여러 가지 선택 과정이 작용하는 것처럼 보인다. 기지 생활과 극지 과학이 계속 되고, 얼음 위의 영원한 존재가 유지되며, 남쪽으로 가는 대부분의 사람들이 이득을 보고 있다. 수백 명의 남극 월동대원들을 인터뷰했던 심리학자인 래리 팰린카스(Larry Palinkas)는 전임 월동대원들이 집에 머물러 있는 연령 및 성별이 짝지어진 개인들보다 암, 신경성, 대사성 및 근골격계 질환이 더 적게 걸린다고 믿고 있다. "그것을 스트레스 접종이라고 부른다"라고 팰린카스는 말하고 있다. "그들은 '내가 이것을 감당할 수 있으면 어떤 것도 감당할 수 있어'라고 생각한다. 스콧 기지의 연구원들은 겨울이 '이미 자족할 수 있고, 자제력을 잃지 않은, 침착한 대원들을 훨씬 더 그렇게 되도록 유도한다'는 것을 발견하였다.

만약 내가 올 한해로부터 무엇인가를 바란다면 나는 이제 그것이 제공하는 고독과 침묵이 내게 동일한 영향을 미친다면 좋겠다고 생각했다.

하루하루가 어떤 패턴을 따랐으며 일과 기지 생활의 주기는 어둠을 통하여 스스로 반복되었다. 우리들 각자는 번갈아 '쓰레기 청소부' 또는 기지의 궂은일을 도맡아 하는 사람이 되었는데 이는 우리들이 화장실을 청소하고 마루를 닦고 식탁을 차리고 설거지를 하면서 13일 중에 하루를(크레이그는 예외였다) 보내는 것을 의미하였다. 저녁에는 우리는 거실 모퉁이의 바에 잠시 모여 똑같은 이야기의 일부와 똑같은 농담의 대부분을 말하곤 하였다. 미국의 소설가이자 종군기자인 마르타 젤혼(Martha Gelhorn)은 친밀함이 조심스런 과묵함과 섞여 있는 이러한 종류의 폐쇄된 국외거주자 사회에 대해 몇 자 남겼는데 "그들은 서로를 너무 잘 아는 동시에 너무 모른다."라고 그녀는 썼다. "마치 감방 친구처럼."

매일의 허드레일꾼은 저녁에 상연할 영화 한 편을 선택할 기회가 있었지만 영화 상연을 거르고 다른 공간에 모여 얘기를 하거나 심지어 딴 장소를 찾아 몇 시간 숨어 있는 경우가 흔히 있었다. 크레이그는 토요일 저녁을 위해 자신의 가장 근사한 저녁식사를 남겨 두었으며 그것과 어울리는 일련의 게임, 퀴즈 및 펜시 드레스 주제를 고안했다. 토요일 밤에는 또한 술을 가장 많이 마셨으며 겨울이 흘러감에 따라 한 주일의 다른 날 저녁들도 알코올에 잠기기 시작했다. 먼저 '작업장의 수요일(Workshop Wednesday)'이 있었는데 그날은 맥주를 작업장으로 옮겨 우리는 테이블 톱과 앵글 그라인더 사이에서 마시곤 하였다. 그 다음에는 다시 바에서의 '갈증 나는 목요일(Thirsty Thursday)'이 있었고 마지막으로 정말 단조로움이 시작되면 차고에서의 '수요일전 화요일(Pre-Wednesday Tuesday)'이 있었다. 음주를 포함하지 않는, 우리들이 단체로 할 무언가 다른 것을 찾아야만 하는 것이 분명하였다.

디스커버리호 탐험에서는 스콧과 윌슨이 일련의 토론을 준비함으로써 월동하는 선원들의 관심을 다른 데로 돌렸는데 그중 가장 열띤 토론은 브라우닝(Browning)과 테니슨(Tennyson)의 상대적 장점에 관한 것이었다(섀클턴은 전자에 대해, 베르나치는 후자에 대해 찬성론을 폈다). 시는 우리들에게 별 도움이 되지 않을 것이며 그래서 크레이그가 우리 월동 팀의 관심사에 보다 적합한 계획을 제시했는데 그것은 우리들의 위를 만족시키는 것이었다. 그는 4주간의 요리강습 코스를 고안했으며 우리는 저녁에 주방에 모였고 그는 우리가 소스와 수프, 카레와 리조또, 고기와 야채, 빵과 페스트리 등과 같은 기본을 익히게 했다. 일반적인 허드레일꾼으로서의 의무 이외에 우리들은 또한 크레이그의 유일한 비번 날인 월요일에는 번갈아 요리를 했다. 우리들 대부분은 소시지와 으깬 감자, 스파게티 볼로네즈 또는 생선과 감자 칩에 의지해 왔으나 이제는 이러한 저녁식사가 보다 야심차게 되었다. 나는 가장 어두운 달 동안의 어느 월요일 오후 전부를 손으로 비빈 파스타를 압축기로 말은 다음 수백 개의 작은 라비올리에 주름을 잡으려고 애쓰면서 보낸 기억이 난다.

다른 저녁 강의들이 개설되어 있었는데 패트는 자신이 지압 마사지의 달인임을 보여주었다. 우리는 그가 우리들의 경락과 지압점을 찌르는 동안 거실 카펫 위에 몸을 뻗은 채 며칠 저녁을 보냈다. 나는 일련의 저녁 구급처치 강의를 제안하여 모든 대원들이 붕대를 매고 깁스를 하고 상처를 꿰맬 수 있도록 확실히 해 주었다. 가장 인기가 적은 것은 내가 정맥주사 놓는 법을 가르쳐 주었던 저녁이었고 가장 인기 있는 것은 우리가 한 병 반의 소기(laughing gas, 아산화질소의 속칭—역자 주)를 통과했을 때였다.

이러한 준비된 저녁을 떠나서 핼리 기지에는 배울 기회가 아주 많았다. 다른 어느 곳에서 당신은 천문학자, 정비공, 물리학자, 음악가, 지도제작자, 전기 기사, 컴퓨터 프로그래머 그리고 목수들이 1년 동안 모두 함께 가두어 진 것을 볼 수 있겠는가? 작업장에서 토모는 내게 약간의 목공일을 가르쳐 왔는데 내가 만든 측면이 비스듬한 상자와 위치가 잘못된 경첩에 절망하였다. 벤은 내게 스키두 카뷰레이터를 분해하는 법을 보여주었다. 나는 발전실에서 그래미와 함께 이틀을 보냈는데 그는 내게 우리가 그렇게도 그것에 의존하고 있는 큰 디젤 엔진을 정비하는 법을 보여주었다. 내게 불도저를 모는 법을 가르쳐 주려는 그의 시도는 내가 하마터면 불도저를 로스 플랫폼의 다리들 중 한 개 속으로 몰 뻔했을 때 중단되었다. 차고에서 나는 진행 중인 용접 프로젝트가 있었는데 그래미와 벤의 지도하에 철제 책장이 서서히 진전을 보고 있었다. 그것이 마무리되었을 때 내가 그들에게 물었다. "자, 이제 자네들은 내가 스키두 섀시를 용접할 준비가 되었다고 생각하나?"

그래미는 고개를 가로저으며 책장을 양손에 잡았다. "젭, 나는 자네가 사람들을 고치는 데 충실해야 한다고 생각하네." 그리고는 그 책장을 쓰레기 깡통 속으로 떨어뜨렸다. 나는 그곳이 그 책장을 위한 최선의 장소임을 동의해야 했다.

핼리 기지 아래에는 로스 플랫폼과 심슨 플랫폼 사이의 빙붕을 꿈틀거리며 뚫고 나가는 미로와 같은 서비스 터널이 있는데 그것은 매년 더 깊숙이 묻히고 있다. 브룬트 빙상 저 깊은 곳에는 케이블과 파이프와 연료관들이 얼음의 비트는 압력에 의해 비틀어지고 찌그러진 벽에 매달려 있다. 그 아래의 여름 및 겨울 온도는 영하 20℃가량으로 꽤 일정하게 유지되고 있어 터널 작업은 더 추운 겨울날로부터 환영받는 중간 휴식이 될 수 있었다. 우리가 사용하는 연료의 일부는 썰매 위에 볼트로 접합된 탱크 속에 저장되어 있었으며 불도저를 운전할 수 있을 만큼 날이 따뜻한 경우(대략 영하 40℃ 보다 더 따뜻한) 탱크를 로스 플랫폼 위로 끌어 당겨 터널로 접근하는 해치 속으로 파이프를 떨어뜨렸다. 그 파이프들은 얼음 밑에 있는 발전기 연료를 저장하는 거대한 주머니인 '플러버(flubber)'를 리필하기 위해 사용될 것이다.

플러버를 리필할 때 두 가지 작업이 있었다. 땅 위에는 조사할 연료관이 있는데 하늘을 볼 수 있는 이점이 있었다. 7월로 접어듦에 따라 태양은 아직 지평선 아래 멀리 있지만 정오경의 빛이 나날이 더 환해졌다. 마치 하늘이 한쪽 가장자리에만 불꽃이 있는 회전하는 접시인 양 빛은 북서쪽에서 북동쪽으로 미끄러졌다. 나머지 작업은 저 아래 터널 안에서 있었는데 그 나름대로의 아름다움이 있었다. 터널의 모든 표면으로부터 아래로 늘어뜨려져 있는 레이스와 같은 얼음 결정들이 할로겐램프를 굴절시켜 무지개 색깔을 띠었다. 여러 층에 둘러싸여 플러버 눈금 위에 큰대자로 드러누워 무전으로 그래미의 지시를 들으며 낡은 빗자루 손잡이로 때때로 연료 레벨을 점검하는 것은 아주 편안하였다. 한 번은 내가 그 아래에서 그레이엄 그린(Graham Green, 1904~91 : 영국의 소설가, 극작가—역자 주)의 지도 없는 여행(*Journey Without Maps*)을 읽으며 오후를 통째 보낸 적도 있는데 지금도 그 책을 읽으면 항공유의 냄새가 떠오른다. 특히 그 책의 한 구절이 떠올랐는데 그것은 그가 고립된 서아프리카의 덤불을 헤쳐 나갈 때 만났던 희귀한 야생동물을 의미하고 있지만 펭귄에 대한 내 자신의 느낌을 묘사할 수 있을 것이다. "당신은 거의 모든 생명체와 친밀해질 수 있다."라고 그는 썼다. "당신 자신의 애정을 그 생명체로 옮겨라."

터널로 내려가는 가장 흔한 이유는 플러버를 리필하기 위해서가 아니라 해빙수 탱크 샤프트의 막힌 곳을 뚫기 위한 것이었다. 그 샤프트는 정상적으로 육중한 금속제 뚜껑으로 계속 덮여있지만 그 뚜껑을 잊어버리거나 폭풍에 뚜껑이 제 자리를 벗어나는 경우 눈보라가 샤프트 속으로 소용돌이쳐 들어가 재빨리 밑바닥으로부터 위로 채워버린다. 밑바닥까지 사다리를 타고 터덜터덜 내려가는 것은 따분한 일인데 밑바닥에서는 샤프트의 엘보 벤드가 대개 막힌 장소이다. 무슨 까닭인지 모르지만 번갈아 각각의 철망 층계참에 서서 눈이 아래로 산산이 부서져 내릴 때까지 샤프트에 큰 해머를 휘두르고는 그 다음 위층에서 그 운동을 반복하는 것을 자원한 사람은 언제나 토디와 러스와 나인 것 같았다. 중수(grey water, 정수처리를 한 재이용 가능한 물—역자 주)와 하수는 맵싸한 냄새가 나는 층 때문에 '양파(Onion)'라고 알려져 있는 거대한 동굴 속으로 따로따로 떨어졌는데 그곳에는 여러 해 축적된 쓰레기가 나름대로 구덩이를 파놓았다. 다행히 '양파' 파이프들은 막히는 경우가 드물었다.

눈을 해빙수 탱크 안으로 넣는 것 못지않게 더러운 눈을 위로 다시 끌어 올리는 것도 정기적인 작업의 하나였다. 공기 자체로부터 뿐 아니라 눈보라가 칠 동안 해치의 틈을 통해 들어와 쌓인 얼음이 터널을 메웠다. 잘 확립된 시스템이 있었다. 해빙수 탱크 점검구 위에 있는 도르래가 점검구의 맨 밑까지 밧줄을 바로 떨어뜨리는 것을 가능케 하였다. 30갤론들이 버킷으로 눈을 가득 파서 밧줄에 건 다음 밧줄 하나에 두세 개의 동활차가 본두를 가로질러 가능한 멀리 버킷을 끌어당겨 6, 7층 건물 높이만큼 버킷을 들어올렸다.

과거 여러 해보다는 적었지만 기지에는 해야 할 이러한 고된 육체노동이 많이 있었다. 일부 연구들이 기지가 보다 안락해지고 그 작업들이 점점 더 기계화됨에 따라 월동대원들이 더 적다기보다는 오히려 고독감을 더 많이 느껴왔다고 주장한 바 있다. 공동 작업, 공동의 목표, 고된 일과 후의 공유된 탈진이 모두 월동 그룹을 더 긴밀하게 결합시키고 서서히 다가오는 '월동 증후군'의 불안을 완화시킨다는 것을 보여준 바 있다.

나는 눈을 들어 올리거나, 얼음을 삽으로 파거나, 기상관측용 연을 날리거나, 크랭크로 플랫폼을 더 높이거나, 깃발이나 드럼통 행렬을 높이거나, 연료 저장고를 파내거나 어떤 것이든 야외 작업에 자원하려고 애썼다. 홀로 있는 시간에 대한 나의 선호를 고려하면 그것이 항상 내게 자연스러운 것은 아니었으나 나중에는 언제나 기분이 더 좋았다. 나와 함께 겨울을 보냈던 사람들만이 내가 충분히 일했는지 말할 수 있다.

기지 대장들에게 그들 삶의 이상적인 본보기로 어니스트 섀클턴이 있다면 기지 의사들에게는 에드워드 윌슨의 본보기가 있다. 그는 쉽게 흉내 낼 수 없는 사람이다. 디스커버리호 탐험에서 윌슨과 함께 겨울을 나고 크로지어 곶까지의 초기 펭귄 탐사 여행에서 그의 텐트를 함께 썼던 토마스 하지슨(Thomas Hodgson)은 다음과 같이 썼다. "내 생각에 그는 우리 모두들 중 다소 막역한 친구였다… 나는 여태까지 모든 면에서 누구에게서나 그렇게 칭찬과 존경을 받는 사람을 만난 적이 없었다." 디스커버리호와 테라 노바호 탐험 양자 모두에서 스콧의 일기는 탐험대를 지휘한 사람은 그였을는지 몰라도 대원들을 단결시킨 사람은 윌슨이라는 것을 보여주고 있다. 그는 '일행의 생명과 영혼이고 모든 여흥의 조직자이고 언제나 성격 좋고 쾌활한 친구였으며 다른 면으로는 모든 대원들 중 가장 존중받고 소중하였다.' 디스커버리호에서 아내에게 보낸 윌슨의 편지가 그의 온화한 겉모습은 많은 노력으로 유지되고 있었음을 보여주고 있다. "신은 그것이 때로 내가 얼마나 견딜 수 있는가에 관한 것임을 알고 계시며 벗어날 길은 전혀 없다." 젊었을 때 그는 걸핏하면 자살하고 싶은 기분의 변화를 겪었으며 사람들 앞에서 연설하기 전에는 진정제를 사용한 적이 있었으나 이제는 그는 이러한 불안해 보이는 면을 눈에 띄지 않게 숨기고 그것을 단지 자신의 아내를 위해 간수해 둔 편지들 속에서만 표현하였다. 그가 불안과 우울증에 대한 경험이 있다는 것이 아마도 그를 더 이해심 있는 의사이자 더 훌륭한 친구가 되게 했을 것이다.

1902년에서 1903년 남극의 여름에 스콧, 섀클턴 그리고 윌슨은 남극점을 향하여 로스 빙벽을 횡단하는 정찰 썰매 여행에서 텐트를 같이 썼다. 여흥을 위해 밤중에 그들은 텐트 안에서 서로에게 다윈의 **종의 기원**(*The Origin of Species*)을 읽어주었다. 윌슨은 섀클턴을 존경했는데 그로 하여금 많은 시들을 기억하게 해 주었던 아일랜드인 정신의 예술적 측면을 특히 존경하였다. 그러한 감정은 상호간에 공통된 것이었는데 섀클턴은 스콧에 대해 양면적인 감정을 가졌으나 윌슨에 대해서는 솔직하였다. 로스 빙벽에서의 그들의 경험 후 섀클턴은 고된 남쪽 여행을 위해 윌슨보다 더 나은 동행은 상상할 수 없었다. 그는 윌슨에게 남극점으로부터 불과 97마일 지점에서 결국 돌아왔던 1907년에서 1909년까지의 **님로드호** 탐험에 합류해주기를 간곡히 부탁하였다. 윌슨이 그와 동행하기를 거절했을 때—그는 당시 한 가지 뇌조의 질환의 생물학에 관한 연구를 하고 있었다— 섀클턴은 그에게 편지를 썼다. "내가 얼마나 자네를 원하는지 하늘은 알고 계시네 하지만 나는 자네의 태도 때문에 어느 때보다 더 자네를 존경하고 있네. 남자가 자신의 마음을 글로 써서 다 보여주는 경우는 드물지만 자네에게는 나는 그렇게 하겠네. 내가 남극에 도달한다 하더라도 나는 여전히 자네가 나와 함께 하지 않았다는 애석한 마음이 들 걸세."

윌슨의 성격은 과학자와 이상주의자 및 신비주의자의 강력한 합금이었으며 타인들에 대한 동정심과 자연에 대한 깊은 존경으로 강화되어 있었다. 그는 성 프란치스코의 신봉자였으며 그의 편지들로 보건대 그는 스피노자의 숭배자였다고 생각된다. 그 네덜란드 철학자는 노발리스(Novalis, 1772~1801; 독일의 시인; 본명 Friedrich von Hardenberg—역자 주)에 의해 '신에 중독된 남자'라고 기술되었으며 윌슨에 대해서도 동일한 말을 할 수 있는데 그는 한때 자기 아내에게 "신이 생기를 불어넣은 만물을 사랑하라. 그리고 신은 아무 것도 죽게 만들지 않았다. 바위에는 새보다 더 적은 생명밖에 없지만 그 둘 다 자기 나름대로의 생명이 있으며 양자 모두 신으로부터 생명을 얻었다."라고 편지를 썼다. 다른 곳에서 그는 "내가 자연과 신약성서의 말씀을 충실히 지키는 한 나는 날마다 점점 더 행복해졌을 따름이다."라고 썼다. 심지어 그가 런던에 살 때에도 그의 방은 새 두개골, 나비 유충, 싹이 나고 있는 묘목, 고사리 묶음 등으로 차 있었다. 윌슨의 모든 자질 가운데 내게 가장 매력적인 것은 아마도 자연에 대한 이러한 존경심과 더 나아가 황제펭귄에 대한 그의 특별한 애정이다. 기지에서 나는 그가 그랬던 것처럼 모든 사람들에게 모든 것이 되려고 노력하는 것을 포기한 지 오래 되었다.

*South Polar Times*를 위해 디스커버리호 탐험에서 그가 그렸던 수채화 스케치 중 한 점이 이러한 정열을 가장 잘 보여주고 있다. 그것은 스콧이 그 탐험을 기술한 디스커버리호 항해기(*The Voyage of Discovery*)에 복사되어 있다. 이빨을 드러낸 표범 물개 한 마리가 물속을 뚫고 두 마리의 황제펭귄을 쫓고 있다. 물개의 움직임이 아름답게 표현되어 있는데 윌슨은 회화는 현실을 정확하게 반영해야 한다는 러스킨(John Ruskin, 1819~1900; 영국의 저술가, 비평가, 옥스퍼드 대학 미술사 교수를 지냈음—역자 주)의 격언을 따르고 있었다. 물개는 바다 속 깊은 곳으로부터 빠르고 날렵하게 느슨해진 코일처럼 나선을 그리며 움직이고 있는데 추적과 이 세상의 대부분에 좌절한 것처럼 보인다. 그와 대조적으로 황제펭귄들은 매끄럽

게 앞으로 줄을 지어 이동하고 있는데 그들의 흐릿한 움직임의 흔적과 자침과 같은 그들의 부리들이 필연적이고 초월적인 탈출을 가리키고 있다.

황제펭귄에 대한 윌슨의 사랑과 그들 생활의 자세한 사항을 알아내려는 그의 욕망으로 인해 그는 **테라 노바호** 탐험대의 기지를 겨울 내내 자신이 황제펭귄 번식지에 쉽게 접근할 수 있는 크로지어 곶에 설치하도록 스콧을 설득하였다. 그는 기억을 더듬어 스콧에게 그가 7년 동안 방문하지 않았던 크로지어 곶의 정확한 지도를 그려주고 오두막을 지을 예상된 장소와 극지 탐험대 일행을 위한 로스 빙벽으로 가는 루트를 간략하게 설명해 주었다. 그는 여전히 황제펭귄 알을 얻을 방법을 생각하고 있었으며 극지 여행에 관한 생각은 부차적이었다.

1911년 1월 2일 **테라 노바호**가 크로지어 곶에 접근했을 때 윌슨은 상륙을 시도한 대원들 중 한 명이었다. 상륙이 불가능하여 그 계획은 포기되었으나 정찰 결과 그는 황제펭귄 번식지에 가까이 다가가 그때까지 관찰된 적이 없었던 발육 단계에 있는 깃털이 나고 있는 새끼를 잠깐 볼 수 있는 기회가 있었다. 윌슨의 기술은 자신들의 상륙 실패가 황제펭귄에 다가가려면 이제는 겨울 여행이 필요할 것이라는 것을 뜻하였지만 그것에 대해 짜증을 내지 않음을 보여주고 있다. 그의 일기는 한 가지 새로운 발견에 대한 기쁨을 반영하고 있을 뿐인데 "우리들 머리 위 약 6피트 되는 곳에 약 10제곱 피트 크기의 작고 더러운 오래 된 얼음 조각 위에 살아있는 황제펭귄 새끼 한 마리가 절망적으로 오도가도 못 하는 상태로 서 있었는데 가까이에는 충실한 부모 중 하나인 늙은 황제펭귄 한 마리가 선채로 자고 있었다⋯ 그 사건 전체는 매우 흥미로운 것이었으며 이 기묘한 동물들의 느리게 작동하는 뇌에 관한 암시로 가득 차 있었다.”

그의 성격을 이해하는 열쇠는 사건들이 종종 불리하게 전개되어도 그것에 대해 짜증을 내지 않는다는 것인데 그는 그때쯤에는 결과를 자애롭게 받아들이는 데 매우 능숙하였다. 버클리 산(Mount Buckley) 기슭에서 지질 표본들을 수집하기 위해 남극점으로부터 왔던 길을 되돌아가는 논란이 많고 많은 오해를 받고 있는 그의 결정이 그의 성격의 또 다른 중요한 측면을 설명해 주었다. 그는 당시 재발하는 설맹에 시달리고 있었으며 스콧은 어깨에 심한 좌상을 입었으며 오우츠는 다리를 절었고 에반스는 빈사 상태였다. 그들의 시신이 발견되었을 때 윌슨은 35파운드의 다소 진부한 지질 표본을 수집하여 최후까지 그것들을 끌고 왔음이 밝혀졌다. 마지막으로 휘갈겨 쓴 자신의 노트에서 스콧은 자신들의 시신을 발견한 수색대가 또한 그 표본들을 발견하여 그것들을 영국으로 가져갈 수 있도록 텐트와 관련하여 그 바위들이 있는 장소를 고심하여 언급해 두었다.

어떤 류의 사람이 이러한 행동을 할 것인가? 그는 어리석거나 무모한 사람이거나 또는 정신의 욕구를 신체가 필요로 하는 것들보다 훨씬 더 높이 평가하는, 다른 모든 욕구를 압도하는 **알려고** 하는 충동에 사로잡힌 사람일 것이다. 그것은 크로지어 곶으로의 그의 겨울 여행을 연상시키는 것처럼 보이는데 상식적으로 생각해도 그때 그가 그 여행을 포기하거나 그 태아를 포기해야 했을 것이다. 그의 행동은 최고의 이상을 실행에 옮긴 것, 이 경우에는 고귀한 과학적 이상에 봉사하기 위해 자신의 욕구를 금욕적으로 부정한 것을 나타낸다고 생각된다. 그는 그 태아가 조류와 파충류 간의 관련을 강화시킬 것으로 믿었고 지질 표본에는 화석화된 식물들이 포함되어 있는데 그것들은 어떻게 지질 연대 깊숙한 시기에 남극대륙이 훨씬 더 온화한 기후를 경험했던가를 보여주었다.

그리고 윌슨에게는 그의 편지들이 보여주듯이 조류의 생활이나 지구의 암석을 이해하는 것은 신을 이해하는 또 다른 방법에 불과하였다.

7월의 어느 수요일 아침 캠브리지로부터 긴급 팩스가 도착하였다. 남극반도 위의 BAS 로테라 기지에서 연구를 수행하던 해양 지질학자인 커스티 브라운(Kirsty Brown)이 표범 물개에 의해 살해되었다. 그 소식은 충격적이었고 전혀 예상치 못한 것이었다. 표범 물개가 고무보트를 공격한다고는 알려져 왔지만 인간에 대한 공격은 거의 들어본 적이 없으며 한 세기의 남극 해양 연구에서 사망자는 결코 없었다.

그녀의 연구는 해저 조사를 포함하고 있었는데 빙산 아래에 사는 해양 생물에 대한 빙산의 파괴적 분쇄 효과를 조사하는 것이었다. 그날이 자신의 겨울이 끝나고 그녀가 태양을 얼핏 보았던 첫 날이었다. 그녀는 기지 근처에서 자신의 다이빙 친구와 함께 스노클링을 하며 연구를 수행하고 있었는데 그때 그 표범 물개가 그녀를 와락 움켜잡고는 물속으로 끌어당겼다. 보트들이 앞다투어 출동했으며 끔찍한 15분이 지난 후 마침내 그녀가 갑자기 다시 수면 위에 보였다. 구조대원들이 그녀를 한 척의 보트 안으로 끌어올렸으며 들것에 실어 기지 의무실로 데려갔다. 의사와 그녀의 친구와 동료들 한 팀이 한 시간 넘게 그녀를 소생시키려고 노력했으나 그녀는 물속에 너무 오래 있었고 손상이 너무 심해 그녀를 되살리는 것은 불가능하다고 판명되었다.

러스가 의무실로 와서 내게 그 이야기를 해 주었다. 우리는 둘 다 캠브리지에서 커스티를 잠깐 만난 적이 있는데 출발 전의 컨퍼런스에서 우리는 바에서 시간을 보냈으며 그녀는 농담을 하고 수다를 떨었다. 그녀는 로테라 기지에서 자기가 맡고 있었던 일에 매우 신이 나 있었으며 자신의 남극 모험에 대한 열정과 기대로 한결같이 쾌활하고 활기가 넘쳤다. 그녀가 혼자인 경우는 거의 없었는데 남쪽으로 향한 여행이 시작되기도 전에 벌써 그녀의 동료들은 그녀의 따뜻한 마음씨에 끌렸다. 그것은 끔찍하고 비극적인 한 젊은 생명의 낭비였으며 나는 로테라 기지의 다른 대원들이 어떻게 대처하고 있는지에 대한 궁금증을 멈출 수 없었다. 동시에 마음 한편으로는 핼리 기지에 있는 우리들이라면 비슷한 재난을 어떻게 극복할 것인가를 걱정하고 있었다.

그날 저녁 나는 평소와 같은 시간에 저녁 식사를 하러 갔다. 나는 커스티에 관한 얘기를 하려고 애썼다. 나는 본부에서 로테라 기지까지 비행기를 한 대 구해주려고 노력할지 생각한 사람이 있는지 물어본 기억이 난다. 그러나 모두들 어깨만 으쓱할 뿐이었다. 다른 대원들이 하나씩 자기 식사를 끝내고는 자리를 떠 나는 침묵 속에 저녁 식사를 마쳤다. 그것은 마치 우리들이 핼리 기지에서 너무 깊숙이 고립되어 세상에 대한 우리의 시야가 너무 근시안적이 되어 로테라 기지의 사건들마저 너무 멀리 떨어져 현실이 아닌 것처럼 느껴지는 것 같았다.

불과 2, 3주 전만 해도 나는 우리들의 생활이 얼마나 잘 보호받고 있으며 현대적 기술과 도서관 하나를 채울 만큼 많은 보건 및 안전에 관한 지시사항들이 가장 초창기 탐험가들이 직면했던 위험들로부터 우리들을 얼마나 잘 보호해주는가를 생각 중이었다. 커스티의 죽음은 그러한 입장에 대한 하나의 맹렬한 항변이었다. 남극은 지금도 한 세기 전에 못지않게 위험하며 단지 우리가 주의를 기울이는 데 더 나아지고 있을 따름이라는 것을 나는 깨달았다.

서서히 더 많은 이메일이 캠브리지로부터 들어왔다. 그들은 결국 커스티의 시신을 본국으로 송환하고 떠나기를 열망하는 월동대원이 있으면 그들을 데리고 나가기 위해 비행기 한 대를 구하려고 애쓸 것이다. 그러나 비행기를 포클랜드 제도에 내리고 결정적으로 로테라 기지 활주로가 그것을 수용할 준비를 갖추려면 또 다시 6주의 긴 시간이 걸릴 것인데 그것은 영국에 있는 그녀의 가족들과 기지에 있는 대원들 양자 모두에게 끔찍한 시간이 될 것이다.

커스티의 부모님, 자매들과 오빠 뿐 아니라 현재 남극에서 근무하고 있는 모든 다른 BAS 월동대원들 가족들에게 신문이 그 이야기를 기사로 채택하기 전에 알려주었다. 핼리 기지에서는 사람들은 귓속말로, 침대방 안에서, 그리고 발끝으로 살금살금 걸어 한두 번 나를 찾아와 의무실 안에서 그 이야기를 했다. 만약에 핼리 기지에서 비슷한 일이 일어난다면 시신을 가져가려고 올 비행기도, 우리들 중 뒤에 남겨진 대원들에 대한 탈출의 가능성도 전혀 없을 것이라는 것을 거론한 사람은 아무도 없었다. 커스티의 비극적인 죽음과 로테라 기지에서 뒤에 남겨진 사람들에 대한 그것의 공포를 상상하면 우리들의 고립이 더욱더 깊게 느껴졌다.*

다음 주 내내 나는 기지 주변에서 포장된 시체안치소와 같은 적막을 느꼈다. 달은 하나의 창백한 두개골 같았다. 처음 도착했을 때 나는 스키를 타고 기지 경계선을 겨우 한 바퀴 돌 수 있었는데 지금은 편안하게 서너 바퀴를 끝냈으며 밖에서 더 긴 시간을 보낼 수 있는 기회를 반겼다. 경계선 내부의 기지 서쪽 구역에는 한 대의 튼튼한 썰매에 고정되어 있는 나무 십자가가 하나 있었다. 나는 전에는 그것에 별로 주의를 기울이지 않았는데 이제는 스키를 타고 그것을 보러 나갔다. 그것은 핼

* 커스티는 남극대륙에서 생명을 잃었던 다른 사람들과 함께 런던의 성 바울 대성당 안의 명패와, 포클랜드 제도와 캠브리지의 스콧 극지연구소 밖에 있는, 귀환하지 못한 사람들에게 봉헌된 기념비 위에 기념되어 있다. 그녀의 가족들은 커스티에 대한 공격을 둘러싼 상황을 더 잘 이해하고 장래에 비슷한 공격을 예방하는 것을 돕기 위하여 인간과 표범 물개 간의 상호작용에 관한 연구 재원을 마련하기 위한 기금을 모으기 시작하였다

리 기지에서 사망했던 대원들에 대한 기념비였다. 그들의 이름을 새겨 놓은 명판이 그 대원들이 한때 경험했던 것과 꼭 같은 눈보라를 뚫고 꼭 같은 오로라 아래에서 지금 서 있었다. 네빌 만(Neville Mann), 측량기사, '1963년 8월 15일 이 장소 아래에서 사망하다'; 제레미 베일리(Jeremy Bailey), 데이비드 와일드(David Wild), 존 윌슨(John Wilson), 1965년 그들의 트렉터가 크레바스에 추락했을 때 사망하다: 마일즈 모슬리(Miles Mosley) 1980년 항공기 사고로 사망하다. 나선을 그리며 기지의 궤도를 돌 때 그 이름들과 여러 가지 생각들이 머리속에 빙빙 돌았다. 로테라 기지의 팀은 일어났던 사건의 공포를 어떻게 극복하고 있으며 비행기를 기다리는 것은 어떻게 되었을까? 이곳 핼리 기지에서 누군가 사망한다면 우리는 어떻게 대처할 것인가? 내가 다른 대원들에게 구급처치 훈련을 얼마나 잘 시켰던가? 나는 로테라 기지 의사인 제인(Jane)을 잘 아는데 우리는 플리머스에서 함께 훈련을 받았다. 6개월 동안 우리는 다트무어

(Dartmoor) 변두리에 있는 주택을 함께 썼다. 그녀에게는 그 사건이 과연 어떻게 느껴질까? 그녀는 나의 어설픈 위로 이메일에 긴장되지만 이럭저럭 해나가고 있다고 급히 답장을 보냈다. 친구에게 소생술을 시행하는 것은 어떤 느낌일까? 내 안의 실용주의자로부터 다른 생각들이 끼어들었는데 의무실에 산소는 얼마나 있는가? 우리가 만약 그래야 한다면 시신을 어디에 보관할 것인가? 남극대륙에서의 의학적 응급상황은 좋은 뉴스감이 될지 모르지만 나는 감염, 골절 그리고 이상한 썩은 치아보다 다루기 더 심각한 것이 없어서 기뻤다.

커스티의 죽음은 수십 년 동안 BAS가 경험한 최초의 죽음이었다. 존 앤더슨(John Anderson)과 로버트 앳킨슨(Robert Atkinson) 두 대원이 크레바스에 추락했던 1981년 이후 로테라 기지에서 사망한 사람은 없었다. 그들은 추락했던 장소에 묻혔다. 다음 해에 남극반도 북쪽에 있는 패러디 기지(Faraday Station)의 대원 3명이 해빙 위에서 행방불명되었다. 나는 그 재난에 대해 들었던 적이 있으며 이제 그들의 이름을 쳐다보았는데 존 콜(John Coll), 암브로즈 모건(Ambrose Morgan) 그리고 케빈 오클턴(Kevin Ockleton)이었다. 패러디 기지의 그 세 대원 이후 우리들은 운이 좋았으며 보건 및 안전에 관한 지시사항들이 임무를 잘 수행해왔다. 나는 아직도 북쪽으로 웨델 해에 장갑을 입히고 있는 해빙과 브룬트 빙붕 해안을 따라 놓여 있는 크레바스들을 상상하였다. 이러한 위험들은 20년 또는 50년 아니면 100년 전과 마찬가지로 지금도 실재해 있다. 커스티를 기억하면 나는 발걸음을 뗄 때 더 조심하였고 아침에 일어났을 때는 더 감사함을 느꼈다.

11

생명의 조짐

오, 나는 그대의 차가운 아름다움에 얼마나 싫증나는지!
나는 생명으로 돌아가기를 갈망하노라.

프리드쇼프 난센(Fridtjof Nansen), 가장 먼 북쪽(farthest North)

태양이 내 피 속에서 떠오르고 있었다. 나는 태양이 돌아오는 조짐을 느꼈다. 어느 날 밖에서 스키를 타고 있을 동안 나는 지평선 전체가 암적색과 진홍색으로 펼쳐지는 것을 보았다. 얼음과 별들 사이에서 점점 넓어지는 장미 정원이 솟아올랐다. 그리고는 얼어붙은 대기 속에서 아지랑이 같은 것이 깜박거리기 시작했다. 지평선의 선이 지워지고 시커멓고 새빨간 화염의 산불 같은 것이 장미를 대신하였다. 프리즘 같은 대기가 보는 사람의 높이에 따라 빛을 변화시켰다. 내가 쪼그리고 앉으면 그 불꽃 전체가 동쪽으로 움직였으며 일어서면 그것은 서쪽으로 굴러갔다. 나는 잠자코 서서 순간적이고 일시적인 것이 소중하듯이 갑작스럽게 나타난 소중한 아름다움을 목격하였다.

나는 겨울 내내 황제펭귄을 보러 내려갈 것을 요청해 왔으나 그것이 너무 위험하다는 지시를 받았다. 어느 날 패트가 승인이 도착했으며 꼭 보고 싶은 사람들은 황제펭귄 알이 부화되기 전에 설상차를 타고 번식지로 펭귄을 보러 가도 좋다고 알려주었다. 그 생각이 너무나 인기 있어서 이틀 연이어 두 차례 여행하기로 결정이 났다. 패트는 "이것이 자네의 유일한 기회야"라고 말했다. "이것을 본 적이 있는 사람들 중 살아있는 사람은 서너 명에 불과해."

벤과 토디가 얼음 절벽이 안전한지 살펴보고 해빙으로 우리가 하강할 수 있도록 해머로 새로운 앵커를 박아두기 위해 얼음 절벽으로 정찰 여행을 떠났다. 설상차가 돌아오는 소리를 들었을 때 나는 내 데스크로부터 달려 나갔다.

"펭귄이 보이던가?" 문에서 그를 맞으며 내가 토디에게 물었다.

"겝, 나는 수천 마리를 보았어." 그가 활짝 웃고는 고개를 끄덕이고 부츠에 붙은 얼음을 발로 차서 털었다. "수천, 수만 마리의 펭귄을 보았네."

얼음과 하늘 사이의 공간에 붉은 빛이 넘쳐흘렀다. 설상차 한 대를 타고 우리는 기지에서 20킬로미터 떨어진 빙붕의 절벽 끝으로 몰았다. 얼어붙은 대양이 북쪽으로 뻗어 있었고 아프리카 평원 너머로 열기가 빛을 휘게 하듯이 맹렬한 추위로 지평선이 가물거렸다. 그 절벽들은 대륙의 국경을 감시하는 엄숙한 보초들처럼 해빙 위로 서 있었다. 나는 지평선 너머로 수백 마일의 해빙이 얼마나 계속되는지, 이 태고의 추위에 의해 나선형의 웨델 해 해빙이 어떻게 거의 끝나는가를 상상하였다. 그 수백 마일의 해빙이 우리들을 지구의 나머지 부분의 온기와 생명으로부터 차단하는 것처럼 보였다.

그러나 모든 생명으로부터 차단된 것은 아니었다. 나는 아직 로프를 매진 않았지만 절벽 가장자리로 걸어가 펭귄을 보려고 아래를 내려다보았다. 토디의 말이 옳았다. 수천 마리의 펭귄들이 있었다. 그들이 얼음 위에 생존해 있다는 것, 우리들이 막 함께 견디어 낸 겨울이 지났는데도 그들이 존재한다는 바로 그 사실은 일종의 경악이었다. 나는 로프에 하네스를 걸고 그들과 함께 하기 위해 자일을 타고 절벽을 내려갔다.

나는 북쪽으로 1킬로미터 떨어져 있는 그들이 얼음 위에 만들어 놓은 검은 자국을 알아볼 수 있었다. 다른 폐들이 내는 소음, 다른 몸뚱어리들에서 나는 냄새, 살아 있고 숨 쉬는 다른 존재가 가까이 있다는 것은 도취케 하는 것이었다. 해빙의 표면 속에 박혀 있는 것은 겨울 동안 제자리에 얼어붙은 난파선처럼 각을 이루며 붙잡혀 있는 오래된 빙산들의 잔해였다. 황제펭귄의 사체도 또한 있었는데 그들이 쓰러졌던 장소에 동결 건조되고 냉동된 상태로 있었다. 내 뒤편의 절벽들이 하늘의 흐릿한 루비 빛을 포착하여 그것을 담아서 마치 안으로부터 빛나는 듯이 서서히 그 빛을 내뿜었다. 펭귄들이 옹기종기 모여 있는 곳에 다가갔을 때 처음에는 내가 그들을 놀라게 해서 내가 너무 가까이 가자 그들은 뒤뚱뒤뚱 걸어가 버렸다. 그러나 내가 잠자코 있으면 그들은 나를 용인하고 그들 속으로 받아주었다. 그들은 내 주위를 조용히 행진했으며 들리는 소리라고는 발밑에서 뽀드득거리는 눈 소리와 깃털로 덮인 몸뚱어리가 서로 비비는 소리뿐이었다. 가끔씩 좁은 머리 하나가 잠망경처럼 뻗어 나와 화염같이 붉은 하늘을 배경으로 그림자를 비추며 꽥 소리를 질렀다. 내 발 밑의 얼음을 통해 나는 그들의 발소리와 신선한 얼음 쪽으로 끊임없이 빙글빙글 도는 움직임의 한결같은 진동을 느꼈다. 그들은 옹송그리며 모여 있는 무리의 노출된 가장 바깥 부분에 자기 차례를 차지하기 위해서 뿐 아니라 자신들의 엄청난 열기에 의해 만들어지는 물웅덩이에서 벗어나기 위해 빙빙 돌고 있다. 다수는 마치 최면술사의 무아지경에 빠진 듯이 잠든 것처럼 보이며 내가 그들 가운데 무릎을 꿇었을 때 걸어가다가 하마터면 내게 부딪칠 뻔하였다. 펭귄을 연구하는 조류학자들은 황제펭귄이 겨울의 대부분 동안 수면 유사 상태에 빠지며 캄캄한 수개월의 혹한의 단조로움에서 살아남기 위해 뇌 활동 뿐 아니라 자신들의 대사도 둔화시키는 것이 아닌가 생각하고 있다.

대부분의 펭귄들은 두 발 위에 툭 불거져 나온 것이 있는데 이는 숨겨진 알의 표시이다. 그 알들은 마치 벨벳 지갑 속에 들어 있는 것처럼 하복부에 있는 가열된 육반(brood patch) 안에 담겨 있었다. 군서지의 중심부로부터 나선 모양으로 증기 구름이 피어올랐는데 많은 새들과 마찬가지로 황제펭귄은 체온이 인간보다 2, 3도 더 높다. 그들이 서식하는 그 추위와 그들이 견디는 오랜 기간의 무기력함에도 불구하고 그들은 우리 인간들보다 더 빠르고 더 뜨거운 삶을 살고 있다.

미국의 박물학자인 크러치(Joseph Wood Krutch)는 그들의 더 높은 체온 이외에도 새들은 또한 더 즐겁게 살아간다고 믿고 있다. 소로(Thoreau)의 숭배자이자 그의 전기 작가로서 크러치는 새들이 일련의 '거의 불연속적인 영원' 속에 살고 있다고 썼다. 그들의 머리의 단순함과 그들 삶의 즉각성이 크러치에게는 그 순간들이 '영원한 기쁨'이라는 것을 의미한다. 나는 그러한 생각을 즐겼으며 내 주위의 펭귄들이 원시적인 새대가리, 계통 발생적 천치에서 순간의 공상에 잠긴 유쾌한 금욕주의자로 변형되었다. 겨울 알품기를 함께 하고 그들의 무리와 하나가 되어 나는 크러치의 그러한 기쁨의 환상을 얼핏 보았다.

레오나르도 다 빈치는 인간들이 비행의 맛을 한 번 보면 그들은 마치 지상의 삶이 모든 풍미를 잃어버린 것처럼 영원히 하늘을 바라보고 상실감을 느낀다고 생각하였다. 진화 과정 속에서 오래 전에 비행 능력을 잃어버린 펭귄들에게는 그들 세계의 깊이와 형태가 온통 아래쪽으로 바다 밑을 향하고 있다. 의인화가 아마 매력적일런지 모르나 조류에 관한 크러치의 책을 읽은 후 나는 바다가 꽉 껴안으면서 그들을 환영한다고 느끼든지 아니면 바다가 눈감아 주는 덕분에 그들이 바다를 통과한다고 생각하는지 황제펭귄이 바다를 어떻게 생각하는지 궁금하였다. 풍경의 요소들이 그들 간의 대비를 잃어버린 것처럼 보이는 이러한 얼음 세상에서는 황제펭귄들은 편안하게 보였다. 아마도 비행이 그들을 공포에 떨게 할 것이다.

심지어 수개월 동안의 얼어붙은 정적이 지나간 지금에도 그러한 풍경의 요소들이 밀려들어 왔다. 넘실거리는 웨델 해의 해류와 대양에 대한 달의 끊임없는 인력이 여러 장소에서 바다 표면을 부수어 얼음 방패 속에 'lead(빙원 중의 물길)'라고 알려져 있는 균열이 생겼다. '바다 안개(sea smoke)'는 혹한의 공기에 노출된 바닷물로부터 피어오르는 것을 볼 수 있는 증기에 주어진 이름이며 여러 가닥의 바다 안개가 물길로부터 펭귄들이 있는 북쪽으로 돌돌 감기며 피어올랐다. 바로 1936년에 머피(Robert Cushman Murphy)가 자신의 고전적 교과서인 **남아메리카 대양 조류**(*The Oceanic Birds of South America*)를 썼을 때 이런 드문드문한 물길들이 겨우내 황제펭귄들이 자신들의 어장에 접근하는 길이라고 생각되었다. 황제펭귄이 단식하고 있고 물고기를 필요로 하지 않는다는 것과 알을 품는 것은 단지 수컷 뿐이라는 것은 여전히 너무나 개연성이 낮아서 진실일 수 없다고 생각되었다.

펭귄 무리를 부드럽게 헤쳐 나가면서 나는 이러한 장관을 최초로 보았던 사람들과 그것이 어떤 다른 상황이었는지 상상해 보았다. 윌슨과 바우어즈와 체리 개러드가 크로지어 곶의 알을 품고 있는 황제펭귄

가운데 왔을 때 그들은 자신들이 얼마나 특권을 가졌는지 알고 있었다. 그러나 그들은 자신들이 목격하고 있는 것의 진가를 충분히 인식하기에는 너무나 굶주렸고 추웠고 자신들의 생명이 위험하였다. 만약 윌슨이 거기에서 시간이 더 있었더라면, 테라 노바호 탐험대가 에반스 곶 대신 크로지어 곶에 기지를 둘 수 있었더라면 그는 물고기를 잡으러 가기 위해 무리를 떠나는 펭귄은 없으며 펭귄의 쌍들 간에 알의 인계는 없다는 것을 관찰했을 것이다. "우리는 우리가 철저하게 아는 것만 분명하게 본다"라는 것은 윌슨의 금언 중의 하나이다. 시간이 있고 면밀한 관찰을 했더라면 그는 밝혀지는 데 수십 년이 더 걸릴 것을 분명히 보았을 것이다. 체리 개러드의 기술로 볼 때 윌슨이 이 새들의 라이프 사이클에 당황했던 것이 분명하다. 그는 자신이 볼 수 있는 모든 새들이 수컷이며 그들이 새끼들이 부화되고 암컷들이 돌아올 때까지 단식할 것이라는 사실을 아직 상상할 수 없었기 때문에 그들의 생활 방식을 이해할 수 없었다.

하늘이 어두워지고 있었다. 나는 토디가 절벽 위로 다시 올라갈 시간이라고 외치는 소리를 들었다. 오늘밤에는 타폴린 방수천으로 덮인 돌로 지은 이글루도 우리에겐 없다. 나는 내 설상차를 몰고 집으로 가 따뜻한 침대에서 잘 것이다. 5년, 생의 5년이 겨울 여행으로부터 벗어나 따뜻한 침대에서의 단 하루 밤이 주어진다면 그가 기꺼이 주겠노라고 체리 개러드가 말했던 것이라는 것을 나는 기억했다.

절벽으로 향해 돌아오는 도중 나는 한 마리의 죽은 황제펭귄을 지나쳤다. 그것은 행진 중에 죽었으며 앞으로 넘어져 급속 냉동되었다. 그의 나머지 동료들은 계속 움직였으며 그래서 그것은 눈과 함께 이리저리 떠돌기 시작했다. 그것은 출혈하고 있었던 것처럼 보였는데 배설강으로부터 피 묻은 분비물이 나와 있었다. 나는 60리터 들이 빈 배낭을 등에 메고 있었는데 충동적으로 몸을 굽혀 죽은 펭귄 머리 위로 배낭을 끌어당겼다. 그 새는 무게가 틀림없이 25킬로 또는 30킬로는 되었으며 키는 3피트 이상이었고 나는 그것을 등에 메려고 애를 썼다. 아마도 기지에 돌아가면 그것이 죽은 이유를 알 수 있겠지 라고 나는 생각했다.

여느 때처럼 나는 마지막으로 얼음 절벽의 발치에 도착했으며 아직도 빙붕 위로 끌어올려야 할 2개의 군대용 긴 배낭이 있었다. 차례가 왔을 때 나는 죽은 황제펭귄을 그 배낭에 묶고는 고함을 질렀다. 나머지 사람들이 그것을 빙붕 표면 위로 끌어당겼다. 그 다음에 나는 로프로 내 자신을 끌어올렸다.

"도대체 그 가방 속에 무엇이 들어 있는 거야?" 내가 꼭대기에 다다랐을 때 토디가 내게 물었다. "무게가 1톤은 되겠어."

"죽은 황제펭귄 한 마리." 내가 말했다.

"이런 빌어먹을 멍청이." 그가 미소를 지었다. "패트에게 말하지 마."

로스 플랫폼에 돌아와서 나는 배낭에서 펭귄을 꺼냈다. 갈고리 같은 부리에 나일론이 찢어져 구멍이 나 있었으며 그래서 나는 배낭을 찢어야만 하였다. 펭귄의 머리는 넘어질 때 그대로 오른 쪽으로 돌아가 있었고 어깨 너머로 힐끗 보는 자세로 얼어붙어 있었다. "내일 무게를 달아보아야지." 나는 마음속으로 생각하고 그것을 플랫폼 밖에 있는 가스통에 받쳐놓았다. 얼어서 날카로워진 발톱들이 나무 바닥을 움켜잡아 미끄러지지 못하게 하였다. 내 생각은 그것을 폴리에틸렌 백 속에 봉해두었다가 쓰레기 압축실에서 녹이는 것이었는데 그곳은 해부 작업을 할 수 있을 만큼 따뜻하지만 여전히 기지에서 따로 떨어져 있고 냄새를 최소한으로 할 만큼 서늘하였다. 나는 그것을 열어서 내장과 배설강을 조사하여 사인을 알아내려고 노력할 것이다. 진료실에서 나는 펭귄 박제술에 관한 소책자를 꺼냈는데 그것은 아마추어들을 인정해 주었던 초기 유물의 일종이었다. 이것이 내가 박제를 시험적으로 해볼 기회인지 몰랐다.

토디 말이 맞았는데 패트는 기분이 좋지 않았다. 그는 저녁 식사 동안 펭귄에 관한 이야기를 들었는데 즉시 그것을 보러 밖으로 나갔다. "여기서 누구도 어떤 황제펭귄도 해부할 수 없어!" 안으로 돌아왔을 때 그가 말했다.

"패트, 그건 죽은 것이야, 그것을 해부하는 게 누구에게도 전혀 해가 되지 않을 거야."

"난 그것이 죽었든 살아 있든 상관하지 않아, 자네는 내일 그것을 해안으로 도로 갖다 놓아."

규정은 규정이었다. 그리고 우리는 중재와는 거리가 멀었다. 다음 날 나는 절벽 꼭대기에 서서 사상 최초의 황제펭귄 비행을 막 목격하려는 것을 기대하고 있는 자신을 발견하였다. 그 펭귄은 평생에 틀림없이 해빙 위로 수백 또는 수천 킬로미터를 터보건(toboggan, 흔히 앞쪽이 위로 구부러진, 좁고 길게 생긴 썰매—역자 주)을 탔던 방식대로 엎드려 있었다. 나는 그것을 절벽 가장자리 쪽으로 부드럽게 살짝 밀고는 그것이 슬그머니 떠나서 추진력을 모아 절벽 꼭대기 쪽으로 가속한 다음 마침내 해빙 위로 40미터를 날아오르는 것을 지켜보았다. 잠깐 동안 나는 그것이 두 날개를 활짝 펴는 것을 보았다는 생각이 들었다. 펭귄이 물속을 헤치고 나갈 수 있게 해주는 유선형의 몸의 윤곽이 펭귄 사체에게 공기역학적 활주를 가능케 해주었다. 그것은 눈 더미 속에 떨어져 사라져버렸다.

북쪽 지평선이 밝아지고 있었다. 나의 상상이었는지는 모르나 내가 펭귄 무리 가운데서 움직일 때 그 둘째 날 펭귄들이 조금 더 흥분한 것처럼 보였으며 그들의 목이 북쪽 지평선 쪽으로 조금 더 긴장하였다. 아마도 그들이 태양이 근접한 것과 암컷들이 돌아오는 것을 감지했을 것이다. 다음번에 내가 여기에 내려오면 암컷들이 돌아오고 새끼들이 부화했을 것이라는 생각이 들었다. 번식지는 완전히 바뀔 것이며 태양이 돌아오고 이 새들의 생활 주기에서 또 다른 계절이 시작될 것이다. 나는 그것을 재촉하고 싶지 않았으며 그 순간에 충실히 살려고 노력하였다. 그러나 펭귄들 속에서 지낸 시간은 언제나 너무 짧다고 생각되었다.

우리가 번식지를 방문한지 사나흘 후 기지에 설사병이 돌았다. 처음에 나는 설사병이 죽은 펭귄에서 비롯되었는지 마치 트로이의 목마처럼 그것이 우리들의 멸균된 세상에 질병을 가져왔는지 궁금하였다. 북쪽 세상에서는 사람들은 벌레들과 박테리아에 둘러싸여 있는데 찻숟가락 하나의 정원 흙에는 최대 10억 마리의 세균이 있을 수 있다. 그러나 지금 몇 달 동안 우리와 함께 살고 있는 세균은 우리가 데려온 것들과 우리 피부 위에 몰래 붙어 밀항한 것들과 우리들의 장 내부에 가득 차 있는 것들뿐이었다. 우리는 그런 세균들에 대해서는 면역이 되었다. 그 침입자는 틀림없이 외부로부터 왔다고 나는 추리하였다. 그러나 내가 그 펭귄을 만졌던 유일한 사람이고 또 나는 설사병에 걸리지 않은 사람들 중 하나였다. 크레이그는 그것이 자기 주방에서 발생할 수 없다는 것에 단호했다.

여태까지 기지에서 나의 진료업무는 일상적이었다. 이제 풀어야 할 진짜 의학적 수수께끼가 생겼다. 우리 14명 중 12명이 그 번식지를 방문했고 저 아래 해빙 위에서 얼어붙은 샌드위치를 우두둑 깨물어 먹었다. 아마도 누군가가 그들의 점심을 구아노가 묻은 눈 조각 위에 놓아두었는지 모른다. 언젠가 진취적인 로테라 기지 의사 한 명이 희귀한 세균을 찾아 항문에서 표본을 채취하기 위해 럭비 태클을 하여 아델리 펭귄을 쓰러뜨렸다. 그는 실망하지 않았는데 인간에게 미지인 두세 종의 세균을 발견하였던 것이다. 나는 일부 신종 설사 박테리아를 꿈꾸며 기지 동료들로부터 플리머스로 가져 갈 대변 표본을 모았다. "아마 우리는 살모넬라 프란시시(*Salmonella francisii*, 장염을 일으키는 살모넬라균에 발견자인 자신의 성인 프란시스를 붙여 합성한 가상의 세균 학명—역자 주) 아니면 이 콜리 가비니(*E. Coli gavinii*−대장균인 이 콜리에 자신의 이름인 게빈을 붙인 가상의 학명—역자 주)에 감염되었는지 몰라." 내가 다른 대원들에게 말했다.

5개월 후 배가 도착했을 때 나는 플리머스의 실험실행 박스 속에 그 표본들을 실었다. 그러나 그것들은 행방불명이 되었으며 린네와 같은 불멸의 이름을 얻을 나의 기회는 영원히 사라져 버렸다.

태양이 다시 뜨기로 되어 있는 날로부터 며칠 전에 겨울이 마치 우리를 놓아주기를 꺼려하는 것처럼 마지막 폭풍을 가져다주었다. 그것은 일종의 주극풍(circumpolar wind, 동의어: 편동풍: 지구의 위도권을 따라 동에서 서로 향하여 부는 바람—역자 주)으로 남극이 마치 세계에서 가장 폭이 넓은 허리케인의 눈인 것처럼 대륙의 주위를 달렸다. 그것은 뜻밖에 불어왔으며 복수를 작정한 미치광이처럼 로스 플랫폼의 창과 문을 두드렸다. 돌풍들이 시속 100마일 이상으로 불었다. 바깥세상은 바람에 날린 눈의 에멀젼(emulsion, 유상액)이 되었다. 해빙수 탱크 속의 센서가 수위가 낮아지고 있음을 알려서 날씨에도 불구하고 우리가 밖으로 나가 탱크를 채워야 했다. 해빙수 탱크 당번표는 식당 벽에 걸려 있었다. 모든 대원들이 로브와 토모와 함께 내 차례가 되었음을 볼 수 있었고 우리가 언제 용기를 내어 폭풍 속으로 나갈 것인가에 관해 농담을 하였다. 토디는 도전을 즐기는 사람으로서 자기가 거들어 주겠다고 말했다.

우리는 마치 전투 준비를 하는 것처럼 부트룸에서 중무장을 하였다. 내복, 플리스 작업복, 스웨터, 면으로 된 벤타일 슈트(Ventile suit), 단열처리 된 오버트라우저, 덕다운 재킷을 입고, 발라클라바, 네오프렌 얼굴 가리개, 토끼 모피 모자와 스키 고글등을 썼다. 두 발에는 머클럭을 신고 양 손에는 '곰 발' 벙어리장갑을 꼈다. 불거져 나온 겹겹의 층 위에 우리는 각자 VHF 무전기를 맸다. 갈 준비가 되었는지 서로 점검했을 때 우리들의 목소리가 죽었는데 우리는 일단 밖에 나가면 하늘로부터 내리누르는 변함없는 포효소리에 귀가 먹을 것을 알고 있었다.

로브가 현관문 디딤대를 발로 차 열고 우리는 어깨로 바람을 밀고 나갔다. 현관 입구는 우주선의 기밀식 출입구처럼 만들어져 있어 건물을 나가자 마치 우리가 우주 유영하러 나가는 것처럼 느껴졌다. 폭풍이 힘껏 밀치듯이 나를 쳤으나 여러 겹의 따뜻한 옷 때문에 그 속에 냉기는 없었다. 공기가 모든 쪽으로 침입하면서 오직 고글 주위의 얇은 선을 따라 피부가 노출된 것을 발견하였다. 우리는 일렬로 플랫폼을 가로질러 철제 계단을 내려가 이러한 만일의 사태에 대비하여 계단 밑까지 묶어 놓은 로프를 붙잡고 해빙수 탱크 샤프트를 향해 나아갔다. 나는 내 팔 끝의 손은 볼 수 있었으나 그 이상은 보이지 않았다.

눈보라 폭풍의 틈새로 전방에 한 개의 적색등을 힐끗 볼 수 있었는데 그것은 해빙수 탱크의 불빛으로 우리에게 탱크 수위가 너무 낮다는 것을 알려주었다. 우리는 바람에 뒤흔들리면서 계속 그쪽을 향해 움직였다. 해빙수 탱크 해치 주위에는 해치 쪽으로 눈을 파내는 작업을 용이하게 하기 위해 불도저로 밀어올린 얼음 이랑들이 있었다. 해치 자체는 그 이랑들의 보호 속에 놓여 있었으며 그 구멍은 바람에 날린 눈으로 채워져 있었다. 우리는 해치에 다다르기도 전에 길을 파내려가야 했다.

토디와 나는 강풍 속으로 몸을 숙인 채 얼음 더미 꼭대기 위에서 균형을 유지하려고 애썼으며 곡괭이와 삽으로 우리들의 발밑을 마구 내려친 다음 해치 쪽을 향한 경사면 아래로 얼음 덩어리들을 발로 차내렸다. 눈보라가 우리의 감각을 앗아갔으며 우리는 고립되어 작업했는데 두 발을 간신히 볼 수 있었다. 로브와 토모는 통의 맨 밑바닥에 서서 얼음 덩어리들이 경사면을 굴러 내려오면 그것들을 탱크 샤프트 속으로 인도하였다. 통 하나가 꽉 차면 그들은 손을 뻗어 우리 다리를 세게 두드렸는데 그것은 잠시 파는 것을 멈추라는 신호였다. 바람이 너무나 맹렬하여 그것이 우리 몸 표면에 정전기의 형성을 야기하였다. 2,3분마다 나는 양손으로부터 쇠로 된 삽으로 스파크를 일으키는 전기충격으로 경련을 일으키곤 했다. 내 고글 안쪽이 계속 얼어붙어 나는 그것을 벗고 바람에 두 눈을 찡그리며 벙어리장갑 낀 엄지손가락으로 얼음을 긁어내야 했다.

마침내 적색등이 초록색으로 깜박였고 탱크가 가득 찼다. 처음에 나는 알아채지 못하고 토디가 내 어깨를 철썩 치고 나를 물리적으로 강제로 그 불빛을 향해 돌릴 때까지 무턱대고 계속 파기만 했다. 토모는 통의 맨 밑바닥에서 눈 위에 몸을 뻗어 자는 척하였다. 우리의 의복이 바람을 막는 데 매우 효과적이어서 그는 잠자는 척할 필요가 없었지만 때로 나는 기꺼이 누워서 잠잘 수 있을 거라는 느낌이 들었다.

우리는 핸드 라인을 따라 계단으로 돌아와 네 발로 기어서 플랫폼 위로 올라갔다. 하늘이 우리들 머리 위에서 경주하였는데 여전히 지붕 위의 조립식 안테나를 통해 날카로운 소리를 내고 있었다. 리처드 버드가 홀로 겨울을 났을 때 매번 눈보라가 친 후 출입구를 청소하기 위해 오두막을 나서야 했다. '히스테리 발작'을 일으킨 세상이라는 체리 개러드의 표현이 눈보라 속의 요동치는 혼돈의 하늘을 완벽하게 포착하고 있지만 계단을 기어 올라가면서 나는 18년 후의 버드의 경험을 상상하였다. "밤중에 남극에 몰아치는 눈보라에는 무언가 사치스러울 정도로 비정한 것이 있다… 당신은 붕괴되고 있는 세상의 가장자리에 있는 한 마리의 기어가는 동물로 영락해 있다."

일단 안전한 기지 속으로 들어오자 우리는 서로를 쳐다보았다. 우리들의 네오프렌 마스크는 얼음으로 대리석같이 되었고 재킷은 눈으로 뻣뻣하였다. 토디가 옷에서 빠져나오려고 애를 썼으나 지퍼 밑의 두 층이 여전히 단단히 잠겨있는 것을 발견하였다. 그는 그것들을 먼저 녹여야만 했다. 나는 재킷을 벗으러 갔다가 망설였다. 내가 겨울 어둠 속에서 남극의 블리자드를 경험할 기회가 얼마나 더 많이 있을까 궁금하였다.

해빙수 탱크 근처에는 '바트(Bart, 남자 이름; Bartholomew의 애칭—역자 주)'라고 알려져 있는 기상관측 기구를 띄우기 위한 소형 플랫폼이 있었다. 그것은 기상학자들의 농담이었는데 '바트'는 심슨 플랫폼의 아주 작은 '아이'였으며 지붕을 따라 노란색의 아주 가느다란 선으로 장식되어 있었다. 바트는 강풍 속에서 은신처를 찾기 위한 안전한 장소였으며 그 서향 플랫폼 위에서 당신은 바람을 피해 누워, 기지에서 가까운 거리에서 바람에 날려 넘어지지 않고 하늘을 지켜보는 것을 즐길 수 있었다. 나는 문 쪽으로 되돌아 갔다. "무슨 일이야?" 토모가 물었다. "뭐 잊어버린 거라도 있어?"

"밖에 나갔다 오겠어." 그리고는 극적 효과를 위해 잠깐 쉰 다음 나는 말했다 "잠깐 동안."

1890년대에 아직 캠브리지의 의학도였을 때 에드워드 윌슨은 자기 누이에게 편지를 썼다. "타인들의 복리를 돌보는 데 있어 자신의 영혼과 신체를 전혀 개의치 않게 되는 것, 이것은 내가 지금까지 상상했던 것

중 가장 매력적인 이상이라는 생각이 든다." 20년 후 남극 여행에서 돌아왔을 때 스콧은 "최고의 동료였던 윌슨은 일행 중 아픈 사람들에게 자신을 몇 번이고 희생하였다."라고 썼다. 윌슨은 희귀한 재능을 부여받은 사람처럼 보이는데 그것은 자신의 이상을 실현하기 위한 용기와 인내였다.

스콧이 남극에서 귀환한 이야기는 잘 알려져 있으나 모든 고전 신화들처럼 되풀이할 만하다. 들리는 바에 의하면 남극에 갔던 다섯 명 중 가장 용감하고 강했던 선원인 에반스는 1912년 2월 18일 비드모어 빙하(Beardmore Glacier)의 발치에서 죽었다. 그들이 남극에 도달하여 아문센이 한 달 차이로 자신들을 '이겼다'는 것을 발견한 이후로 그는 쇠약해져 왔다. "그가 그것을 경쟁으로 여기는 한 그가 우리를 이겼다."라고 윌슨은 자신의 일기에 썼다. 황소와도 같은 사내였던 에반스는 그가 죽던 날 썰매를 멜빵에 매고 끌고 있었다*.

1912년 2월 허버트 폰팅은 테라 노바호를 타고 북쪽으로 항해하였다. 스콧이 남극을 향해 떠나기 전 폰팅은 에반스, 스콧, 윌슨과 바우어즈가 텐트를 세우고 잡탕을 요리하고 슬리핑백 속으로 들어가는 것을 영화로 찍었다. 그것은 스콧이 귀환했을 때 홍보용으로 사용될 예정이었다. 한 세기도 더 후에 에든버러 영화관의 안락함 속에 그것을 보았을 때 그 대원들의 안전에 대한 불안과 우리가 지금 알고 있는 그들을 기다리고 있었던 것에 대한 슬픔이 내게 무감각하게 물밀듯이 몰려왔다. 이 사람들과 그들의 성격에 대해 그렇게 많이 읽었고 그들 주위로 자라난 신화를 조사한 바 있기 때문에 그들이 스크린 위에서 움직이는 것을 보는 것은 일종의 충격이었다. 그것은 사이렌에 저항하는 오딧세

* 수주일 동안 그는 감염된 손가락과 씨름하고 있었다. 그가 탐험대의 조랑말로부터 혹은 자신의 순록 가죽 슬리핑백으로부터 탄저병에 걸렸다는 주장이 있었다

우스와 바위에서 엑스컬리버를 끌어내는 아서왕에 관한 진짜 비디오를 보는 것 같았다. 에반스는 조심스럽게 난로를 조립하고 그 날의 요리사가 된다. 바우어즈는 옷을 벗고 자기 슬리핑백 속으로 파고든다. 윌슨은 여러 겹의 양말을 벗고 발가락을 꼼지락거리며 온화한 미소를 짓고 스콧과 농담을 하고 있다. 비록 그 장면이 탐험에 대한 대중의 지지를 모으기 위해 촬영되었지만 지금은 이 사람들의 운명에 대한 쓸쓸하고 고요한 기념비로 서 있다.

네 사람 아래의 로스 장벽 위에서 스콧은 자기들을 도로 에반스 곶으로 날려 보내줄 남풍을 기대했다. 1908년 섀클턴은 이 지역에서 썰매로 활주해 건너기 쉬운 단단하고 윤이 나는 얼음을 발견하였으나 그들이 발견한 것은 단지 깊이 쌓인 과립상의 눈과 맞바람과 혹독한 기온 뿐이었다. 그들은 다음 저장고인 미들 배리어 저장소(Middle Barrier Depot)까지

느릿느릿 나아갔는데 3월 2일 거기에 다다랐다. 오츠(Oates)는 이니스킬링 근위 용기병 연대(Inniskilling Dragoons) 장교였는데 체리 개러드와 마찬가지로 현대로 치면 약 5만 파운드에 상당하는 금액을 지불하고 그 탐험대에 받아들여졌다. 그는 그제서야 자기가 심한 동상에 걸린 발을 숨기고 있었음을 밝혔다.

그와 바우어즈는 둘 다 영국령 인도로부터 모집되었는데 이 탐험대는 정말로 제국 탐험대였다. 그들을 길러내었고 그 영광을 위하여 자신들이 행진해 왔다고 느낀 제국에서 멀리 떨어진 얼음 위에서 그 남자들은 미들 배리어 저장소에서 다음 저장고까지 그들에게 연료를 공급할 만큼 충분한 기름이 없다는 것을 깨달았다. 윌슨은 오츠의 동상에 걸린 발을 수술하는 데 몇 시간을 보냈으며 3월 10일 쯤 스콧은 자신의 일기에 오츠는 "보기 드문 담력을 지니고 있으며 자신이 결코 임무를 완수할 수 없음을 틀림없이 알고 있다."라고 쓰고 있었다. 그는 그때쯤에는 걸을 수 없었으며 썰매에 탄 채 다른 사람들에 의해 끌려가고 있었다.

다음날 스콧은 윌슨에게 그들 각자 자살할 수 있도록 아편 정제를 나누어 줄 것을 요구하였다. 그는 아마 오츠가 눈치 채기를 바랐는지 모른다. "윌슨은 그렇게 하는 것과 우리가 약품 상자를 뒤엎는 것 사이에 선택의 여지가 없었다."라고 스콧은 썼다. 그 전해 여름 오츠는 약용 브랜디를 맛보기 위해 간질 발작인 척하며 윌슨과 농담을 하였다. 이제 그는 약품 상자에 있는 가장 강력한 약을 자기 주머니에 지니고 있었으나 그가 그것을 사용할 결정을 내리는 데 5일이 더 걸렸다.

3월 16일 오츠는 텐트 밖으로 걸어 나가 죽었다. "잠깐 밖에 나갔다 오겠소."라고 그는 말했다. 그것은 하나의 비극적인 묘비명인데 그 절제된 표현으로 인해 전설적이며 때로 대영제국 역사 상 어느 한 시기에 특유한 것이라고 조롱받고 있다. 프란시스 스퓨포드(Francis Spufford)가 고위도 지방에서의 탐험과 함께 영국의 매력에 관한 책을 한 권 저술했을 때 그는 그것을 나는 아마도 잠깐 동안(*I may be some time*)이라고 불렀다. 그의 책은 더 성공적인 다른 남극 탐험가들을 희생하면서 뻔뻔스러울 정도로 스콧과 섀클턴에게 초점을 맞추고 있는데 왜냐하면 가장 효과적으로 신화로 변형되었던 것은 스콧과 섀클턴의 탐험이기 때문이다.

남은 세 사람인 스콧, 윌슨 그리고 바우어즈는 닷새 동안 더 힘들게 계속 나아갔다. 3월 21일 그들은 그들을 회복시키기에 충분한 식량과 연료가 있었던 1톤 저장소(One Ton Depot)에서 11마일 모자란 곳에 캠프를 설치하였다. 그들이 더 일찍 오츠를 포기했더라면 그들은 제 시간에 그 저장고에 갔을 것이나 이제는 내리 9일 동안 눈보라가 몰아치기 시작하였다. 그 아흐레 동안 그들은 굶주림과 저체온증으로 인해 그야말로 쇠약해졌다.

물리학자인 찰스 라이트(Charles Wright)가 에반스 곶을 떠난 탐험대 일행에게 정지를 명한 것은 그로부터 7개월 반 후인 11월 11일이었다. 그는 서쪽으로 향한 돌무덤 행렬에서 떨어진 한 개의 작은 눈 무더기를 발견하였다. "저것이 그 텐트다."라고 그는 간단히 말했다. 나중에 앳킨슨이 텐트 안에서 그들이 발견했던 것에 관해 썼다. "윌슨과 바우어즈는 잠자는 자세로 발견되었다. 그들의 슬리핑백은 그들의 머리 위로 잠겨있었는데 왜냐면 그들이 당연히 백을 닫았기 때문이었다. 스콧은 더 늦게 죽었다. 그는 자기의 슬리핑백 덮개를 젖혀놓았으며 상의를 열어놓았다. 세 권의 노트북이 들어 있는 작은 지갑이 그의 어깨 밑에 있었으며 그의 팔은 윌슨을 가로 질러 내동댕이쳐 있었다."

스퓨포드는 스콧의 마지막 탐험이 고전 신화의 모든 특징, 탐구 또는 전설을 지니고 있다고 쓴 바 있으나 어떤 사람들에게는 그것은 오히려 종교에 가까운 것이다. 타종교들과 마찬가지로 그것은 그 자신의 예배당인 캠브리지의 스콧 극지 연구소와 성물함을 가지고 있다. 나도 경의를 표하고, 스콧의 어깨 밑에서 앳킨슨이 발견했던 그 작은 지갑을 내 두 눈으로 보기 위해, 그리고 윌슨이 남극으로 가져갔던 영국 국교회 기도서(Book of Common Prayer)를 몸소 보기 위해 캠브리지로 간 적이 있다. 심지어 텐트 옆에서 발견되었고 체리 개러드가 주웠던, 그래서 보다 즉각적으로 낭만적인 다른 전시물과 동일한 존경을 받고 있는 낡은 비스킷 포장지도 있다. 가장 중요하게 스콧의 편지 원본들을 볼 수 있는데 당신은 그의 몽당연필이 얼어붙은 종이를 긁는 것을 상상하면서 스스로 그의 필적을 추적할 수 있다.

스콧은 윌슨의 아내 오리아나(Oriana)에게 한 통의 마지막 편지를 썼는데 그것은 거의 사과에 가깝다. "그의 두 눈은 희망의 표정인 편안한 푸른빛을 띠고 있으며 그의 정신은 자신을 전능하신 신의 위대한 계획의 일부로 간주하는 것을 믿는 그의 신앙의 만족으로 평온합니다. 나는 당신께 그가 용감하고 진실한 사람으로, 최고의 동료이자 가장 충실한 친구로 살았던 것처럼 그렇게 돌아갔다고 말하는 것 이상의 위로 말씀을 드릴 수 없습니다. 나의 온 마음을 연민 속에 당신에게 바칩니다. 근계, 로버트 스콧."

윌슨도 그가 그것을 위해 그렇게 열심히 일했던 신비적 초월이 마침내 도래했음을 암시하는 마지막 편지를 오리아나에게 썼다. "사랑하는 아내여, 이런 것들은 사소한 것이요, 생명 자체도 내게는 지금 사소한 것이오… 하나님은 내가 세상 사람들에게 슬픔의 원인이 되는 것을 유감스럽게 생각한다는 것을 알고 계시지만 모든 사람은 죽게 마련이고 모든 죽음에는 반드시 다소 슬픔이 있게 마련이오… 나는 지금 당신에게 편지 쓸 시간이 있어서 매우 기쁘오… 만사가 다 순조롭소."

너무나 생생한 꿈들, 나무의 꿈, 해변의 꿈, 햇빛의 꿈. 밤새 계속되고 아침을 향해 소용돌이치면서 여러 가지 주제와 상세한 설명을 모으는 꿈들. 일출이 다가옴에 따라 나는 본능적으로 천연색 꿈을 꾸기 시작했다. 헬리 기지 거주자들의 비공식 여론조사는 반복되는 꿈 하나를 보여주는데 그것은 브룬트 빙붕이 갈라져서 거대한 빙산 한 개가 떨어져 나가는 것이었다. 로스 플랫폼과 북쪽의 모든 건물들이 웨델 해 속으로 표류하고 있다. 꿈꾸는 사람은 점점 넓어지는 틈의 잘못된 쪽 위에 잡혀 있으며 그 아래의 바다는 벌써 세차게 흘러들어왔다. 당신은 점프를 시도하든지 또는 기지가 떠내려갈 때 뒤에 남든지를 즉시 결정해야 한다.

아마도 그것은 심리학자들이 '지각상실'이라고 부르는 것과 관련이 있는데 마음이 텅 빈 얼음으로 활짝 열려있어 얼음 위의 어떤 자극이나 공포 그리고 축제라도 그것을 꽉 붙잡을 것이다. 겨울이 끝날 무렵 나는 저녁에 영화 한 편을 보면 밤새 그것에 대한 꿈을 꾸었다. 새로운 음악을 들으면 그것이 고리 위에서 한 바퀴 돌았다. 내가 결과를 통해 꿈을 꾸어야 하므로 나는 뇌에 주입한 것을 조심하게 되었다. 알렉산더 대제에 관한 다큐멘터리를 본 뒤 나는 사흘 밤 계속하여 시와(Siwa, 이집트 북쪽의 오아시스 도시: 태양신 신앙의 중심지—역자 주)의 신탁을 받는 곳을 방문하였다.

최고의 꿈은 나무에 관한 꿈이었다. 나는 여태까지 나무 없이 그렇게 오래 산적은 없었다. 나는 자신이 가을 너도밤나무 잎사귀 침대 위에 누워 포근히 싸여 북쪽 지방 숲의 서로 결합된 팔 밑에서 잠깐 눈을 붙이는 꿈을 꾸곤 하였다. 아니면 칠레 해안에서 떨어진, 내가 한때 탐험한 적이 있는 칠로에(Chiloe, 칠레 서남 해안 난바다의 섬—역자 주)의 물이 뚝뚝 듣는, 습기에 흠뻑 적셔진 온대 열대우림 속으로 이동되었는데 내 귀에는 태평양의 두들기는 듯한 백파 소리가 들리고 덤불 속에는 개구리들이 개골거리고 공기는 뿌리 덮개와 같은 풍부한 유기물질로 가득 차있어 먹을 수 있는 것처럼 느껴졌다. 꿈의 모든 특징들은 내가 가장 그리워했던 자연계의 요소들이었다. 그러나 그때 나는 낙엽활엽수의 세계에서 깨어나 극풍의 탄식 소리를 듣거나 내 뼈 속에 발전기의 웅웅거리는 배경음을 느끼곤 하였다. 침대 방 창문으로 가서 나는 달빛 아래에서 아연 티타늄 광휘를 내는 저 낯익은 반짝거리는 얼음 평원들을 바라보거나 오로라의 휘감긴 리본을 다시 지켜보곤 하였다. 나는 이곳에 영원히 있었다라고 나는 혼자 생각하였다. 아마 나는 결코 떠나지 않을 것이다.

나무의 증거가 없는 계절은 무의미하게 느껴졌다. 나는 태양을 기다렸다.

봄

12

점점 환해지는 빛

우리는 찬란한 빛의 홍수 속에 멱을 감는 것 같았으며
그 번쩍이는 빛으로부터 새 생명과 새 힘과 새 희망을 마시는 것 같았다.

스콧(R.F. Scott), 디스커버리호 항해기(The Voyage of the Discovery)

그린란드와 라플란드—북극지방의 유일한 '토착' 국가인—양자의 국기가 태양을 묘사하고 있는 것은 결코 우연의 일치가 아니다. 수개월 동안 계속되는 극지방의 어둠을 견디는 부족들에게 태양의 이미지는 저위도 지방에 살고 있는 우리들 대부분은 상상할 수 없는 힘과 상징을 가지고 있다. 아마도 우리는 우리들로부터 취할 수 있다고 알고 있는 것을 가장 잘 이해하고 있을 것이다. 겨울이 수개월 동안의 갇힘을 의미하는 문화에서는 태양은 힘과 열과 생명 뿐 아니라 해방의 강력한 상징이다.

8월 11일 정오 무렵 나는 밖에서 스키를 타고 있었다. 내 머리 위의 하늘이 몇 달 만에 처음으로 푸른빛이 돌았다. 나는 여름 기지 사진에 있는 아침 풍경을—얼음 위의 눈부신 흰 광채, 그림물감통의 코발트

빛 하늘—다시 보아왔지만 아직도 내가 본 것을 알아보지 못했다. 나의 심안은 더 이상 헬리기지와 완전한 일광을 연관 지을 수 없었다. 그 사진들은 믿을 수 없는, 불가능한, 다른 세상에 관한 것처럼 보였다. 북쪽 지평선은 더 이상 펭귄을 보기 위한 겨울 여행에 동반되었던 기름 자국이 아니라 무지개빛 파스텔이었으며 나는 머지않아 그것이 넓게 칠한 빛의 수채화로 펼쳐질 것을 알고 있었다. 그리고 그 다음에 기대하지도 않았는데 태양의 맨 꼭대기의 테두리가 보였다.

그것은 또 다른 며칠 동안은 기대되지 않았다. 그것이 보이게 되었다는 것은 한 층의 공기가 태양의 빛을 구부리고 틀에 넣어 만들어 세계의 만곡부 주위로 신기루를 던지고 있음을 의미하였다. 최초의 북극 탐험가들은 이 신기루 같은 현상에 당황하였으며 때로 그것을 신의 호의의 조짐으로 받아들였다. 나는 그것이 혹성의 만곡부 주위로 구부려졌는지 아니면 직접 비추는 것인지 상관하지 않았다. 그것은 태양이었다. 나는 스키 타는 것을 멈추고 스키폴을 떨어뜨리고 발라클라바를 올려 3개월 반만의 첫 햇빛이 내 피부에 부딪치게 내버려두었다. 두 팔을 들어 올리지 않는 것이 내가 할 수 있는 전부였다.

어스름 속에서 나는 다른 사람들에게 알리려고 무전기에 손을 뻗었다. 그것은 내가 이곳을 떠나기 5개월 전이었으며 처음으로 나는 그것이 너무 짧다고 느꼈다. 아직도 여기서 하고 싶은 것이 아주 많이 있는데 시간이 끝나가고 있었다.

다음 날 누비이불 같은 구름이 브룬트의 턱에 포근히 걸려있었고 태양이 돌아온 증거는 북쪽 지평선을 따라 보이는 구리선 같은 한 줄기의 빛으로 줄어들었다. 구름의 단열 효과와 함께 기온이 상승하여 영하 25도에 이르렀다. 겨울이 끝났음을 축하하기 위해 우리는 상상할 수 있는 여름철에 가장 알맞은 것을 하였는데 그것은 야외 바비큐 파티였다. 맥주와 와인이 어는 것을 방지하기 위해 우리는 병과 캔들을 목탄 한 쪽에 포개놓았다. 3개월 반 전에 마크가 국기를 내렸는데 이제 기지에서 가장 나이가 적은 일레느가 로스 플랫폼 지붕 위로 올라가 새 국기를 게양하였다. 태양이 지평선 위로 살짝 보이기 시작한 순간 우리는 모두 잔을 들어 올리고 환호성을 질렀다.

베오울프(*Beowulf*, 8세기 초의 고대 영어로 된 서사시—역자 주) 이래로 북유럽 문학은 태양의 귀환을 하나의 중요한 과도기로 다루어 왔다. 그것을 축하하는 것은 안도와 점점 다가오는 여름에 대한 기대와 관련이 있다. 그에 상응하는 남극대륙에 관한 문학은 훨씬 더 짧은 가계를 가지고 있는데 스콧과 섀클턴의 탐험에서 유래된 작품에 의해 지배되고 있다. 한 겨울에 한 해를 지나는 나의 여정에서 또 다른 이정표를 표시하는 한 가지 방법으로서 나는 그러한 것들에 의지하고 싶었다. 바비큐 파티는 오래 가지 않았다. 밖은 여전히 너무 추웠다. 그러나 다시 안으로 들어와 다른 사람들이 라운지에서 DVD를 보러 갔을 때 나는 한 무더기의 책과 함께 도서관에 앉아 있었다.

1903년 디스커버리호 상에서의 두 번째 겨울 동안 스콧은 태양을 보았을 때의 자신의 안도감을 묘사할 단어를 찾기 위해 애를 썼다. 그것은 "모든 묘사 능력을 넘어서는 것이었고… 어떤 말로도 표현할 수 없는 장엄함과 엄숙함이었다." 그 때쯤 그는 섀클턴과 윌슨과 함께 그의 위대한 남쪽 여행을 해왔으며 그의 생각은 점점 더 고향을 향하고 있었다. 그 전해에 그는 덜 용의주도했으며 그 기간 동안의 그의 일기는 여전히 앞에 놓여 있는 썰매 여행에 대한 불안과 태양이 일단 지평선 아래로 더 떨어지기 전에 그가 대륙을 얼마나 많이 탐험할 것인가에 대한 걱정을 암시하고 있다. 심지어 그는 아마 자신이 남극에 도달할 것인가를 궁금해 하고 있었다. "이 영광스러운 태양이 우리들 주위의 암울하고 황량한 지역에 낮의 빛과 어느 정도의 온기를 가져다주었으며 저 자비로운 광선이 다시 사라지고 침울한 어둠이 다시 한 번 내려오기 전에 예언적인 생각들이 전인미답의 황무지 위로 얼마나 멀리 우리들을 데려갈 것인지는 오직 하늘만 알고 있다."

그것은 스콧이 남극대륙과 그것의 '암울하고 황량한' 풍경과 '전인미답의 황무지'에 대한 자신의 혐오감을 드러내는 또 다른 예이다. 그의 누이인 그레이스(Grace)가 나중에 관찰했듯이 그는 "눈과 얼음 또는 그런 종류의 모험을 향한 열망이 없었다." 그는 전적으로 극지 탐험대를 지휘하기 위한 사람들의 호기심을 끄는 선택이었다.

5년 후 섀클턴은 거의 틀림없이 같은 장소에서 똑같은 것을 보았는데 그것에 관해 훨씬 더 사무적이었다. "태양이 한 번 더 지평선 위로 나타났던 8월 22일 아침에 우리는 동계 본부를 향해 돌아가기 시작하였다." 그는 그때 자기 대원들 일부에게 자남극(South Magnetic Pole)과 남극횡단산맥(Trans-Antarctic Mountains) 더 깊숙한 곳을 향한 여행 준비를 시키고 있었다. 섀클턴의 '남극의 중심(The *Heart of the Antarctic*)'은 무턱대고 정서를 만족시키는 책은 아니다. 가까운 한 구절에서 그는 심지어 대영제국이 후원하는 자신의 탐험대의 두 가지 주요 목표를 강조하기 위해 그가 런던에서 받았던 명령서를 인용하고 있다.

> 친애하는 귀하—귀하가 자남극에 도달하는 경우 귀하는 즉석에서 유니언 잭을 게양하고 영국민을 위하여 상기 탐험대를 대표하여 자남극을 점유할 것.
>
> 귀하가 서쪽 산맥에 도달한 경우 한 장소에서 동일한 행동을 취하고 대영제국의 일부로서 빅토리아 랜드를 점유할 것.
>
> 경제성이 있는 광물이 발견되는 경우 본 탐험대 대장으로서 짐을 대

신하여 동일한 방식으로 그 광물을 점유할 것.

제국의 확장과 광물 자원–섀클턴 탐험대의 두 가지 목표가 현재에는 환경과 국제 정치에 매우 위험하다고 생각되기 때문에 남극 협약(Antarctic Treaty)에 의해 배제되어 있는 것과 동일한 두 가지라는 것이 우울하게 역사적 흥미를 일으킨다.

테라 노바호는 날씨가 더 나빴다. 최악의 여행(*The Worst Journey*)에서 체리 개러드는 이론적으로 태양이 돌아오는 것이 눈을 뜰 수 없을 정도의 눈보라에 의해 가려졌다고 불평하였다. 스콧의 일기도 역시 날씨에 대한 좌절감을 보여주고 있으나 그 날 저녁 폰팅은 자신의 인도 여행 슬라이드를 보여주었다. 태양이 돌아오는 이 날 그를 가장 감동시켰던 것은 지금은 바나라시(Vanarasi)인 베나레스(Benares)의 사진들인데 그는 폰팅의 렌즈를 통해 수천 명의 힌두교 순례자들이 갠지스 강 둑 위에서 해가 떠오르는 것을 기다리고 있는 것을 바라보았다. "최초의 희미한 빛 속에 기다리고 기도하는 수많은 멱 감는 사람들, 경이로운 의식과 그것의 끊임없는 수행, 그리고는 태양이 다가올 때의 그 침묵—침묵 속에 기다리는 수천의 숭배자들의 느낌—마음으로 느껴지는 침묵." 나는 태양을 보기 위해서 뿐 아니라 수천 명의 타인들에 둘러싸이기 위해 그의 열망을 함께 나누었다.

수개월이 지나야 내가 다시 인간들의 무리에 둘러싸일 것이지만 지금은 펭귄 무리가 나를 둘러싸야 할 것이다. 황제펭귄들은 사적인 공간이 없었다. 그들의 세계는 수천 마리가 옹기종기 모여 있는 무리 속에 둘러싸여야 했다. 남극의 겨울 내내 자신들의 영역을 표시한 것은 오직 인간들뿐이었는데 스튜어트와 아네트와 일레느는 심슨 플랫폼 위의 자기들의 워크스테이션에, 마크 엠과 러스와 마크 에스는 피갓 플랫폼에, 로브와 토모는 작업장에, 그래미와 벤은 차고에, 패트는 자기 사무실에, 토디는 자기 키트룸에, 그리고 크레이그는 자신의 주방에 영역 표시를 하였다. 나는 이러한 공간들 각각의 사이에서 움직였지만 항상 의무실, 도서관으로, 또는 바깥의 열려있는 얼음으로 돌아갔다.

이누이트 부족은 신체의 타 부위보다 안면에 더 많은 땀샘이 발달해 왔는데 왜냐하면 날씨가 어떻든 노출된 상태로 남아 있는 것은 그들의 얼굴이기 때문이다. 아메리카 원주민 한 명이 한 때 호기심에 찬 한 명의 유럽인에게 "나는 온몸이 얼굴뿐이기 때문에" 자기는 옷을 입을 필요가 없다고 말했다. 내가 네오프렌 얼굴 마스크 없이 지낼 만큼 기온이 상승했을 때 나는 안심이 되었다. 나는 우주를 맨얼굴로 만나는 것을 더 좋아한다.

마지막 어두운 밤들이었다. 8월에 우리의 혹성이 페르세우스 유성운을 통과하였고 그래서 매일 밤 나는 그 유성들의 불꽃이 하늘을 마구 날아다니는 것을 지켜보았다. 나는 그들의 일부가 지면에 도달한 것을 확신했으나 너무 멀리 떨어져 있어 그들을 찾아낼 수 없었다. 고전적인 초기 기독교 신앙은 천체가 하늘을 돌 때 노래를 부르는데 각각의 노래는 다른 노래들과 조화를 이루는 독특한 음색이 있다는 것이었다. 내가 그 마지막 캄캄한 밤 동안 남극대륙 위의 혹성들을 지켜보았을 때 나는 천구의 음악은 듣지 못했으며 들리는 것이라고는 바람에 날린 눈이 내는 대륙의 속삭임뿐이었다. 실망스럽게도 오로라도 또한 잠잠하였다.

달은 희미해지고 있었으며 겨울 내내 우리를 비추었기 때문에 창백하고 허약해졌다. 나는 아직도 밖으로 나갈 때면 언제든지 달을 찾았는데 그것은 때로는 풀어 놓은 배처럼 표류하고 때로는 별들의 제방에 계류되어 있었다. 나는 겨울의 어둠에 대한 스콧의 관점을 이해하지 못했다. 내가 태양을 다시 보아서 기뻤지만 다가오는 여름의 순백은 폭군과 같았다. 남극대륙을 감상하는 것에 관해서 내게 깊이와 아름다움이 있는 것은 겨울 스키였다. 겨울 스키에는 언제나 새로운 볼 것이 있었다. 그러나 햇빛도 그 나름의 장점이 있었는데 또 다시 황제펭귄을 정기적으로 방문하는 것이 가능할 것이다.

태양이 다시 뜬 1주일 후 나는 아네트에게 스키두를 타고 나와 함께 펭귄을 보러 가자고 청했다. 혹성의 만곡부와 함께 사방에서 우리들로부터 얼음이 서서히 줄어들었다. 그것은 마치 우리가 아래쪽으로 활강하고 있는 것 같았다. 이런 식으로 스키두를 몰고 기지에서 떠나는 데에는 일종의 자유가 있었는데 그것은 새로운 단계와 계절이 시작되고 있다는 인식이었다. 구름이 낀 며칠이 지나자 마치 하늘에서 뚜껑이 바람에 날아가 버린 것 같았다. 이제는 신뢰할 만한 태양 광선이 우리들의 세계를 변형시켰다. 그것은 얼음을 기하학적 정밀함을 가진 부조로 만들었다. 모든 얼음 이랑과 갈라진 틈이 확대된 것처럼 보였다. 태양은 여전히 얼음 가장자리를 두르고 있었으나 마치 놋쇠로 된 빛의 쐐기를 북쪽으로부터 지평선 속에 두드려 박은 것처럼 태양의 호가 매일 더 넓어졌다. 우리가 번식지 위쪽의 얼음 절벽에 도착했을 때 나는 기대로 초조하였는데 새끼들이 부화했는지 궁금하였다.

새끼들은 부화하였다. 수컷 황제펭귄의 빽빽한 허들(huddle, 옹송그리며 옹기종기 모여 있는 것)이 활짝 열렸고 만 위의 곳곳에서 떠들썩한 재결합 파티가 벌어졌다. 절벽으로부터 나는 벌써 아직 보이지는 않지만 떠들썩한 소리 너머로 새끼들의 고음의 날카로운 울음소리를 들을 수 있었다. 아네트와 나는 하네스에 몸을 묶고 절벽에서 자일을 타고 해빙 위로 내려갔다.

우리는 황제펭귄들에 휩싸였다. 내 눈에는 그들이 태양을 맞이하여 행복하고 자부심과 안도감으로 미칠 듯이 기뻐하는 것처럼 보였다. 그들은 차례로 어기적거리며 걸었고 부리로 발가락 쪽을 가리키고 내게 그 속에 있는 회색 솜털이 난 꽥꽥거리는 보물을 보여주기 위해 자신들의 복부에 있는 새끼 주머니들을 들어올렸다. 나는 후디니의 밧줄처럼 얼음 위에 버려져 있는 산산 조각난 알들을 보았는데 알의 일부는 너무 일찍 무덤으로 변했다. 또한 어미가 제 때에 돌아오지 못한 새끼들의 작은 사체가 고립되어 눈과 함께 이리저리 떠다니고 있었다.

위를 쳐다보았을 때 나는 하늘에서 포식자들을 전혀 보지 못했는데 도둑갈매기나 자이안트풀마갈매기(giant petrel)가 이렇게 먼 남쪽까지 도착하기에는 계절이 너무 일렀고 그리고 나는 왜 이 새들이 그렇게 힘든 번식 주기를 택했는지 이해가 갔다. 그들은 마치 아담과 이브가 타락하기 전의 에덴동산에 있는 것처럼 두려움이 없었다. 새끼들의 울음소리는 내게는 모두 똑 같이 들렸는데 고음의 증기 기관차 기적 소리 같았다. 과학자들이 이 울음소리를 초음파로 검사하여 어른 펭귄들이 심지어 부화할 때부터 자신의 새끼를 알아볼 수 있는지를 알아내려고 노력하였다. 어른 펭귄의 초음파사진은 해빙 덩어리들처럼 음색의 층으로 겹겹이 쌓여있는 것처럼 보이는 반면 새끼들의 초음파사진은 어린 아이가 산맥을 그린 것처럼 높고 들쭉날쭉한 윤곽으로 순수하였다. 내 귀로는 차이를 분별할 수 없었지만 나는 초음파사진 상 울음소리가 개체들 간에 실제로 각기 다른 것을 보았는데 알프스 산맥처럼 보이는 것도 있고 카라코람 산맥과 더 비슷한 것들도 있었다. 부모 황제펭귄은 자기 새끼들의 울음소리를 녹음해 놓은 테이프를 듣고 달려오며 자기들이 그 울음소리를 알아보지 못하는 새끼는 거부한다.

내 주위의 펭귄은 대부분 암컷들이었는데 나는 수개월 동안의 휴식과 고기잡이로 축적된 깃털 표면의 건강한 셸락(shellac, 니스를 만드는 데 쓰이는 천연수지—역자 주) 광택으로 그들을 구별할 수 있었다. 7월에 내가 보았던 쇠약하고 굶주린 수컷들은 대부분 외해를 향해 떠났다. 조류학자인 앙드레 앙셀(Andre Ancel)과 게리 쿠이만(Gary Kooyman)이 그 수컷들이 오랜 단식 후 먹이를 찾기 위해 얼마나 멀리 가야 하는지를 알아내기 위해 그들을 추적한 적이 있었다. 그들은 번식지에서 최고 300킬로미터 떨어진, 한가하게 물고기를 잡고 쉴 수 있는 얼음이 없는 영구 빙호 쪽으로 향하는 것이 밝혀졌다. 그들이 추적한 수컷들 중 한 마리는 2주 이상 걸려서 450킬로미터 이상의 지그재그 경로를 취해 이렇게 긴 여행을 하였는데 이는 4개월 단식 후의 놀라운 위업이었다(비록 그들이 거기에 다다르기 전에 고기를 잡으러 좁은 물길 속을 짧게 잠수할 수는 있지만). 그들이 빙호를 어떻게 발견하는지는 알려져 있지 않으나 아마도 코를 킁킁거리며 공기 냄새를 맡아 외해의 짠 냄새를 맡고 또 극지의 선장들처럼 구름에 반사된 수공(water-sky)을 찾기 위해 하늘을 쳐다볼지 모른다. 쿠이만 팀은 또한 최초로 그 새들에게 비디오카메라를 묶어 그들이 어떻게 사냥하는가를 직접 관찰하였다. 황제펭귄들이 해빙 밑에서 미끄러지듯 가는 것이 보였는데 위로부터는 그들의 검은색 등에 의해 바다에 대해 위장을 하고 아래로부터는 그들의 하얀 배로 얼음에 대해 위장을 하였다. 때로 급강하하는 송골매와는 정 반대로 수면 쪽으로 몸을 구부려 녹고 있는 해빙 천정의 미로 내에서 살고 있는 물고기를 잡는다.

수컷은 멀리서 약 3주를 보내고 기력을 회복한 다음 6, 7일 동안 자기 짝과 교대하기 위해 돌아온다. 그들이 멀리서 보내는 기간은 더 따뜻해지는 계절과 함께 해빙 가장자리가 남쪽으로 몰래 다가감에 따라 점점 더 짧아진다. 부화로부터 깃털이 다 날 때까지 새끼 한 마리는 통틀어 스무 끼 정도의 적은 식사를 필요로 하는데 각 끼니는 구할 수 있는 것에 따라 물고기, 크릴새우 또는 오징어를 한 배 가득 먹는다. 새끼는 12월이나 1월에 해빙이 해체되기 전에 깃털이 완전히 다 날 만큼 빨리 자라야 한다. 경주가 진행 중인데 이러한 많지 않은 급식이 새끼를 약 300그램의 부화시 체중으로부터 불과 5, 6개월 이내에 50배 증가된 15킬로그램의 느릿느릿 움직이는 청소년으로 변하게 해야 한다.

부모의 두 발 위에 쪼그려 앉아 있는 펭귄들은 생명이 돌아오는 징조이지만 죽음이 그들에게 바싹 접근하고 있었다. 6월에 낳은 알의 4분의 3은 성공적으로 부화했지만 굶주림, 눈보라 속의 노출, 빙하의 붕락에 의한 매장과 같은 여러 가지 위험의 시련이 그들을 기다리고 있다. 알의 일부는 빙원 중의 물길이나 타이드 크렉 속으로 빠지고 일부는 알을 맡아 기르려고 애쓰는 지나치게 열성적인 어른 펭귄들에 의해 짓밟혀 으깨진다(이 펭귄들 중에는 자신의 새끼를 간절히 원하는 갱들도 있었다). 계절 늦게 자이언트풀마갈매기가 알을 노리고 올 것이며 해빙이 해체되기 시작함에 따라 표범 물개와 범고래가 올 것이다. 일단 깃털이 다 나고 번식지를 떠나면 사망률이 상승하는데 첫해에 살아남는다고 생각되는 새끼들은 20%에 불과하다. 이러한 음울한 통계에도 불구하고 아프테노디테스(*Apdenodytes*)는 여전히 새끼의 생존 면에서 보면 가장 성공적인 펭귄으로 간주되고 있다.

비록 내가 어른 황제펭귄의 해부는 금지되어 있다고 들은 바 있지만 어떤 이유로 새끼들은 온당한 사냥감이었다. 나는 죽은 새끼들 중 한 마리를 기지로 가져가 '펭귄 박제술 가이드'를 꺼냈다. 그것은 시체 운반용 부대 뒤의 싱크대 아래의 벽장 속에 숨겨져 있었다. 고래 기름 얼룩이 묻은, 해가 지나 구겨지고 누렇게 바랜 풀스캡판(foolscap, 약 13x16 인치 크기의 대형 인쇄용지—역자 주) 종이 위에 타자로 친 그것은 필요한 장비 목록으로 시작하고 있었다. 나는 펭귄을 못으로 고정할 널빤지, 메스,

집게, 겸자와 가위, 몸통 내부에 짜 맞추어 넣을 철망, 피부용 붕사 염제(borax salt) 한 병이 필요할 것이다. 가장 가까이 있는 붕사는 수천 마일 떨어져 있었고 그래서 암염으로 대신해야 할 것이다.

나는 의대를 졸업한 이래 이와 같은 일은 해 본 적이 없었다. 갑자기 나는 다시 열여덟 살이 되어 해부학 수업 첫 주에 찢어진 아마포 수의 밑의 피부가 벗겨진 인간 사체를 마주하고 있었다. 이번에는 흰 가운도 없었고 나는 발전실에서 그래미를 도아주려고 애쓰느라 기름얼룩이 묻은 단열 작업복을 입고 있었다. 나는 수술 장갑을 끼고 카펫용 압침과 토피 해머를 사용하여 그 새끼를 널빤지에 고정하였다. 박제술 가이드는 내게 배설강으로부터 밖으로 각각의 대퇴부를 향해 절개하라고 지시하였다. 부드러운 회색빛 털이 절개되어 그 아래의 반짝거리는 분홍색 살이 드러났다.

로마 시대에는 희생 동물을 절개하여 드러난 내장의 패턴을 미래를 예견하는 데 사용하였다. 창자 점(Extispicy)이라고 알려져 있는 이 과정은 특수 계층의 사제들이 수행하였는데 그들은 점을 치기 전의 정화 의식에 동물과 스스로를 준비시켰다. 장갑 낀 내 손가락에 묻어 있는 피는 미래를 점치는 것과는 전혀 관계가 없었으나 현재를 밝히는 것과는 아마 약간 관련이 있었다. 펭귄들은 자기 새끼들에게 무엇을 먹이고 있었는가? 나는 위를 더듬어 보았는데 그것은 주사위 주머니처럼 우툴두툴하였다. 겸자와 메스를 잡고 나는 위에 구멍을 하나 내어 직사각형의 현무암 조각 세 개를 끄집어내었다. 그것들은 아마도 그것을 준 부모의 장 속에서 또는 해빙 아래 깊숙이 있는 웨델 해 해저에서 수년 동안 갈려서 모서리가 둥글게 되어 있었다. 특색이 없는 세 개의 검은 돌이지만 나는 마치 그것들이 보석 원석인양 조심스럽게 한 쪽에 놓아두었다.

장의 패턴은 미래를 말하지 않았지만 황제펭귄 뱃속의 돌들은 매우 실제적인 방식으로 남극대륙의 발견을 예견하였다. 1840년 찰스 윌키스(Charles Wilkes)의 미국 탐험대가 해빙에서 벗어 난 황제펭귄들로부터 이러한 돌의 표본을 수집하여 남쪽에 발견되지 않은 육지가 존재한다는 것을 주장하기 위해 그것들을 사용하였다. 그 자갈들이 거기에서 발라스트로 작용하는지 또는 오징어 주둥이와 같은 딱딱한 음식을 가는 데 필요한가는 아무도 모른다. 일부 황제펭귄들은 굶고 있었다고 밝혀졌는데 그들의 장은 4킬로그램 이상의 돌로 막혀있었다.

나는 위를 뒤집어 녹색을 띤 핑크빛의 미세한 멀치(mulch)를 발견했는데 그것은 아마 그들이 먹는 진화가 덜 된 크릴, 물고기 또는 두족류의 유체일 것이다(하등동물이지만 *Euphausia superba*, *Electrona antartica*, 그리고 *Psychoteuthis glacialis* 같은 고상한 이름을 가진). 위를 다시 닫으면서 나는 복부의 다른 곳을 살펴보기 시작했다.

담낭이 터무니없이 팽창된 것처럼 보였으며 나머지 복부 장기들에 걸쳐 담즙이 침출되어 있었다. 나는 인간 사체에서도 동일한 현상을 본 적이 있으나 그것을 담낭 질환의 징후로 간주하지 않았다. 나는 담낭과 함께 인간의 간과 같은 엽으로 구성된 섬세하고 작은 간을 떼 내고 그 다음에 멀리 배설강까지 장을 떼 내었다. 나는 장갑을 갈아 끼기 전에 그것들을 밀봉한 주머니에 넣었다. 오스트레일리아인들이 황제펭귄 새끼들에서 인간에서 성매개질환을 야기하는 한 종류의 미생물을 확인한 바 있다. 그 미생물이 어떻게 거기까지 갔는지는 또 하나의 자연의 신비이다*.

---

* 그것은 인간에서 성병성 림프육아종이라는 이름으로 통하는 질환이다. 의사로서 나는 라틴 아메리카 사창가에서 찾아낸 한 명의 환자밖에 본 적이 없다

나는 새끼의 몸에서 가죽을 벗기기 시작했으며 피부와 근육 사이의 지방층을 열었다. 이 새끼 펭귄은 야위었으나 성체는 몸 둘레 전체에 2, 3인치 두께의 피하지방이 있었을 것이다. 이 지방층이 여러 가지 의미에서 펭귄의 생존 비결인데 그것이 펭귄을 단열시킬 뿐 아니라 또한 그 층 내에는 지방을 분해하여 직접 열을 유리하는 특수 세포들이 있는데 그것들이 없으면 펭귄은 온기를 발생시키기 위해 몸을 후들후들 떨거나 걸어야 한다. 수중에 있을 때는 그들은 스위치처럼 이것을 켜서 열을 발생시켜 몸을 꽁꽁 얼게 하는 웨델 해의 찬 바닷물이 앗아가는 열을 대체한다.

두 발과 물갈퀴 부위에서는 박제술 지침서가 내게 뼈와, 사지에 대한 대향류(countercurrent, 수족의 심부 등에 있어 동맥혈과 정맥혈과 같은 역방향의 흐름이 이웃하고 있는 상태, 이들 사이의 열전도를 대향류 열교환이라 한다—역자 주) 열교환기 역할을 하는 혈관망을 절개하라고 지시하였다. 발과 물갈퀴로 가는 혈액이 이들 혈관들에 의해 냉각되어 신체 중심부로부터의 큰 열 손실 없이 섭씨 0도에 거의 가까운 해수 온도에 육박하게 된다. 0도에 가까운 기온이 펭귄에게는 참을 수 없게 더운 여름에는 이 혈관들이 확장되어 펭귄을 식히기 위해 사지로 혈액을 강제로 밀어낸다. 황제펭귄은 영하 10℃에서 영하 20℃ 사이에서 가장 편안하며 그 범위 내에서는 열을 발생시키기 위해 지방을 태울 필요가 없다. 서구의 동물원에서 그들이 노출되어 있는 온도인 영상 10℃ 이상에서는 그들은 피가 달아오르고 내적흥분 상태가 되고 열사병으로 죽을 수 있다.

나는 흉곽으로부터 피부를 분리했는데 거기서 나는 아마도 심해 잠수의 엄청난 압력으로부터 폐를 보호하기 위한 서로 맞물린 능을 가진 늑골들을 보았다. 가슴을 열었을 때 나는 한 순간 멈추어 폐에 감탄하였다. 그것은 놀랄 만큼 인간의 폐와 닮았지만—피라미드 모양의 스폰지와 같은— 이 페들은 성숙되면 20분 동안 지속하는 호흡을 감당할 수 있을 것이다. 피부로부터 흉곽 전체를 박리한 뒤 나는 척추, 경동맥, 식도와 두개골 바로 밑의 기관을 절개하였다. 기관이 절단되자 나는 혀 뒤쪽으로 향해 박혀있는 새의 성대 아래로부터 위를 쳐다볼 수 있었으며 한 때 거기로부터 나왔던 독특한 백파이프 소리 같은 휘파람 소리를 상상하였다. 혀 자체는 딱딱한 파충류의 혀였으며 미끄러운 물고기를 올바른 방향으로 인도하기 위한 위(stomach)쪽으로 향한 미세한 가시로 덮여 있었다. 비록 관련은 없지만 북반구 바다오리에서 거의 동일한 혀가 발달되어 왔다.

나는 두 눈 쪽을 향해 피하지방층을 열어 머리에 딱 붙어 있는 피부를 떼 내기 시작하였다. 폭이 넓고 흐릿한 안구는 작은 두개골과 균형이 맞지 않는 것처럼 보였으며 바다 밑 500미터의 생체발광(biolumi-nescence, 생물체에서 빛이 발생되는 현상—역자 주)을 일별할 만큼 넓게 벌어질 수 있는 홍채가 박혀있었다. 그 동공은 또한 여름의 환한 빛에 대해 바늘구멍 크기로 좁아질 수 있다. 에드워드 윌슨은 눈 주위에 돌출된 뼈가 없는 것을 보고 깜짝 놀랐는데 두 눈은 펭귄이 헤엄칠 때 위아래의 먹이를 추적하기 위해 당당하게 두개골에서 툭 불거져 나와 있다.

나는 안구를 제거하고 두루마리 화장지와 나무 접착제를 사용하여 그 자리에 대리석 조각 몇 개를 붙여 놓았다. 눈 뒤의 두개골 판은 뿔같이 딱딱하고 불투명했으며 손톱을 합쳐놓은 것 같았다. 눈 뒤에 안구를 위한 열교환기 역할을 하는 '기적의' 혈관망인 *rete mirabilis*(괴망, 동맥 혹은 정맥이 수많은 작은 가지로 나뉘어 형성되는 혈관망—역자 주)가 있다고 나는 읽은 바 있다. 그리고 그 혈관들 뒤에 뇌가 있었다.

스코틀랜드 독립주의자 시인이자 스페인 내전에서 공화파 동조자였던 휴 맥디아미드(Hugh MacDiarmid)는 산 사람의 눈을 뜨게 하는 사자에 관한 스페인어 구절—*'Los muertos abren los ojos a los que viven'*—로 자신의 시 'Perfect'를 시작하여 계속해서 헤브리디스 제도의 새 두개골을 자기 손에 쥐고 있는 경이를 기술하고 있다. 그는 그 뼈의 섬세함, 한때 뇌가 놓여 있었던 공간의 깔끔함을 그 새가 대기를 지배한 것과 관련시켰는데 '두 날개의 기울어짐을 바로 잡았던/뇌가 놓여 있었던 거의 투명한/얇은 뼈의 거품과 같은 쌍둥이 돔'이라고 읊었다. 이 펭귄 두개골 내에 들어있는 뇌가 표범 물개를 피하는 법, 먹이를 찾는 법, 번식지로 돌아가는 길을 찾는 법 등의 다른 유용한 정보와 함께 바다에 대한 본능적인 지배를 발전시켜 왔다.

횡단한 척수에서 인간에서와 똑 같이 생긴 백질 위의 날개가 둘 달린 회백질의 패턴을 정확히 알아볼 수 있었다. 뇌는—펭귄이든 인간이든—너무나 섬세해서 화학약품으로 그것들을 고정하지 않고는 두개골 밖에서는 자기 무게도 지탱할 수 없었다. 나는 뇌를 옮기지 않고 조사하기 위해 얇은 뼈의 판들을 조심스럽게 벗겨내었다. 새들도 그들의 좌반구를 사용하여 '말하며' 그들의 우둔함에 대해 일반적으로 인정되는 타당성에도 불구하고 새의 뇌와 인간의 뇌 사이에는 많은 다른 유사성이 있다. 한 때 그들과 대응관계에 있는 포유동물보다 훨씬 더 원시적이라고 생각되었기 때문에 해부학자들은 *paleostriatum primitivum, archistriatum, paleostriatum augmentatum* 등의 아주 오래되고 진화되지 않은 단순함의 느낌을 주기 위해 고안된 명칭을 붙였다. 그러나 지구가 평평하다고 믿는 그 해부학자들이 잘못 알고 있음이 판명된 바 있으며 한 때 원시적이라고 생각되었던 조류의 그 부분들이 포유류의 그것들과 본질적으로 동등하다고 인정되어 왔다. 데카르트가 영혼의 자리로 간주했던 하베눌라(habenula, 시상상부의 구성요소의 하나—역자 주)는 인간에게 존재하는 것처럼 조류에서도 존재한다.

그것은 인간이나 고래류 동물의 뇌회(convolution, 피질의 주름에 의해 생기는 뇌표면의 사행상의 융기—역자 주)는 전혀 없었다. 그것은 걱정하지 않는 이마만큼 매끈하였다. 나는 공들여 그것을 온전하게 들어내려고 애를 썼으나 그것은 물에 젖은 치약처럼 허물어져 버렸다. 인간의 뇌의 팽창이 우리들의 두개골의 유형을 만들었는데 전두엽은 두 눈 위의 조그만 방 속에 부드럽게 안겨있고 측두엽은 우리 귀 뒤의 숟갈로 파낸 것 같은 두 개의 움푹 꺼진 곳에 들어 있다. 우리의 거대한 뇌를 배혈시키는 혈관들은 매우 커서 강과 지류들의 입체 지도를 두개골에 각인시켜 놓았다. 황제펭귄의 두개골은 이런 식의 지도나 조각이 없이 홍합 껍데기 안쪽처럼 진주같이 매끈하였다.

맥디아미드의 상상력을 그렇게 자극했던 오팔 색의 그 성지 속에 나는 찢은 화장지 몇 조각을 채워 넣었다. 나는 두개골의 얇은 판들을 다시 제자리에 놓고 발 위로 양말을 당기듯이 머리 위로 피부를 다시 잡아당겼다. 피부의 안쪽을 암염으로 문질러 씻었더니 피부가 뻣뻣한 고체가 되어버려 이것이 붕사를 권장해 온 이유가 아닌가 궁금하였다. 그것이 굳어버렸기 때문에 빨리 작업하여 목 안에 철사를 약간 넣어 형태를 만들고 새끼 몸통 자루를 종이와 나무 접착제로 채웠다. 배의 찢어진 곳을 외과적 봉합으로 닫은 뒤 봉합이 치유되도록 새끼를 폐기물 처리실에 남겨 두었다.

나는 위속의-자갈을 보관하기 위해 내 주머니에 넣어두었는데 나중에 그것들이 떨어져 나가버린 것을 알고는 실망하였다. 그것들이 내 호주머니 구멍을 통해 얼음 위로 떨어진 것이 틀림없었다. 심지어 지금도 그 자갈들은 그것들을 획득했던 장소로부터 해저를 향하여 빙하의 속도로 움직이며 빙붕을 헤쳐 나가고 있을 것이며 그리고 그곳에서 아마도 수백 년 뒤의 어느 날 또 다른 황제펭귄이 그것들을 발견할 것이다.

기온은 아직도 매일 훨씬 영하였으나 봄이 다가옴에 따라 가장 밝은 날에는 꾸준히 쏟아지는 햇빛이 눈을 녹일 만큼 검은 지면을 가열할 수 있었다. 어느 날 아침 나는 로스 플랫폼에서 나와서 플랫폼의 가장자리로부터 고드름이 늘어뜨려져 있는 것을 발견하였다. 고드름의 끝으로부터 나는 물방울 하나가—작고 반짝이고 소중한—아래에 있는 얼음으로 떨어지는 것을 지켜보았다. 그것은 하나의 전이점이었으며 마치 눈의 여왕(Snow Queen, 안데르센의 창작 동화—역자 주)이 추방된 것 같았다. 9월 말경의 저기압성 폭풍이 부는 동안 기온은 찌는 듯이 더운 영하 4℃로 상승하였다. 우리는 해빙수 탱크 당번을 선 뒤 누워서 숨을 헐떡이며 물에 젖은 의복의 새 감각에 관한 의견을 말하였다.

나는 장갑을 벗고 내 손으로 햇빛 속에서 검은색 기름통의 온기를 느꼈다. 내가 얼굴 높이까지 손을 들어 올렸을 때 나는 손가락 끝이 젖은 것을 보았다. 나는 지금 근 1년 동안 녹은 빙붕 얼음으로 만든 물을 마셔 왔다. 인간은 거의 4분의 3이 물인데 내 몸은 지금쯤 대륙의 물질로 구성되어 있었다. 그것이 나의 뇌를 목욕시키고 내 심장 안에서 고동치고 내 사지에 영양분을 공급하였다. 나는 이곳에 도착한 이래 틀림없이 피부가 완전히 새로워졌음을 깨달았는데 내 피부는 남극 이외의 다른 환경을 알지 못했다. 그것은 마치 비록 내가 집으로 돌아가는 것에 관해 생각하기 시작했지만 지금은 내가 주위 환경과 더 하나가 되고 있는 것 같았다.

9월 초 우리는 "당신이 좋아하는 스타로 오라"는 주제의 팬시 드레스 나이트를 가졌다. 토모와 그래미는 블루스 브러더스(Blues Brothers)가 되었고 아네트는 스파이스 걸(Spice Girls) 중 한 명의 복장을 했으며 지압 안마사이자 가라데 팬인 패트는 브루스 리(Bruce Lee)로 분장했으며 서부 영화의 열렬한 팬인 토디는 클린트 이스트우드(Clint Eastwood)가 되었다.

로브와 마크 엠은 힙합 뮤직에 대한 은밀한 애정을 드러내어 갱스터 래퍼로 분장하고 나왔다. 나는 블랙 수트에 별자리를 수놓아 북반구의 별들이 되어 나갔다. 내가 그 별들을 본지 오래된 느낌이 들었다.

날이 10월로 접어듦에 따라 나는 더 이상 점심 무렵에는 스키를 타러가지 않았다. 독방 감금에서 벗어난 죄수처럼 한낮의 햇빛으로 내 두 눈이 쓰렸다. 나는 햇빛이 더 부드럽고 더 상냥하고 더 비스듬히 비치는 저녁때까지 기다렸다. 야외 작업 스케줄이 속도가 붙었고 우리는 여전히 멀리 있는 여름에 대비한 기지 준비를 시작하였다. 나는 경계선 주위에서 큰 망치를 들고 얼음으로부터 드럼통을 두드려 그것들을 더 새롭고 더 높은 설면 위로 올려놓았다. 황제펭귄 번식지, 릴리프 크리크(Relief Creeks)까지 가는, 그리고 N9 교대 장소로 향하는 드럼통 행렬은 모두 들어 올려야 했다. 이 작업을 위해 천천히 움직이는 설상차 후미에 고정된 긴 고리의 로프를 얼음에 잠긴 드럼통 위로 떨어뜨렸다. 차량이 끌어당길 때 드럼통에 붙어 있는 얼음이 산산 조각이 났다. 드럼통을 모두 들어 올리는 이 작업이 며칠 걸렸다. 기상학자들은 주야 교대 작업을 하는 또 다른 "연날리기" 캠페인을 개최하여 자원자들을 대상으로 그것에 대한 광고를 하였다. 각각의 연은 직경이 최고 12피트였고 앨버트로스 날개폭만큼 넓고 부력이 있었고 대륙에서 멀리 떨어진 공기층에 걸쳐 기온, 풍속, 습도를 측정하는 기구들을 띄워 올렸다. 또 다른 긴 야외 작업은 브룬트의 GPS 측량이었다. 빙붕 수 킬로미터 밖에 위치시킨 표지들을 찾아내 그들의 위치를 민감한 GPS 컴퓨터로 측정해야 했다. 수집된 정보는 빙붕 전체에 걸친 얼음 유동(ice flow)의 변화 양상, 우리가 그 위에 살고 있는 표면이 얼음 유동에 의해 비틀어지고 왜곡되는 방식을 알 수 있음을 의미하였다. 수 마일의 빙붕에 걸쳐 우리가 측정한 왜곡들이 국소적 규모로도 영향을 미쳤는데 우리 기지 기둥들 사이의 얼음도 움직이고 있었다. 패트와 나는 세오돌라이트(theodolite, 경위의)를 들고 사다리 위에서 며칠 오후를 보냈다. 심슨, 피갓 그리고 로스 플랫폼의 기둥의 각각을 높이 변화를 보정하기 위해 잭으로 들어 올리거나 낮추고 함께 조이거나 분리되는 기둥들의 전단효과를 수량화해야 했다. 가장 비뚤어진 기둥들을 바로 잡기 위해 여름철 동안 데려 올 강철 조립공, 용접공 및 기술자들을 위해 패트가 모든 데이터를 함께 수집하였다.

벤이 우리들의 스키두를 모두 정비하였고 기온이 영하 20도에서 30도 사이에 있으므로 우리가 기지 주위에서 그것들을 다시 사용할 수 있다고 말했다. 나는 시속 70마일이 가능한 최신 모델 중 한 대를 가졌는데 캬뷰레이터 내부의 액셀러레이터 와이어 위에 속도제한기가 설치되어 있었다. 벤이 아직 잠들어 있는 어느 일요일 아침 일찍 나는 그의 캬뷰레이터 사용지침서를 기억해내고 용케 그 속도제한기를 제거해 버렸다. 그것은 내가 더 빨리 달리고 싶어서가 아니라 단지 그 속도제한기 때문에 액셀러레이터가 뻣뻣해져 그것을 시동 걸면 내 손에 쥐가 내리기 때문이었다. 적어도 나는 그것이 이유라고 생각했다.

나는 발각되었다. 벤이 스키두를 이동시켜야 했는데(아무도 점화스위치로부터 키를 가져가지 않았는데 그들이 가져갈 이유가 뭔가?) 핸드그립 위에서 액셀러레이터가 쉽게 켜지는 것을 알아채었고 그 날 늦게 나와 정면으로 마주쳤다. 그것은 점심시간이었는데 그와 그래미와 러스가 모두 식당에서 수프를 먹고 있었는데 그 때 내가 그들과 함께 하려고 들어왔다. 내가 자리에 앉자 그들의 대화가 중단되었다.

"자네가 그 스키두 캬뷰레이터를 열었나?" 어깨 근육을 모두 긴장시키면서 벤이 내게 물었다. 그의 손에 쥔 스푼이 가볍게 떨고 있었다.

"그래." 그의 눈을 똑바로 쳐다보려고 애쓰면서 내가 말했다. "회전

속도를 계속 올리고 있으면 내 손이 아프기 시작했거든."

"자네가 왜 그렇게 했는지는 개의치 않아." 그가 말했다. "내가 의무실로 들어가 자네 물건들을 함부로 손대볼까?"

"안 돼, 하지만-"

조심스럽게 자신들의 수프를 쳐다보고 있던 러스와 그래미는 둘 다 일어나더니 방을 나가버렸다.

"뭐가 안 돼 하지만이야. 자네가 그걸 개판으로 만들 수 있었을 거야. 자네가 최고의 스키두 한 대를 사용하는 것을 신뢰할 수 없다면 난 그걸 자네에게서 가져가겠네."

우리는 말없이 나머지 점심을 마쳤다. 그리고 그 후 그는 내 스키두를 차고로 도로 가져갔다. 그것은 내가 기지 주위에서 스키를 좀 더 타야 한다는 것을 의미했으나 며칠 후 그리고 내 측에서 몇 번 더 사과한 뒤 그는 스키두를 내게 돌려주었다. 나는 다시는 그것을 함부로 손대지 않았다.

이제는 해안을 방문하는 것이 쉬워졌다. 번식지 가장자리 주위에서 얼음 속에 칼날처럼 각이 진 어두운 물길이 나타나 아직도 절벽에 단단히 고정된 부위를 서서히 줄여 갔다. 봄이 다가옴에 따라 해안에 다른 종들이 나타났는데 나는 1년 중 첫 번째 웨델 물개를 보았다. 그것은 얼음 위에 몸을—반 톤이나 되는 지방과 모피를— 쭉 뻗고 양지 바른 곳에서 평온하게 꾸벅꾸벅 졸고 있었다. 나는 물개를 향해 발끝으로 살금살금 걸어갔으나 신경 쓸 필요가 없었는데 내 얼굴에 물개의 호흡을 느낄 만큼 가까이 다가갔을 때에도 그것은 꿈쩍도 하지 않았다.

웨델 물개(*Leptonychotes weddellii*)는 이 해안에서 끌어내기에 가장 크고 제일 먼저 나타나는 물개들이다. 그것은 허리둘레가 엄청나며 몸을 쭉 뻗으면 내가 그 옆에 무릎을 꿇었을 때 내 가슴께까지 닿았다. 나는 그 크기에 대해 경외심을 가졌으나 아마도 잠들었을 때 그 몸을 굴리는 경우를 제외하고는 그것이 내게 해를 끼치는 것을 상상할 수 없었다. 물개 입술 언저리에 미소가 씰룩거렸다. 웨델 물개는 생의 대부분을 얼어붙은 얼음 천정 아래에서 살며 이빨로 긁어 해빙에 숨구멍을 여러 개 만들어 놓는다. 이빨이 닳아버린 물개는 운이 다한 것이다. 그들은 봄에 새끼를 낳기 위해 해빙 위로 올라오며 이 물개의 크기로 보아 그녀가 어느 날이든 해산할 것이다. 황제펭귄 새끼들이 나날이 살이 찌고 물개들이 돌아옴에 따라 내 주위의 얼음이 오직 그 표면에서만 불모지라는 증거가 있었다. 그 아래에는 생명으로 번성하는 세계가 있었다.

남극의 바다는 지구상에서 가장 수가 많은 종들 중의 하나로 가득 차 있다. 일부 자료에 의하면 남극 크릴새우(*Euphausia superba*)는 모든 생물들 중 가장 큰 단일 종 생물량(single species biomass)을 가지고 있다. 남빙양과 해빙 아래에 5억 톤으로 추정되는 크릴새우가 있는데 이는 지구상의 모든 가축들과 동일한 결합된 생물량이다(그에 반해 우습게도 인간은 총계가 1억 5천 만 톤이다). 크릴은 식물성플랑크톤의 탁한 수프로 연명하는데 바다에서 자유롭게 떠다니는 그 단세포 생물은 우리들의 푸른 혹성 표면 위에 꽃을 피우고 얼음에 채색하고 인광을 발한다.

영화 **세상 끝에서의 만남**(*Encounters at the End of the World*)에서 제작자인 베르너 헤르초크(Werner Herzog)는 해빙이 마치 여러 가지 요소들 뿐 아니라 세상들 간의 장벽인 것처럼 얼음 위와 아래의 대비를 즐겼다. 토끼굴 아래의 앨리스(Alice)처럼 그는 해빙의 갈라진 틈을 통해 잠수부들을 따라 환상적인 동화의 나라로 들어가는데 웨델 물개는 별세계의 노래를 부르고 거대한 해면동물들은 산소가 풍부한 바닷물을 포식하고 해류의 미풍에 두둥실 떠다니고 녹고 있는 대륙붕의 얼음은 숨이 멎는 듯한 너무나 아름다운 유리 같은 군청색 미로를 만들어 헤르초크는 정서적 및 정신적으로 그것에 의해 자신이 변형되는 것을 느끼고 있다. 잠수부들은 얼음 아래로 잠수하는 것을 "대성당 속으로 내려가는 것"이라고 부른다고 그는 말한다. 그는 그들의 잠수 준비를 사제의 미사 준비에 비유하고 있다.

잠자는 웨델 물개를 떠나 나는 빙원 속의 물길들 중 한 개의 가장자리에 다다랐는데 나는 대성당 속을 내려다보고 싶었다. 수면으로부터 어른 황제펭귄들이 분출하듯이 튀어 올랐으며 얼음 위로 보석을 박은 듯한 물방울들을 흩뿌렸는데 그것들은 얼음에 닿자마자 얼어붙었다. 펭귄들은 내게서 불과 수인치 떨어진 곳에 배로 불시착하였으며 번식지 속으로 스르르 미끄러지듯 나아갔다. 엎드려서 물길 속을 자세히 들여다보았을 때 나는 그들이 하늘을 향해 질주하는 것을 잠깐 동안 흘낏 보았는데 거품 줄기가 그들이 지나간 자리를 뒤쫓았다.

해빙 위에서는 새끼들이 떼 지어 모여 놀이방을 만들어 부모들을 더 오랜 동안 고기잡이 하러 가도록 해방시켰다. 인간의 갓난아이가 막 미소 짓기 시작하는 나이에 해당하는 8, 9주가 되어 황제펭귄 새끼들은 이제 자력으로 독립하기 시작하였다. 그들이 함께 맞붙어 싸우고 눈 속에서 놀고 날개로 서로 찰싹 치고 껴안는 모습에는 무언가 바로 인간과 같은 것이 있었다.

나는 절벽 쪽으로 되돌아가 브룬트 위로 다시 올라갈 준비를 하였는데 똑같은 것을 하려고 애를 쓰는 새끼들의 시험적 탐험대를 지나쳤다. 그들은 빙하의 끝부분을 일렬종대로 올라갔는데 그들 중 가장 큰놈이 앞장을 섰으며 세 마리는 벌써 절벽의 수직 부분에 도달하였다. 그들은 부리와 양 날개와 발톱을 사용하여 허우적거리며 디딜 곳을 찾았으며 분개한 나머지 꽥꽥거렸으며 마침내 경사면 아래로 모두 굴러 떨어졌다.

불가리아의 노벨상 수상자인 엘리아스 카네티(Elias Canetti)는 지구는 인간들의 짓밟는 발 때문에 그들을 증오하지만 대기는 그것을 통과하는 새들에게 호의적이라고 썼다. 로프를 잡으려고 손을 내밀었을 때 나는 황제펭귄들도 결국 하늘을 동경하지 않을까 궁금하였다.

몇 년 지나면 황제펭귄 새끼들이 모두 죽는다. 일평생 전에 또는 그렇게 생각되는 길드포드(Guildford)에서의 어느 화창한 오후 나는 몇 년 전에 핼리 기지에서 겨울을 났던 의사 한 명을 만난 적이 있었다. 그는 봄에 폭풍이 몰아친 후 해안으로 내려가 해빙이 모두 깨져버린 것을 발견했던 이야기를 하였다. 새끼들은 적어도 부분적으로 깃털이 날 때까지는 헤엄칠 수 없으며 그래서 그들이 모두 익사해버렸다. 나는 이제 황제펭귄들에게 아주 애착을 갖게 되어 그 사건을 상상하는 것조차 내게는 가족과 사별하는 것 같았다.

각기 다른 황제펭귄 군서지의 흥망에 관해서는 알려진 것이 거의 없다. 불과 50년 전에 단지 4개의 황제펭귄 번식지가 알려졌다. 그 숫자는 대부분 항공기에 의한 훨씬 더 포괄적인 조사가 대륙을 십자로 횡단함에 따라 서서히 증가해 왔다. 번식지들이 보이기 위해서는 대부분의 대륙 주변부가 접근불가능한 시기인 늦겨울 또는 봄에 그것들의 수를 세어야 한다. 2, 3킬로미터 이상 떨어지면 펭귄 무리들은 해수면에서 보이지 않는다. 1993년까지 전세계적으로 아마도 32개의 황제펭귄 군서지가 있다고 생각되었으나 이 추정치는 중대한 '위치 편향'—실제로 도달할 수 있는 위치에 대한 편향—이 있다고 말해졌다.

영국 남극조사소(British Antarctic Survey)의 Peter Fretwell and Phil Trathan으로 들어가 보자. BAS 본부의 지도제작 및 지리정보 센터(Mapping and Geographic Information Centre)에 토대를 두고 그들은 대륙의 비상한 영상에 둘러싸여 일하고 있다. 나는 그 사무실을 한 번 방문한 적이 있는데 마지못해 그곳을 떠나야 했지만—그것은 지도 애호가들의 천국이었다. 암석 지도, 종 분포 지도, 바람 지도, 해빙 지도와 오존 지도. 무지개 빛깔의 열복사 지도와 지도 유용성의 지도. 내가 좋아하는 것들 중 하나는 공군 부대용 지도였는데 대륙이 야외 연료 저장고들 사이에 그려져 있는 실뜨기 패턴과 같은 촘촘한 항공로에 의해 매달려 있었다. 각각의 저장고는 계절이 시작될 때 거기서 사용가능한 연료통의 숫자와 거리별 각 비행경로, 비행시간 및 시간당 600파운드의 연료 소모량이 표시되어 있었다. 나는 그것을 아주 오랫동안 감탄하며 바라보았으며 가져 갈 지도를 하나 받았다.

이 지도 제작자들은 황제펭귄에게도 주의를 돌렸으며 '우주에서 본 펭귄'이라는 있음직하지 않은 제목을 가진 논문 한 편을 발표하였다. 외계인 방문객을 기술하는 대신 그것은 대륙의 환상의 해안선 전체의 위성 영상들을 분석하고 숨길 수 없는 얼음 위의 대변 얼룩에 의해 펭귄 군서지를 추적하였다. *Euphausia superba*는 새우처럼 붉었으며 그 붉은 색은 세 번 유용한데 크릴 자체에 대해서는 자외선 조사로부터의 보호로, 펭귄들에게는 수중의 먹이를 찾는 데 도움이 되며, 대변으로 배설되면 그 색소들이 얼음 위의 얼룩으로 위성에 보이게 된다. 에드워드 윌슨이라면 넋을 빼앗겼을 것인데 저자들은 캠브리지에 있는 자신들의 사무실에 앉아서 하늘에 떠 있는 전자 눈을 사용하여 최초의 '황제펭귄 군서지 분포의 범남극적 평가의 개요'를 기술하고 있다. 그것은 조류학에 있어 하나의 혁신적 방향인 '1개종의 척추동물 서식지 분포 거의 전체를 정확하게 포착한 최초의 위성 근거 연구'를 나타내고 있다.

몇 가지 놀라운 것이 있다. 그들은 우주에서 보일 만큼 대규모인 38개의 군서지를 발견했는데 거기에는 과거에 기술된 적이 없는, 대부분 인간이 거의 방문하지 않았던 엘스워드 랜드(Ellsworth Land)와 마리 버드 랜드(Marie Byrd Land)의 해안선을 따라 있는 10개의 새로운 군서지가 포함되어 있다. 일부 역사적인 군서지들은 이동했으며 크로지어 곶에 있는 윌슨의 군서지를 포함한 다른 것들은 위축되었는데 최근의 방문객들이 그것이 100쌍 이하로 감소된 것을 발견하였다. 더 걱정되는 것은 위도 70도 북쪽에서의 군서지 감소와 심지어 소멸에 대한 확인된 경향인데 저자들은 그것을 해빙의 생존 능력의 점진적 감소를 통한 기후변화와 잠정적으로 관련시켰다. 이번에는 버나드 스톤하우스와 함께 한 또 다른 논문에서 저자들은 디온 소도 상의 스톤하우스의 오래 된 군서지의 소멸에 대한 이유를 조사하고 있다. 지역 온난화에 기인한 증가하는 해빙의 불안정성이 그들의 결론이다. 그들은 디온 소도의 종말이 다가 올 더 심각한 위협의 경고가 될지 모른다는 점에서 그것을 '감시(sentinel)'군서지라고 부르고 있다.

에드워드 윌슨 시대에는 황제펭귄은 비늘로 뒤덮인 두 발에 의해 세상 밑바닥에 있는 생물체에 달라붙어 있는, 공룡 시대로 거슬러 올라가는 원시종이라는 광범한 믿음이 있었다. 시간이 경과함에 따라 그러한 관점은 황제펭귄은 잘 적응된 강건한 생존자들이며 그들이 살고 있는 얼음은 아무데도 가지 않으며 그들의 식량공급은 풍부하다는 하나의 손쉬운 확신으로 바뀌었다. 생물의 종은 국제 자연 보호 연맹(International Union for the Conservation of Nature, IUCN)이 규정한 그들의 취약성에 따라 분류된다. 이러한 새로운 소견들을 고려하여 Trathan and Fretwell은 황제펭귄을 IUCN '관심 필요(Least Concern)' 카테고리에서 '자료 결핍

(Data Deficient)' 카테고리로 이동시켜야 한다는 제안을 되풀이 하고 있다. 불과 수년 내에 남극의 '영구빙(eternal ice)'이 과거에 생각했던 것보다 더 취약한 것으로 밝혀져 왔다.

그 모든 탄소발자국(carbon-footprint, 온실 효과를 유발하는 이산화탄소 배출량—역자 주) 불안 뿐 아니라 우리 혹성 위의 기후 변화는 남극대륙 상공의 오존홀(ozone hole)과 밀접하게 관련되어 있다. 산소 원자들로 구성된 일종의 링어로즈(ring-a-roses)인 오존은 화학식이 O_3이다. 우리를 보호하는 오존층은 수 킬로미터 상공에 있으며 에베레스트산의 높이 두 배 이상으로 우리들 머리 위로 폭이 수 마일에 달하는 현수막 형태로 물결치고 있다. 남극대륙에 도착했을 때 나는 기후 변화에 대해서는 생각지 않으려고 애썼다. 같은 방식으로 나는 내 머리 위의 오존 결핍이나 그 아래의 나의 무방비 상태를 깊이 생각하는 것을 피했다. 그러나 나는 만약을 위해서 자외선 차단지수 30인 자외선 차단 크림을 듬뿍 발랐다.

오존홀이 발견된 것은 1985년 핼리 기지에서였다. 스콧 탐험대 기상학자의 이름을 따 명명된 심슨 플랫폼에서 스튜어트가 내게 오존홀을 찾아내었던, 돕슨 분광광도계(Dobson spectrophotometer)라는 당당한 이름을 가진 그 기구를 보여주었다. 그것은 마치 박물관 진열품처럼 보였는데 지붕에 있는 구멍 아래의 철제 갠트리 기중기에 의해 매달려 있는, 다이얼과 2극진공관이 들어 있는 박스였다. 오존의 영향을 받은 스펙트럼 범위 내의 광선이 필터와 렌즈를 통해 기계의 어두운 내부 속으로 빠져 들어갔다. 그는 그것이 작동하는 법을 설명해주었으나 나는 그의 말이 이해가 되지 않았다. "미국 친구들은 더 비싼 장비를 가지고 있지." 그가 덧붙였다. "남극에." "그들은 BAS와 동일한 경향을 주목했으나 오류가 있었음에 틀림없다고 생각했지." 그는 그 똑똑한 미국인들과 컴퓨터화된 장비의 어리석음에 킬킬거렸다. "그들은 더 새롭고 더 낮은 오존층 높이를 조정하기 위해 해마다 기계를 다시 보정할 뿐이야!"

조지 심슨(George Simpson)은 말이 별로 없는 속세를 떠난 더비셔(Derbyshire) 출신으로 꼼꼼하고 완벽주의자인 과학자였다. 그는 물리학자인 찰스 라이트(Charles Wright)의 도움을 받았는데 그는 나중에 스콧 일행의 텐트를 발견했으며 심슨에 대해 "그는 기상학을 제외한 모든 것을 최대한 경멸하였다"고 말했다. 심슨은 현재 그의 이름을 딴 플랫폼이 지구기후 모델에 기여하고 있으며 아마도 금세기의 가장 중요한 과학적 발견의 하나인 오존 결핍이라는 톱뉴스 감을 제공했다는 것을 들으면 기뻐하였으리라.

핼리 기지 도서관에서 내가 발견했던 것들 중의 하나는 **북극광**(*Northern Lights*): **1930년에서 1931년에 걸친 영국 북극 항공로 탐사 공식 기록**(*The Official Account of the British Air Route Expedition 1930~1931*)이라 불리는 영국의 그린란드 탐험에 대한 책이었다. 그 속에는 극지방의 겨울 내내 기상학 연구 기지에 대원 한 명을 홀로 배치시키는 것에 관한 여분의 직접적이고 로맨틱하지 않은 기술이 하나 있었다. 그것을 쓴 대원은 어거스틴 코톨드(Augustine Courtauld)였으며 그가 발표한 기술은 리처드 버드의 *Alone*보다 6년 앞선다. 내 자신의 겨울 초에 버드의 책을 다시 읽었을 때 내가 받은 인상은 자연에 대항하는 인간의 전례 없는 원초적 투쟁에 관한 것이었다. 버드가 경험했던 수개월의 고립은 사람을 크게 변화시키는 것이었다. 그는 가족의 최고의 중요성('영원히 의지할 곳'), 신의 존재('도처에 만연한 지성적 존재')와 그 자신을 포함하여 그것들 속에 놓여 있는 자원을 이용할 뻔 했던 사람이 거의 없다는 것을 확신한 상태로 세상에 나왔다. "나의 일부가 남위 80도 8분에 영원히 남아 있었다", "나의 청춘, 나의 허영심, 그리고 아마도 나의 회의적인 태도를 이겨내고 살아남은 것들이… 나는 지금 더 단순하게 그리고 더 평온하게 살고 있다."라고 그는 결론을 향해 썼다. 그것은 얼음 위에서 보낸 수개월에 대한 정말 충분한 보상이다.

연락도 되지 않고 보급품도 거의 없이 눈 속에 파묻힌 텐트 속에서 보낸 근 5개월에 대한 코톨드의 기술은 **북극광**의 제 10장에 겸허하게 끼워져 있다. 그 결과는 고립에 대한 매우 영국인다운 생각의 반영인데 그의 결론은 그 경험 자체를 강조하지 않고 저장품에 대한 꽤 메마른 기술과 자신의 행동을 반복해 보려고 할지 모르는 타인들에 대한 마무리 조언으로 이루어져 있다. 그러나 하나의 위대한 정신의 존재가 그의 기술을 통해 빛을 발하고 있다.

그것은 관련된 위험들의 지나친 극화에 대한 경고로 시작한다. "한 해의 대부분을 혼자 사는 다수의 사람들, 사냥꾼들 및 기타 같은 류의 사람들이 있다. 이런 사람들 가운데에서 사고는 매우 드물며 그들의 정신도 또한 대개 비정상적이 아니다." 그는 12월 중순에 도착했는데 첫 몇 주 동안은 매일 슬리핑백을 내다 말리고 기상학 기구들을 판독하기 위해 파묻힌 눈 터널을 파는 데 몰두했다. 1월 초순 쯤 접근용 터널이 다져진 얼음으로 완전히 가득차서 주머니칼로 얼음을 잘라 빠져나올 정도가 되었다(그는 삽을 밖에 남겨 두었다). 그는 자기 텐트로부터 가까운 이글루까지 새로운 통로를 파려고 결정하고 텐트 지붕을 뚫고 지면으로 구멍 한 개를 억지로 뚫었다. 그것은 몹시 따분하고 힘들었다고 그는 지적했는데 왜냐하면 텐트 내부의 딴 곳을 제외하고는 눈을 갖다 둘 곳이 없었기 때문이었다. 그는 엉뚱한 곳에 두었던 보급품 상자를 찾아 눈을 파느라 2월의 대부분을 보냈다.

그는 독서를 하고 혼자서 체스 게임을 하고 호화로운 디너파티를 위한 메뉴 계획표를 지어내고 지도책의 도움을 받아 항해 루트를 계획하며 나머지 시간을 보냈다. 그는 3개월 넘게 혼자서 지내 왔는데 춘분인 3월 22일 심한 돌풍으로 접근 통로가 막혀버렸다. 그는 갇혀 버렸으며 가능성이 있는 결과를 살펴보았는데 첫째, 공기가 혼탁해짐에 따라 질식사할 수 있고 둘째, 쌓이는 눈 더미가 그를 짓눌러 죽일 수 있고 셋째, 그가 더 이상 망을 볼 수 없기 때문에 해안에서부터 구조대가 왔을 때 그들이 그의 텐트를 놓칠 수 있었다. "내 쪽에서 어떤 가능한 노력을 해도 사건의 진행에 아무런 영향을 줄 수 없을 때 불안해하는 것은 분명히 헛된 일이었다."라고 그는 적고 있다. 사람을 미치게 만드는 이러한 시련을 겪는 내내 코톨드는 평온함을 유지했다. "성경이 아주 훌륭한 읽을거리가 되는 때가 있다."라고 그는 적었다.

코톨드는 자신의 구조 날짜를 3월 15일로 추정하고 그에 맞추어 식량의 예산을 짰다. 그래서 4월 중순경에는 그는 영구히 어둠 속에 갇혔고 조리하지 않은 페미컨과 섞은 마가린을 먹고 담배 대신 말린 찻잎을 피웠다. 찻잎을 피우면서 그는 가장 큰 어려움을 심사숙고한 것 같았다. 고드름이 텐트 안에 모이고 그의 머리 위로 떨어졌다. 그는 침묵을 깨뜨릴 축음기나 무전기도 없었는데 그는 그것에 대해 감사하였다. "첫 한 달 가량은 나는 가장 적은 소음도 몹시 싫어하였다. 사방의 완전한 정적이 스스로 침묵함으로써 그것과 가락을 맞추도록 촉구하는 것 같았다." 구조되지 않고 수주일이 지나갔을 때 그럼에도 불구하고 그는 구조대가 올 것이라고 점점 더 확신하게 되었다. "나는 이것에 대한 어떤 설명도 시도하지 않고 그것을 하나의 사실로 내버려둘 것인데 그 기간 동안 스스로를 전혀 도울 수 없었지만 어떤 외부의 힘이 내 편을 들어 작용하고 있다는 것이 내게 매우 분명하였다."

때때로 나는 남극에서 인간 역사의 결핍을 예민하게 느꼈다. 그러한 인간 역사의 부재가 남극대륙의 가장 큰 선물처럼 생각되었던 시절과 그것이 대륙을 황폐하고 메마르게 만들었던 시절이 있었다. 인간은 눈감아 주는 덕분에 평행하고 온화한 세계로부터 수입된 식량과 연료를 가지고 여기서 산다고 나는 생각했다. 마치 그것이 그냥 내버려두면 더 좋은 대륙인 것처럼 때로 남극이 제공하는 고독이 적대적인 것처럼 보였다. 6피트짜리 펭귄에 의해 쫓겨나는 농담을 했던 섀클턴의 선의였던 포브스 맥케이(Forbes Mackay)처럼 나는 때로 내가 무단침입하고 있는 것처럼 느껴졌다.

남극 해안에 최초로 접근했다고 알려져 있는 사람들의 리더였던 불굴의 쿡 선장은 남극은 그곳에 도달하려고 애를 쓸 가치가 없다고 말했다. 그는 "누군가가 내가 했던 것보다 더 남쪽으로 밀어붙임으로써 이 지점을 밝혀내려는 결의와 불굴의 용기를 소유하고 있다하더라도 나는 그의 발견의 명성을 부러워하지 않을 것이며 나는 세계가 그것으로부터 아무런 이득을 취하지 못할 것이라고 감히 선언할 것이다."라고 썼다. 그것은 완전히 무감각한 대륙이었고 사람이 사는 북극과는 별개의 세상이었으나 나는 쿡 선장의 말에 동의하지 않았다. 이득은 여기에 풍부하게 있었지만 나에게는 그 이득은 그것이 제공하는 고독에 있었는데 그것은 그것을 배경으로 하여 여러 가지 생각과 추억과 야망과 후회들을 방해받지 않고 검토할 수 있는 희게 칠한 원시적인 배경막이었다. 북극을 여행하는 것은 일종의 국경 지역 인간 사회의 일부였다. 남극을 여행하는 것은 매우 다르다는 것을 나는 알았다. 거기에는 문화사에 의해 선이 그어지지 않은 거대한 공허가 존재하며 풍경 속에서 당신이 보는 것이 당신이 가지고 가는 것에 관한 전부이다. 나는 무엇을 가져 갈 것인지 그리고 일단 집에 돌아갔을 때 내 생을 위하여 지금 내가 어떤 방향을 택할 것인지를 질문하기 시작했다.

북극광 탐험 이야기들이 내게는 매력적이었는데 왜냐하면 육중한 스콧 탐험대의 당당한 노인들이나 섀클턴의 오합지졸 무리와 달리 그 대원들은 모두 대학을 갓 졸업한, 코톨드와 같은 젊은이들이었고 따라가면서 규칙을 정했기 때문이다. 그 젊은이들은 나 자신이 씨름하고 있다고 느꼈던 것과 동일한 결정, 즉 점점 더 극단적인 목적지를 여행하고 탐험하는 이러한 생활을 계속할 것인지 아니면 그들에게 아직 기회가 있는 동안 전문 직업에 전념할 것인가 하는 결정의 끝에 아슬아슬하게 놓여 있는 것 같았다. 결국 탐험대의 리더인 지노 왓킨스(Gino Watkins)는 전자를 택한 반면 어거스틴 코톨드와 북극광의 저자인 프래디 스펜서 채프먼(Freddie Spencer Chapman)은 후자를 택했다. 그리고 그 자체로 보면 코톨드의 경험은 내게 지금까지 읽었던 것들 중 가장 마음을 사로잡는 극지 생존 이야기이며 가장 부러운 것들 중 하나라는 인상을 주었다.

10월 말 경 나는 기지로부터 멀리 떨어진 더 장거리 여행에 대한 준비를 시작하였다. 나는 혼자서 더 긴 기간을 보내고 싶었으나 안전을 위해 그것은 허락되지 않았다. 대신 마크 에스와 나는 스키를 타고 빙붕을 가로질러 텐트와 보급품을 모두 실은 썰매를 끌고 가는 여행을 함께 할 것이었다. 이것이 지난 2개월 동안 마크가 몸을 단련시켜왔던 이유였다. 그도 역시 고독을 좋아하였지만 쌍으로 여행하는 것은 우리들 중 어느 한쪽이 기지로부터 멀리 떨어져 혼자가 되는 것에 가장 가까웠다. 나는 썰매 속에 핼리 기지 도서관에서 찾을 수 있었던 왓킨스와 코톨드와 채프먼에 관한 모든 책들을 챙겨 넣고 고독과, 사람이 사는 북극과 사람이 살지 않는 남극, 그리고 야망에 이끌린 한 청년에게 자신의 꿈을 실현할 완전한 자유가 주어질 때 어떤 일이 일어날 수 있는가에 대해 생각하면서 출발하였다.

코톨드가 상상했던 대로 왓킨스가 매몰된 텐트를 찾는 데 실제로 큰 어려움이 있었다. 3월에 있었던 첫 번째 시도는 한 달 동안의 수색 끝에 되돌아 와야 했다. 텐트보다는 무덤을 찾기를 기대했던 두 번째 시도는 4월 21일 시작되었다. 왓킨스 자신은 희망을 거의 포기했는데 그때 5월 5일 얼음 위에 한 개의 검은 점이 발견되었다. 유니언 잭이 갈기갈기 찢어져 한 조각만 남아 있었다. "우리는 어딘지 모르게 불안한 느낌이 들기 시작했다. 그 일대는 가장 이상한 황량한 느낌이 있었다." 왓킨스는 얼음을 가로질러 달려가 난로 연통 아래로 소리를 질렀다. 응답을 기대한 사람은 아무도 없었다.

그러나 코톨드가 정말 응답했다. "그 목소리는 떨렸으나 그것은 정상인의 목소리였다." 그의 마지막 등유 방울이 불과 몇 분 전에 다 타버린 뒤였다. 그 책에는 그가 자신의 비밀 지하 감옥으로부터 머리털이 헝클어지고 연기에 그을린 수척한 모습으로 빠져나오는 것을 보여주는 일련의 삽화가 있다. 나는 내가 핼리 기지에서 한겨울 이후로 코톨드가 혼자서 보냈던 것과 똑같은 수의 주를 보냈다는 것을 알고는 충격을 받았다. 코톨드에 비하면 나의 경험은 사치스럽고 평범하였다.

구조 직후 왼쪽으로부터 오른쪽으로 라이밀(Rymill), 왓킨스, 코톨드 그리고 스펜서 채프먼이 난센 썰매에 함께 등을 기대고 찍은 사진이 하나 있다. 코톨드는 사진 원판처럼 보이는데 그의 옷은 검댕으로 얼룩져 있고 그의 얼굴에는 지하에서 일하는 사람의 창백함이 있다. 그는 깊숙이 앉아 있는데 몸은 편안하고 두 손은 무릎 위에 포개져 있고 그의 얼굴에는 자신 속의 악마를 제압하고 승리한 사람의 자신감이 서려있다.

버드와 달리 코톨드는 자신의 주위에 신화를 만들어 내는 데 관심이 없었다. 그는 그린란드에서 돌아와 결혼하고 자신의 유산을 차지하였다. 극지 탐험에 대한 그의 관심은 딱 한 번 더 탐험으로 연장되었으

며(1935년 동그린란드의 산에 오르는 것) 만년에는 영감을 받은 광범한 극지에 관한 작품 문집을 편찬하였다. 그는 그린란드로 가는 왓킨스의 두 번째 탐험에 참가하지 않았지만 그 탐험 책에 관대한 서문을 썼다. 비용을 지불하고 극지방으로 갔던 또 다른 감수성이 있고 부유한 개인이었던 앱슬리 체리 개러드와 마찬가지로 그는 탐험가로 출세하는 것에는 관심이 없었지만 그 뒤 죽을 때까지 자신의 첫 탐험의 추억으로부터 힘을 얻었다.

그의 간단한 기술의 말미에 코톨드는 자신의 경험을 되풀이하기 위한 선행 조건의 개요를 제공하고 있는데 그것은 장래의 핼리 기지 월동대원들을 위한 훌륭한 지침이 될 것이다. 그 개인은 '능동적이고 상상력이 풍부한 마음을 가져야 하지만 신경질적인 기질이어서는 안 된다.'라고 그는 적고 있다. 그는 반드시 자원해야 하며 자기의 저장품과 기지와 그를 다시 밖으로 꺼내줄 준비물에 대한 지식이 확고해야 한다. 그는 서적과 풍부한 광원을 반드시 가지고 있어야 한다. 만약 그렇다면 "어떤 정상인이라도 무한한 기간 동안 완벽한 마음의 평온 속에 살지 못할 아무런 이유가 없다."라고 코톨드는 쓰고 있다.

13

얼음의 자유

때로 나는 수 마일에 걸쳐 유일한 호흡하는 생물인,
이러한 광대한 원초적인 무관심 속에 움직이고 있는 내 자신을 매우 의식한다…
그럼에도 불구하고 그것은 가장 어두운 밤중에 별을 쳐다보는 것처럼 기이하게도 희망을 준다.

앤드류 그레이그(Andrew Greig), 정상의 열기(Summit Fever)

우리들의 의복은 가볍고 올이 고운 능직으로 짠 면이었는데 바람과 마모에 내구성이 있고 심지어 가장 찬 온도에서도 신축성이 있었다. 우리는 발가락 부분에서 왁스를 바른 스키에 고정되어 있는 부드러운 가죽 부츠를 신었다. 브룬트는 평평하고 해빙으로 향하는 접근 경사로는 대부분 완만하여 가파른 경사를 꽉 잡아줄 얇은 천 조각인 '스킨'은 필요하지 않았다. 썰매 자체는 유리섬유였으며 방수포와 나일론 로프로 동여매져 있었다. 고무줄은 그런 온도에서는 효과가 없는데 빨리 파삭파삭해지고 갈라진다. 각 썰매에는 약 60킬로그램의 장비가 채워져 있다. 마크도 역시 한 무더기의 책을 가져왔다.

이런 식의 여행에는 최면을 거는 듯한 리듬이 있었는데 얼음의 공허함이 마음속에 밀려들어와 마침내 그것이 빛과 하늘로 가득 채워진 느낌이 들었다. 나는 반음표처럼 머리가 텅 빈 것을 느꼈다. 우리는 서리에 뒤덮인 은빛 평원 위에서 스키를 탔는데 마크가 훨씬 앞섰고 내 숨소리는 얼음 위의 스키의 속삭임 속에 사라져 버렸다. 나는 이전에 그렇게 몸이 탄탄한 적이 없었다. 북쪽에서 내가 하던 일은 언제나 앉아서 하는 것이었으나 지금은 매일 엄청난 육체적 노력을 요하는 작업들이 있었다. 팔다리를 쓰는 기쁨이 있었고 이전에는 결코 경험해 보지 못했던, 무거운 것들을 들어 올리고 운반하거나 몇 시간 동안 연달아 스키를 탈 수 있게 해주는 용이함이 있었다.

우리가 핼리 기지를 떠났을 때 섀클턴호는 우리와 교대하기 위해 영국을 떠나 장도에 올랐다. 오는데 두 달이 걸릴 것이나 섀클턴호의 출발 소식을 들었을 때 이 여행이 작별 인사와 같은 느낌이 들었다. 출발 첫째 날 우리는 얼음 속에 매몰되어 있는 핼리 IV 기지의 가라앉은 무덤을 썰매를 끌고 지나쳤다. 아마도 인류는 비록 가장 희미한 역사의 흔적에 불과하더라도 어쨌든 여기에 실제로 역사를 가지고 있었다. 핼리 I, II, III 기지 각각이 버려진지 몇 년 후에도 절벽에서 돌출해 있는 것이 목격되어 왔다. 빙산에 파묻힌 세 기지 모두의 금속제 계단과 무선 안테나가 각기 차례로 떨어져 나가 북쪽으로 웨델 해 속으로 미끄러져 나갔다.

1967년 11월 핼리 II 기지가 시작되었을 때 존 브라더후드(John Brotherhood)라고 하는 Zdoc이 또 다른 대원인 짐 셔트클리프(Jim Shirtcliffe)와 함께 브룬트의 끝에서 끝까지 우리와 같은 인력으로 끄는 썰매 여행을 하였다. 절벽 가장자리를 따라 썰매를 끌고 가다가 그들은 좋지 않은 콘트라스트 속에서 길을 잘못 판단하여 30피트 아래로 추락하여 해빙 위로 떨어졌다. 셔트클리프는 발목을 삐었으며 절뚝거리며 걸어 나가 브라더후드가 등이 부러진 채 고통 속에 신음하고 있는 것을 발견하였다. 그는 급히 부상자 위에 간신히 재주껏 텐트를 치고는 함께 구조를 기다렸다. 구조대가 오는 데 36시간이 걸렸다.

구조대원들은 브라더후드를 썰매에 끈으로 묶은 다음 그를 끌고 기지로 돌아갔는데 거기서 그는 척추 보드 위에 고정된 상태로 누워 자신의 엑스레이 사진들을 판독해야 했다. 그는 척추 뼈 두 개가 으스러졌고 광대뼈가 부러졌으며 이빨 두 개가 입술을 관통하였다.

그 당시 영국인들은 신뢰할 만한 항공기가 없었으며 그래서 다시 한 번 구조하러 날아온 것은 미국인들이었다. 그들은 두 대의 C130 허큘리스기로 맥머도(McMurdo) 기지로부터 대륙을 횡단하여 코코아 분말로 핼리 기지 얼음 위에 그려놓은 화살표의 도움을 받아 착륙하였다. 탑승한 의사는 자신의 손상에 대한 브라더후드의 소견을 확인했으며 그를 항공기 한 대에 실었다. 손상 후 5일도 더 지난 약 12시간 후 그는 크라이스트처치(Christchurch)에 있는 병원에 도착하였다.

그 이야기는 우리가 여기에 있을 때 각오해야 하는 위험에 대해 우리에게 경고를 하는 것이었다. 그러나 그 이야기는 또한 이 장소의 특별한 본질과—감금과 동시에 해방의 역설적 공간, 상쾌한 명료함, 생존뿐 아니라 폐쇄된 사회의 삶에 대한 혹독한 교훈— 내가 그것을 얼마나 많이 사랑하게 되었는가를 강조하는 데 다소 도움이 되었다. 그것은 내게 개인들이 함께 일할 수 있는 방식, 성격의 특성들이 반드시 겉모양과 같지는 않은 이유, 그리고 어떤 이유로 사람들이 항상 당신을 놀라게 할 수 있는지에 관한 통찰력을 제공해 주었다. 그것은 내게 감히 바라지도 않았던 고독과 황제펭귄들을 제공하였다. 몇 시간 썰매를 끈 뒤 나는 군서지 위쪽의 절벽에 도착하였다. 마크는 벌써 거기에 있었으며 가장자리 너머로 자일을 타고 내려갈 준비가 되어 있었다.

태양은 북쪽을 향해 눈도 깜빡하지 않았으며 우리들의 여행에 대한 유일한 증인이 되었다. 불과 며칠 전 태양이 지금까지 기록된 것 중 가장 큰 표면 폭발에 의한 플레어를 내뿜어 하늘은 매우 환하게 빛났으나 오로라는 없었다. 도자기 유약 위의 붓 자국처럼 갈매기 모양의 권운이 남극 위에 높게 떠 있었다. 북쪽으로는 거대한 탁상형 빙산들이 지평선을 따라 크고 엷게 보였으며 신기루 효과에 의해 하늘을 향해 뻗어 있었다.

아래쪽으로 해빙 위에서는 대기가 바삭바삭하고 고요했다. 빙원 속의 물길은 꽁꽁 얼어붙었으며 햇빛에 반짝였다. 바닷물에서 짜낸 아주 작은 소금 침전물인 빙화(frost flower)가 새로운 얼음 위에 피어 있었다. 절벽 발치에 오팔 색의 유빙 조각이 아무런 목적이 없는 무더기로 쌓여있었다. 나는 진짜 바닷물을 다시 보기 위해 타이드 크렉(tide crack, 해빙조류 틈새; 움직이는 해빙과 고정된 빙원 사이에 갈라진 틈—역자 주) 중 한 군데로 발을 넣어 바닷물이 친절하게도 솟아나는 것을 지켜보았다. 그것은 부드럽지만 막을 수 없는 대양의 호흡이며 그것이 얼음 속에 이러한 틈을 만들었다.

군서지 한 쪽으로 펭귄들이 얼음 가장자리에 모여 불안해하고 기대하면서 함께 서로 밀치고 있었다. 그들은 얼음 밑에 표범 물개가 있는지 여부를 알 수 있도록 무리 중의 한 마리가 먼저 물속에 뛰어들기를 기다리고 있었다. 표범 물개는 수중에서 펭귄의 가장 큰 위협이다. 산란된 황제펭귄 알의 4분의 3 이상이 부화에 성공하지만 그것들 중 외해에서 첫해를 살아남는 것은 다섯 개 중 한 개에 불과하다. 그러나 일단 한 살이 되면 그들의 생존율은 양호하며 그들은 길고 느긋한 청소년기를 갖게 된다. 서너 살이 되면 번식이 가능한데 황제펭귄은 어버이의 현실을 직면하기 전에 더 성숙하기를 기다려야 한다는 몽테뉴(Montaigne)의 격언을 따르는 것처럼 보인다. 새끼를 낳게 될 때쯤에는 대부분 6, 7세 또는 그보다 조금 더 나이가 들게 된다. 우리 주위의 새끼들은 이제 더 커졌으며 쪼그려 앉아 있고 몹시 굶주린 상태이며 두 눈 뒤로 내가 어른 펭귄에서 인식하게 되었던 파충류의 평온함이 다소 서려있었다. 내가 그들을 헤쳐 나갈 때 그들이 두려움을 모르는 것은 나에 대한 일종의 승인이었지만 그것은 또한 그들이 세속을 초월한 것과 그들의 삶에 대한 나의 무관함을 나타내는 것이라고 생각되었다. 그들의 마음은 알 수도 없고 이해할 수도 없는 단순함이 있었다. 이곳에 도착한 이래 처음으로 나는 다른 생물, 다른 정신을 동경하기 시작했는데 그것은 북쪽에 놓여 있는 더 풍요로운 생명이었다.

우리는 펭귄 번식지에 있는 해빙 위에서 며칠을 보냈다. 가두어진 빙산들의 그림자가 해시계처럼 하루 종일 회전하였다. 어느날 나는 군서지 한복판에 몸을 뻗고 잠들어 있는 표범 물개 한 마리를 우연히 만났다. 펭귄들은 잠자코 주시하면서 뒤로 물러나 있었고 나도 그들의 본보기를 따랐다. 군서지에서의 우리의 마지막 날 그림자들이 동쪽으로 펼쳐졌을 때 마크가 절벽 쪽을 향해 손을 흔들어 내 눈길을 끌었다. 마크 쪽으로 몸을 돌렸을 때 나는 최초의 봄새를 보았는데 흰바다제비 한 마리가 대륙 깊숙이에 있는 둥지를 튼 절벽을 향해 남쪽으로 날아가고 있는 것을 보았다. 바다제비의 도래와 함께 북쪽 세상이 우리를 향해 달려오고 있는 것처럼 생각되었는데 한 해의 순환이 끝나고 있었다. 그날 밤은 해가 잠시 동안만 지겠지만 머지않아 전혀 지지 않을 것이다.

나는 슬리핑백 속으로 파고 들어가 잠들었으나 새벽 3시에 잠에서 깨어났는데 몸을 가눌 수 없었고 탈수 상태에 빠져 있었다. 나는 격렬한 빛에서 벗어나기 위해 침낭 속에 다시 머리를 파묻었다. 나는 코톨드에 관해 더 많은 독서를 해 왔으며 지금쯤 그가 빙산의 감옥에 갇혀 어둠과 고요 속에서 디너파티와 항로를 계획하면서 어떻게 몇 주를 보냈는가를 상상하였다. 그리고는 다음으로 왓킨스의 엄청난 고독한 야망을 상상했는데 그는 자신의 첫 번째 그린란드 탐험을 마치기도 전에 개썰매에 의한 남극대륙 횡단을 계획하고 있었다. 그러나 왓킨스의 계획은 수포로 돌아갔는데 왜냐하면 그는 두 번째 그린란드 탐험에서 혼자서 물개 사냥을 하다가 죽었기 때문이다. 뒤집힌 그의 카약이 발견되었으나 그의 시신은 결코 발견되지 않았다.

바로 옆에서 마크가 귀 속에 귀마개와 눈 위로 눈가리개를 한 채 곤히 잠들어 있었다. 나는 애써 잠들기를 포기하고 누워서 북쪽과 돌아갔을 때 나의 생을 어떻게 할 것인가에 관한 생각을 하였다. 이사(Esa)와 나는 아직도 정기적으로 서로에게 편지를 쓰고 있지만 이제는 우리가 다시 만났을 때 여전히 얼마나 많은 것을 공유하고 있을지를 터놓고 의심하고 있었다. 때로 나는 공포가 기름막처럼 내 몸을 통해 퍼지는 것을 느꼈는데 그것은 지난 14개월에 걸쳐 우리가 겪었던 경험들이 너무 달라서 우리의 생활이 더 이상 조화될 수 없을 것이라는 두려움이었다.

* * *

난센과 아문센과 마찬가지로 지노 왓킨스는 극지 환경에서 살아남기 위한, 그리고 계속적인 탐험에 대비해 훈련하기 위한 최선의 방법은 이누이트족의 방식을 배우는 것이라고 믿어 왔다. 그의 실수는 혼자 사냥하러 간 것이었다. 그린란드 이누이트족 문화에서는 외로운 사냥꾼은 두려워해야 할 초자연적 인물인 키비톡(*qivitok*)인데 일반적으로 마을 생활에 싫증이 나서 죽음을 준비하기 위해 광야로 떠난 노인이라고 말해지고 있다. 키비톡이 되는 것은 의식의 한계 상태에, 그리고 인간 세상의 가장자리에 존재하는 것이며 동물과 정령의 경계에 있고 동물의 말을 이해할 수 있는 것이다. 오직 키비톡과 앙가코크(angakoks)라고 알려져 있는 이누이트 주술사만이 정적과 고독과 그런 풍경 속에서 홀로 사는 위험을 감당할 수 있다고 생각된다. 그러한 전통적인 극지방 사회에서 그들의 사회적 목적은 의사와 치안판사 그리고 사제를 아우르는 것처럼 생각되었으며 그들은 그런 힘든 역할을 맡기 전에 집중적 수련을 받았다.

겨우 걸음마를 뗄 수 있는 어린 아이일 때 미래의 앙가코크(angakok)가 영리함 때문에 선택되어 늙은 주술사에 의해 양육된다. 그의 최초의 기억은 동물의 이름과 행동 양식을 배우는 환한 여름과 고래 기름 램프로 불을 밝히고 그의 스승의 무릎 위에서 노래를 배우는 어두운 겨울이 될 것이다. 그는 풍자와 은유에 관한 새로운 언어를 배우고 인간 질병 각각에 대한 여러 가지 다른 노래를 배워야만 하였다. 노래의 일부는 죽어가는 사람들을 위한 노래처럼 나지막하고 부드러웠으며 임종의 자리에서 여러 날 동안 계속하여 불리고 내세에 다가 올 행복에 관해 이야기 하였다. 일부는 수일라키넥(suilakinek)의 퇴마의식처럼 더 시끄러웠는데 고통 받는 사람이 삶의 고통을 없애기 위해 위험을 구하는 비탄의 상태를 노래했다. 그는 이기심이 가장 나쁜 죄이며 영혼은 육체와 같은 형태이고 육체와 마찬가지로 영혼도 치유될 수 있다는 것을 배웠다. 나이가 들어감에 따라 그는 훨씬 더 긴 기간을 침묵과 고독 속에 단식하고 명상하면서 보내야만 했다.

성공하면 그는 그를 안내하고 지켜 줄 정령의 출현으로 보상받을 것이다. 그가 마을로 돌아오면 동료들 가운데 투시력을 지닌 사람들이 그가 얼마나 변했는가를 알고 그의 걸음걸이에 새로운 태도와 자신감이 서려있다는 것과 이제 그의 호흡이 불꽃으로 명멸하는 것처럼 보인다는 것을 알 것이다. 수련에 실패하면 그는 대신 킬라우마속(kilaumassok)이 된다. 비록 사회에서 유용한 개인이라고 항상 간주되고 있지만 킬라우마속은 더 높은 영성 수련에 이르는 고독과 고행의 길로부터 돌아섰다고 인식되었다.

내게는 고행 수련에 실패했지만 돌아와 자신의 사회를 풍요롭게 만들 수 있는 이누이트족의 킬라우마속이 성공했으나 영원히 사람들과 떨어진 삶을 사는 앙가코크보다 더 나은 패를 가졌다는 생각이 들었다.

조류학자인 그래미 깁슨(Graeme Gibson)은 "새들에게 주의를 기울이고 그들을 염두에 두는 것은 생명 자체를 염두에 두는 것이다."라고 썼다. 새들을 관찰하는 행위가 "황홀감—개인의 의식을 그 자체와 다른 무엇인가와 혼합시키는 건망증—에 가까운 상태를 고무시킬 수 있다. 해빙 위에서 펭귄과 함께 했던 나날과 빙붕 위에서 캠프 사이로 썰매를 끌었던 시간 동안 고독감이 나를 몸속으로 다시 데려다 주었을 뿐 아니라 내 의식을 바깥으로 돌려놓았다. 에머슨이 이러한 감정—자신이 '황무지'라고 불렀던 것과 뒤섞이게 되는 느낌—에 관해 썼는데 "헐벗은 땅 위에 서면 내 머리가 유쾌한 공기에 씻겨 무한한 공간으로 올려지고 모든 비열한 이기주의가 사라진다. 나는 투명한 안구가 되며 나는 아무 것도 아니며 모든 것이 보인다. 보편적 존재의 흐름이 내 몸을 순환한다."

그 나날 동안 머지 않아 내가 이곳을 떠날 것이라는 느낌이 물밀듯 밀려왔다. 밤중에 나는 사람들이 사는 장소—내가 근무했던 바쁜 병원들과 내가 방문했던 사람들로 바글거리는 도시들과 내가 뚫고 들어갔던 경기장의 군중들과 콘서트—에 관한 꿈을 꾸었다. 내 안의 무엇인가가 귀환에 대한 준비를 하고 있었고 다시 사람들 사이에 존재한다는 느낌을 기대하고 있었다. 그리고 그런 꿈과 함께 고독한 삶 또는 극지방에서 생활하는 이 같은 삶은 공동체 생활의 모든 풍요함을 포기하고 더 단순하고 더 순수한 것을 위해 다양성을 포기함을 뜻한다는 것을 알게 되었다.

그것은 마치 남극대륙의 척박함과 균일함과 그들과 함께 내가 올 겨울을 공유했던 유일한 다른 종으로부터 얻을 수 있는 가장 큰 교훈은 결국에는 그 양자를 떠나는 것이라는 것과 같았다. 시인인 루이스 맥니스(Louis MacNeice)가 나를 북쪽으로 끌어당겼던 넘쳐흐르는 풍요로움의 그 느낌을 정확하게 묘사하려고 애썼는데 그는 그것을 '어쩔 도리 없는 복수형'이라고 불렀다. 남극대륙은 단수형 장소이다. 나는 내 생활이 약간의 복수성을 필요로 하고 있음을 느끼기 시작하였다.

나는 마크와 함께 했던 썰매 끌기 여행에서 돌아오자 바로 1주일의 '야간 근무'에 들어갔는데 이제는 태양이 지평선 아래로 결코 떨어지지 않았다. 핼리 기지의 야간 근무는 마치 아무도 방문하지 않는 박물관을 경비하는 것과 같았다. 내 마음이 크고 환기가 잘 되고 빛으로 가득찬 잘 청소된 방과 같은 느낌이 들었다. 그것은 환영받는 귀환이었으며 기지 사회로의 완만한 재보정이었다.

그런 야간 근무가 끝난 하루 뒤 내 신체 시계가 12시간 스위치에 의해 충격을 받고 깜작 놀랐다. 토디가 내게 일찍 일어나라고 부탁했다. 그는 내가 그와 함께 기지 북쪽의 빙붕 가장자리로 내려가 핼리 기지 교대 작업을 위해 빙붕 위의 잠재적 루트를 정찰하기를 원했다. 섀클턴호는 이미 적도를 건넜으며 곧 우리들에게 다가올 것이다.

우리는 스키두를 타고 북쪽으로 향한 드럼통 행렬을 따라 브룬트의 장벽이 여러 개의 만으로 쪼개지는 작은 만까지 나갔다. 절벽 가장자리에서 멀찌감치 뒤로 멈추어 토디와 나는 크레바스에 대비하여 밧줄로 몸을 묶었다. 각 만의 맨 앞쪽에 폭풍에 휩쓸린 한해 겨울치 눈더미가 눈의 경사로를 가득 메우고 있었다. 크고 작은 동굴들이 열을 지어 있는 경사가 완만한 대로를 걸어 해빙 쪽으로 내려갈 수 있었다. 해빙 자체는 바람에 닦여 윤이 났으며 회색빛을 띠고 망치로 친 쇠처럼 움푹 들어가 있었다. 그러나 하늘은 얼음 쪽으로 부드럽게 떠다니는 것 같은 솜 깃털처럼 가벼운 구름으로 부드러웠다.

우리는 절벽 밑에서 서쪽으로 걸어갔는데 강철로 된 아이젠이 포장된 해빙을 긁었다. 우리는 태양을 즐기고 있는 한 마리의 게잡이물범 쪽으로 조금씩 나아가 바로 가까운 곳에 앉아서 점심을 먹었다. 그놈은 우리를 신경 쓰지 않았다. 깊은 침묵에 잠긴 고립된 황제펭귄들이 얼음을 따라 여기저기 흩어져 있었고 더 많은 수의 흰바다제비들이 남쪽으로 가는 도중 머리 위로 낮게 급강하하는 것이 보였다.

다섯 군데의 가능성이 있는 작은 만 각각을 조사한 뒤 토디는 설상차가 브룬트까지 갈 수 있을 만큼 경사가 완만하고 크레바스가 없는 두 곳을 최종 후보자 명단에 넣었다. "자 이제 우리는 놀러갈 수 있네." 그가 말했다.

그는 절벽의 측면에 있는 동굴들 중 한 개를 향해 기어 올라가 내리닫이 쇠창살문처럼 동굴 입구를 가로질러 늘어져 있는 고드름을 꺾었다. 동굴 내부는 차가운 빛이 쏟아지는 유리 같은 벽들이었다. 그것은 완전히 고요하였다. 그 동굴은 더 깊이 뚫려서 우리들을 안으로 이끌었으며 더 안쪽에서 넓어져 푸른빛을 발하는 더 넓은 공간이 되었다. 통로가 안으로 다시 좁아졌을 때 토디는 벽 속에 얼음도끼를 휘둘러 올라가기 시작했다. 우리 의복 위의 흰색과 노란색과 우리 치아 표면에 묻어 있는 치약 속의 표백제가 보라색의 나이트클럽 불빛으로 빛나기 시작했다. "터널을 파서 밖으로 빠져 나갈 수 있나 어디 보세." 토디가 말했다.

동굴의 끝은 한 개의 꼭대기를 향해 좁아졌는데 거기서 벽들이 얼음 결정들로 만든 복잡한 샹들리에가 달려 있는 천정과 만났다. 나는 그 속으로 도끼를 휘둘렀다. 얼음 결정들이 토피 사탕으로 만든 잔처럼 산산조각이 났다. 천정을 통해 스며든 빛이 이제는 조금 더 환하고 조금 더 희게 보였다. 마지막 얼음 층이 떨어져 나갔을 때 나는 구멍으로 머리를 쑥 내밀었는데 내 두 눈이 브룬트 표면과 같은 높이인 것을 알았다. 지평선 위로 기지가 정말 보였다. 나는 용케 오스트레일리아까지 땅을 파고 나온 아이 같은 기분이 들었다.

우리는 얼음의 활강로를 따라 다시 아래로 미끄러져 동굴 출입구를 향해 밖으로 나아갔다. 황제펭귄 두 마리가 우리의 길을 막고 있었는데 그들은 우리 발자국을 따라 단애면으로 온 것이 틀림없었다. 나는 그들에게 좀 봐 달라고 부탁했으며 그들은 호들갑을 떨며 서투르게 한 쪽으로 비켰다. 그들의 깃털은 티 하나 없이 깨끗했고 그들은 건강의 절정에 있는 어린 새들처럼 보였다. 나는 해빙 쪽으로 그들을 살살 비켜 지나갔다. 우리가 떠날 때 나는 힐끗 뒤돌아보았는데 그들은 겁도 없이 서로 먼저 들어가려는 10대들처럼 아직도 동굴 가장자리에 서 있었다.

11월에 해안을 따라 한 줄로 서 있는, 우리가 우연히 만났던 그 펭귄들은 새끼를 먹이는 부담이 없는 젊은 펭귄들이었다. 그들은 호기심이 많았지만 더 작은 펭귄들인 아델리펭귄이나 턱끈펭귄들처럼 장난기가 많게 보이지는 않았다. 그것은 마치 흥겹게 노는 것은 자신들의 황제의 품위를 떨어뜨리는 것 같았다. 아마도 그들은 다가 올 힘든 해들

에 대비하여 기력을 모으고 있었을 것이다.

헬리 기지를 둘러싸고 있는 빙원 위에는 남쪽으로 향한 대륙의 경사면 외에 풍경 위에 유일한 하나의 지형이 있는데 그것은 사람의 눈길을 끄는 한 개의 윤곽이었다. 어레이 안테나 너머 북동쪽으로 지평선을 따라 한 군데 불규칙한 지형이 있는데 맥도널드 아이스 럼플(McDonald Ice Rumples)이라고 부르는 부서진 얼음들이었다. 다음 날 토디와 나는 그것들을 방문하러 스키두를 몰고 나갔다.

공중에서 보면 연못 위의 파문처럼 럼플이 빙붕을 뚫고 퍼져 나가는 것이 보인다. 헬리 기지의 벽 위에는 최초의 월동대원들 중 누군가가 그려놓은 브룬트 지도가 있었다. 왕립협회의 측량사들은 그 럼플을 '빙상 속의 큰 파도'라고 불러 왔으며 비록 그 지역이 50년 동안 크게 변했지만 그들은 현재 우리들이 기지에서 보는 것과 동일한 60피트의 얼음 첨탑과 산산 조각난 패턴의 빙산들을 그려 왔다. 수백 미터 아래에 브룬트의 하복부가 바위투성이의 노두에 걸려 있다. 대륙의 얼음이 바다 쪽으로 흘러갈 때 얼음의 일부는 이 바위에 의해 저지되는 한편 그것의 양쪽의 얼음은 동일한 속도로 계속 움직인다. 움직임의 차이가 빙상의 뒤틀림과 찢어짐을 야기한다. 핼리 기지 자체가 언제 떨어져 나갈 것인가를 알아내려고 애쓰는, 브룬트의 흐름을 연구하는 빙하학자들이 그해 여름 늦게 그곳을 방문할 것이다. 그들의 도착에 앞서 토디가 브룬트 주위의 가장 안전한 경로를 찾아야 했다.

우리는 찢어진 얼음 능선들 사이로 스키두를 몰았으며 우리가 탄 두 차량은 크레바스 속으로 추락하는 것에 대비하여 로프로 함께 묶여 있었다. 능선들 사이의 평평한 부분 위에 우리는 텐트를 치고 뒤로 물러나 전망을 즐겼다.

기지 북쪽의 작은 만들을 따라 있는 동굴들의 아름다움이 나를 침묵시켰다면 럼플의 규모는 훨씬 더 놀라운 것이었다. 브룬트의 견고함은 당연하다고 생각되었는데 그것은 이미 알려진 사실로 우리의 생명이 그것에 의존하고 있었다. 그러나 여기서는 그것이 우리 발밑의 바위로 된 지레 받침대 위로 갈라져 있어 브룬트의 취약성의 증거가 사람들을 겁나게 하였다. 과거 어느 시점에 바다가 이러한 갈라진 틈을 뚫고 나와 계곡들이 바닷물과 함께 솟아났으며 그 다음에 그 물이 얼어버렸다. 새로운 해빙이 진군하는 군대처럼 안으로 확산되었다. 거대한 빙산들이 이 새로운 해빙 속에 갇혔으며 그 자체의 무게로 인해 붕괴되었다. 빙산 하나는 크게 벌어졌으며 한 때 하늘을 향해 열려있었던 그 틈은 부조 세공을 한 천정처럼 매달려 있는 바람에 날린 미세한 눈의 지붕으로 완전히 닫혀버렸다. 얼음덩이의 계단이 마치 대성당의 문으로 향하는 것처럼 그것을 향해 위로 연결되었다.

내부의 바닥은 타일처럼 부드럽고 윤이 났다. 우리가 안쪽으로 더 깊이 걸어감에 따라 통로의 벽들이 좁아졌고 부드럽게 굽어져 우리를 오른 쪽으로 안내하였다. 이삼백 미터쯤 더 지나자 출입구로부터 우리에게 도달하는 일광이 줄어들었으나 벽들은 마치 소멸하는 별의 빛으로부터 굴절된 것처럼 여전히 차가운 광택을 지니고 있었다. 각각의 벽위에 아이젠을 신은 발을 딛고 통로 내부를 올라가 빙산의 심장부에서 움직이지 않고 높이 매달려 있을 수 있었다. 빙산의 무상함이 그 아름다움의 일부였다. 내년 겨울쯤이면 이 빙산 전체와 그 속을 관통하는 영광스러운 복도는 사라질 것이다.

럼플은 파타고니아에 살던 스코틀랜드인의 한 명인 앨런 맥도널드(Allan McDonald)의 이름을 따 명명되었는데 그는 1차 세계대전 무렵 동안 칠레 최남단 지역인 마가야네스(Magallanes, 칠레 남부의 주 또는 Punta Arenas의 옛 칭호—역자 주)의 영국 사절이었다. 그 시절의 대영제국에서는 스코틀랜드 이주민들이 가장 춥고 가장 비가 많이 내리고 바람이 가장 많은 거주지를 찾아내었다고 생각되었다. 그들은 타인들이 가슴 속에 원한을 키우듯이 고위도 지방에 대한 향수를 키웠다.

맥도널드는 남대서양으로부터 폭풍이 들이칠 때 밖으로 마젤란 해협 너머를 바라보며 푼타아레나스의 메인 스트리트에 있는 *Casa Inglesa* 아래에서 위스키를 홀짝였을 것이다. 1916년 그는 어니스트 섀클턴을 불쌍히 여겼다. 영국 정부는 그를 저버렸는데 마가야네스의 영국협회의 관대함을 통해 맥도널드는 1,500파운드를 모았다. 이미 엘리펀트섬에 잔류해 있는 대원들의 구조가 두 번이나 실패하였고 이번에도 섀클턴의 운이 조금이라도 달라질 보장은 전혀 없었다. 그것은 그 당시로는 상당한 금액이었는데 그 목양 사회의 부를 반영하였다. 그러나 그들이 자금을 댔던 40년 된 오크나무 선체의 스쿠너 엠마(*Emma*)호는 여전히 엘리펀트 섬 주위 바다를 딱딱하게 만들고 있는 총빙을 통과하지 못했다. 인듀어런스호 승무원들이 마침내 구조된 것은 칠레 정부가 빌려준 강철 선박을 사용한 네 번째 시도에서였다.

새클턴은 앨런 맥도널드에게 감사하는 마음에서 케어드 해안으로부터 쏟아져 나오는 빙하에 이름을 붙였다. 나는 맥도널드가 이런 영예를 자랑스럽게 생각했는지 아니면 그가 남극대륙의 더 유명한 지형을 바랐는지 결코 알아내지 못했다. 나중에 영국인들이 케어드 해안으로 돌아왔을 때 이 빙하의 장소가 불명확했으며 럼플이 그 지역의 풍경 중 가장 유명한 지형이었기 때문에 그 이름이 대신 그것에 붙여졌다. 단지 한 개의 빙하나 약간의 럼플이 아닌 전 해안이 그의 이름을 따 명명되었더라면 그는 아마 1,500파운드 이상을 제시했을 것이다.

새클턴은 강력한 영국의 전통을 따르고 있었는데 공백의 극지방 풍경은 수 세기 동안 부자들과 영향력 있는 인사들의 이름으로 덮어 씌어져 왔다. 1775년 제임스 쿡은 조지 3세의 이름을 따서 그가 발견한 새로운 섬을 사우스조지아라고 불렀으며 1852년 프랭클린을 수색했던 탐험대는 당시 왕립 지리협회 회장이던 엘스미어 백작(Earl of Ellsmere)의 이름을 따서 엘스미어 섬(Ellsmere Island)을 명명했다. 스콧이 빅토리아 랜드의 연봉에 왕립협회 산맥(Royal Society Range)이라는 딱딱한 칭호를 부여했을 때 그는 자신의 남극 탐험 너머에 있는 거액의 돈에 대해 경의를 표하며 모자를 들어 올렸다. 그 산맥의 최고봉인 리스터 산(Mount Lister)은 물론 그 협회장의 이름을 따서 명명되었고 더 작은 봉우리들은 지위가 더 낮은 사람들 이름을 따서 명명되었다. 미국인들은 이러한 관습을 전도시켰다. 리처드 버드는 대륙의 약 4분의 1을 자신의 아내인 마리(Marie)의 이름을 따서 명명하였으며(아마도 그 모든 장기간의 부재에 대한 보상으로서) 선구적 비행사들 중 또 한 명인 링컨 엘스워드(Lincoln Ellsworth)는 결정적으로 자기 자신의 수표책을 갖고 있었는데 또 다른 엄청난 양의 땅을 엘스워드 랜드(Ellsworth Land)로 명명하였다.

이러한 풍경 구입 전통은 미국의 화가 록웰 켄트(Rockwell Kent)에 의해 굉장한 무시를 당했다. 1930년대 초에 켄트는 서그린란드의 일로수트(Illorsuit)에서 1년을 보냈는데 한 동안 뉴욕 사회의 노이로제로부터 약간의 해방감을 발견했다. 자신의 그린란드인 부인의 이름을 따 명명된, 거기서 보낸 자신의 시간에 관한 책인 살라미나(*Salamina*)는 한 지역에 대한 일종의 연애편지이다. 그것은 전체에 걸쳐 켄트의 에칭으로 도해되어 있는데 그것들은 대부분 잉크로 그려져 있고 산뜻하고 남성적이며 풍경과 그 속에 사는 사람들에 대한 명백한 애정을 지니고 그린 것이었다. 초상화의 단순명쾌함, 그 선들의 곡선, 가식의 결여, 두 눈 너머의 영혼을 약간 포착하는 잊혀 지지 않는 능력 등으로 보면 그것들은 윌리엄 블레이크(William Blake)의 그림들과 비슷하다.

각각의 삽화에는 아주 효과적인 설명이 덧붙어 있다. 권두에 일로수트 주변 일대의 지도가 있는데 켄트는 지도제작 관습에 대한 자신의 무관심을 보여주고 있다. 많은 경우 격식을 차리지 않는 미국의 관습과 더불어 1930년대의 새 시대는 극지 탐험의 헤비급 전통들이 무너지기 시작하고 있음을 의미하였다. 그 지도에는 다음과 같은 설명이 붙어 있다;

> 1931년에서 32년에 걸친 켄트 그린란드 아극지방 탐험대의 발견물. 탐험 결과로 후원자들을 실망시키지 않도록 불행하게도 누군가가 대부분의 육지와 바다에 이미 명칭을—그것도 끔찍한 이름들을!—붙였다는 것이 반드시 설명되어야할 것이다… 탐험 목표들을 발전시키는 것을 원하는 관대한 영혼들이나 법인 단체들이 있다면 우리는 지도 위에 그들의 이름을 기록하는 것이 미국의 영광을 진전시키는 것이 될 것이라

고 생각해야 할 것이다.

그는 아마도 장래의 후원을 기대하면서 이미 제너럴 일렉트릭사 빙원(The General Electric Co. Ice Cap)에서 글을 썼다(1939년 그들은 그에게 50피트 크기의 벽화를 의뢰하였다). 바로 옆에 자신의 출판사 이름을 딴 지형인 파버 앤드 파버 빙원(The Farber & Farber Ice Cap)이 있다. 다른 빙하류와 산의 호수들이 미래의 기업 후원을 바라고 공백으로 남아 있다.

섀클턴의 대원들을 구하려고 수많은 잠 못 이루는 밤을 보냈던 앨런 맥도널드를 상기시키는 "맥도널드 아이스 럼플(McDonald Ice Rumples)은 어쨌든 기념할 가치가 있는 이름처럼 보였다.

11월 말경 우리들의 동절기 고립이 항공기들에 의해 끝나기 조금 전에 남극대륙에서 일식이 있었다. 폭이 100마일 이상인 달의 그림자 원추(shadow cone, 일식의 경우 태양에 의한 달의 그림자를 말함—역자 주)가 남극대륙의 빈 페이지에 가로로 짤막한 선을 낼 것이다.

'eclipse'라는 단어는 '포기(abandonment)'를 의미하는 그리스어 어원에서 유래하는데 즉 태양이 갑자기 비참하게 밤으로 변한 낮의 테러에 우리들을 내어주는 것이다. 달이 지구를 지나갈 때 그 그림자가 지구상의 생명 위에 순식간의 장막을 던진다. 우리들의 생명이 하늘의 지배를 받는다고 믿는 사람은 현재 거의 없지만 우리의 언어는 옛날의 공포를 영구화하고 있다. 또 하나의 천문학적 재난 용어인 'disaster'는 '별들이 우리를 적대시 한다-dis-astra'는 것을 뜻한다. 우리의 모든 학식이 일식의 충격을 감소시키지 못한 것처럼 보이는데 중세 시대 사람들이 그랬듯이 현대인들의 마음도 일식에 전율해 왔다. 버지니아 울프(Virginia Woolf)는 일식을 한 번 목격한 직후 자신의 일기에 "갑자기 빛이 꺼졌다.

우리는 추락했다. 빛이 사라졌다. 아무 색도 없었다. 지구가 죽어버렸다… 나는 어떤 광대한 존경의 대상으로부터 빛이 사라졌다는 느낌을 매우 강렬하게 받았다."라고 썼다. 구름이 없는 날 팔을 뻗으면 닿는 거리에 손을 들고 있어보면 당신은 태양이 가장 작은 손톱만한 크기라는 것을 알게 될 것이다. 그러나 그것이 사라진 것을 보는 것은 우리들 자신을 포함한 모든 사물의 필멸에 직면하는 것이다.

지구의 관점에서 보면 달은 한 때 현재 보이는 것보다 더 크게 흐릿하게 보였는데 왜냐하면 지구에 더 가까웠기 때문이다. 한 때 아득한 선사시대에는 개기식이 아주 흔히 발생했음에 틀림없다. 그러나 10억년에 걸친 가차 없는 조수의 견인력이 달의 속도를 줄여왔다. 달 궤도의 원호가 마치 1년에 1.5인치의 비율로 서서히 늘어나는 끈에 매달린 것처럼 지구로부터 빠져나갔다. 우리는 달 직경의 400배인 태양이 지구의 표면으로부터 정확하게 동일한 크기로 보이는 천문학적인 일치의 시대에 살고 있다. 미래의 시대에 달이 더 멀리 빠져나감에 따라 개기식은 과거의 일이 될 것이다.

우리는 달이 해를 먹어치우는 것을 보려고 로스 플랫폼 위에 모였다. 일부는 용접 마스크를 썼고 우리들 나머지는 내가 의무기록실에서 꺼내 온 엑스레이 사진의 검은 부분을 통해 일식을 지켜보았다. 일식이 시작되자 누군가가 내게 외쳤다. "이건 그 펭귄 새끼들을 해부한 데 대한 당신에게 내리는 신의 벌이야!" 또 다른 사람이 외쳤다. "황제펭귄들이 아마도 쇽으로 모두 죽을 거야." 일식이 아직 몇 분 더 남아 있었지만 우리는 몇 초마다 하늘 쪽을 힐끗 보며 초조하게 농담을 하였다.

달의 곡선이 태양의 원반 위로 천천히 움직였을 때 하늘의 깊이가 갑자기 분명해졌다. 달이, 믿기 어려울 정도로 먼 달이 지구 위로 낮게 흔들리는 것이 보였는데 어떤 수의 책 해설들도 하늘에 여러 층이 있다는 즉각적이고 논쟁의 여지가 없는 증거에 대해 마음을 준비시킬 수 없었다. 그리고 만약 달이 '하늘'보다 더 가까워 질 수 있다면 태양도 마땅히 그래야만 한다. 나는 그 뒤에 걸려 있는 우주의 심연이 이전에는 결코 상상할 수 없다는 것을 알았다.

달의 그림자는 시속 1,500마일의 속도로 움직이며 깜박하고 닫힌 눈꺼풀처럼 지나갔다. 일식이 절정에 다다랐을 때 그것이 시시각각으로 약해지는 것 같은 백금 색 빛을 뿌렸으며 얼음 위의 광채도 은빛과 회색빛의 황량한 스펙트럼을 통해 줄어들었다. 그것은 마치 자연 법칙이 정지된 것 같았으며 물과 섞일 수 있게 된 기름처럼 밤의 어둠이 갑자기 일광과 섞일 수 있게 되었다. 나는 태양 가장자리에서 번쩍이는 눈부신 빛을 찾아보았는데 햇살이 달의 산맥의 능선들 사이를 통과할 때 형성되는 베일리의 목걸이(Bailey's beads)라고 부르는 불꽃이 비치는 아주 작은 지점들을 찾아보았다. 비록 존재한다고 해도 그것들은 엑스레이 필름 입자 속으로 사라져 버렸다.

나는 태양이 돌아오기를 바랐다. 태양이 돌아온 후 나는 때로 그 빛이 너무 강하다고 느꼈고 겨울의 어두움을 동경하면서 지난날을 되돌아보았지만 태양을 다시 잃을지도 모른다는 위협에 전율을 느꼈다.

일식이 무언가 나쁜 것을 예고한다는 것이 사실인지 모른다. 이틀 후 원래 우리들의 고립을 끝낼 예정이었던 항공기가 돌아가지 않으면 안 되었다. 조종사인 레츠가 론 빙붕 위에서 거대한 폭풍을 만나 로테라 기지로 후퇴하였다. 일단 로테라 기지에 돌아온 후 그는 다른 임무를 띠고 파견되었으며 그래서 우리들의 교대 날짜가 연기되었다. "걱정하지 마, 우리가 본부에서 들었는데 그는 결국 거기로 올 거야." 나중에 우리는 10개월 지난 우리들의 우편물을 갖다 줄 사람들은 남극 반도로부터 노이마이어 기지로 돌아가고 있는 중인 독일인들일 것이라고 들었다.

나는 기지 경계선에서 스키를 타고 있었는데 기지의 동쪽 호를 휙 지나갔을 때 낯선 소리가 들렸다. 그것은 청력 역치를 겨우 넘어서는 한결같은 웅웅거리는 소리였다. 아마 발전기나 불도저들 중 한 대에 문제가 있는 것이 아닌가 생각되었다. 그때 갑자기 덜커덕거리는 소리와 함께 나는 그것이 어디로부터 왔는지를 깨달았다. 그것은 비행기였다!

그것은 마치 내가 항공기의 가능성과 공중에서 우리 기지에 도달할 수 있고 또 도달할 것이란 것을 잊어버린 것 같았다. 나는 서쪽으로 세 계절 동안 비어 있었던 맑고 반투명한 하늘 속을 쳐다보았다. 거기에 틀림없이 푸른색 위에 검은색 자국 한 개가 있었는데 그것은 항공기였다. 그것은 점점 더 가까이 다가오고 있었다. 그것은 뺨을 철썩 때리는 것만큼 매서운 충격이었는데 한 순간에 우리들의 얼음과 고립의 제국이 무너져버렸다.

나는 경계선을 떠나 스키폴을 열심히 밀어 비행기를 맞으러 스키 코스를 향하여 북쪽으로 달려갔다.

여름과 겨울

14

끝과 시작에 관하여

기도를 마치자 얼음산들의
삐죽삐죽한 모서리들이 그의 시선과 만났다. 그는 미소짓는다.
"생명! 와! 대열에서 낙오한 그 대상들(caravans)…"

캐슬린 제이미(kathleen Jamie), 자치구(The Autonomous Region)

"난 기지에 들어 선 순간 겨울이 좋았는지 형편없었는지 알 수 있지." 레츠가 내게 말했다. "심지어 대원들이 스키 코스에서 날 맞이하는 태도만 봐도. 형편없는 겨울이었으면 분위기가 벽처럼 자네를 치지."

"올해는 어떻다고 생각해요?" 내가 그에게 물었다.

"꽤 좋았다고 말하지." 그가 대답했다. "더 형편없는 겨울을 많이 보았어."

레츠는 수 년 동안 BAS 조종사로 근무해 왔다. 그는 다른 기지들보다 핼리 기지를 더 좋아했다. "여기가 나의 남극이야." 그가 말했다. "남극반도는 많이 더 바쁘지. 너무 많은 사람들이 자네에게 할 일을 얘기하지.” 독일인들이 도착한지 며칠 후 그는 론 빙붕을 가로질러 핼리 기지에 도착했는데 본부로부터 온 직원들과 더 많은 우편 행낭을 운반하였다. 그는 또한 신선한 과일과 채소 한 상자를 가져왔는데 이것만으로도 그는 성인으로 공경 받을 수 있었다. 크레이그는 기뻐서 거의 울음을 터뜨릴 뻔했으며 우리는 1년 중 처음으로 토마토 샐러드를 먹었다. 그것은 너무나 맛이 좋아서 나는 그 토마토들이 인위적으로 맛을 향상시키지 않았나 궁금하였다.

멸균된 세상에서 너무 오래 살았기 때문에 우리의 면역 체계가 게을러져서 비행기가 도착한 며칠 후 우리는 모두 심한 감기에 걸렸다. 배가 도착할 때까지 3주 밖에 안 남았으며 레츠는 자기가 할 일이 많다고 하였다. 대륙 깊숙이 보충해야 할 연료 저장고가 있었고 파묻힌 드럼통들을 파내야 했다. “내일 테론(Theron) 산맥과 섀클턴(Shackleton) 산맥으로 갈 거야.” 그가 내게 말했다. “날씨가 허락하면 말일세. 같이 가려나?”

테론과 섀클턴 산맥은 케어드 해안 뒤쪽으로 대륙 깊숙이 있는 산맥들인데 핼리 기지와 남극 사이에 선을 그었을 때 아래로 약 3분의 1 지점이었다. 비비안 푹스가 1956년 자신의 대륙 횡단에 대비하여 정찰 비행을 하던 도중 그 산맥들을 발견하였다. 테론 산맥은 원래 그리스 속주인 시칠리아의 무명의 폭군이었던 테론의 이름을 땄다기 보다는 푹스와 그의 대원들을 남쪽으로 실어다 주었던 캐나다의 물개잡이 배의 이름을 따 명명되었다. 푹스는 자기보다 앞서 남극대륙 횡단을 시도하였던 사람에게 경의를 표하여 자신의 베이스캠프를 ‘섀클턴’이라고 명명했으며 두 번째 산맥에도 동일한 이름을 부여하기로 결정하였다.

“산맥이라고요?” 내가 그에게 말했다. “산맥 본지 오래된 것 같은 기분이 드네요.”

비행기의 스키가 얼음이랑 위에서 전율했으며 프로펠러가 으르렁거리는 소용돌이 속에서 공기를 찢었고 마치 꼭두각시 인형의 줄에 매달린 것처럼 트윈 오터기가 하늘 속으로 홱 날아갔다. 우리는 동쪽을 향해 바람 속으로 이륙했으며 기지 위로 고리 모양의 넓은 궤도를 만들었다. 몇 초 이내에 나는 브룬트 전체를 볼 수 있었다. 순백으로 표백된 얼음이 구름 낀 하늘을 거울처럼 잘 보여주었으며 기지는 오그라들어 마침내 마치 빈 페이지 위에 휘갈겨 쓴 하이픈과 몇 개의 콤마처럼 되었다. 황제펭귄 쪽으로 향하는 드럼통 행렬이 간신이 보였으며 북동쪽으로는 럼플이 지평선을 거칠게 만들었다. 비행기가 남극 쪽으로 선회했을 때 나는 그렇게 오랜 동안 그렇게 적은 지역에 제한된 삶을 살아 본 적이 한 번도 없다는 것을 곰곰이 생각하였다. 14개월 전 나는 얼음 위에서 1년쯤 지나면 내 마음이 분명해지고 정돈될까 궁금해 하면서 열대의 대서양을 거쳐 항해했었다. 내 마음은 분명하거나 정돈된 느낌이 들지 않았다. 그 대신 나는 그렇게 많은 공허 가운데 내 마음이 어떻게 용케도 그렇게 충만한 상태로 머물러 있었는지 의아하였다.

1, 2분 뒤 비행기는 힌지 존(Hinge Zone) 위로 상승하고 있었으며 우리들 밑의 얼음이 경사를 이룸에 따라 남서쪽으로 힘차게 나아갔다. 구름의 아래 부분이 허물어지기 시작했으며 구름 층 사이에 미켈란젤로의 푸른색이 얇게 줄무늬를 이루고 있었다. 마치 신이 무언가를 떨어뜨리고는 남극대륙에서 그것을 찾기를 바라는 것처럼 햇빛의 서치라이트 빔이 얼음 위를 이리저리 스쳤다. 이 지역 위로 운석이 낙하하는 것을 본 적이 있어서 나는 눈 속에 박혀있는 운석을 보기를 바라면서 아래를 휘휘 훑어보았다. 핼리 기지를 떠난 지 얼마 안 되어 테론 산맥의 작은 언덕들이 빙상을 뚫고 쪼개지는 것을 볼 수 있었다. 작은 산들과 등을 남쪽으로 향한 채 구부정한 어깨를 가진 바위들이 남쪽으로부터 빙

상이 흘러가는 길에 서 있었다. 그것들은 해변에서 파도에 스스로 대비하고 있는 아이들처럼 극고원의 압력 속으로 몸을 숙이고 있었다. 그것들 뒤로 어귀가 아마존의 두 배나 되는 이랑이 지고 갈라진 얼음의 강이 있었는데 그것은 푹스 탐험대 단장의 이름을 따 슬레서(Slessor) 빙하라고 알려져 있다. 그리고 슬레서 빙하 뒤로 나는 남위 80도에서 지평선 위에 희미하게 빛나는 청회색의 새클턴 산맥을 간신히 알아볼 수 있었다.

우리가 테론 산맥에 다다랐을 때 레츠는 그 꼭대기들 사이로 선회하였다. 회갈색 줄무늬의 암석들이 깎아지른 듯한 절벽의 표면 속으로 산산조각이 나 있었다. 테론 산맥은 풍부한 탄층을 가지고 있는데 그것은 남극대륙이 더 열대위도에 속했던 시간 동안 축적된 지층이다. 퇴적물들 사이에 현무암 암층이 층계를 이루고 있었다. 핼리 기지에서 이리로 데려온 지질학자들이 저 산맥에서 몇 주를 보낸 뒤 그 암층이 남아프리카에 있는 다른 것들과 일치한다고 추정하고 테론 산맥이 한 때 스와질란드와 모잠비크의 루봄보(Lubombo) 산맥에 결합되어 있었다고 주장하였다.

봉우리들 사이로 얼음이 쏟아져 나와 물거품처럼 거품이 일었으며 산기슭 쪽으로 굴러 떨어졌다. 내가 경이로운 눈으로 바라보았던 절벽에 우리가 접근했을 때 흰바다제비 수백 마리가 바위 무더기들 주위로 소용돌이를 일으키며 날고 있었다. 그곳은 해안 쪽으로 200마일 떨어진 황량한 곳이었지만 이 새들은 자기 새끼를 위한 먹이를 가지고 돌아가기 위해 이곳으로 통근을 하였다. 그 바다제비들은 도둑갈매기 같은 포식자들로부터 가능한 멀리 떨어지기 위해 테론 산맥의 바위 턱 위에 둥지를 틀고 활강 바람에 대항하여 떼를 지어 몰려있었다.

레츠는 얼음 유동의 그늘에 있는 연료 드럼통 저장고를 지적하였고 트윈 오터기는 육지를 향해 급강하하였다. 비행기의 스키가 얼음을 치고 우리들이 연료 드럼통 무더기를 향해 덜컹거리며 갔을 때 나는 남극 도둑갈매기 한 마리가 우리를 이겼음을 보았다. 심지어 지구 끝인 여기에서도 흰바다제비는 안전하지 못했으며 내 점심도 또한 마찬가지였다. 나는 손을 내저어 그것을 멀리 쫓아버렸다. 나는 내 샌드위치를 편안하게 먹는 것을 더 원했기 때문이다.

비행기로 다시 돌아와 우리는 섀클턴 산맥 아래의 저장고에 연료 드럼통을 남겨 두기 위해 남극 쪽으로 계속 나아갔다. 섀클턴 산맥은 태고적 암반인 지구의 여명기로부터 유래된 선캄브리아기 지층으로 구성되어 있는데 그것들이 10억년의 압력과 대륙의 이동에 의해 비틀리고 변형되어 왔다. 지질학자들은 산맥의 방향에 경탄해 왔는데 왜냐하면 그것들이 남극횡단산맥의 결에 가로로 놓여있기 때문이다. 지구의 최초 생물 형태의 일부의 화석들을 그것들로부터 떼 내었는데 석화된 연체동물들은 너무 원시적이어서 거의 5억 년 전에 멸종되어버렸다. 현재 산맥 자체는 낮게 매달려 있는 연봉들이며 얼음으로 막혀 있고 차가운 지평선 속으로 더 낮게 무너지고 있다.

푹스는 설상차를 타고 이곳을 지나갔으며 알루미늄 다리를 사용하여 아이스폴을 넘어갔다. 여기서부터 남극까지는 빙상을 뚫고 드러나 보이는 두 서너 개의 바위들이 더 있는데 그것은 푹스가 궁리 끝에 그 주위에서 최선의 길을 알아내었기 때문에 위치어웨이(Whichaway)라고 불렀던 누나탁들이다. 우리가 산맥 위로 비행했을 때 나는 남쪽으로 남극 쪽을 보았는데 이제는 내가 그것을 볼 수 없을 것 같았다. 그것을 알아차렸을 때 내 마음이 괴롭지는 않았는데 왜냐면 내가 텅 빈 빙원을 볼 만큼 보았다는 느낌이 들었기 때문이었다.

연료 저장고를 파낸 뒤 나는 잠시 동안 앉아서 섀클턴 산맥을 지켜보았다. 그것들이 극고원 속에 거의 잠겼다는 사실이 이제 나를 묘하게 만들었는데 뭐라고 설명할 수 없는 슬픈 느낌이 들었다. 나는 이러한 음침하고 무미건조한 산맥 가운데서 보다는 해안에서 겨울을 났던 것이 기뻤다. 아마도 봉우리들 사이에 소용돌이치는 흰바다제비들이 없었기 때문에 내게 갑자기 그러한 기분이 들었을 터인데 생명이 전혀 없다는 것이 이곳을 훨씬 더 남쪽으로 만들었다. 산들 자체는 어깨가 경사졌으며 마치 그들이 패배한 것처럼 보였다. 여기서 유일한 생명의 증거는 죽은 지 5억 년 된 화석들이었으며 그들의 황량함은 기억 상실과 같았다.

이카루스와 다이달로스가 자신들의 날개에 깃털을 달았을 때 그들은 오직 탈출, 크레타와 미노스와 미로와 타인들이 통제하고 제한하는 삶으로부터의 탈출만을 생각하고 있었다. 이카루스의 추락은 우리 삶의 경계를 초월하는 데 대한 경고가 아니라 그러한 야망이 당신의 무모함을 허용하는 데 대한 경고이다. 그 신화는 우리에게 당신이 대망을 품으면 큰 실수도 할 수 있음을 기억하라고 얘기하고 있다.

이카루스의 추락은 서양 미술의 위대한 주제들 중 하나가 되어 왔는데 아마도 그것은 일부 화가들이 자신들의 야망에 압도되는 것을 두려워하기 때문일 것이다. 가장 유명한 것 작품 중 하나인 피터 브뤼겔(Pieter Bruegel, 네덜란드 출생의 서양화가: 1525~1569—역자 주)의 **이카루스의 추락이 있는 풍경**(*Landscape with the Fall of Icarus*)은 이카루스 자신을 볼 수 없다는 점에서 특이한데 땅쪽으로 몇 개의 깃털이 펄럭이고 다리 하나가 파도 속에 허우적거리고 있다. 관람자로서 우리들은 마치 우리가 이카루스가 추락하는 순간에 비행에 통달한 것처럼 잠깐 동안 날개를 달고 하늘로부터 아래를 보고 있다.

그림 속에 세 명의 방관자들이 있는데 화가는 그들 모두가 못 본 척하도록 만들었다. 한 명은 쟁기로 밭을 갈고 있고 한 명은 양을 몰고 있으며 그리고 또 한 명은 익사하는 이카루스로부터 불과 몇 발자국 떨어져 있는데 낚시를 하고 있는 것처럼 보인다. 만약 브뤼겔이 우리가 자신의 작품으로부터 어떤 도덕적 교훈을 얻기를 원한다면 그것은 틀림없이 우리가 가능성의 한계를 뛰어넘는 경우 우리는 방관자들이 끼어들어 우리를 도와줄 것을 기대할 수 없다는 것이다.

시인인 윌리엄스(William Carlos Williams)는 이러한 생각에 매혹되어 그 그림을 존재하는 동시성, 즉 삶 뿐 아니라 우리를 둘러싸고 있는 죽음의 넉넉한 풍부함과, 어떤 이유로 우리가 종종 바로 눈앞에 펼쳐지는 비극을 의식하지 못 하는가에 관해 명상하는 기회로 사용하였다*. 의사일 뿐 아니라 퓰리처상을 수상한 시인인 윌리엄스는 자신이 태어났던 뉴저지의 작은 읍에서 의사 생활의 거의 전부를 보냈다. 자신의 작품을 통해 그는 지방 생활에 대한 관습적 생각들을 뒤집고 평범한 사람들의 삶이 고전적 신화의 신들의 삶만큼 드라마와 정열로 가득 차 있는 이유를 보여주려고 애썼다. 자신의 자전적 에세이인 "개업(The Practice)"에서 그는 자신의 진료 업무가 자신의 시에 영양분을 주고 다음에는 그의 시가 의사로서의 그의 동정심과 통찰력에 자양분을 준다고 썼다. 시는 근본적으로 인류에 관심이 있으며 인간의 모든 복잡성, 천박함, 추함, 고귀함과 아름다움을 직면하기 위해서는 의술보다 더 좋은 직업은 없다고 그는 생각하였다.

귀환에 직면하여 나는 윌리엄스가 나를 기다리고 있는 관습적인 의료 행위의 종류에서 영감을 발견하여 기뻤다. 아마도 이제 내가 다시

* W.H Auden의 'Musee des Beaux Arts'도 동일한 그림을 기술하고 있으며 동일한 주제에 관해 명상하고 있다.

사람들과 관계를 가질 때가 되었다. 나는 철새들의 이동 충동(*zugunruhe*)을 이해하기 시작했는데 내게 날개가 있었다면 그것들이 날려고 떨고 있었을 것이다.

지구가 태양을 완전히 한 바퀴 돌았으며 내가 남극대륙의 해안에 도착한지 거의 1년이 된 12월에 산란 때부터 내가 따라다녔던 황제펭귄 새끼들이 깃털이 나기 시작하였다. 머지않아 그들은 북쪽을 향해 떠날 것이다. 근 5개월 동안 체중이 는 뒤 깃털을 만들기 위해 지방을 태우느라 새끼들은 다시 체중이 줄고 있었지만 다 자란 성체 크기의 반에 도달하였다. 가장 큰 새끼들은 이미 부모로부터 버려졌는데 왜냐하면 그들의 부모들이 털갈이 할 기회를 잡았기 때문이다. 새끼들의 복부가 제일 먼저 성체의 깃털을 얻었는데 새끼들이 눈 위로 왔다갔다 눈썰매를 탈 때 보송보송한 솜털이 문질러 벗겨지고 성체 깃털의 매끄러운 백색의 어슴푸레한 빛이 드러났다. 그것은 바람에 반쯤 날린 민들레의 솜털 같은 머리처럼 보였다. 이 새들의 날개도 윤이 나는 검은색으로 깃털이 났는데 머지않아 그들이 굶주림에 이끌려 바다로 나왔을 때 날개들이 시험받을 것이다. 남아 있는 유일한 솜털은 그들의 등에 있었는데 견갑골로부터 캐시미어 망토처럼 늘어져 있었다. 그들의 머리는 여전히 얼룩무늬였으며 미나리아재비 색깔의 귀의 반점은 최초의 완전한 성체 털갈이 후까지는 발달하지 않을 것이다.

해빙으로부터 나는 한 개의 커다란 부빙이 새끼 두 마리를 승객으로 태우고 가장자리로부터 떨어져 나온 것을 보았다. 부빙이 갈라질 때 그것이 새끼들로 하여금 생애 최초의 여행을 떠나게 만들었다. 그들은 깃털이 반밖에 나지 않았고 그들의 깃털은 아직도 너무 덜 발달된 상태여서 바다 속에 담그는 위험을 무릅쓸 수 없었다. 부화하고 성장하고 깃털이 날 기회의 창은 너무 좁고 대륙은 너무 무자비하였다. 부빙이 부서지기 전에 깃털이 더 나지 않으면 그들은 헤엄칠 수 없을 것이며 이카루스처럼 익사할 것이다.

나도 또한 날개를 준비하고 있었다. 포클랜드 제도에 있는 BAS 대리인을 통해 나는 벌써 귀국 행 항공편을 예약해 두었는데 칠레 항공사 여객기가 나를 포클랜드 제도의 군사기지로부터 파타고니아에 있는 푼타아레나스까지 실어 나를 것이다. 거기서부터 나는 하루 동안 칠레의 산티아고로 연결되어 마침내 유럽의 겨울 속으로 귀환 비행을 할 것이다. 나의 귀환 속도는 깜짝 놀랄 만 하였는데 남극대륙에 도착한다는 생각에 익숙해지는 데 수개월이 걸렸는데 그것을 떠나는 데 익숙해지는 데는 불과 며칠 밖에 걸리지 않을 것이다. 겨울을 났던 우리 열 네 명 중 나는 배가 짐을 부리는 것을 끝내자마자 크레이그와 함께 떠날 것이었다. 나머지 사람들은 2월에 마지막으로 배가 방문할 때까지 기다려야 했다.

마지막 날들에 대해 시원섭섭한 느낌이 들었다. 대륙을 나와 함께 가져간다는 것이 불가능하다는 것을 알고 있었지만 나는 자신 속에 대륙을 가능한 많이 모으고 싶었다. 동시에 떠나고 싶고 내 인생의 새 계절을 향하여 북쪽으로 가고 싶어 몸이 근질근질하였다. 내가 브룬트 위를 내다보았을 때 야외 작업을 하던 힘든 오후의 추억, 스키를 타고 기지 경계선을 수백바퀴 돌았던 추억, 힌지 존까지 여행했던 추억, 럼플, 펭귄 그리고 작은 만들의 추억이 얼음 위에 가로 놓여 있었다. 무엇보다도 나는 가장 캄캄했던 몇 달 동안의 얼음의 아름다움, 백금 빛으로 반사되는 달빛, 그리고 하늘에 비친 오로라의 침묵의 깊이가 기억났다. 나는 여기서 한 해의 순환을 경험하고 사계절이 지나가는 것을 보았다는 기쁨과 특권 의식을 느꼈다.

핼리 기지에서 내게 남아 있는 할 일은 BAS 의료부와 본부에 있는 상사들을 위한 최종 보고서를 작성하는 것이 전부였다.

보고서를 쓰기 전에 나는 진료실에 있는 한 무더기의 진료보고서들을 끝까지 읽어 보았다. 도착한 직후 나는 타인들의 부정적 성향으로 내 경험에 나쁜 영향을 줄까봐 그것들을 치워 놓았다. 이제 나는 그것을 체계적으로 읽고 푹스와 데글리쉬의 한 번 시도해 보는 시대로부터 즉각적인 통신 수단과 육중한 관료체계와 전례 없는 편의시설들을 갖춘 현대에 이르기까지 기지의 진보를 기록하였다. 현대의 남극 기지들은 영웅시대의 원시적 오두막들의 후계자들이며 초창기 핼리 기지에는 여전히 상당히 많은 영웅주의가 팽배해 있었다. 대원들은 개들의 팀을 데리고 수개월 동안 야외로 나갔으며 저 비극적인 죽음 뿐 아니라 여러 가지 역경을 무릅쓰고 가까스로 생존한 수백 가지의 알려지지 않은 이야기들이 틀림없이 있을 것이다. 나는 기지에 있는 거의 모든 대원들이 서로 의좋게 지내지 못하고 숨겨둔 달력 위에서 배가 돌아올 때까지의 나날을 줄을 그어 지웠던 비참한 겨울에 관해 쓴 보고서들을 끝까지 읽었다. 나는 또한 대체로 모든 사람들이 함께 작업하고 놀았던 그리고 심지어 본부의 비용으로 농담도 했던 행복한 겨울에 관한 보고서들도 발견하였다. 캠브리지에 있는 관리 한 명에 관한 이야기도 있었는데 그는 월동 팀에게 '대원들 모두가 자신들이 남극에 존재하는 이유를 세련되게 다듬는 것이 좋겠다'는 텔렉스를 보냈다. 그는 기지에 도착해서 브룬트의 절벽 꼭대기들이 포장 상자들로 공들여 만든 거대한 브라소(Brasso) 병으로 덮여 있는 것을 발견하였다.

핼리 기지 식당 벽은 과거의 월동대원들 사진으로 덮여있었다. 그들 중 다수는 수염투성이 얼굴을 하고 털이 더 많은 개들과 나란히 서서 활짝 웃고 있었는데 그 사진들은 너무 자주 보았기 때문에 이제는 그들을 간신히 알아보았다. 각각의 무리들이 그들의 월동 사진을 특이하게 만들려고 노력해 왔다. 아주 많은 사람들이 당신에 앞서 핼리 기지에서 겨울을 났지만 자신의 경험이 다른 사람들 중에 두드러지기를 바라는 것은 아마도 자연스러운 것이다. 어떤 무리들은 손에 파이프를 들고 바 앞에 줄을 서 있었다. 멋진 드레스를 입고 있는 사람들도 있었고 불도저와 설상차 꼭대기에 서 있는 사람들도 있었다. 한 명이 카메라를 땅 위에 두고 그 주위에 사람들이 둥글게 모여서 그들의 얼굴이 남극 하늘의 동그라미 주위로 후광을 만들었다. 또 다른 한 명이 모든 사람들을 일렬로 정렬시키고 엄지손가락을 밖으로 쳐들고 몬티 파이튼(Monty Python, 영국의 코미디 극단—역자 주)의 우스꽝스러운 걸음걸이를 흉내 내었다. 나는 일이 틀어졌다고 알고 있는 해에 찍은 사진들을 면밀하게 조사하였다. 그들의 얼굴로는 알 수 있는 방법이 없었는데 그들이 틀림없이 마음속에 지니고 있었을 긴장의 징후가 없었다. 나는 핼리 기지에서 누군가 사망했던 해들을 찾아보았다. 사진에 포함된 슬픈 모습의 고인이 된 인물들이 보였는데 얼굴들을 가위로 싹둑 잘라 무리의 한 쪽에 끼워놓았다. 이제 우리들 자신의 단체 사진을 벽에 추가할 때였다.

우리는 로스 플랫폼 위에서 지붕 위에 올려놓은 카메라를 쳐다보는 사진을 찍기로 선택하였다. 패트는 사진 중앙에서 받침대 위에 올라가 있다. 벤은 패트의 오른 쪽에 티셔츠를 입고 있었는데 그는 이제 남극대륙에 2년 반 동안 있었으며 그래서 더 이상 추위를 의식하지 않았다. 크레이그는 마치 언제든지 주방 쪽으로 내달릴 수 있는 것처럼 패트의 왼쪽으로 배경 속에 비집고 끼어들어 있다. 중간 열 좌측에서 우측으로 스튜어트는 똑 바로 서 있고 그래미는 발전실로부터 질질 끌려 나왔는데 여전히 작업복을 입고 있었으며 토모는 엉덩이를 걷어 채이고 있는 듯한 표정이고 마크 엠은 그늘 속으로 미끄러져 들어가고 있으며 토디는 가장 더럽고 해져서 진짜같이 보이는 벤타일 작업복에 대한 상을 탔으며 마크 에스는 컴퓨터 단말기 뒤로부터 끌어냈는데 아직도 샌들을 신고 있다. 앞줄에서 러스는 분명히 그의 선탠에 관한 연구를 해 왔으며 한편 그의 왼쪽에 있는 로브는 마치 남극점을 향하여 출발하려는 듯한 복장을 하고 있다. 일레느는 정성들여 머리를 빗었는데 사람들은 미용실에서 그것을 손질한 지 거의 3년이 되었다는 것을 모를 것이다. 그녀의 왼쪽에 쪼그려 앉아 있는 아네트는 남극 복장을 버리고 마치 벌써 라틴 아메리카의 산맥 속으로 해방된 듯한 옷을 입고 있다. 그 사진이 나를 남겨두고 있는데 일레느와 마찬가지로 내 가슴 위에 무전기가 매달려 있는 것으로 보아 내가 그 행사를 위해 경계선 위에서 작업 중에 호출을 받았음에 틀림없다.

우리는 그것을 인쇄 출력하여 작업장에서 정성 들여 액자에 넣은 다음 식당 벽 위의 줄에 그것을 추가하였다. 그 사진 바로 옆에 다음해의 사진을 위한 빈 공간이 있었다. 우리는 결코 이 얼음 조각 위에서 겨울의 고립을 끝까지 지켜 본 최초가 아니었으며 최후도 결코 아닐 것이다.

* * *

진료보고서들을 끝까지 다 읽어보아도 Zdoc 개개인들의 경험은 간파하기 어려웠다. 그것들은 공식 문서들이며 각각은 그들의 정신 상태에 대한 겨울의 영향을 밝히는 데 관해 이해할 만하게 신중하였다. 나는 일부 Zdoc들이 사회적 및 전문적으로 헬리 기지의 고립과 씨름해 왔음을 알았다. 나는 오랫동안의 부재로 인해 돌아가서 자신들의 결혼이 실패한 것을 알았던 과거의 의사들에 대해 들어왔다. 때로 일자리를 얻기 힘들었으며 일부는 자신들의 의학적 기술이 사용하지 않아서 녹슬었다는 느낌을 받았다. 다수는 돌아갔을 때 영국 생활의 템포로 다시 돌아오려고 노력하기 위해 몇 개월을 쉬었다. 나는 오래 전에 침묵과 고립을 너무 많이 발견했던 어느 의사에 관해 들은 적이 있었다. 고독이 과거로부터 오랫동안 억압되었던 슬픔과 불만을 발굴하여 일단 빛에 노출되자 그는 돌아왔을 때 그것들을 처리하기 위해 1, 2년을 쉬는 것 외에 다른 도리가 없었다. 그러나 나는 또한 휴식으로 원기를 회복하여 자신들의 직업에 다시 뛰어 들어 그들의 특이한 경력과 남극에서 근무했다는 독창성 때문에 인터뷰마다 최종후보자 명단에 자신들이 올라간 것을 발견했던 의사들에 관한 이야기도 들었다. 그들 중 일부는 남극대륙에서 보낸 시간을 자유의 황금시대(상사도 없고 대기실도 없는!)라고 회고하였으며 그 시간의 추억을 북쪽에서 다시 시작한 자신들의 삶에서 일종의 자산과 시금석으로 사용하였다.

"모든 사람들이 남극을 하나 가지고 있다."라고 토마스 핀천(Thomas Pynchon, 미국의 소설가: 1937—역자 주)은 썼는데 그는 아마 다른 사람들보다 문자 그대로 더 남극적이다. 핼리 기지에서 12개월이 지난 지금에야 나는 남극대륙이 내게 의미하는 바를 느끼기 시작하고 있었다. 내가 북쪽으로 돌아가는 것이 어떨지는 예측하기 너무 이르지만 나는 대륙에서 보낸 시간으로 인해 강해지고 대담해졌음을 느꼈으며 그 겨울을 견디어 낸 것이 장래에 기다리고 있을지 모르는 어려움을 더 잘 직면할 수 있다는 자신감을 느끼게 해 주었다.

나는 남극대륙에서 황제펭귄과 그들 삶의 정적과 단순함으로부터 무언가 배울 수 있지 않았나 하는 생각이 들었다. 비록 우리들이 똑같은 삭막한 환경과 똑같은 가차 없는 어두움을 공유했지만 비교는 불가능하다. 그들이 영하 55℃까지 내려가는 기온 속에 얼음 위를 걸어 다닐 동안 나는 인조 기지에서 아늑하게 지냈으며 그들이 넉 달 동안 단식하는 동안 나는 매일 제대로 된 세끼 식사를 했다. 겨울이 지난 뒤 나는 그들의 삶을 약간 이해하는 데 더 가까워졌음을 느꼈지만 물론 우리들 사이에는 메울 수 없는 격차가 있다는 것을 깨달았다. 그들은 바다새들이지만 나는 그들을 따라 바다 속으로 들어가 본 적이 한 번도 없었다. 그들의 삶이 내 삶이 가능한 것 보다 훨씬 더 가혹하고 위험했음에도 불구하고 그들은 얼음 위에서 평온한 것처럼 보였다. 그들은 나를 자기들 무리 속으로 환영했으며 나를 두려워하지 않았는데 그것은 그 자체가 내가 북쪽에서 나를 다시 에워쌀 두려워하고 주저하는 새들에게 돌아왔을 때 기억할 만한 가치가 있는 하나의 보물이었다. 아마도 내가 참을성과 관용과 정적과 인내에 관해 약간 배웠겠지만 이러한 특성들은 펭귄을 위한 생존 수단이며 수천 년의 번식과 죽음에 의해 그들의 행동 속에 각인된 생사가 걸린 문제들이다. 내게는 그것들은 나의 길을 가는 데 도움이 될 경험이었고 얼음보다는 인간들에 의해 만들어진 환경으로 되돌아갈 때 내가 계속해서 발전시키기를 바라는 자질들이었다.

나는 본부에 제출할 내 보고서를 타이핑하여 정서하고 인쇄 출력하여 철하고 진료실 선반 위의 무더기에 복사본 하나를 추가하였다. 그리고는 펭귄과 함께 앉아 있으려고 해빙으로 내려갔다.

12월 22일에 **섀클턴호**가 절벽으로 올라가는 접근 가능한 가장 가까운 경사로에서 7, 8킬로미터 떨어진 완고한 얼음에 갇혔다. 해빙 속에 무거운 화물 썰매를 매단 설상차가 억지로 지나갈 수 있는 두 개의 큰 틈이 있었는데 우리가 기지 주변에서 찾을 수 있는 것은 무엇이든지 여분의 자재들을 사용하여 갈라진 그 틈 위로 다리를 놓는 데 근 1주일이 걸렸다. 그것은 지루한 화물 하역 과정을 의미하지만 1주일이 지나도 공사는 진행 중이었다.

나는 내 후임자인 프랭크(Frank)를 스키두 뒤에 태우고 1년 전 린지가 나를 데려갔던 것과 똑같은 공포를 불러일으키는 기지 투어에 나섰다. 그는 내가 엑스레이 장비와 마취기 만큼 스키 코스 임무와 폐기물 압축실에 중점을 두는 것을 알고는 놀랐다. 나는 그에게 폐기물 드럼통 뚜껑을 리벳으로 고정하는 법을 보여주면서 "의술은 자네의 관심사 중 아마 최소한이 될 걸세."라고 그에게 말했다.

나는 내 걸음걸이가 무너지는 본두 표면 위로 움직이는 데 적응된 것을 깨달았는데 우리들 중 겨울을 났던 사람들은 플랫폼과 저장고 행렬 사이를 걸어갈 때 모든 신참자들을 앞섰다. 그들은 따라 오느라 숨을 헐떡였다. 기지는 새 직원들로 붐볐으며 조용히 있을 공간을 찾기가 어렵게 되었다. 우리들 중 남극대륙에서의 시간이 끝나가는 사람들은 자신들이 이상한 구석에 함께 숨어서 집에 가면 무엇을 할 것인지, 어디를 여행할 것인지, 얼음으로 다시 돌아올 것인지 등에 관해서 소곤거리는 것을 발견하였다.

밤낮으로 작업한 지 1주일 후 섀클턴호는 짐을 부렸다. 이제 배는 예정보다 늦어졌으며 그래서 선장은 서둘러 떠나고 싶어 했다. 내가 핼리 기지에서 또 한 해를 보내고 싶지 않으면 두서너 시간 이내에 배로 내려가야 한다는 메시지가 무선으로 들어 왔다.

내 짐 상자들은 벌써 배에 실려졌다. 나는 벤에게 작별인사를 하기 위해 스키두를 타고 빨리 차고로 내려갔다. 그는 설상차들을 수리하고 그것들을 다시 월동 준비를 시키고 뿐만 아니라 자기 후임자를 훈련시키느라 힘든 계절을 앞에 두고 있었다. 그는 스키두 카뷰레이터를 허락 없이 건드린 데 대해 진짜로 나를 용서한 적은 없었다. "잘 가게 위험한 의사 양반" 부러진 섀시를 용접하다가 위를 쳐다보며 그가 말했다. 그는 핼리 기지에서 6주가 남아 있었는데 그 후에는 일레느와 함께 아르헨티나와 칠레를 경유하여 집으로 가는 긴 여행을 할 것이다.

나는 토디가 저장고 행렬에서 보급물자를 파내고 있는 것을 발견하였다. 1년 동안 우리가 크레바스 아래로 추락하는 것을 막아준 것이 그에게는 충분치 않아 그는 로테라 기지에서 다시 월동하면서 훨씬 더 많은 사람들을 돌보는 데 동의했다. "다시 산맥으로 돌아가는 것을 즐기게, 그리고 스코틀랜드에서 만날까?" 내가 그에게 말했다. 로테라 기지에서 그는 정말로 산맥 속으로 돌아가는 것을 즐겼으며 2년 후 우리가 케언곰산맥(Cairngorms)에서 함께 등산했을 때 그는 내게 BAS에서 자신에게 정규 시즌 근무를 계약해달라고 요청했다고 말했다. 북극 제비갈매기처럼 그는 현재 영원한 여름 속에 살고 있는데 스코틀랜드 고지(Highlands of Scotland)에서 남극반도까지 여행하고 매년 돌아온다.

아네트와 일레느는 심슨 플랫폼에 있었는데 캠브리지에서 갓 도착한 그들의 보스와 함께 방대한 양의 정보를 고속처리하고 있었다. 그들은 둘 다 스트레스를 받은 것처럼 보였다. 브룬트에서 2년을 보낸 뒤 그들은 귀국할 준비가 되었다. "무엇이 가장 아쉬울 것 같애?" 내가 아네트에게 물었다. 그녀는 창밖을 쳐다보고는 한숨을 쉬었다. "이런 오피스 전망은 두 번 다시 갖지 못할 거야." 일레느가 웃었다. "난 항상 남자들에 둘러싸여 있는 걸 아쉬워하지 않을 거야!"

피갓 빌딩에서는 마크 엠이 또 한 해 겨울 머물기로 결정했으며 마크 에스는 떠날 준비가 되었다. 마지막 2개월 동안 그는 라틴 아메리카를 거쳐 집으로 향하는 여행을 기대하며 스페인어 상용회화집을 공부해 왔다. 그는 머리를 숙여 짧게 작별인사를 하고 내가 그가 만났던 가장 행복했던 BAS 의사들 중 한 명인 것 같다고 말했는데 그것은 드문 칭찬이었다. 그의 말을 듣자 나는 내가 핼리 기지에서 정말 행복했으며 내가 그래야만 한다면 더 오래 머무를 것이라는 것을 깨달았으나 북쪽에서 나를 기다리는 색깔과 가능성에 아직도 끌리는 것을 느꼈다.

러스는 계속 머물 것이었으며 만장일치로 다가 오는 해를 위한 새 동절기 기지 대장으로 임명되었다. 나는 그에게 어떻게 자신의 새로운 책임을 좋아하게 되었는지 물었다. 그러자 그는 미소를 지었다. 그는 웃으면서 "두고 봐. 난 배가 떠나자마자 이 무리를 쓸모 있게 만들 거야!"

나는 작업장에서 패트와 토모와 그래미를 발견했다. 핼리 기지를 건설하는 데 일조를 하였고 그 속에서 두 번이나 겨울을 난 뒤 패트는 캠브리지로 돌아가 핼리 기지 매니저의 한 명으로 영구직을 맡을 예정이었다. 토모는 핼리 기지에서 다시 월동할 것이고("아마도 난 올해는 다이어트에 열중할 거야, 선생." 자기 배를 철썩 치며 그가 말했다) 그래미도 한 해 더 머물기로 결정했는데 그의 6주 선상 파견근무는 2년 반의 서사시로 바뀌었다. 그의 모친은 그가 집으로 돌아오는 것을 체념하기 시작했다. "앤스트루더(Anstruther)에서 만나 한잔 하세." 내가 그에게 말했지만 나중에 나는 그의 이메일 주소를 잃어버렸다. 2년 후 나는 우연히 앤스트루더에 갔는데 항구 근처에서 그와 마주쳤다. 그는 지게차를 몰고 있었는데 내가 마지막으로 보았던 것과 똑같은 작업복을 입고 있었다.

스튜어트는 암실에 갇혀 있었으며 나는 문을 두드리고는 작별인사를 외쳤다. 로브는 집으로 갈 것이었다. 그에게는 겨울 한 철이 충분했으며 배관공들은 고향에서도 여전히 돈을 많이 벌고 있었다. "여러모로 감사하네." 그가 말했다. "특히 이것에 감사하네." 그는 가능한 이를 많이 보여주려고 입을 딱 벌렸다. 나는 로브에게 치아 네 개를 일시적으로 충전해주었는데 내가 받았던 치과 수련이 완전히 쓸모없게 되지는 않아 기뻤다.

그리고 크레이그도 나와 함께 배를 타고 집으로 갈 것이었다. 그는 카리브 해에 새 일자리를 하나 준비해 놓았으며 포클랜드 제도에서 칠레, 베네수엘라, 그레나다를 거쳐 그의 새로운 고향이 될 작은 섬에 있는 호텔로 그를 보내 줄 일련의 복잡한 항공편을 마련하였다. 나는 로브에게 작별인사를 한 뒤 로스 플랫폼 계단을 뛰어 내려갔는데 크레이그는 벌써 설상차 뒤에서 기다리고 있었다. "겝, 서두르게. 난 이곳에서 한해를 더 보내진 않을 거야." 그가 말했다.

그 날 얼음과 하늘이 형태와 깊이가 없는 파노라마를 연출했는데 그것은 내가 오랫동안 몰두했던 텅 빈 꿈같은 정경이었다. 북쪽 지평선 위에 섀클턴호의 붉은 줄무늬가 절벽 위로 신기루처럼 비치는 것이 언뜻 보였다. 우리는 북쪽으로 운전해 갔으며 로스 플랫폼이 굽이치는 얼음 아래로 가라앉더니 아주 갑자기 사라져버렸다. 나는 그것을 다시 볼 수 있을까 궁금하였다.

스키두를 타고 해빙을 가로질러 운전하면서 나는 마지막으로 황제펭귄을 보려고 지평선을 훑어보았다. 나는 애쓸 필요가 없었는데 왜냐하면 배의 이물에서 멀지 않은 물가에서 황제펭귄 두 마리가 어정거리고 있었기 때문이었다. 나는 스키두에서 내려 그들 쪽으로 걸어가 얼음 위에 앉았다. 그들은 마치 작별인사로 수다를 떨기라도 하듯이 뒤뚱뒤뚱 걸었다. "여러모로 고마워." 내가 말했다. "너희들이 없었으면 내가 해낼 수 없었을 거야."

남극에서 귀환하는 월동대원들이 귀환하는 전쟁포로들과 현저한 유사성을 보여준다는 것을 심리학자들이 발견한 바 있다. 양군은 "인지기능의 완서(cognitive slowing), 정서적 위축, 우유부단, 그리고 서투른 의사소통"을 보이며 양자 모두 심한 수면 장애와 비정상 패턴의 뇌파를 갖고 있다고 한다. 관련된 개인들은 대체로 이런 문제들을 호소하지 않지만 그 차이를 의식하는 것은 그들의 동료들과 동반자들이다. 남극 월동대원들에게는 최대 1년 동안 이러한 어려움들이 지속되며 전쟁 포로들의 경우 그것들이 종종 훨씬 더 오래 지속된다. 연구는 드물었지만 남극에서 거의 무제한의 직업상의 자유를 가지고 생활했던 다수의 개인들이 보다 관습적인 업무로 복귀할 경우 권위에 대항하여 싸운다는 것이 밝혀져 왔다. 심리적 재건이 남극에 대한 원래의 적응만큼 어려운 과정이 될 수 있다고 생각된다.

배는 거의 빈 것처럼 느껴졌다. BAS는 여름 동안 기지 직원들의 치아를 점검할 배에 상주하는 치과의사인 벤 몰리뉴(Ben Molyneux)를 고용하였다. 대화중에 우리는 내가 한때 동일한 아프리카의 병원에서 그의 수간호사로 근무했다는 것을 알았다. 사회적 연출의 세계가 내게 열렸다. 그 아프리카는 여전히 존재하고 있었으며 거기서 다시 일할 수 있다는 것은 너무 가능성이 없어서 사실이 아닌 것처럼 생각되었다.

위와 같은 간단한 대화는 별문제로 하고 나는 계속 혼자 있었다. 나는 내가 마치 세상과 동떨어진 유리 종 아래에 있는 것 같은 느낌이 들었다. 배의 승무원들은 15개월 전에 영국에서부터 멀리 몬테비데오까지 나와 함께 항해했던 동일한 사람들이었다. 그들은 취하면 "당신은 지난 번 봤을 때가 훨씬 더 나았어"라고 내게 말했다. "그곳이 당신을 망쳐 놓았어." 그들은 남쪽으로 항해할 때는 태평스런 낙천주의자였지만 시무룩하고 내성적이고 짜증난 모습으로 돌아왔던 과거의 Zdoc들을 열거하였다. 나는 그 개인들이 어떤 것을 경험했는지를 알고 있었는데 그들은 적응하기 위해 단지 편안하게 내버려두기를 원할 뿐이었다. 바에서 BAS의 상근 직원 중 한 명이 내가 고전적인 핼리 기지 응시가 생겼다고 무뚝뚝하게 내게 말했다.

나는 갑판 아래의 사우나에서 몇 시간을 보내며 증기 때문에 내 손가락과 발가락 피부에 주름이 잡히는 것을 지켜보고 열이 손발가락으로 스며드는 것을 느꼈다. 거기에 충분히 앉아 있은 뒤 나는 갑판 위로 올라가 꾸준히 얇아지는 총빙을 바라보았다. 헬리 기지에서 수개월 지난 후 내 호흡이 맥박과 함께 서서히 늦추어졌다. 지금은 내 가슴이 팽팽하게 느껴졌고 내 심장이 그 속에서 예측할 수 없게 쿵쿵거렸다. 섀클턴호는 불과 11노트의 속도로 북쪽으로 살살 가고 있었지만 나는 그것이 마치 조종 불능 상태에서, 아니면 재진입 시의 힘으로 전속력으로 달리는 우주 캡슐처럼 덜커덕 거리며 위도의 가로대를 내려가고 있는 것처럼 느껴졌다. 나의 생이 마치 어린아이가 제 스스로 고른 동화책인 양 잠재적인 미래가 앞에 놓여있었는데 나는 머지않아 당황케 하는 선택의 미로에 직면할 것을 알고 있었다. 마음속의 두려움이 가벼워지고 다가오는 것은 무엇이든 용납하겠다는 운명론적 느낌이 그것을 대신하였다. 나는 돌아가면 무엇을 기대해야 할지 몰랐다.

처음에 우리는 육중한 부빙으로 된 래프팅 필드를 헤쳐 나갔는데 그것들은 점차 얇아져 너덜너덜한 얼음 덮개가 되었다. 헬리 기지를 떠난 지 불과 나흘 만에 우리는 남극권을 건넜다. 하늘의 색깔이 조금씩 돌아왔는데 몇 달 동안 표백성의 일광을 본 뒤 다시 한 번 태양이 지는 것을 보는 것은 기쁨이었다. 나는 옷을 따뜻하게 챙겨 입고 다시 헬리데크에 누워 이제 낯익은 남쪽의 별들을 환영하였다. 우리가 남극권을 횡단한 지 이틀 후 빙산들이 다시 두꺼워졌는데 섀클턴호는 시그니 기지를 향해 빙산들의 대로를 느긋하게 통과하였다.

사우스오크니 제도 주위에서는 해저가 상승하는데 나선형의 웨델해와 함께 북쪽으로 쏟아지는 빙산들이 폭우 배수관 위의 바위들처럼 열도에 의해 걸러지고 있었다. 시그니 기지에서 나는 상륙하여 오후 한 때를 보냈으며 내 부츠 밑의 바위의 느낌에 놀랐다. 완충작용을 하는 눈을 밟고 지낸 지 1년이 지나서 바위가 내 무릎에 얼마나 많은 충격을 주는지가 나를 놀라게 했다.

그러나 무언가 마법에 걸린 듯한 것이 일어난 것은 시그니 기지 북쪽이었는데 앨버트로스들이 배를 뒤쫓는 연처럼 모여 있었고 갑판 위에서 그들을 바라보는 동안 나는 바람결에 풀 냄새를 맡았다. 풀이다! 핼리 기지에서 유일한 냄새는 펭귄과 석유 냄새였다. 포클랜드 제도는 아직도 북쪽 수평선 너머로 24시간 걸리는 거리였으나 몇 달 동안의 후각 박탈이 내 코를 날카롭게 만들었음에 틀림없었다. 나는 그 맛있는 냄새의 근원 쪽으로 두 눈과 귀를 긴장시켰으며 그러자 내가 돌아왔다는 현실이 내게로 무너져 내렸다. 바로 그때 축복처럼 비가 내리기 시작했는데 하늘을 부드럽게 해 주는 보슬비였다. 나는 전에 사우스조지아 이후로 1년 넘게 비를 느껴본 적이 없다는 것을 깨달았다

섀클턴호는 포클랜드 제도의 항구에 도착하였다. 내가 도착했을 때 비행기를 타기 전에 할애할 시간이 하루 밖에 없었다. 도크 근처에 길이 나 있었으며 놀랍게도 나는 그 위에서 차량들을 볼 수 있었다. 나는 어떤 여인과 함께 차를 얻어 타고 읍내로 갔는데 그녀는 내게 자기가 한 때 핼리 기지에 가 본 적이 있었던 남자친구가 있었다고 말했다. "사람들은 당신 같은 남자들을 '얼음에서 갓 돌아온'이라고 부르곤 했죠." 그녀가 내게 말하고 윙크를 했다. "그런 사내들 중 일부는 근 3년 동안 여자를 본 적이 없었지요."

비는 여전히 마법처럼 느껴졌다. Mount Pleasant 군사기지에서 나는 수영장에서 헤엄을 치고 신선한 채소를 먹고 1년 치 신문을 휙휙 넘겨보았다. 심지어 영화관도 있었는데 나는 턱이 네모진 미국인들이 베트콩을 죽이는 것을 보기 위해 전투복을 입은 10대 신병들과 함께 줄을 서

서 기다렸다. 나는 돈을 사용하는 것을 잊어버려서 물건을 살 때마다 계속 20파운드 지폐를 건네주고는 거스름돈을 기다리지 않고 떠나버렸다.

내가 배낭과 여권을 제시하고 칠레 행 비행기 탑승을 요청한 것은 다음 날 Mount Pleasant 기지에서였다. "당신은 정말 1년 넘게 이곳에 있었나요?" 그 군인이 내게 물었다.

"아, 아니요,"내가 그녀에게 말했다. "그동안 나는 남극대륙에서 살고 있었는데 그들이 내 여권에 도장을 찍는 것을 잊어버린 게 틀림없소."

"걱정하지 마세요." 가지런한 고운 치열을 벌리면서 그녀가 말했다. "이번 한 번만 봐드리지요."

"한 번이 내가 필요한 전부요."

산티아고에서 따뜻한 공기가 내 목구멍을 넌더리나게 했으며 내 피부를 매끈하게 만들었다. 도로변에 종려나무들이 있었고 나는 그것들의 사실—그들을 존재하게 해주는 열기와 그것들에게 영양분을 공급하는 빛—에 매혹된 채 서 있었다. 나는 평범한 라틴 아메리카의 가로 위에서 나를 둘러싼 그 다양함, 그 풍성함, 그 아름다움, 그 무지개빛에 망연자실한 채 걸어갔다. 시장에서 냄새만 맡아도 나는 1시간 동안 꼼짝하지 못했다. 나는 성지에 온 신도처럼 신선한 과일을 빤히 바라보았고 하마터면 집으로 가는 것을 미룰 뻔했다.

그러나 저녁이 되었을 때 또 다른 비행기가 나를 태우고 이륙하였으며 도시 위로 한 번 고리 모양을 그리고는 동쪽을 향해 안데스 산맥의 바위 파도 위로 기수를 돌렸다. 나는 저녁노을 빛이 아콩카구아(Aconcagua) 정상을 포착하는 것을 바라보았고 아르헨티나 팜파스(Pampas) 위로 폭풍을 동반한 천둥번개가 치는 것을 지켜보았다. 비행기는 브라질 하늘 속으로 계속 날아갔으며 나는 알 수 없는 자연의 광대무변함 중의 또 하나인 아마존 분지 위를 내려다보았다. 비행기가 대서양에 다다랐을 때 나는 잠이 들었다.

내가 입국심사를 마친 것은 다음날 점심때였다. 공항 밖의 택시의 검게 칠한 보닛 위에 눈이 내리고 있었다. 운전수 한 명이 차창 밖으로 몸을 굽혀 내밀었다. "젊은이, 별로 춥지 않은가 보지?" 그가 물었고 그러자 나는 내가 티셔츠 밖에 걸치지 않은 것을 깨달았다.

"예…" 내가 말하고는 이유를 설명해야 하나 생각했다. "전 남극대륙에서 방금 돌아왔어요."

나는 택시에 올라타고 문을 닫았다. 우리는 차들 속으로 움직이기 시작했다.

"북극곰 좀 보았나?" 거울 속을 힐끗 보며 그가 물었다.

"북극곰은 한 마리도 못 보았죠." "하지만 펭귄은 엄청 많이 보았죠." 내가 대답하였다.

후기

남극대륙의 추억

이러한 날들은 사람들과 함께 영원히 존재한다. 그것들은 결코 잊을 수 없으며
남북극을 제외하고는 이 세상 다른 어디에서도 찾을 수 없다…
사람들은 상상할 수 없는 모든 아름다움과 함께
그것을 일별한 것을 가지고 돌아올 수 있기를 바랄 뿐이다.

에드워드 윌슨(Edward Wilson), 일기, 1911년 1월 4일.

남극대륙에서 돌아온 후 첫 몇 달 동안 나는 수도원을 벗어난 승려 같은 느낌이 들었으며 세상에 매혹되었고 관여하고 싶은 생각이 간절하였다. 나는 남극대륙의 추억을 만트라나 기도문처럼 지니고 다녔는데 그것은 나의 날들이 답답하고 혼란스럽다고 생각될 때 자유와 평온을 얻을 수 있는 내밀한 장소였다. 한동안 인도와 서아프리카의 병원에서 근무하고 모터바이크를 타고 세계를 반 바퀴 도는 여행을 한 뒤 마침내 나는 고향으로 가서 시 의사로서 일자리를 잡았다. 포클랜드에서 비행기를 타고 만나러 갔던 여자 친구는 그 이후로 내 아내가 되었다. 우리는 현재 아이가 셋 있는데 우리 생활의 소음과 웃음, 생기와 혼란스러움은 남극대륙의 텅 빈 침묵과는 상상할 수 있을 만큼 거리가 멀다.

그러나 나는 차량들 속에서 또는 애들 놀이학교 달리기 때 또는 디너파티에서 때로 멈추어 서서 남쪽에 방해받지 않고 놓여 있는 거대한 침묵을 상상한다. 나는 얼음과 빛으로 이루어진 그 세계의 단순함과 그 두 가지 요소로부터 마법을 부려 만들어낸 내가 보았던 그 아름다움을 상상한다. 나는 그곳의 무한한 하늘을 상상하고 그것이 어떻게 광대한 천상의 스케일로 작동되는 리듬의 인식을 가져다주었는지를 상상한다. 나는 대륙의 내부를 보고 그 차가운 순수를 경험한 것이 기쁘고 또한 해안에서 황제펭귄들 가운데서 나의 한해를 보냈던 것이 기쁘다. 한겨울에 그들은 내가 살아있는 것들의 사회의 일부라는 것을 내게 상기시켜 주었다. 그들 삶의 온기와 에너지는 암흑과 고립의 수개월 동안 일종의 환영이었고 예기치 않은 위안이었다.

지금 나의 겨울은 다르지만 그것은 더 심한 추위와 더 만연한 어두움에 대한 추억을 지니고 있다. 또한 우리들의 혹성의 넓은 범위에 걸친 계절의 균형에 대한 인식이 고조되어 있다. 크리스마스의 불빛이 번쩍일 때면 나는 깃털이 돋아나는 황제펭귄 새끼들과 후광과 무지개 속으로 굴절된 그들 주위의 한밤중의 일광을 상상한다. 북쪽의 7월에 따뜻한 저녁 불빛 속에서 아이들과 놀 때 나는 어둠 속의 펭귄 수컷들과 그들이 지구상에서 가장 낮은 기온을 뚫고 옹송그리며 모일 때 그들의 두 발 위에 있는 알들을 마음속에 그려본다. 시간이 흘러가도 그 이미지는 마치 우리들의 평행한 삶에 눈에 보이지 않는 어떤 연결이 걸쳐 있는 것처럼 바래지지 않고 남아 있다.

감사의 말

남극대륙은 고독을 발견하기에는 좋은 장소일지 모르나 거기에 도착해서 그 위에서 사는 것과 그리고는 그것에 관한 글을 쓰는 것은 수많은 사람들의 도움을 받아 행해졌다.

나는 Creative Scotland에 대해 그것이 Scottish Art Council이었을 때 이 책을 믿고 그것을 쓸 수단을 내게 제공해 준 데 대해 대단히 감사드린다. 나는 BAS 의료부의 이언 그랜트(Ian Grant)와 피트 마르퀴스(Pete Marquis)의 신뢰가 없었다면 결코 남극대륙에 갈 수 없었을 것인데 플리머스에 있는 그들의 사무실로부터 그들의 냉정함이 다수의 긴장한 Zdoc들을 진정시켰다. BAS의 리처드 핸슨(Richard Hanson)과 닉 콕스(Nick Cox)가 내게 환대와 자신감과 남쪽의 이야기들을 제공하였다. 또한 그들의 동료들인 제임스 밀러(James Miller)와 맨디 멕커보이(Mandy McEvoy)에게 귀중한 조언에 대해 감사드린다. 나는 커스티 브라운(Kirsty Brown)의 가족들에게 그녀 이야기의 일부를 얘기할 때 내게 축복해준 데 대해 감사드린다. 버나드 스톤하우스(Bernard Stonehouse)는 내게 스콧 극지 연구소(Scott Polar Research Institute)의 자유를 제공했을 뿐 아니라 난해하고도 끝없이 매력적인 펭귄 조류학의 세계를 안내해 주었다. 앨런 프란시스(Alan Francis)가 셀 수도 없이 많은 경우 내 자신의 기술적 무능력으로부터 내 컴퓨터와 초기 버전의 타이프로 친 원고를 구해주었다. 오크니(Orkey) 제도의 탬 멕페일(Tam MacPhail)과 던컨 맥린(Duncan McLean)이 가장 초기 단계에서 프로젝트에 찬성했으며 그들이 알 수 있는 것보다 더 많이 도중에 나를 도와주었다. 윌 화이틀리(Will whiteley)가 아낌없이 성실하게 초고를 훑어보았다. 수 다울링(Sue Dowling)은 섀클턴호가 의사를 필요로 할 때 승선하였다. 다른 Zdoc들, 특히 린지 본(Lindsey Bone)은 그녀의 회상과 함께, 제니 하인(Jenny Hine)은 핼리 기지 썰매의 기념사진으로 도움을 주었다. 스키두를 타고 있는 황제펭귄과 핼리 기지 상공의 오로라의 잉크 스케치는 폴 토로드(Paul Torode)의 친절한 허락으로 사용되었는데 그는 또한 지도를 아름답게 그려주었다.

시릴 코너리(Cyril Connolly)의 말을 알기 쉽게 바꾸어 말하자면 복도에 있는 유모차가 작가의 가장 큰 적이 될 수 있으며 따라서 때때로 유모차(또는 triple buggy)를 밖으로 데리고 나가 주었던 모든 사람들-레이철 에버리(Rachel Avery), 웬디 볼(Wendy Ball), 미셸 로우(Michelle Lowe), 루스 마르스덴(Ruth Marsden), 데이비드와 셀리 맥니쉬(David and Sally McNeish), 리타 코널리(Rita Connelly), 지오반니 알데게리(Giovanni Aldegheri), 잭과 진티 프란시스(Jack and Jinty Francis), 엘리사 마네라(Elisa Manera), 그리고 돈 맥나마라(Dawn Macnamara) 에게 헤아릴 수 없는 감사를 드린다.

나는 채토(Chatto) 출판사의 편집자인 파리사 에브라히미(Parisa Ebrahimi)에게 그녀의 열정, 유머, 엄정함과 지성에 대해 감사드리고 싶다. 편집 과정은 종종 숨겨진 과정이지만 다른 사람은 아무도 그녀만큼 이 책을 알지 못 한다. 그녀의 폭 넓은 비전뿐만 아니라 이 책에 대한 관심은 다루기에 기쁨이었다. 데이비드 밀러(David Milner) 출판사에서 나는 비상한 주의와 감수성을 지닌 카피 에디터를 만났다. 나는 또한 내 대리인인 제니 브라운(Jenny Brown)에게 그녀의 위트와, 기지, 지식과 그녀 정원의 트램플린에 대해 감사드린다. 잭 슈메이커(Jack Shoemaker), 엠마 커포드(Emma Cofod), 줄리아 켄트(Julia Kent)와 카운터포인트(Counterpoint) 출판사의 모든 직원들에게 이 책에 정열적인 대서양 건너편의 환영을 부여하고 그것을 미국 독자층에 데려가 준 데 대해 감사드린다.

마지막으로 나는 이 책의 헌정을 공유한 핼리 기지 월동대원들 뿐 아니라 6만 마리의 저 황제펭귄들에게 감사드리고 싶다. 그들이 없었다면 이 책은 정말 고독에 관한 책이 되었을 것이다.

다음의 모든 분들에게 감사의 말씀을 드린다: 엘리자뱃 채트윈(Elizabeth Chatwin)에게 고인이 된 남편의 작품인 *The Viceroy of Ouidah*의 인용을 허락해준 데 대해; 매사추세츠의 리처드 이 버드 3세(Richard E. Byrd III)에게 그의 조부의 책인 *Alone*에서 인용하는 것을 허용해준 데 대해: 케틀린 제이미(Kathleen Jamie)에게 자신의 작품인 *The Autonomous Region*에서의 인용을 허락해준 데 대해: 피터 메티센(Peter Matthiessen)에게 자신의 *End of Earth*에서 인용하는 것을 허용해준 데 대해: 디드레 그리브(Deidre grieve)에게 휴 맥디아미드(Hugh MacDiarmid)의 시 'Perfect'의 일부를 전재하는 것을 허락한 데 대해: 뉴욕의 Plattburgh State Arts Museum의 세실리아 에스포시토(Cecilia Esposito)에게 록웰 켄트(Rockwell Kent)의 작품의 전재를 허락한 데 대해: 힐러리 시바타(Hillary Shibata)에게 1910년에서 1912년에 걸친 일본 국립 남극 탐험대(Japanese National Antarctic Expedition)의 기술의 번역문의 인용을 허용해준 데 대해: 이언 해밀턴 핀레이(Ian Hamilton Finlay)사의 제작자인 피아 시믹(Pia Simig)에게 자신의 구체시 'Horizon'의 전재를 허용한 대 대해: David Higham Associates사에게 그레이엄 그린(Graham Greene)의 *Journey Without Maps*의 인용을 허용해준 데 대해: Wylie Agency에게 블라디미르 나보코프(Vladimir Nabokov)의 *Speak, Memory*의 인용을 허락한 데 대해: Curtis Brown Agency에게 그래미 깁슨(Graeme Gibson)의 *Avian Miscellany*에서의 인용을 허락한 데 대해: 앤드류 그래이그(Andrew Greig)에게 *Summit Fever*의 인용을 허용한 데 대해: 바나비 로저슨(Barnaby Rogerson)에게 마르타 젤혼(Martha Gellhorn)의 *Travels with Myself and Another*의 인용을 허용해준 데 대해.

역자 후기

나는 지난 2013년 3월 우연한 기회에 선의(ship doctor) 자격으로 국토해양부 산하 극지연구소 소속의 대한민국 쇄빙연구선인 아라온호(ARAON)에 승선하였다. 뉴질랜드 크라이스트처치시 리틀턴항을 떠나 망망대해 남태평양을 가로 질러 마젤란해협을 통과하여 세상의 땅끝이라고 하는 칠레의 푼타 아레나스에 도착하였다. 거기서 세상에서 가장 거친 바다라는 드레이크 해협을 거쳐 남극반도 서안으로 갔다가 신의 자비로 웨델 해 빙원에 물길이 트여 빙원 사이를 헤치고 겨울에는 인간의 발길을 허용한 적이 한 번도 없었던 여러 곳을 이동항해 하면서 상상을 초월하는 경이로운 얼음의 제국을 한 달이라는 짧은 기간 동안이나마 둘러보는 행운을 누렸다.

돌아와 항해 동안 하루도 빠지지 않고 써두었던 일기와 사진을 정리하다가 남극대륙에 대한 참고서적을 아마존에서 탐색한 결과 남극탐험에 관한 다른 책들과 함께 EMPIRE ANTARCTICA라는 책을 발견하고는 즉시 주문을 하였다. 책이 도착한 뒤 아라온호에서의 즐거웠던 추억을 반추하며 찬찬히 읽어보았는데 내용이 혼자서 보기에는 너무 흥미롭다는 생각이 들어 여러 독자들께 소개하고픈 마음에 완역을 하게 되었다.

이 책은 영국 에든버러 출신의 게빈 프란시스(Gavin Francis)라는 의사가 소년 시절의 꿈을 좇아 남극대륙에 있는 영국 과학연구기지 중 하나인 핼리연구기지(Halley Research Station) 월동연구대에 자원하여 고독과 침묵과 황제펭귄과 함께 했던 한 해의 경험을 기술한 것이다. 폭 넓은 독서에 근거한 지식과 과학적 탐구, 실존 인물에 대한 취재를 바탕으로 남극대륙과 남극탐험의 역사, 특히 스콧과 섀클턴 탐험대의 극적이고 흥미진진한 얘기와 함께 황제펭귄에 대한 심도 있고 친밀한 내용과 남극대륙 위에서의 극한의 경험과 3개월 반 동안의 극야와 사계절이 바뀌는 동안의 극지의 자연과 인간의 풍경을 사려 깊고 서정적인 섬세한 필치로 담담하게 서술하고 있다.

이 책을 읽는 내내 나는 저자의 경험이 부러웠으며 나도 내 인생의 버킷 리스트의 하나로 더 늦기 전에 저자와 같은 경험을 해보고픈 생각이 마음속을 떠나지 않았다. 현재 시중에 우리가 사는 이 아름다운 푸른 혹성의 방방곡곡을 여행한 각종 여행기가 넘쳐흐르지만 극지에 대한 여행기는 찾아보기 어려운 실정이다. 그 이유는 여러 가지이겠으나 접근 가능성이 극히 작다는 것이 가장 큰 이유가 될 것이다. 이런 면으로 볼 때 이 여행기는 소재와 내용 뿐 아니라 그 희소성과 가치 면에서 일독할 만한 충분한 이유를 우리들에게 제공해주며 서구의 여러 매체에서 올해의 책과 여름 필독서로 선정된 것을 정당화해준다. 아울러 꿈과 도전 의식을 길러줄 수 있다는 점에서 특히 청소년들의 일독을 권하며 저자의 섬세한 문장을 완벽하게 우리말로 전달하지 못한 점이 있다면 그것은 문화의 차이에 따른 번역의 한계가 아니라 순전히 역자의 능력부족에 기인한 것으로 독자 여러분들께서 널리 해량해주시기를 바랄 따름이다.

끝으로 모든 것을 역사하시는 하나님께 감사드리고 어려운 출판계 사정에도 불구하고 본서의 출판을 흔쾌히 결정해주신 군자출판사 장주연 대표와 출판 과정에서 도움을 주신 오제훈, 변연주님을 포함한 모든 분들과 사랑하는 가족(정희, 승환, 가윤)에게 감사의 마음을 전한다.

2015년 8월

부산 해운대에서 김용수

주

서문. 얼음으로부터의 일별

'우리가 처한 장소는...' Shackleton, Ernest, *The Heart of the Antarctic*. London, 1910 (William Heinemann)

'하늘을 묘사하기 위하여...' in Seaver, George, *Edward Wilson of the Antarctic*. London, 1938 (John Murray)

'황제펭귄을 붙잡고 있는 것은...' Scott, R. F., *The Voyage of the Discovery Volume I*. London, 1905 (Smith, Elder & Co.)

1. 남극대륙을 상상하며

'내 생각에 황제펭귄을 보기 위한...' Matthiessen, Peter, *End of the Earth: Voyages to Antarctica*. Washington DC, 2003 (National Geographic) Reprinted by permission of Donadio & Olson, Inc.

'우리는 마침내 청산을 사용했는데...' Ross, Sir James Clark, *A Voyage of Discovery and Research in the Southern and Antarctic Regions During the Years 1839–1843*, Vol. II, Chapter VI. London, 1847 (John Murray)

'그러나 몇 명의 현대의 저자들도...' Sclater, P. L., 'Notes on the Emperor Penguin', *Ibis: A Quarterly Journal of Ornithology*, Vol. VI (Fifth Series), 325 – 34, 1888

'언젠가 이 남반부의 육지가...' from March 13, 1904 edition of the *New York Times*

'우리들 자신에서 멀리 떨어진...' Thoreau, Henry David, in *The Journal of Henry D. Thoreau Volume IX*, edited by Bradford Torrey and Francis H. Allen. Cambridge, Massachusetts, 1949 (Houghton Mifflin)

'나는 적어도 나 자신의 실험으로...' Thoreau, Henry David, Walden. Boston, 1854 (Ticknor & Fields)

'그는 극지를 약간 부러워하는 듯...' Emerson, Ralph Waldo, 'Thoreau', *Selected Essays*. New York, 1982 (Penguin)

2. 대서양의 축

'항해가 시작되었을 때...' Chatwin, Bruce, *The Viceroy of Ouidah*. London, 1980 (Cape).

'그는 고물을 아침 방향으로...' Alighieri, Dante, *La Divina Commedia, Inferno*, Canto XXVI. Author's translation from an edition printed Florence, 1848.

'두 개의 극풍이 크로니아 해 위로...' Milton, John, Paradise Lost, X: 290. London, 1688.

'여름이 상당히 깊어져...' Shelvocke, George, *A Voyage Round the World by way of the Great South Sea*. London, 1726.

'아르헨티나 정부가...' Pirie, Rudmose Brown, Mossman, *The Voyage of the Scotia*. Edinburgh, 1906 (Blackwood & Sons).

'폭풍이 그들의 적절한 무대인 양...' Darwin, Charles, *The Voyage of the Beagle*. London 1838-43 (issued in parts) (Smith, Elder & Co.).

'간격을 두고 그 새는...' Melville, Herman, *Moby-Dick*. New York, 1851 (Harper & Brothers).

3. 킹펭귄과 황제펭귄에 관하여

'펭귄은 한 마리 펭귄으로...' Kennedy, A. L. 'On Having More Sense', in *Now That You're Back*. London, 1994 (Cape) Reprinted by permission of the Random House Group.

'우리들의 젖은 의복을...' Shackleton, Sir Ernest, South: *The Story of Shackleton's Last Expedition 1914–1917*, annotated edition edited by Peter King. London, 1991 (Pimlico).

'짐작컨대 보기 드물게...' Stonehouse, Bernard, 'The King Penguin *Aptenodytes patagonicus*', FIDS scientific reports No. 23, London, 1960.

'그들의 저서인 남극의 오아시스...' Carr, Tim and Pauline, *Antarctic Oasis – Under the Spell of South Georgia*. New York, 1998 (Norton & Co.).

'하얀 병풍처럼...' compiled and edited by the Shirase Antarctica Expedition Supporters Association, *The Japanese South Polar Expedition 1910–1912*, translated by Lara Dagnell and Hilary Shibata. Huntingdon, 2011 (Bluntisham).

4. 드디어 남극대륙에 오다

'눈은 끊임없이 이어지는...' Byrd, Richard E., *Alone*. New York, 1938 (G. P. Putnam's Sons).

'우리는 그것을 1등 객실이라고...' Stonehouse, Bernard, 'David Geoffrey Dalgliesh – Obituary', *Polar Record*. Cambridge, 2010 (Cambridge University Press).

'있고 말고 14일 기간 동안...' Dalgiesh, D. G., *Two Years in the Antarctic. St. Thomas's Hospital Gazette*, 50: 62-5 & 111-7, 1952

'병사 한 명 또는...' Dorsey, N. Ernest, *Properties of Ordinary Water-Substance*. New York, 1940 (Reinhold Publishing Corporation)

5. 즐거운 휴일과 특별한 행사들

'우리들의 검댕이 묻은...' Worsley, Frank, *Endurance: Shackleton's Boat Journey*. London, 1933 (Philip Allan).

'내 생각으로는 광대한...' Hudson, W. H., *Idle days in Patagonia*. London, 1893 (J. M. Dent & Sons).

6. 대륙의 흰지

'내가 확실하게 느낀 바로는...' Pirie, Rudmose Brown, Mossman, *The Voyage of the Scotia*. Edinburgh, 1906 (Blackwood & Sons).

'예외적으로 잘 적응함...' Grant, Iain et al., 'Psychological selection of Antarctic personnel: the "SOAP" instrument', *Aviat Space Environ Med*, 78: 793-800, 2007.

'외따로 떨어진 어떤 팀이...' Mocellin, Jane, 'Anxiety Levels Aboard Two Expeditionary Ships' *Journal of General Psychology*, 122: 317-24, July 1995.

'새들의 언어는...' White, Gilbert, *The Natural History of Selborne*, Letter XLIII. London, 1789.

'어떤 사람은 필요없다고...' Robin, J.-P. et al., 'Anorexie animale: existence d'un "signal d'alarme interne" anticipant la depletion des reserves énergétique', *Bulletin de Société Ecophysiologie*, 12: 25-59, 1987.

'그들의 문화에서...', '한 이그투아트가 죽은 후...' Rink, Hinrich, *Tales and Traditions of the Eskimo*. London, 1875 (Blackwood & Sons).

'일인용 식사를 위해...' Worsley, Frank, *Endurance: Shackleton's Boat Journey*. London, 1933 (Philip Allan)

'전후의 영원 속으로...' Pascal, Blaise, *Pensées*. Paris, 1803 (Renouard, author's translation).

'그것은 그 속으로...' Nabokov, Vladimir, *Speak, Memory*. London, 1951 (Victor Gollancz)

7. 겨울을 기다리며

'지평선: 명사. 설명어...' Hamilton Finlay, Ian, *Six Definitions*. 2001. This poem is engraved on the perimeter wall outside the Dean Gallery in Edinburgh.

'마치 온 세상이...' Cherry-Garrard, Apsley, *The Worst Journey in the World*. London, 1937 (Penguin) Reproduced with the permission of the Scott Polar Research Institute.

'땅 위의 모든 짐승과...' King James Bible, Genesis 9:2.

'그것은 반항적인 집합 나팔소리와...' Wilson, E. A., 'National Antarctic Expedition 1901-1904 Scientific Reports' Vol. 2, Aves. London, 1907 (British Museum).

'모든 새들 가운데...', '황제펭귄의 구애 행위...' Murphy, Robert Cushman, *Oceanic Birds of South America Vol.* I. New York, 1936 (Macmillan).

8. 어둠과 빛

'별들은 강철로...' Cherry-Garrard, Apsley, *The Worst Journey in the World*. London, 1937 (Penguin) Reproduced with the permission of the Scott Polar Research Institute.

'생명과 사물의 본질에…' Byrd, Richard E., *Alone*. New York, 1938 (G. P. Putnam's Sons).

'날과 해를 셈하는…', '신에 대한 하나의 새로운 증거…' Hopkins, Gerald Manley, *A Selection of his Poems and Prose by W. H. Gardner*, Penguin Poets Series. London, 1953 (Penguin)

'그 저자인 쉬렛은…' Sheret, M. A., *Analysis of Auroral Observations, Halley Bay*, 1959. FIDS Scientific Reports, London, 1961

'그들은 황금처럼 고귀하고…' Cherry-Garrard, Apsley, *The Worst Journey in the World*. London, 1937 (Penguin) Reproduced with the permission of the Scott Polar Research Institute.

'그것은 믿을 수 없는 것처럼 보인다…' Glenister, T. W., 'The Emperor Penguin *Aptenodytes forsteri* Gray. II Embryology'. FIDS scientific reports, London, 1953.

'아마도 진단에 도움이 되지 않는…', '그것은 조류 강에서는 전적으로 독특하다…' in Sibley, C. G. and Ahlquist, J. E.', *Phylogeny and Classification of Birds - A study in molecular evolution*. New Haven, 1991

(Yale University Press)

9. 한겨울

'그리고 이것은 파수꾼의 이야기…' Shackleton, Sir Ernest, 'Midwinter Night', in *Aurora Australis*. Antarctica, 1908 (British Antarctic Expedition, 1907-9).

'나의 프로젝트는 추가의…' Francis, G. et al., 'Sleep during the Antarctic winter: preliminary observations on changing the spectral composition of artificial light', *Journal of Sleep Research*, 17(3) 354-60, 2008.

'조물주의 영원한 법에…' Davis, John, 'The World's Hydrographical Description', London 1596. Also in *The Voyages and Works of John Davis*. Hakluyt Society Vol. 59. London, 1880.

'이것은 빙하시대의 병적인…' Byrd, Richard E., *Alone*. New York, 1938 (G.P. Putnam's Sons).

'오늘 태양이 북쪽 경사의…' Shackleton, Sir Ernest, South. London, 1919.

10. 4분의 3

'극지방의 밤을 통한…' Cook, Frederick A., *Through the First Antarctic Night*. New York, 1900 (Doubleday).

'무기력하고 무관심한 마음 상태인 *accidie*…' Maitland, Sara, *A Book of Silence*. London, 2008 (Granta).

'심리적 장애를 경험하는…', "조그만 외딴 기지에서…' Bell, J. and Garthwaite, P. H., 'The Psychological Effects of Service In British Antarctica', *British Journal of Psychiatry*, 150: 213-18, 1987.

'거의 모든 월동대원들이 일련의…' Rivolier, J. C. G. and Bachelard, C., *Summary of the French research in medicine and psychology conducted with Expeditions Polaires Francaises and Terres Australes et Antarctiques Francaises*. Paris TAAF, 1983.

'두 눈의 표정으로 보아…' Rivolier, Jean, *Emperor Penguins*, trans. Peter Wiles. London, 1956 (Elek Books).

'설령 3/4 효과가...' Wood, Joanna et al., 'Is it really so bad? A Comparison of Positive and Negative Experiences in Antarctic Winter Stations', *Environment & Behaviour*, 32: 84–110, 2000.

'그것을 스트레스 접종이라고 부른다...' see Anderson, C., 'Polar Psychology: Coping with it all', *Nature*, 350:290, 1991.

'이미 자족할 수 있고...' Taylor, A. J. W. and Shurley, J. T. 'Some Antarctic troglodytes', *International Review of Applied Psychology*, 20: 143–8, 1971.

'그들은 서로를 너무 잘 아는...' Gellhorn, Martha, *Travels with Myself and Another: Five Journeys from Hell*. London, 1978 (Allen Lane).

'당신은 거의 모든 생명체와...' Greene, Graham, *Journey Without Maps*. London, 1936 (William Heinemann).

'내 생각에 그는 우리들 모두 중...' Seaver, George, *Edward Wilson of the Antarctic*. London, 1938 (John Murray).

'내가 얼마나 자네를 원하는지...' Shackleton to Wilson, 15 February 1907, in Seaver, George, *Edward Wilson of the Antarctic*. London, 1938 (John Murray).

'우리들 머리 위 약 6피트...' in Seaver, George, *Edward Wilson of the Antarctic*. London, 1938 (John Murray).

'나는 그 재난에 대해 들은 적이...' See Airey, Len, *On Antarctica*, San Ramon, 2001 (Luna Books), which describes the disaster from the perspective of the Faraday Station commander.

11. 생명의 조짐

'오, 나는 그대의 차가운...' Nansen, Fridtjof, Farthest North. London, 1897 (Constable & Co.).

'거의 불연속적인 영원...', '영원한 기쁨' Krutch, Joseph Wood, *The Great Chain of Life*. London, 1957 (Eyre & Spottiswoode).

'밤중에 남극에 몰아치는...' Byrd, Richard E., *Alone*. New York, 1938 (G. P. Putnam's Sons).

'이것은 지금까지 내가 상상했던...' in Seaver, George, *The Faith of Edward Wilson*. London 1948 (John Murray).

'윌슨과 바우어즈는 잠자는...' in Seaver, George, *Edward Wilson of the Antarctic*. London, 1938 (John Murray).

'그의 두 눈은 희망의...', '사랑하는 아내여...' in Seaver, George, *Edward Wilson of the Antarctic*. London, 1938 (John Murray).

12. 점점 환해지는 빛

'우리는 찬란한 빛의 홍수 속에...' Scott, R. F., *The Voyage of the Discovery Volume 1*. London, 1905 (Smith, Elder & Co.).

'모든 묘사 능력을 넘어서는...', '이 영광스러운 태양이...' Scott, R. F., *The Voyage of the Discovery Volume 1*. London, 1905 (Smith, Elder & Co.).

'눈과 얼음 또는...' in Spufford, Francis, *I May Be Some Time: Ice and the English Imagination*. London, 1996 (Faber).

'태양이 한 번 더...', '친애하는 귀하...' Shackleton, Sir Ernest, *The Heart of the Antarctic*. London, 1910 (William Heinemann).

'최초의 희미한 빛 속에...' Scott, R. F., *Journals: Scott's Last Expedition*. London, 1913 (Smith, Elder & Co.).

'이누이트 부족은 신체의...' So, J. K., 'Human Biological Adaptations to Arctic and Subarctic Zones', *Annual Review of Anthropology*, 9 : 63 – 82, 1980.

'나는 온몸이 얼굴 뿐이기 때문에...' Hudson, W. H., *Idle Days in Patagonia*. London, 1893 (J. M. Dent & Sons).

'그 수컷들이 오랜 단식 후...' Ancel, A. and Kooyman, G. L. et al., 'Foraging behaviour of emperor penguins as a resource detector in winter and summer', *Nature*, 360 : 336 – 9, 1992.

'남쪽에 발견되지 않은 육지가...' Peale T. R., 'U.S. Exploring Expedition during the years 1838 – 1842', *Phila., 8, Mammalia & Ornithology*, 5 – 299, 1848.

'일부 황제펭귄들은 굶고 있었다고...' Splettstoesser and Todd, 'Stomach Stones from Emperor Penguin *Aptenodytes forsteri* colonies in the Weddell Sea', *Marine Ornithology*, 27 : 97 – 100, 1999.

'*Los muertos*...', '거품과 같은 쌍둥이 돔...' MacDiarmid, Hugh, 'Perfect', *Collected Poems*. New York, 1962 (Macmillan).

'황제펭귄 군서지 분포의...', '1개종의 척추동물 서식지...' Fretwell, P. and Trathan P., 'Penguins from Space : faecal stains reveal the location of emperor penguin colonies', *Global Ecology and Biogeography*, 18 : 543 – 52, 2009.

'이번에는 버나드 스톤하우스와...' Trathan, P., Fretwell, P., and Stonehouse, B., 'First Recorded Loss of an Emperor Penguin Colony in the Recent Period of Antarctic Regional Warming : Implications for other Colonies'. *PLoS ONE*, 6(2) : e14738, 2011. Spencer Champman, F., *Northern Lights*. London, 1932 (Chatto & Windus).

'영원히 의지할 곳' Byrd, Richard E., *Alone*. New York, 1938 (G. P. Putnam's Sons).

'누군가가 내가 했던 것보다...' Cook, James, *A Voyage Towards the South Pole and Round the World: Performed in His Majesty's Ships the Resolution and Adventure, in the years 1772, 1773, 1774 and 1775*. London, 1777.

'광범한 극지에 관한 작품 문집을...' *From the Ends of the Earth*, ed. Augustine Courtauld. London, 1958 (Oxford University Press).

13. 얼음의 자유

'때로 나는 수 마일에 걸쳐...' Greig, Andrew, *Summit Fever*. Edinburgh, 1997 (Canongate).

'새들에게 주의를 기울이고...', '새를 관찰하는 행위가...' Gibson, Graeme, *Bedside Book of Birds: An Avian Miscellany*. London, 2005 (Bloomsbury).

'헐벗은 땅 위에 서면...' Emerson, Ralph Waldo, 'On Nature', in *Selected Essays*. New York, 1982 (Penguin).

‘어쩔 도리 없는 복수형...’ MacNeice, Louis, ‘Snow’ in *Collected Poems*. New York, 1966 (Oxford University Press).

‘1931년에서 1932년에 걸친...’ Kent, Rockwell, *Salamina*. London, 1936 (Faber).

‘갑자기 빛이 꺼졌다...’ Woolf, Virginia, diary entry for 30 June 1927, *The Diary of Virginia Woolf Vol.* III. London, 1980 (Hogarth).

14. 끝과 시작에 관하여

‘기도를 마치자...’ Jamie, Kathleen, *The Autonomous Region*. Newcastle upon Tyne, 1993 (Bloodaxe).

‘헬리 기지에서 이리로 데려온...’ Leat, Philip et al., ‘Sills of thc Theron Mountains, Antarctica: evidence for long distance transport of mafic magmas during Gondwana break-up’, in Hanski, E. et al. (eds.), *Dyke swarms: time markers of crustal evolution*. London, 2006 (Taylor and Francis).

‘양군은 인지기능의 완서...’ Popkin et al. ‘Generalised response to protracted stress’, *Military Medicine*, 143: 479–80, 1978.

후기. 남극대륙의 추억

‘이러한 날들은 사람들과 함께...’ in Seaver, George, *Edward Wilson of the Antarctic*. London, 1938 (John Murray).